国际电气工程先进技术译丛

洁净煤发电技术

Clean Coal Technologies for Power Generation

[印度] P. 贾亚拉马·雷迪（P. Jayarama Reddy）著

汪一　苏胜　胡松　向军　等译

机 械 工 业 出 版 社

本书系统介绍了一系列包括高效控制污染物和提高发电效率的最新一代洁净煤技术。内容包括全球能源消费现状、煤和天然气基础知识简介、燃煤污染物排放概述、煤的燃前预处理技术、高效燃煤发电技术、碳捕集与封存技术、煤液化技术、发展中国家洁净煤技术发展现状、洁净煤技术展望等。

本书可供从事煤炭、环境和清洁技术领域的学术和技术人员参考。

Clean Coal Technologies for Power Generation/ by P. Jayarama Reddy/ ISBN: 978-1-138-00020-9.

图书在版编目 (CIP) 数据

洁净煤发电技术/(印) P. 贾亚拉马·雷迪 (P. Jayarama Reddy) 著; 汪一等译. —北京: 机械工业出版社, 2016.6
(国际电气工程先进技术译丛)
书名原文: Clean Coal Technologies for Power Generation
ISBN 978-7-111-54056-4

Ⅰ.①洁… Ⅱ.①P… ②汪… Ⅲ.①洁净煤-火力发电 Ⅳ.①TM611

中国版本图书馆 CIP 数据核字 (2016) 第 131061 号

机械工业出版社 (北京市百万庄大街 22 号 邮政编码 100037)
策划编辑: 刘星宁 责任编辑: 刘星宁
责任校对: 杜雨霏 封面设计: 马精明
责任印制: 常天培
唐山三艺印务有限公司印刷
2016 年 7 月第 1 版第 1 次印刷
169mm×239mm · 17.25 印张 · 350 千字
0 001—2 500 册
标准书号: ISBN 978-7-111-54056-4
定价: 89.00 元

凡购本书, 如有缺页、倒页、脱页, 由本社发行部调换

电话服务	网络服务
服务咨询热线: 010-88361066	机 工 官 网: www.cmpbook.com
读者购书热线: 010-68326294	机 工 官 博: weibo.com/cmp1952
010-88379203	金 书 网: www.golden-book.com
封面无防伪标均为盗版	教育服务网: www.cmpedu.com

译 者 序

近年来随着我国空气污染的加剧，雾霾问题不断升温，一时间曾被称为“黑金”的煤炭似乎被人们与污染画上了等号。然而，由于我国“富煤、贫油、少气”的资源禀赋特征，在未来较长时期内，煤炭仍将是我国的最主要的一次能源。燃煤发电也仍将占据电力生产的主要份额。然而，煤炭的直接燃烧已引起严重的环境污染，引发了70%～80%以上的二氧化硫、氮氧化物、颗粒物等污染物的排放。另外，煤炭的直接燃烧很难解决温室气体减排问题。因此，在能源结构短期内无法大规模调整的现状下，推动洁净煤发电技术的发展是当务之急，也是解决我国能源及环境问题的核心。

本书根据CRC出版社2013年出版的专著《Clean Coal Technologies for Power Generation（洁净煤发电技术）》翻译。本书全面介绍一系列包括高效控制污染物和提高发电效率的最新一代洁净煤技术。针对煤炭燃前处理技术、燃后污染物控制技术、高效燃煤技术（超临界燃煤技术、流化床燃煤技术、整体气化联合循环技术等）、煤液化技术以及二氧化碳捕集、封存与利用技术进行了详细的介绍与讨论。并对各种技术的应用现状以及未来发展情况进行了总结和展望。本书的翻译出版将为读者了解洁净煤发电技术及其相关知识提供十分全面的信息。因此，本书可作为高校、研究机构和工程技术人员快速、全面了解清洁燃煤技术的参考书。

本书由华中科技大学煤燃烧国家重点实验室——燃烧理论与污染物控制研究团队全体成员共同努力翻译完成。其中，本书第1～3章由汪一博士翻译，第4～6章由向军教授翻译，第7～9由胡松教授翻译，第10～12章由苏胜副教授翻译，全书由汪一博士统稿。本研究团队江龙博士后、全体研究生均参与本书翻译工作。

由于时间仓促，在全书翻译过程中难免存在一些不妥之处，请读者谅解和批评指正。同时由于原著作者来自不同国家，书中部分术语或单位不统一或与我国目前使用的单位有差别，请读者在阅读时予以注意。

原 书 序

煤炭是一种储量丰富且相对廉价的发电用的化石燃料。基于当前的消耗速率，已探明的煤炭储量可供人类使用两个世纪。如果使用高效率电站设计方案并结合污染物控制及二氧化碳捕集与封存技术，煤炭是可以在对环境无害的方式下被利用的。因此，不少具有应用前途的洁净煤发电技术得到了大力发展，本书将对这些技术进行详细介绍。

本书包含了丰富的、有价值的信息，可为学生们提供对于清洁煤发电技术的概述，为专业人士提供他们感兴趣的煤炭利用的相关数据，为立法者分析不同煤炭利用技术对环境的影响情况，也可以被工业规划师用于总结过去趋势和预测未来发展。Reddy 教授收集整理了大量的关于煤炭资源以及煤炭燃烧、气化和液化等方面的数据和信息。同时，为了使读者理解上述数据和信息的意义及重要性，作者对相关基本原理进行了阐述。本书中的数据和信息都得到了规范的、清晰的、根据不同主题的分类与组织，使得本书成为一本使读者为之着迷的佳作。同时，清洁能源被用以维持和促进人类未来发展与繁荣，本书内容对于其开发和利用具有重要指导作用。

Yiannis A. Levendis 博士

工程学院特聘教授

美国机械工程师学会、美国汽车工程师学会会士

机械和工业工程系

美国东北大学，波士顿，马萨诸塞州

致　谢

如西班牙著名的小说家 Enrique Poncela 所说："读起来不费劲的作品肯定是投入了很多精力才写出来的作品。"以一个容易理解的方式呈现一个复杂的技术问题需要非同寻常的努力。真诚希望本书以最容易阅读和理解的方式介绍全球最重要的能源发电技术，使读者能够进一步地加强他/她在本专业方面的知识。当然，这一目标的实现离不开很多人的帮助。

首先，非常感谢美国东北大学工程学院机械工业工程系的特聘教授 Yiannis A. Levendis 博士，感谢他从开始阶段到手稿审查到最后的撰写前言部分一贯的支持和建议，很感激他能在百忙之中抽出了那么多宝贵的时间。同时，也要真诚感谢麻省理工学院化学和燃料工程系名誉教授 Janos M. Beer，他在煤燃烧领域非常有声望，感谢他给本书的很多部分都提供了富有成果性的讨论和关于本行业近年来发展的一些建议。同时也要感谢 Edward Rubin（卡内基梅隆大学）、Howard Herzog（麻省理工学院）、J. Dooley（联合全球变化研究所）、Mike Lynch（KGS）、Robert Giglio（Foster - Wheeler）和 K. M. Joshi（SSAS 技术研究机构），感谢他们能够同意授权使用他们的数据和材料，也要感谢巴黎的国际能源署（IEA）、华盛顿的美国能源情报署（EIA）、美国能源部（DOE）/国家能源技术实验室（NETL）、美国环境保护署（EPA）、世界资源研究所（WRI）、埃克森美孚（ExxonMobil）公司、英国石油（BP）公司和其他提供信息的一些组织机构。个人还要感谢 C. Suresh Reddy 教授和他的研究团队，还有 Sri Venkateswara 大学的 Gandhi Babu，感谢他们在数据处理和计算方面提供足够多的帮助。也要感谢家人和朋友无尽的帮助和支持，特别是 Sreeni Bhaireddy、Jagan Yeccaluri 和孙女 Hitha Yeccaluri，感谢他们在手稿的阅读、排版和出版等零散的工作方面提供的帮助。特别要感谢 CRC 出版社的 José van der Veer 和 Alistair Bright，感谢本书出版过程中他们完美的合作。

缩略语表

AEO	Annual Energy Outlook	年度能源展望
AGR	Acid Gas Removal	酸性气体脱除
AR	As Received	收到基
ASU	Air Separation Unit	空气分离装置
bcm	billion cubic metre	10 亿 m^3
BFW	Boiler Feed Water	锅炉给水
BFBC	Bubbling Fluidized Bed Combustion	鼓泡式流化床燃烧
Btu	British thermal unit	英制热单位
Btu/kWh	British thermal unit per kilowatt hour	英制热单位每千瓦时
Btu/lb	British thermal unit per pound	英制热单位每磅
CBM	Coal Bed Methane	煤层甲烷
CCS	Carbon Capture and Sequestration	碳捕集与封存
CCT	Clean Coal Technology	洁净煤技术
CCUS	Carbon Capture, Utilization and Storage	碳捕集、利用与封存
CFBC	Circulating Fluidized Bed Combustion	循环流化床燃烧
CGE	Cold Gas Efficiency	冷煤气效率
CLC	Chemical Looping Combustion	化学链燃烧
CNG	Compressed Natural Gas	压缩天然气
COE	Cost of Electricity	发电成本
COS	Carbonyl Sulfide	羰基硫
CT	Combustion Turbine	燃气轮机
EIA	Energy Information Administration (USA)	能源情报署（美国）
EOR	Enhanced Oil Recovery	提高原油采收率
EPA	Environmental Protection Agency (USA)	环境保护署（美国）
EPRI	Electric Power Research Institute	电力研究院
FBC	Fluidized Bed Combustion	流化床燃烧
GCCSI	Global Carbon Capture and Storage Institute	全球碳捕集与封存组织
GCV	Gross Calorific Value	总热值
GDP	Gross Domestic Product	国内生产总值
GHG	Greenhouse Gas	温室气体

GOI	Government of India	印度政府
GT	Gas Turbine	汽轮机
GW	Gigawatt	吉瓦
HHV	Higher Heating Value	高热值
HRSG	Heat Recovery Steam Generator	余热锅炉
IEO	International Energy Outlook	国际能源展望
IGCC	Integrated Gasification Combined Cycle	整体气化联合循环
ISO	International Standards Organization	国际标准化组织
kg/GJ	Kilogram per Gigajoule	千克每吉焦
kJ/kg	Kilojoules per Kilogram	千焦每千克
kW	Kilowatt	千瓦
kW_e	Kilowatts electric	千瓦电
kWh	Kilowatt – hour	千瓦时
kW_{th}	Kilowatts thermal	千瓦热
LCOE	Levelized Cost of Electricity	平准化发电成本
LHV	Lower Heating Value	低热值
LNB	Low NO_x Burner	低氮燃烧器
LSIP	Large Scale Integrated Project	大规模集成项目
MDEA	Methyldiethanolamine	甲基二乙醇胺
MEA	Monoethanolamine	单乙醇胺
MPa	Megapascals	兆帕
MW	Megawatt	兆瓦
MW_e	Megawatts electric	兆瓦电
MWh	Megawatt – hour	兆瓦时
NCC	National Coal Council	国家煤炭理事会
NCV	Net Calorific Value	净热值
NDRC	National Development Research Council	国家发展研究委员会
NETL	National Energy Technology Laboratory	国家能源技术实验室
NGCC	Natural Gas Combined Cycle	天然气联合循环
NOAK	N^{th} – of – a – kind (plant)	某个种类的第 N 次
O&M	Operation and Maintenance	运行和维护
PC	Pulverized Coal	粉煤
PFBC	Pressurized Fluid Bed Combustion	增压流化床燃烧
PGCC	Partial Gas ification Combined Cycle	部分气化联合循环
PM	Particulate Matter	颗粒物
ppm	Parts per million	百万分之

psia	Pounds per square inch absolute	(绝对压力)磅每平方英寸
SC	Supercritical	超临界
SNG	Synthetic Natural Gas	合成天然气
SCR	Selective Catalytic Reduction	选择性催化还原
SOFC	Solid Oxide Fuel Cell System	固体氧化物燃料电池系统
STG	Steam Turbine Generator	汽轮发电机
tcm	Trillion Cubic Metres	万亿 m^3
tcf	Trillion cubic feet	万亿 ft^3
TOC	Total Overnight Cost	总隔夜成本
TPC	Total Plant Cost	总电厂成本
tpd	Tonnes per day	t/天
TPI	Total Plant Investment	总电厂投资
TWh	Terawatt – hour	太瓦时
UCG	Underground Coal Gasification	地下煤气化
USC	Ultra Supercritical	超超临界
WEO	World Energy Outlook	世界能源展望
WGS	Water Gas Shift	水煤气变换
WRI	World Resources Institute	世界资源研究所

目　　录

第1章 前 言

1. 简介

全球能源系统在21世纪面临着许多挑战。主要的挑战是如何提供价格实惠、安全的能源供应。当今，在发展中国家中，仍然有13亿人口没有电力可供使用，有27亿人口没有干净的烹饪设备。这个问题在撒哈拉以南的非洲和亚洲的发展中国家中尤为严重。上述地区人口占能源贫困人口的95%。如果不能保证通用能源被广泛普及，预测到2030年，每年将会有额外的150万人由于家庭燃烧生物质/木材和粪便导致的污染、缺乏干净的水及基本卫生设施和医疗保健而过早死亡。为了迎接这一挑战，现代/先进能源技术是必不可少的（世界煤炭协会2012）。国际能源署表示，超过10.3亿人在2030年仍将过着没有电的生活。此外，超过数以亿计的人类可用电量极其有限，每周只有仅仅几小时或几天的用电时间。对于有电可用的人群，昂贵的电价也将是不得不面对的事实（NCC 2012）。

在世界范围内，尤其是在发展中国家，电力生产部门将无可避免地面对人口增长、贫困和环境退化所带来的挑战。据预测，到2050年，全球有90亿~100亿人需要电力供应，并且每人每年至少需要1000kWh的电力。这意味着每两天，一个1000MW的发电厂就需要被新建。面对如此巨大的挑战，解决办法之一可能就是需要通过使用可替代和分布式可再生能源发电。但是，目前这些发电方式是否足够提供如此量级的电力供应仍被怀疑。借鉴于分布式供热系统，将大型集中式系统变为小型网络、分布式单元进而提供电力供应成为应对上述挑战的一种新趋势。

提供现代能源服务是人类持续发展的关键。目前来看，电力仍然是能源供应中最有效和环保可靠的能源传递方式。因此，持续可靠的电力供给对提高社会经济水平、改善贫困现状、优化公共健康、提供现代教育、信息服务和其他社会经济发展需求必不可少。然而，目前不仅是贫穷和发展中国家，发达国家同样担心能源供给问题。

自18世纪中叶以来，煤炭是英国、美国和欧洲国家支持工业发展和保障社会经济福利的主要能源来源，是上述国家取得社会发展的重要保障。有些发达国家中，煤炭仍在电力生产中起着重要作用，例如美国。全球范围内煤炭资源分布均匀、储藏量丰富、价格便宜等因素决定了其较石油等其他能源原料更具优势，因此煤炭仍占据着能源供应的主导地位。全球的煤炭、石油、铀、钍和天然气储量区域分布如图1.1所示（VGB 2012/2013）。

目前煤炭是全世界的主要能量来源，满足了29.6%的总能量需求和41%的全球电力需求。为了满足过去的10年中不断增长的能源需求，来自煤炭的贡献超过了其他任何能源。煤炭需求仍持续增大，预计将从2010年的149.4QBtu上升到

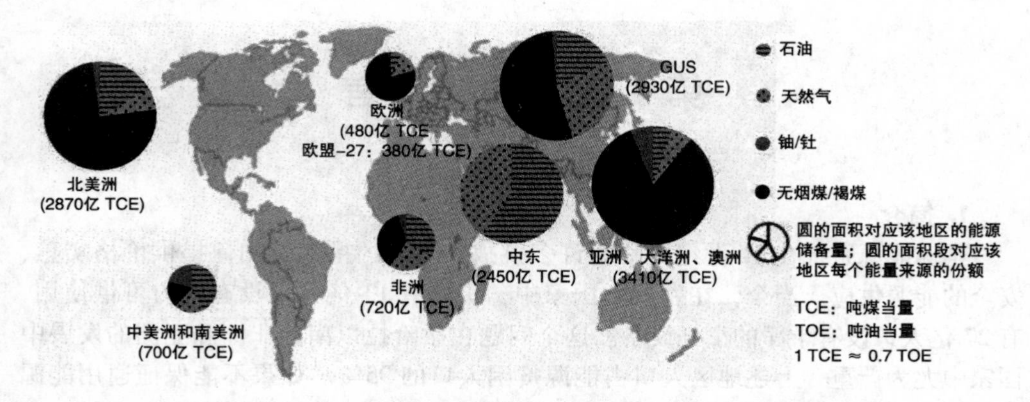

图 1.1　全球无烟煤、褐煤、石油、天然气和铀/钍的能源储备区域分布（来源：VGB 发电——图表和事实，2012/2013）

2035 年的 209.1 QBtu，即增幅在 40.3% 以上（EIA – IEO 2011）。在 21 世纪的第一个 30 年的全球能源消费中，煤炭所占的比例增幅超过 105%。尽管经济合作与发展组织［简称经合组织（OECD）］国家并没有在能源结构中增加煤炭，但非经合组织的亚洲国家，为了满足持续增长的人口和相对快速的经济增长，电力需求持续高涨，预测煤炭消费将增加 87%（EIA – IEO 2011）。

2. 煤的问题

尽管有很高的实用价值，但是煤炭从生产到消费的过程可能对环境造成严重的污染。对环境的影响可分为：①燃料消耗系统的排放；②土地扰动和矿区沉降；③水、粉尘和噪声污染；④甲烷排放（世界煤炭协会 – 能源安全 2005）。

煤炭生产需要地表采矿或地下采矿。地表采矿时煤炭的搬迁会产生矿坑，为了防止水土流失等环境破坏，其土地需要用土壤重新填埋，使其恢复到原来的状态。此外，地表采矿时，矿业灰尘是影响矿区附近环境的一大问题。在地下开采时，酸性矿水会引起环境问题。水渗入到矿山中，并且由于大气中的氧气与煤矿中的黄铁矿发生反应（硫化铁），形成酸性矿井水。酸性矿井水抽出到附近的河流、小溪或湖泊中，会进一步溶解排放到地面的铜、铅和汞等重金属，造成严重污染。地下采矿的另一个结果是甲烷的释放，甲烷是温室气体的一种（美国环境保护署 2006）。Frondel 等（2007）以及 Steenblik 和 Coronyannakis（1995）指出，大约每生产 1t 煤炭就有 15t 甲烷排放。

煤的主要污染物是在其使用过程中产生的，尤其是煤的燃烧。煤在电厂或者工厂中使用时产生烟气，烟气主要包括 CO_2、SO_2、NO_x、颗粒物和汞等。SO_2 和 NO_x 能够造成酸雨和光化学烟雾，其对人体和环境有非常大的伤害。自工业革命以来，在许多大城市都发生过酸雨和光化学烟雾。比如 19 世纪和 20 世纪的伦敦就因为工业烟雾而声名狼藉，其中最严重的烟雾发生在 1952 年，毒雾持续了 5 天造成 4000

多人死亡。煤在大气中的燃烧使得CO_2大量聚集，从而导致温室效应，20世纪很多极端气候现象都与大气中CO_2浓度增加相关（IPCC 2007）。煤在发达国家作为一种主要燃料能源被持续使用已经有两个半世纪了，使得大气中的温室气体含量增加。气候变化对公众健康和物理生态系统的影响是明显的，如海平面的升高、冰川的融化、冻土的融化、物种向高纬度迁徙、飓风和洪水、热浪和干旱的频发、疾病的蔓延等。气候学家预计如果温室气体的排放再不进行紧急高效的控制，将会造成生命的重大伤亡和经济的巨额损失（IPCC2007；Jayarama Reddy 2010）。火力发电厂是环境污染的重大源头之一，是毒汞的最大排放源。燃烧1kg煤释放大约2.93kg CO_2。一个500MW的火力发电厂一年释放大约3×10^6t CO_2。发电部门贡献了60%的人为排放汞和35%的会导致酸雨的硫化物（Maruyama和Eckelman 2009）。然而，到2030年，能源使用中的碳排放预计将继续增加26%，2011~2030每年以1.2%的速度增加。到2030年每年将会排放4.5×10^{10}t CO_2（BP 2012）。燃烧后的废弃物在电厂的大量堆积是另外一种潜在的污染源。废弃物的危害在于其含有的铅、汞和其他有毒化学品存在溶于水并扩散的潜在危害（NRC 2006）。

3. 煤炭和能源安全

能源安全供给涉及两方面：①长期安全或者资源的可用性；②短期安全包括主要燃料或者电力生产的供给中断。

不同优点的能源相互组合使用，能够满足不同国家的能源需求从而提供了能源系统的安全性。有很多因素能够控制能源供给如发电容量的多样性，所需投资的水平，基础设施和专业知识的可用性，能源系统的互联，燃料的替代性，燃料的转化，价格，政治和社会环境（加拿大煤炭协会2010）。

煤炭的储存量在高速发展的经济体中十分丰富，如中国和印度；其结果就是，煤炭变得具有吸引力，煤炭成为工业和经济活动所需能源的自然选择。美国具有世界上最大的煤炭储存量，它们被广泛应用于发电；也被计划用于新建的发电厂。几乎对于所有含有大量煤炭储量的国家都更喜欢利用煤炭满足他们的能源需求。只有少部分国家依靠进口煤炭进行发电，如日本。石油是另外一种在全球能源供给中扮演重要角色的化石能源。然而，石油不像煤炭那样储量巨大，其大部分储存于中东和北非（ME-NA），尽管世界上其他地方也存在（见图1.1）。结果是主要生产石油的国家以不同的理由使得石油价格不断上涨（或者产量被控制），这些理由不同于技术，增加了市场的不确定性。最近这些年，由于主要石油生产国内政治和社会动荡，使得石油供给和成本变得极其不规律。像印度这样的国家不得不分配大量的预算去进口石油。

水电是一个有吸引力的能源，但是它占总能源的份额不可能进一步地增加（Howes和Fainberg 1991）。历史上它在工业化国家很早就得到了发展，因为它的成本效益非常好，现在在许多发达国家它已经达到甚至超过了它可持续发展的潜力。在多山多水低人口密度的国家，大多数电力是依靠水电产生。在新兴国家和贫穷的国家，有大量的未开发的水电潜力存在，但是没有理由相信这些国家的水电占总能源的份额能够超过发达国家。当它们达到了发达国家水平的时候，在内需满足之前它们也会受到可持续发展的限制（Lackner 2006）。

核能虽然昂贵，但作为一种可供选择的能源不能被忽视。近年来，它已成为许多国家可靠的能源供应形式，而且还将继续提供大量稳定的电力。但是，公众常常提到和担心的安全和环境问题仍需解决。譬如，最近关于福岛核反应堆的灾难性事件使全球对其安全产生了巨大疑问。风能、太阳能等可再生能源虽然发展成熟并且对环境友好，但是在大规模生产上存在实质性问题。太阳发出的能量十分巨大，从中转化一部分供给人类并不是什么难事。但是以目前的技术，电力转化成本非常高。而且太阳电池板的大规模生产以及新型且廉价的光伏技术尚在研究阶段，例如有机或染料敏化太阳电池和纳米线基太阳电池。这些技术的商业化将大大降低太阳能发电成本。太阳能发电成本如果达到大约1美分/kWh，就能够和传统发电能源竞争。尽管风能发电成本已经相当低廉，但它是否能够在不产生环境问题的情况下大规模生产还需要调查和进一步确认。风能和太阳能的另一个限制是其间歇性。而具有良好特性的地热能和海洋（潮汐）能还处于发展初期。目前，成熟的新能源在能源总量上只占据了很小一部分。因此，这些能源距离实际推广和与传统能源竞争还有很长的路要走，它们仅在可实现规模生产上就处于劣势。

因此，尽管环境问题要求化石能源的发电方式有显著的变化，发展科技以保证化石能源尤其是煤炭这一选择的可行性是非常重要的。煤转化技术、气化技术、煤液化（Coal - To - Liquid，CTL）具有许多用途。煤液化提供的合成燃料是汽油良好的替代能源。德国和南非几十年前从煤炭中生产的合成燃料充分地证明了其可行性。在二战中，德国面临石油短缺，而南非在种族隔离时期也经历了严重的石油危机。事实证明，煤炭在能源安全方面非常重要。至少在可以预见的未来或者在其他清洁能源发展成熟以前，煤炭是不可缺少的电力来源。

燃煤发电站技术需要巨大的进步以满足环境友好的需求。新型的“洁净煤”技术（Clean Coal Technology，CCT）指的是能够控制SO_2、NO_x、颗粒物和汞等物质排放，大大降低燃料消耗并具有高燃烧效率的过程系统。能够减少工业SO_2、NO_x和颗粒物排放的污染控制设备的广泛使用使许多国家的空气变得洁净。自20世纪70年代以来，世界范围的各项政策的监管措施为这些排放控制技术提供了不断扩大的商业市场，进而使技术成本下降，效果提升。原料研究取得的进步以及电厂组成的设计和产能进步使新建的燃煤电厂与传统电厂不同，能够在更高的水蒸气压力和温度下运行（超临界和超超临界水蒸气条件），实现更高的效率，大大减少尾气排放和煤炭消耗。除了提升效率，二氧化碳捕集与封存（Carbon dioxide Capture and Storage，CCS）也是未来限制煤燃烧产生的CO_2排放的一个方法。CCS是一系列技术的整合，包括从主要点源捕捉CO_2，将其运输至储存点并注入井下，最后永久地封存在地下深处的多空地质结构中。广泛的研究和开发活动已经证明，

CCS 是最有发展前景、最重要的 CO_2 减排技术，也最适合燃煤电站。将 CCS 应用到高效的 IGCC 技术中对预燃阶段的 CO_2 排放控制有巨大作用。然而，这些洁净煤技术并未在世界范围内得到足够广泛的应用。主要挑战是将这些技术商业化，即如何在花费成本满足低排放最终实现近零排放的条件下继续保持煤炭的经济竞争力。本质上，在可以预见的未来，煤炭仍将是全球发电的支柱。为真正实现目前全球电力需求，基于煤炭的上网发电是提供价格合理、安全可靠电力的最具经济性的方式。麻省理工学院化学和燃料工程名誉退休教授雅诺士·比尔（Janos Beer）发现洁净煤是现实的，它能够提供清洁能源并解决相应的环境问题（2013 年 3 月）。

先进煤技术的应用还有一个更大的好处。CO_2 是化石燃料燃烧产生的有价值的副产品（亦可视为商品!）；对于新出现的“碳捕集、利用和封存（Carbon Capture，Utilization，and storage，CCUS）”的方法，煤炭将作为获得足够 CO_2 的主要来源。正如欧洲能源与资源安全中心（2011）最近指出的“CO_2 不应该被视为废品，它也能产生经济价值”。封存 CO_2 能创造财富的观点将很快取代 CO_2 地质封存不过是一个垃圾处理的看法。利用 CO_2 从贫油井提高原油采收率（EOR）是使用 CCUS 方法的一个例子。CCUS 方法的主要目标是发展一个由商业经济激发的产业。通过将捕获的 CO_2 投入商业用途，CCUS 方法为追求 CCS 的环境效益的组织/工业提供额外的业务与市场（美国能源部 2012）。在 2012 年全国清洁理事会参考美国“治理煤炭的碳含量，以推进经济、环境和能源安全”的报告中阐述了 CCUS 方法是清洁能源技术的关键，这个方法是追求可持续的、低碳的未来战略中必不可少的一部分。

许多前沿研究机构（例如麻省理工学院、卡内基梅隆大学），北美、英国、欧洲和亚洲的煤炭研究所、协会和行业，国际能源署（IEA），美国能源情报署（EIA），美国能源部（DOE）/国家能源技术实验室（NETL），世界资源研究所（WRI），专门设立的全球碳捕集与封存研究院（GCCSI），突出志愿组织和许多其他机构，都致力于洁净煤技术的不同方面的发展——技术开发，技术研发，示范，部署，性能监控，经济可行性和可靠性，政策，法律和监管措施，公众的反应，国际合作等，以确保洁净煤为不断增长的全球能源需求以及气候政策目标提供答案。

本书介绍了这些新的洁净煤技术如何通过减少排放提供高效的、清洁的电力和全球能源安全的概述。本书涵盖全球一次能源消耗以及煤的份额，煤的基本知识和它的可用性，煤炭燃烧污染物和控制方法，常规和先进的煤基发电技术和它们的状况，煤的气化，IGCC 和合成液体燃料的生产，地下原位气化，CCS 及其发展前景，存在的问题和全球性地位，运行情况，持续发展和展望，洁净煤技术在以煤炭占能源结构的主要组成部分的发展中国家中的状况，特别是中国和印度。简单介绍了探索所捕获的 CO_2 的经济优势以及在减少温室气体排放量的同时发展商业上可行的 CCUS 技术的新方法。虽然对基本原理、概念和发展进行了详细的解释，但是本书没有涉及该技术在工程上的细节和理论（这在本书的目标之外）。这些技术对中国和印度（分别是世界上第一和第三大的 CO_2 排放国）减少碳污染是非常重要的。中国最近开始加大研发力度，通过国际合作部署洁净煤技术；印度已发起涉及研究和超大型项目的部署实施以及规划更大型、高效的燃煤超临界机组洁净煤项目（Clemente 2012）。

可以预期的是，本书可以很好地迎合工科中以煤燃烧/发电为主要课程的学生的需求。同时，可以作为与电力部门/煤基发电相关的洁净煤技术相关的咨询、管理、政策/决策制定等方面的参考资料。

参考文献

Almendra, F., West, L., Zheng, L., & Forbes, S. (2011): CCS Demonstration in Developing Countries: Priorities for a Financing Mechanism for Carbon dioxide Capture and Storage, WRI Working Paper; World Resources Institute, Washington DC; available at www.wri.org/publication/ccs-demonstration-in-developing-countries

Beer, Janos (2013): Personal discussion at MIT on March 20, 2013.

BP (2008): BP Statistical review of World Energy, 2008, London, UK. BP (2013): BP Energy Outlook 2030, released in January 2013, London, UK.

Burnard, K. & Bhattacharys, S., IEA (2011): Power generation from Coal – Ongoing Developments and Outlook, Information Paper, International Energy Agency, Paris, Oct. 2011, © OECD/IEA.

Clemente, J. (2012): China leads the Global Race to Cleaner Coal, POWER Magazine, December 1, 2012; available at www.powermag.com/coal/china-leads-the-global-race-to-cleaner-coal_5192.html

Coal Association of Canada (2011): The Coal Association of Canada National Conference Highlights, news report at www. reuters.com/article/2011/10/20/idUS277339+20-oct-2011+HUG20111020

European Center for Energy and Resource Security (Umbach) (2011): The Future of Coal, Clean Coal Technologies and CCS in the EU and Central East European Countries: Strategic Challenges and Perspectives, December 2011; available at http://www.eucers.eu/wpcontent/uploads/Eucers-Strategy-Paper_No2_Future_of_Coal.pdf

Frondel, M., Ritter, N., Schmidt, C.M., & Vance, C. (2007): Economic impacts from the promotion of Renewable energy technologies – The German experience, RUHR economic papers #156, Bauer, T. K, *et al.* (eds).

Gruenspecht, H. (2011): IEO 2011 Reference case, USEIA, September 19, 2011.

Howes, R., & Fainberg, A. (eds) (1991): *The Energy Sourcebook*, New York: API.

IPCC (2005): Special Report on Carbon Dioxide Capture and Storage: Metz, B., Davidson, O., de Coninck, H.C., Loos, M., & Meyer, L.A. (eds), Cambridge University Press, Cambridge, UK.

IPCC (2007): *Climate Change 2007 – Synthesis Report*, Contribution of Working groups I, II, III to the 4th Assessment Report of IPCC, IPCC, Geneva, Switzerland.

Jayarama Reddy, P. (2010): *Pollution and Global Warming*, BS Publications, Hyderabad, India, www.bspublications.net

Lackner, K.S. (2006): The Conundrum of Sustainable Energy: Clean Coal as one possible answer, Asian Economic Papers 4:3, The Earth Institute at Columbia University and MIT, 2006.

Maruyama, N. & Eckelman, M.J. (2009): Long-term trends of electric efficiencies in electricity generation in developing countries, *Energy Policy*, 37(5), 1678–1686.

MIT Report (2007): *The Future of Coal – Options for a Carbon constrained World*, Massachusetts Institute of Technology, Cambridge, MA, August 2007.

McCormick, M. (2012): A Greenhouse Gas Accounting Framework for CCS Projects, Center for Climate & Energy Solutions, C2ES, February 2012, at www.c2es.org/docUploads/CCS-framework.pdf

National Coal Council (2012): Harnessing Coal's carbon content to Advance Economy, Environment and Energy security, June 22, 2012, Study Chair: Richard Bajura, National Coal Council, Washington, DC.

NRC (2006): NRC Committee on Mine Placement of Coal Combustion Wastes, Managing Coal Combustion Residues in Mines, Washington: The National Academies Press, 2006.

OECD/IEA (2009): Carbon Capture & Storage, OECD/IEA, Paris, France.

Society for Mining, Metallurgy & Exploration (2012): Coal's importance in the US and Global energy Supply, September 2012.

Steenblik and Coronyannakis (1995): Reform of Coal Policies in Western and Central Europe: Implications for the Environment, *Energy Policy*, 23(6), 537–553.

USDOE (2012): *Carbon Capture, Utilization and Storage*: Achieving the President's All-of-the-Above Energy Strategy, May 1, 2012; available at http://energy.gov/articles/adding-utilization-carbon-captureand-storage.

USEIA-IEO (2011): Energy Information Administration – International Energy Outlook, US Department of Energy, Washington DC, September 2011.

USEPA (2000): Environmental Protection Agency, US, Washinton DC.

US EPA (2006): US GHG Inventory Reort/ Climate change; at www.epa.gov/climatechange/ghgemissions/usinventoryreport.html

VGB (2012/2013): VGB, Electricity Generation, Figures & Facts, 2012/2013, available at http://www.vgb.org/en/data_powergeneration.html

World Coal Association (2012): Coal – Energy for Sustainable Development 2012, available at http://www.worldcoal.org/blog/coal-%E2%80%93-energy-for-sustainable-development/

World Coal Institute (2005): Coal – Secure Energy 2005; at www.worldcoal.org/.../coal_energy_security_report (03_06_2009).

WEO (2009): World energy Outlook 2009, OECD/IEA, Paris, France.

第 2 章　全球能源消耗形势

能源是经济发展的主要动力也是生活质量的保障。在发达国家，能源保障国民高生活水平；在发展中国家，能源帮助国民战胜贫穷达到更好的生活水平。电力生产与应用降低了婴儿死亡率，促进了教育、医疗和卫生行业的发展，提高了生产力。电能为人类打开了一扇面向更加广阔的世界的窗户。

2.1　地区能源消耗

过去的几十年全球一次能源消费量持续增长。2011 年一次能源消费量增长了 2.5%，大概是过去 10 年的平均水平。不同地区（经合组织国家和非经合组织国家）的一次能源消耗量如表 2.1 和表 2.2 所示（BP 能源报告 2012）。2011 年全球的一次能源消耗量是 122.746 亿 t 油当量，全球能源消耗量在 1990 ~ 2001 年的 10 年间增长了 16%，但是在接下来 2001 ~ 2010 年的 10 年间，增长量翻倍了，大约增长 30%。如果分区域来考虑，在此期间北美、欧洲和欧亚大陆的消费量几乎是不变的，但是其他地区的消费量却在增长，中东地区的增长量最大达到了 166%，紧接着依次是亚太地区的 156%，美国中南部的 89%，以及非洲的 70%。导致能源消费量增加的因素是多方面的，比如由人口增长和城市化进程加速所导致的工业活动、食品产量、交通运输和其他行业的能源消费的增加。2011 年，经合组织国家（世界上最富裕的国家）的能源消耗量下降了 0.8%，是过去 4 年来的第一次下降。非经合组织国家（大多都是发展中国家）的能源消耗量增加了 5.3%，和过去 10 年的平均增长水平一样。世界能源消费的重心继续由经合组织国家向新兴经济体转移，特别是亚洲国家。1986 ~ 2011 年的全球总能源消耗量（单位是百万 t 油当量）如图 2.1 所示。

表 2.1　不同地区能源消耗量　　（单位：百万 t 油当量）

地区	1981 年①	1990 年①	1995 年①	2001 年②	2005 年②	2010 年②	2011 年②	2011 年占总量的比例
北美	2056.6	2326.5	2517.5	2698.8	2839.2	2763.9	2773.3	22.6%
中美洲和南美洲	249.1	323.9	394.7	468.4	521.8	619.0	642.5	5.2%
欧洲和欧亚大陆	2798.0	3191	2779	2852.1	2969.0	2938.7	2923.4	23.9%
中东	145.1	264.3	344.1	445.1	562.5	716.5	747.5	6.1%
非洲	158.5	218.5	242.4	280.1	327.0	382.2	384.5	3.1%
亚太地区	1170.1	1784.9	2301.0	2689.5	3535.0	4557.6	4803.3	39.1%
总量	6577.5	8108.7	8578	9434.0	10754.5	11977.8	12274.6	100%

① 数据源自 BP 世界能源统计 2011。

② 数据源自 BP 世界能源统计 2012。

表 2.2　经合组织国家、非经合组织国家和欧盟一次能源消耗量

（单位：百万 t 油当量）

地区	2001 年	2005 年	2010 年	2011 年	2011 年占总量的比例
经合组织国家	5407.4	5668.9	5572.4	5527.7	45%
非经合组织国家	4026.6	5085.5	6405.3	6746.9	55%
欧盟	1756.4	1808.7	1744.8	1690.7	13.8%

注：数据源自 BP 世界能源统计 2012。

2011 年所有燃料的全球消耗量增长速度都降低了，所有地区的总能源消耗量也是如此。石油仍然是世界上最主要的燃料，占全球燃料消耗量的 33.1%，但是石油连续 12 年继续丢失市场份额，自 1965 年以来，市场份额已达到最低。化石燃料（石油、天然气和煤）仍然主导能源消费，占市场份额 87%。全球范围内，可再生能源占比继续增长，但是现在只占能源消耗量的 2%。同时，化石燃料消费结构也在发生变化。仍占主导地位的石油已经连续 12 年丢失市场份额。煤炭又一次成为增长最快的化石燃料，对碳排放的影响是可想而知的。煤炭的市场份额达到自 1969 年以来的最高值 30.3%。

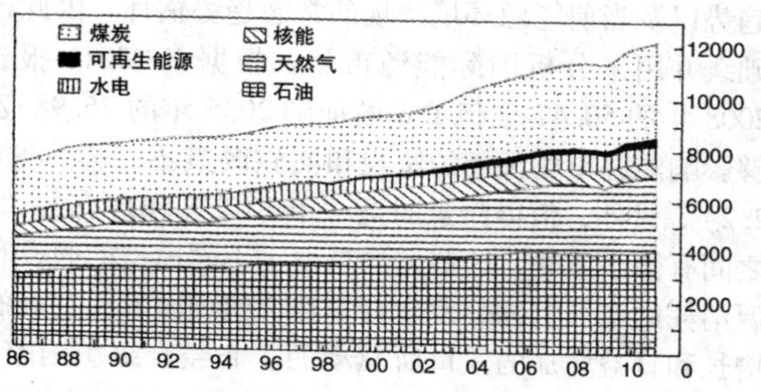

图 2.1　世界一次能源消耗量

（数据源自 BP 世界能源统计 2012）

表 2.3 列出了所有地区的人均能源消费情况。人均能源消费量变化范围从北美的 2.76 亿 Btu[⊖] 到非洲的 0.18 亿 Btu 不等。正如所料，发达国家的人均能源消费量是最高的。2001 年的人均能源消费量数值可以用来作为对比值。过去 5 年时间内，世界上有些地区（例如北美、欧洲）的人均能源消耗量相对稳定，有些有轻微的增长（例如欧亚大陆和非洲），另外一些地区在百分比上有大幅度的增长（例如中美洲和南美洲以及亚太地区）。有趣的是，我们发现增长幅度较大的地区包括那些越来越工业化和高耗能的欠发达国家。按照人均消费量来看，阿拉伯联合酋长国是最大的能源消费国，其人均能源消费为 5.76 亿 Btu，接下来依次是科威特 4.71 亿 Btu、加拿大 4.27 亿 Btu、美国 3.34 亿 Btu 和澳大利亚 2.77 亿 Btu。

表 2.3　2006 年和 2001 年人均能源消耗量　（单位：百万 Btu）

地区	2006 年	2001 年
北美	276.2	277.2
中美洲和南美洲	73.2	49.1
欧洲	144.5	150.8
欧亚大陆	160.8	133.4
中东	127.2	104.7
非洲	18.1	15.3
亚太地区	42.8	32.7

⊖ 1Btu = 1055.06J。

2.2 未来形势预测

美国能源情报署（EIA）发布了国际能源展望（IEO）2011，并对国际能源市场到2035年进行预测评估。参考案例规划是基于一种已知技术、技术和人口发展趋势以及当前能源环境法规的常态趋势估计。因此，这个预测能够以政策中立为基础线并用来分析国际能源市场。根据IEO2011报告，世界市场能源消费可能从2008年的50.47亿亿Btu增加到2035年的76.98亿亿Btu，增幅达53%。由于能够影响能源市场预期的法规和实施政策不一样，这些预测可能会产生差异（见图2.2）。另外，值得注意的是“BP2012”和现有的“IEO2011”直到2010年的数据之间有微小差异，这些差异是由于不同模型的假设和所采用的方法不同导致的。能源消耗的增长大部分发生在非经合组织国家，它们的能源需求是受强劲的长期经济增长和日益增加的人口所驱动的。非经合组织国家的能源使用量增长了85%，年均增长率为2.3%，相比之下，经合组织国家的能源使用量增长了18%，年均增长率为0.6%。

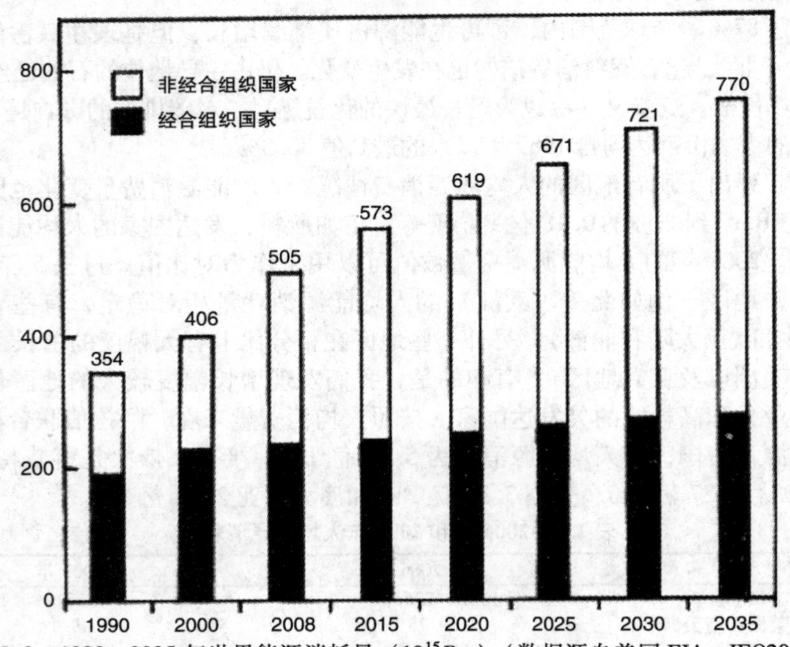

图2.2 1990~2035年世界能源消耗量（10^{15} Btu）（数据源自美国EIA－IEO2011）

然而，能源前景仍然是不确定的。首先，发达国家从2008~2009年的经济衰退中的恢复进程很慢且不均衡，对比之下，新兴经济体的经济增长迅速，部分原因是强劲的资本流入和产品或服务的较高成本。但是，通胀压力仍然是一个特别需要关注的问题，有必要平衡主要发展中国家的对外贸易。其次，需求量的增加和供给的短缺导致的油价上涨也是原因之一，因为很多产油国的政治和社会动荡会妨碍石油的生产。此外，由于日本地震和海啸导致的对核反应堆的广泛损害严重影响了日本的经济，这也使未来 10 年的能源前景更加模糊。

发展最快的非经合组织国家——中国和印度受全球经济衰退的影响最小，未来会成为全球能源市场中的主要消费者，因为他们的经济在 2009 年分别增长了 12.4% 和 6.9%（见表 2.4）。1990 年以来，中国和印度占世界能源总使用量的份额明显增加，1990 年两个国家的能源消耗量占世界能源总消耗量的 10%，2008 年是 21%。2009 年美国能源消耗量下降了 5.3%，也使中国的能源消耗量第一次超过美国。

表 2.4　世界一次能源和煤炭消耗量预测　（单位：10^{15} Btu）

年份	一次能源消耗			煤炭消耗		
	经合组织	非经合组织	总量	经合组织	非经合组织	总量
1990	198.6	155.1	353.7			
2000	234.5	171.5	406.0			
2005	243.9	227.2	471.1	46.7	75.6	122.3
2010	238.0	284.1	522.1	43.5	105.9	149.4
2015	250.4	323.1	573.5	42.6	114.7	157.3
2020	260.6	358.9	619.5	43.1	121.4	164.6
2025	269.8	401.7	671.5	44.6	135.1	179.7
2030	278.7	442.8	721.5	45.3	149.4	194.7
2035	288.2	481.6	769.8	46.7	162.5	209.1

注：数据源自美国 EIA－IEO 2011。

预计直到 2035 年，中国和印度强劲的经济增长仍会持续，因此他们两者的能源使用量将会增加一倍，占 2035 年世界能源总消耗量的 31% 左右。人口的增长也是影响这些国家能源消耗量增加的一个原因。图 2.3 是美国的能源需求增长量，预计中国和印度的能源增长速度会更快，到 2035 年将比美国高 68%。

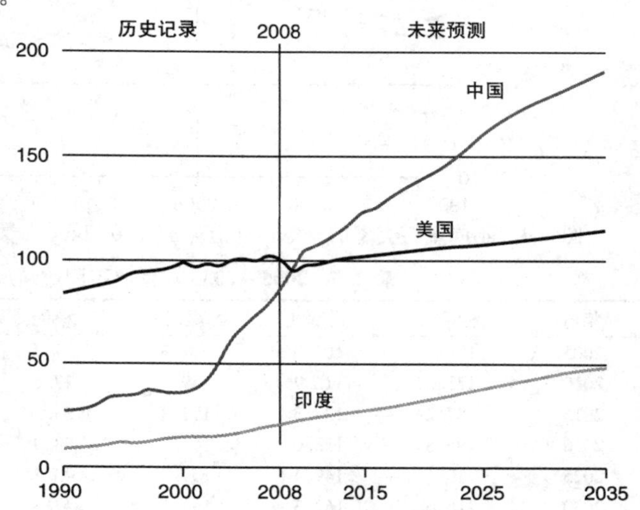

图 2.3　1990～2035 年美国、中国和印度能源消耗（10^{15} Btu）
（数据源自美国 EIA－IEO2011）

根据 EIA－IEO2011，其他非经合组织国家的能源需求也会有很大的增长。人口的快速增长和丰富的国内资源使中东的能源需求增长了 77%。中美洲和南美洲能源消耗量增长了72%，非洲的能源消耗增长了67%。预计增长速度最慢的是非经合组织的欧洲和欧亚大陆，增长速度大约16%，其中包括俄罗斯和其他前苏联国家，因为这些国家的人口在下降，同时通过更换低效成本设备大大提高了能源效率。

燃料预测：美国EIA预测的不同能源使用量随时间的变化如图2.4和表2.5（EIA－IEO）所示。预计总体上所有能源的使用量都有所增长。化石燃料在满足全球能源需求中所起的作用也很清楚。以石油为主的液体燃料仍然是最大的能量来源。鉴于短期内石油价格不会下跌的前景，石油消耗将是世界上消耗速度增长最慢的能源，年平均增长率为1%。此外，它们在全球能源消费市场中的份额将从2008年的34%下降到2035年的29%，因为很多国家在允许的情况下都开始由液体燃料向其他方向转移。可再生能源和煤炭的消费速度增长最快，分别增长了3%和1.7%。可再生能源的前景正在改善，因为石油和天然气价格比较高，同时人们对化石燃料使用对环境负面影响的担忧激励着全世界对可再生能源的开发和利用。

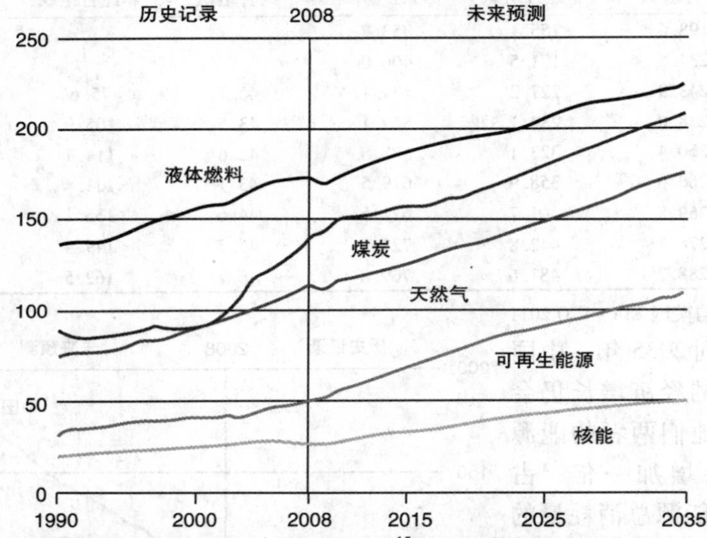

图2.4　不同燃料类型的全球预计消耗量（10^{15} Btu）（数据源自美国EIA－IEO2011）

表2.5　2005～2035年世界不同燃料消耗量预测　（单位：10^{15} Btu）

年份	液体燃料	天然气	煤炭	核能	其他	总和
2005	170.8	105.0	122.3	27.5	45.4	471.1
2010	173.2	116.7	149.4	27.6	55.2	522
2015	187.2	127.3	157.3	33.2	68.5	573.5
2020	195.8	138.0	164.6	38.9	82.2	619.5
2025	207	149.4	179.7	43.7	91.7	671.5
2030	216.6	162.3	194.7	47.4	100.6	721.5
2035	225.2	174.7	209.1	51.2	109.5	769.8

注：数据源自美国EIA－IEO 2011。

液体燃料：全球的石油和其他液体燃料（包括石油衍生燃料和非石油衍生燃料，例如乙醇和生物柴油、煤制油、气转油和固体的煤焦；还有液化天然气，作为燃料消耗的原油和液态氢）的消耗量从2008年的8570万桶/天增长到2020年的9760万桶/天再到2035年的11220万桶/天。液体燃料的使用量增长大部分是用在交通运输行业，大约占82%。这是因为交通运输行业没有大的技术进步，能源消耗主要还是依靠液体燃料。增长的其余部分归因于工业部门。尽管液体燃料价格上涨，交通运输行业液体燃料的使用量年均增长率仍有1.4%，预计2008~2035年总共增长46%。为了满足全球需求量的增长，液体燃料的生产（包括传统和非传统液体燃料的供应）从2008~2035年增长了2660万桶/天。

预计过去15年间直到2035年的总的石油生产量占世界总石油生产量的40%，如果石油输出国组织（OPEC）国家投资来增大生产量以维持他们的份额在40%左右，以上预估才能成立。世界石油总生产量增加，OPEC国家的生产商提供1030万桶/天的常规液体燃料（原油和租赁凝析油、天然气植物液体以及炼油厂增益），而非OPEC国家提供剩下的710万桶/天常规液体燃料供应（EIA/IEO2011）。预测期间内，OPEC国家和非OPEC国家的非常规资源（包括油砂、特重的油、生物燃料、煤制油、天然气液化和页岩油）的生产量年均增长率为4.6%。持续高涨的石油价格让非常规资源更具竞争力，尤其是当地政治或其他“地上”约束限制了对潜在传统资源的开采时。（“地上”约束是指可能影响资源供给的非地质因素，例如国家政策对资源利用的限制，冲突或恐怖活动或缺乏先进的技术，或是经济发展的资源的价格限制或劳动力/原材料的短缺，天气或环境问题或其他的短期或长期的地缘政治因素）。2008年全球非常规液体燃料的产量是390万桶/天，到2035年增加到了1310万桶/天，占全球液体燃料的12%。预测时间段内非常规液体燃料的最大供应来源占增长量的四分之三，它们是加拿大石油480万桶/天，美国生物油220万桶/天，巴西生物油170万桶/天，委内瑞拉超重石油140万桶/天（EIA-IEO2011）。

天然气：天然气仍然是世界上许多地区电力和工业发展的首选燃料，许多国家想降低温室气体排放，他们选择天然气是因为天然气的碳排放强度比石油和煤炭低。另外，较低的投资成本和高的燃料效率使天然气在电力行业受到青睐。

液化天然气（LNG）生产能力的扩张引起了天然气供应和全球市场的剧烈变化。此外，随着新的钻井技术和其他方面的进步，从页岩盆地开采天然气将会更加经济，尽管它会引起新的环境问题。最终的结果是，在预测时间段内天然气的价格更低需求更高，从而显著增加资源可用性（EIA-IEO2011）。尽管世界非常规天然气（致密气、页岩气和煤层气）的含量还未充分评估，但IEO2011参考案例预测含量会有大幅度提高，特别是美国、加拿大和中国。

页岩气储量估算的不断上升使美国的天然气储量在过去10年间增加了近50%，根据IEO2011参考案例，到2035年，页岩气将会占到美国天然气总产量的47%。如果致密气和煤层气的产量增加了，美国非常规天然气产量将会从2008年的10.9tcf[1]增加到2035年的19.8tcf。非常规天然气资源对加拿大和中国的国内天

[1] 1tcf=1万亿ft^3=283.17亿m^3。

然气供应更重要，根据 EIA－IEO2011 参考案例，2035 年非常规天然气分别占加拿大和中国的国内天然气产量的比例是 50% 和 72%。

未来几十年内，液化天然气形式的天然气贸易预计会增加。液化天然气供应量的增加大部分来自中东和澳大利亚，几个新的液化项目将在未来几年投入使用。此外，加拿大西部已经提出了几个液化天然气出口项目；也有人提议将未使用的进口液化天然气设备改造成液化设备，然后出口国内采购天然气的设备。根据 IEO2011 参考案例，世界液化能力提高了 2 倍以上，从 2008 年的 8tcf 增加到 2035 年的 19tcf。此外，从非洲出口到欧洲的天然气和从欧亚大陆出口到中国的天然气可能会增加。这将在第 4 章进行详细的讨论。

煤炭：在预测时间段内，全球煤炭消费量预计将从 2005 年的 122.3QBtu 增加到 2035 年的 209.1QBtu，增长率超过了 71%，其中发展中国家占了大部分增长量。煤炭仍然是燃料的主要来源，特别是在非经合组织亚洲国家，快速增长的经济和大量的本土资源储备都支持煤炭使用量的增长。经合组织国家的煤炭使用水平仍然维持在 2008 年的水平导致了全球煤炭使用分布不均。世界煤炭消费平均每年增加 1.5%，而非经合组织亚洲国家的年均增长量是 2.1%（EIA－IEO2011）。

尽管 2009 年全球经济衰退对每个地区的煤炭使用都造成了负面影响，但是中国的煤炭使用量仍在增长。因为缺乏限制煤炭使用的法规和政策，所以非经合组织亚洲国家消耗煤炭来代替其他更昂贵的燃料。预测时间段内，中国占世界煤炭消耗净增长量的 76%，其他非经合组织亚洲国家占 19%。

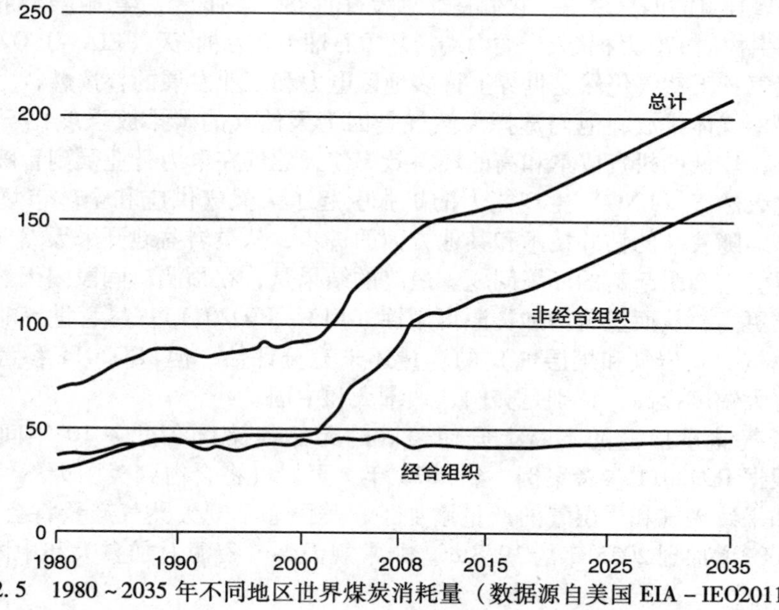

图 2.5　1980～2035 年不同地区世界煤炭消耗量（数据源自美国 EIA－IEO2011）

煤炭引发了工业革命，刚开始是在英国，后来逐渐传播到欧洲、日本和美国。现今，煤炭对于有效可靠的发电仍是至关重要的。煤炭可保证可用能源成本达到1~2美元/MMBtu，相比之下天然气和石油的是6~12美元/MMBtu（2007年麻省理工学院报告）。煤炭的价格也相对较稳定。和其他主要燃料相比，煤炭的燃烧效率也相对较高，发电效率大概有33%，因此煤炭成为用于促进经济发展的低价能量来源。然而，煤炭使用造成的环境污染是灾难性的。2005年美国煤炭的使用量是2.28亿亿Btu，近一半（49%）是由经合组织国家消费的。2035年美国的煤炭需求量将会达到2.43亿亿Btu，增长18%。这个预测是考虑到大量的煤炭储量和新老电厂对煤炭使用的严重依赖。尽管由于CO_2富集技术的隐形风险使得新的燃煤电厂投资可能会是不利的，预测期间内新一代燃煤电站占全国发电厂的39%。美国通过实现先进的煤炭技术，利用煤炭对国内能源的供给会比预期更多。经合组织欧洲国家的煤炭消费总量预计将会从2005年的1.28亿亿Btu稍微下降到2035年的1.04亿亿Btu（见图2.5）。其中，捷克、德国、意大利、波兰、英国、西班牙和土耳其是主要的消费者。低热值褐煤是这个地区的主要能源，2006年质量比例占47%。尽管考虑到环境问题，很多国家都制定政策来减少煤炭的使用，替代或更新现有燃煤电站的计划也在进行中，但预测显示煤炭将继续在整个能源结构中扮演重要的角色。德国不仅是世界上最大的能源消费国之一，也是最大的燃煤国家之一。但是这个国家的资源极其有限，能源供应保障仍然是一个问题。在欧洲经合组织第二大能源消费国是波兰，煤炭在该国的能源供应中占据着主导地位，达到了波兰一次能源需求的63%。这种情况将继续保持，因为波兰拥有大量的无烟煤和褐煤储备，还有其经济和工业复苏带来的越来越高效的基础设施（Mills2004）。

经合组织亚洲国家是煤炭的主要消费者。2005年，他们消耗了0.91亿亿Btu煤炭，占经合组织国家消费总量的19.4%。经合组织亚洲国家的煤炭需求量预计将会增长6%，到2035年将达到0.97亿亿Btu。

非经合组织国家的煤炭消耗量预计在2035年将要增长到16.25亿亿Btu，比2005年的消耗量年增加了115%（EIA-IEO2011），主要是因为中国和印度的经济发展迅速，能源需求不断上升（见图2.6）。世界煤炭总消耗量的进一步增加表明了煤炭在满足非经合组织能源需求量上的重要性。

1980年他们的一次能源消耗量不到世界能源总消耗量的8%，2035年预计将达到31%。中国有丰富的煤炭储量，煤炭输出量从2000年的13.84亿t增加到2010年的32.4亿t让中国成为目前世界上最大的煤炭生产国，第二大的是美国，2010年生产了9.85亿t（BP2011）。

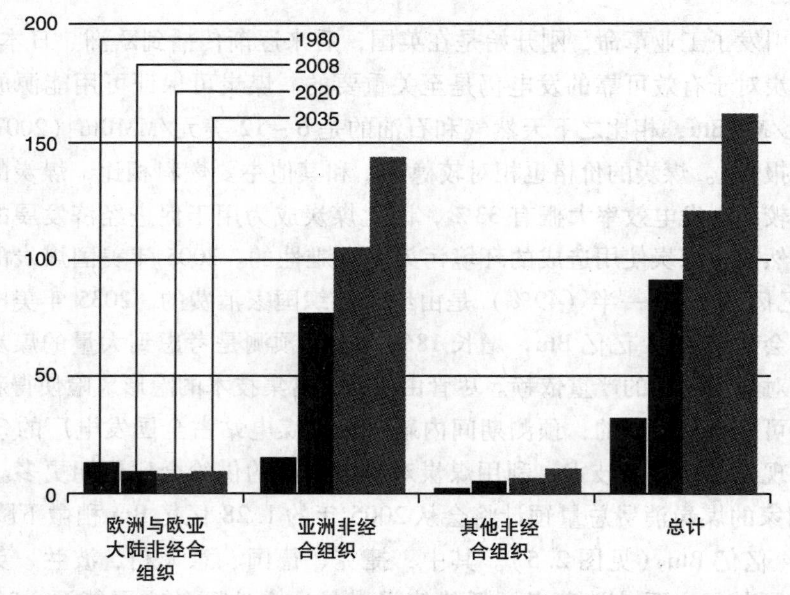

图 2.6　不同非经合组织国家煤炭消耗量（10^{15} Btu）（数据源自美国 EIA - IEO2011）

2.3　全球电力生产现状

根据国际能源署目前的评估来看，过去几十年电能是世界上增长最快的终端能源消耗形式。预计全球净发电量年均增长率将达 2.3%，从 2008 年的 19.1 万亿 kWh 到 2008 年的 25.5 万亿 kWh 再到 2035 年的 35.2 万亿 kWh，而全球总能源需求年均增长率仅 1.6%。预测发电量增长最快的是非经合组织国家，年均增长率为 3.3%。这种增长主要是因为非经合组织国家生活水平的提高和包括医院在内的商业服务的扩张引起的国内需求的增加（见图 2.7）。

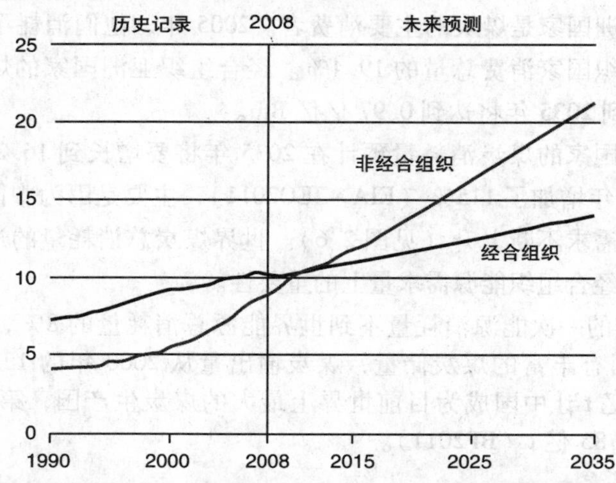

图 2.7　经合组织和非经合组织 1990～2035 年净发电量（万亿 kWh）（数据源自美国 EIA - IEO2012）

非经合组织亚洲国家（包括中国和印度）发电量预计从2008~2035年年均增长4%（见图2.8）。经合组织国家，由于其消费模式更加成熟，人口增长相对放缓或呈下降趋势，他们的发电量将增长得更慢，2008~2035年平均每年增长1.2%（EIA-IEO2011）。

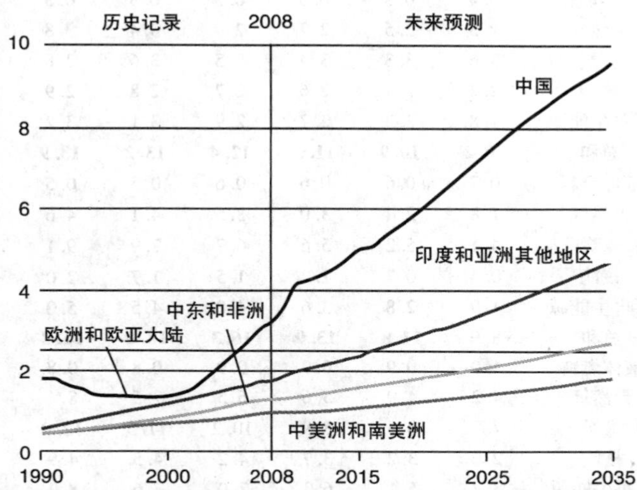

图2.8　非经合组织不同国家1990~2035年净发电量（万亿kWh）（数据源自美国EIA-IEO2012）

不同燃料的发电量如图2.9所示，其实际值见表2.6。

在许多国家，关于能源安全的担忧和温室气体排放造成的环境损失使政府制定政策来支持可再生能源的利用。因此，2008~2035年可再生能源是发展最快的发电能源，其年均增长率为3.1%。

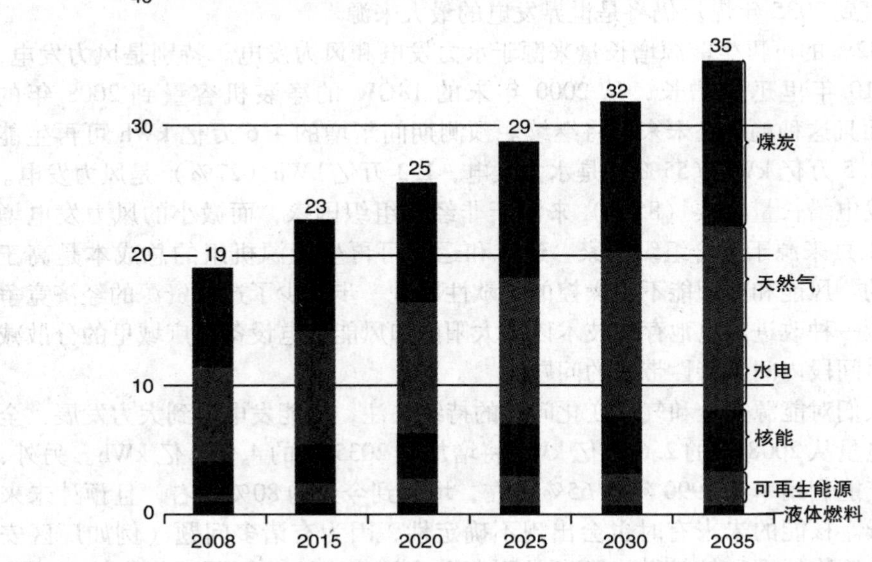

图2.9　2008~2035年全球不同燃料净发电量（万亿kWh）（数据源自美国EIA-IEO2012）

表 2.6 2008～2035 年经合组织和非经合组织不同燃料净发电量

（单位：万亿 kWh）

地区	燃料	2008 年	2015 年	2020 年	2025 年	2030 年	2035 年	年均变化量（2008～2035 年）
经合组织	液体燃料	0.4	0.3	0.3	0.3	0.3	0.3	-0.8
	天然气	2.3	2.5	2.7	2.9	3.4	3.8	1.8
	煤炭	3.6	3.3	3.4	3.5	3.6	3.8	0.2
	核能	2.2	2.4	2.6	2.7	2.8	2.9	1.0
	可再生能源	1.8	2.3	2.7	2.9	3.1	3.2	2.2
	总和	**10.2**	**10.9**	**11.6**	**12.4**	**13.2**	**13.9**	**1.2**
非经合组织	液体燃料	0.7	0.6	0.6	0.6	0.5	0.5	-1.0
	天然气	1.8	2.4	3.0	3.5	4.1	4.6	3.4
	煤炭	4.1	5.2	5.6	6.7	7.9	9.1	3.0
	核能	0.4	0.7	1.2	1.5	1.7	2.0	6.0
	可再生能源	1.9	2.8	3.6	4.0	4.5	5.0	3.7
	总和	**8.9**	**11.8**	**13.9**	**16.3**	**18.8**	**21.2**	**3.3**
世界	液体燃料	1.0	0.9	0.9	0.9	0.8	0.8	-0.9
	天然气	4.2	4.9	5.6	6.5	7.5	8.4	2.6
	煤炭	7.7	8.5	8.9	10.2	11.5	12.9	1.9
	核能	2.6	3.2	3.7	4.2	4.5	4.9	2.4
	可再生能源	3.7	5.1	6.3	7.0	7.6	8.2	3.1
	总和	**19.1**	**22.7**	**25.5**	**28.7**	**31.9**	**35.2**	**2.3**

注：数据源自美国 EIA－IEO 2011 年报告中的表 11。

天然气是增长速度第二快的发电能量来源，年均增长率为 2.6%。很多地区尤其是北美地区非常规天然气资源的增长给全球市场提供了充足的供应，保证了价格竞争力。可再生能源发电、天然气发电和小部分的核能发电将来都会减少燃煤发电，但是直到 2035 年煤炭仍将是世界发电的最大来源。

超过 82% 的可再生能源增长量来源于水力发电和风力发电。特别是风力发电，在过去的 10 年里迅速增长，从 2000 年末的 18GW 的净装机容量到 2008 年的 121GW，而且这种趋势在未来仍将继续。预测期间新增的 4.6 万亿 kWh 可再生能源发电有 2.5 万亿 kWh（55%）是水力发电，1.3 万亿 kWh（27%）是风力发电。

水力发电增长量主要（85%）来源于非经合组织国家，而微小的风力发电增长量（58%）来源于经合组织国家。建造和运营可再生能源机组的总成本是高于传统电厂的。风能和太阳能不受操控的间歇性质进一步减少了这些资源的经济竞争力。但是，一种改进的电池存储技术以及太阳能和风能发电设备在广域里的分散减少了预测时间段内间歇特性带来的问题。

由于人们对能源安全和气候变化问题的持续关注，核能发电得到大力发展，全球核能发电量从 2008 年的 2.6 万亿 kWh 将增加到 2035 年的 4.9 万亿 kWh。另外，全球平均产能利用率从 1990 年的 65% 左右，增长到今天的 80% 左右，且预计未来会继续增长。核能的未来有时也会出现不确定性，因为有诸多问题（例如厂区安全、放射性废物处理和核扩散）不断地引起公众注意，这些问题可能会妨碍或推迟新的装机计划。除了投资成本和维护成本的提高，缺乏训练有素的操作人员和有限的设备制造能力也会限制国家推进核项目。日本福岛核电站灾难发生之后，德国、瑞士和意大利已经宣布逐步取消他们现存的和预建的核反应堆。作为对日本福岛核电站灾难的应对，其他国家也可能调整现有计划和指定新政策，但是这些变化并没有反映到之前的预测里，所以预计应该会有相应减少。

由目前的情况来看，75% 的新增核电装机容量是在非经合组织国家（见图 2. 10）。2008 ~ 2035 年的新增核能发电量中中国、俄罗斯和印度所占比例最大。中国增加了 106GW，俄罗斯增加了 28GW，印度增加了 24GW。

尽管预测时间内煤炭的份额从 2008 年的 40% 降低到了 2035 年的 37%，煤炭仍将占世界发电能源的最大份额。燃煤电站是世界各地发电的主要方式，尤其是美国、中国、俄罗斯、印度、德国、南非、澳大利亚和日本，预测新增的 185GW 发电量中有 100GW 来自燃煤发电，主要是因为燃煤发电价格相对较低且稳定。

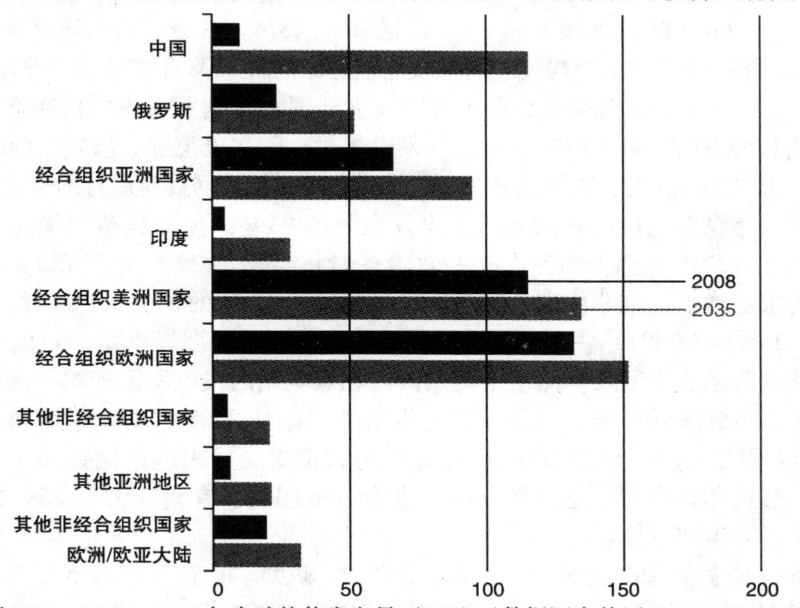

图 2. 10 2008 ~ 2035 年全球核能发电量（GW）（数据源自美国 EIA - IEO2010）

占中国发电量 80% 的燃煤发电预计从 2008 ~ 2035 年将会以每年 3% 的速度增长，相应时间段内美国增长速度是 0. 2% （EIA - IEO2011）。2008 年年底中国约有 557GW 的火电机组运行，为满足日益增长的电能需求，预计到 2035 年会新增 485GW 机组容量。这个新增机组容量表明平均每年 18GW 的装机速度比 2008 年底前的那 5 年的速度慢。但是中国煤炭占发电总量的比例却从 2008 年的 80% 下降到了 2035 年的 66%，因为核能、天然气、可再生能源发电增长速度比燃煤发电更快。在工业领域，尤其是在钢铁生产中，煤炭仍然是主要的能量来源，因为石油和天然气的储量有限。

在印度，预计煤炭消耗量会增长 54%，其中大多数是在电力和工业领域。2008 年，印度的燃煤电厂消耗 6700 万亿 Btu 煤炭，占印度全国煤炭需求量的 62%。

印度的燃煤发电年均增长率为2%，到2035年将达到1.14亿亿Btu，即燃煤发电量净增加72GW，也就是说，印度的燃煤发电量从2008年的99GW增加到2035年的171GW。然而，印度的天然气、核能、可再生能源发电增长速度比中国更快，其煤炭发电占总发电量的比例将从2008年的68%下降到2035年的51%（EIA-IEO 2011）。

非经合组织其他亚洲国家的煤炭消耗量将从2008年的6300万亿Btu增长到2035年的11000万亿Btu，年均增长率为2.1%，主要是在电力和工业部门。越南、印尼、马来西亚等的燃煤发电预计将会有一个巨大的增长。

非经合组织的欧洲和欧亚大陆国家的煤炭消耗量将由2008年的8900万亿Btu有所下降（EIA-IEO2011）。俄罗斯是该地区的主要煤炭消耗国，2008年俄罗斯消耗4500万亿Btu煤炭，大概占该地区煤炭消耗的一半，而俄罗斯18%的发电量来自煤炭发电，2035年这个比例会稍微下降到16%。预测时间内，2035年俄罗斯的煤炭消耗量增长到4900万亿Btu，而该地区的其他国家的煤炭消耗量却从2008年的4500万亿Btu下降到2035年的3700万亿Btu。整体上来看，该区域燃煤发电量仍在目前的水平附近，因为燃煤发电占总发电量的比例从2008年的34%下降到2035年的24%。在此期间，非经合组织欧洲和欧亚大陆国家（俄罗斯除外）新增发电需求的38%由核能发电提供，39%由天然气发电提供。阿尔巴尼亚、波斯尼亚和黑塞哥维那、保加利亚、黑山、罗马尼亚、塞尔维亚和乌克兰计划重建现有的燃煤电站。

南非的燃煤发电量占非洲大陆燃煤发电量的93%，预计其消耗量将会进一步增加。2008~2035年整个非洲大陆的总消耗量将会增加2500万亿Btu。近年来随着电力需求的增加，南非决定重新启动已经关闭了10年的3个3.8GW的大型火力发电厂（EIA-IEO2011）。另外，也计划新建9.6GW的燃煤电站。目前都是利用博茨瓦纳和莫桑比克的煤炭储量来提供国内燃煤电站的发电所需和填补南非的能源短缺以及出口到国际市场。工业部门的煤炭消耗量从2008~2035年增加了600万亿Btu（大概是总增长量的26%），这是因为大量煤炭用来生产钢铁加工过程所需的蒸汽和热量还有焦炭，还有部分用来生产合成燃料。在南非大约25%的煤炭消耗量都是用来生产液体燃料。

2008年中美洲和南美洲消耗了800万亿Btu煤炭。巴西是拥有世界上最大钢铁工业的国家之一，因此钢铁工业占了该地区煤炭消耗量的大约61%。其余大部分煤炭是被阿根廷、哥伦比亚、秘鲁和波多黎各利用。预计该地区煤炭消耗量从2008~2035年将增加1500万亿Btu。巴西煤炭的大部分增长主要是用于焦炭的生产，剩下的是3个发电量为1.4GW的新电厂。

2008年中东的煤炭消耗量约是400万亿Btu，仍比2035年低。以色列占总消耗量的85%，其余的是伊朗。

2013年1月发布的BP能源展望2030粗略估计2011~2030年化石燃料消耗量将会增长4.5btoe（10亿t油当量），增长率大概为36%。燃煤消耗将增加26%（3.7~4.7btoe），液体燃料增长17%（4.1~4.8btoe），天然气增长46%（2.9~4.3btoe）。正常情况下，混合燃料发电将出现大的变化，因为相对价格、政策、技术在发展（见图2.11）。20世纪70年代和80年代，昂贵的石油被核能和少部分的煤炭取代。20世纪90年代和21世纪初，随着燃气轮机技术的开发，燃气所占比例增加，煤炭比例也增加了，反映了亚洲燃煤集中发电在全球能源发电领域的影响力。2011～2030年，煤炭所占份额下降，天然气所占份额只有少量增加，因为可再生能源开始进入市场并具有一定规模。发电燃料增长所产生的影响在该展望的最后10年尤其显著。2020年以后，和过去20年相比，发电所用燃煤几乎没有增长。这是受总发电功率放缓、核能和可再生能源增加的共同影响。天然气的增长也将减少，但是和煤炭相比减幅很小。

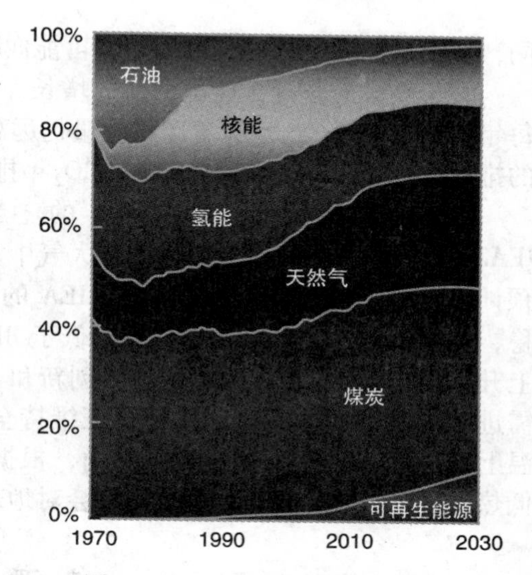

图2.11 不同能源电能出力比例
（数据源自BP能源展望2030，2013年1月）

然而，世界能源的总需求与供给预测和BP的上一次预测变化很小，2030年大概上涨了0.5%。北美的石油和天然气供应量预测已经被调整得更高了，大概14%，因为预计页岩气和致密油会有进一步发展；发电需求量调整得更高了，主要是因为非经合组织亚太地区国家发电需求的增加，其化石燃料的使用受地区经济发展潜力的影响。

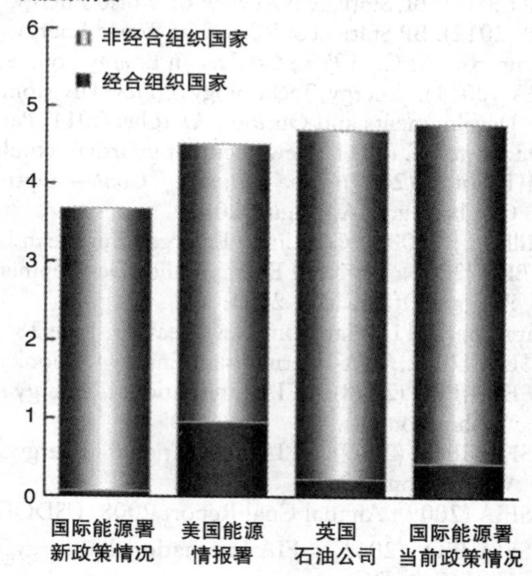

图2.12 2010～2030年不同能源消耗量的对比
（数据源自BP能源展望2030，2013年1月）

不同展望的对比：BP能源展望2030和美国EIA、IEA的对比如图2.12所示。BP能源展望2030是基于未来政策趋势的“最可能评估”。在这个方面，它不同于IEA和EIA的能源预测，因为他们是基于具体的政策方案的预测。

IEA的“新政策情景（NPS）”假定政府会将其宣布的化石燃料的减量承诺付诸实际行动，但是“当前政策情景（CPS）”不考虑政策背景的变化，即照旧。尽管BP2030假定场景和“新政策情景”相同，最后结果却和“当前政策情景”预测结果更接近。BP估计的非经合组织国家的能源需求增长比IEA的“新政策情景”估计得多，BP预测的化石燃料的增长也更多，尤其是煤炭。这可能反映了不同观点对快速发展的工业经济预测的不同，特别对速度的预测，因为他们可能向低能源密集型路径转移。

关于碳排放，源于能源消耗的增长，2011～2030 年碳排放增长了 26%，平均每年增长 1.2%。这意味着碳排放量仍远高于维持大气中温室气体含量稳定而要求的排放量：450ppm。到 2030 年，CO_2年排放量将到达 450 亿 t。

上述 CO_2 排放的预测和 IEA 的“当前政策情景”所做的预测极其相似。IEA2011 的预测并没有考虑为稳定大气中温室气体浓度所做的努力和未来全球气温预计将至少上升 6℃这两个因素。IEA 的“新政策情景”预计的 CO_2增量趋于平稳，略高于 35bt，这个预测值远远低于 BP 的预测。基于此预测，为确保全球气温上升不高于 4℃，需要大量的技术创新和正确的政策支持。并且，2050 年以后人类需进一步增大 CO_2 减排，才能保证维持全球气温的战果。这些预测演示了全球气温上升 4～6℃的情形和过程。然而，根据世界银行 2012 年 12 月发布的名为《调低热量》的报告，温度上升 4℃将会对地球造成毁灭性的伤害。

参考文献

BP (2008): BP Statistical Review of World Energy, June 2008, London, UK.

BP (2011): BP Statistical Review of World Energy, June 2011, London, UK.

BP (2012): BP Statistical Review of World Energy, June 2012, London, UK.

Grimston, M.C. (1999): Coal as an Energy Source, IEA Coal Research, 1999.

IEA (2011): Energy Technology Policy Division, Power Generation from Coal – Ongoing Developments and Outlook, October 2011, Paris, OECD/IEA.

Macalister, T. (2011): news item, at guardian.co.uk, Dec., 29, 2011.

MIT Study (2007): *The Future of Coal* – Options for a carbon-constrained World, MIT, Cambrideg, MA, August 2007.

Mills, S.J. (2004): Coal in an Enlarged European Union, *IEA Coal Research*, 2004.

NEPD (2001): National Energy Policy Development Group, National Energy Policy, U.S. Govt Printing Office, May 2001.

Saraf, S. (2011): Platt.com News feature, June 28, 2011.

USEIA (2002): EIA-International Energy Outlook 2002, USDOE, March 2002.

USEIA-IEO (2008): EIA-International Energy Outlook 2008, US DOE, Sept. 2008, Washington DC.

USEIA-IEO (2009): EIA-International Energy Outlook 2009, US DOE, Sept. 2009, Washington DC.

USEIA (2009): Annual Coal Report 2008, USDOE, Sept. 2009, Washington DC.

USEIA-IEO (2011): EIA-International Energy Outlook 2011, US DOE, Sept. 2011, Washinton DC.

USEIA (2011): *World Shale Gas Resources: an Initial Assessment of 14 Regions outside the United States*, Washington DC, April 2011.

Walker, S. (2000): Major Coalfields of the World, *IEA Coal Research*, 2000.

WEC (2007): World Energy Council 2007, *Survey of Energy Sources*, 2007 ed., London: WEC.

World Bank (2012): 'Turndown the Heat – Why a 4°C Warmer World must be avoided', Report released in November 2012, Washington DC.

Worldwide Look at Reserves and Production (2010): *Oil & Gas Journal*, **106** (47) 2010, pp. 46–49, at www.ogj.com, adjusted with the EIA release of proved reserve estimates as of December 31, 2010.

第3章　煤：形成、分类、储存和生产

3.1　煤的形成

地质学家认为地下煤矿形成于距今2亿9000万～3亿6000万年前的石炭纪地质时代，当时大部分地表被泥泞的土地、沼泽与茂密的森林所覆盖（Moore 1922，Jeffry 1924）。随着花草树木的生长与枯萎，植株残体沉积于湿的地表之下，而地表之下缺氧的环境减缓了其腐败速度，因而植株残体通过一个生物化学过程变成了泥煤。经过数百万年的变迁，泥煤层的物理性质和化学性质均发生改变，这一过程被称为“煤化作用”。由于新生海洋与大陆覆盖在泥煤表面，泥煤在热（热量来自于地球内部或邻近的火山源）和压力的共同作用下形成了紧密压实的沉积物。沉积物经过反复不断的积累，然后经历着地球化学过程（即生物反应和地质反应）。也就是说，在腐烂压实、热量以及时间的作用下，泥煤的性质发生了变化。不同程度的温度、时间和外部压力的作用决定了形成不同类型的煤（泥煤、褐煤、次烟煤、烟煤和无烟煤）（比如Lieske 1930；Berl等，1932；Stadnikov 1937；Hendricks 1945；Fuchs 1952）。图3.1展示了煤的形成顺序（肯塔基州地质调查局：煤是怎样形成的?）。据估计，形成每英尺厚的煤层需要3～7ft[⊖]的植株残体。

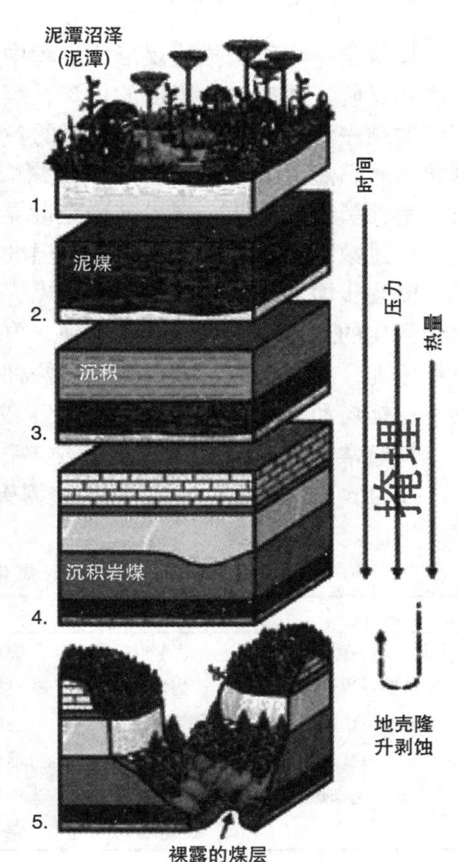

图3.1　煤的形成（来源：Kentucky Geological Survey，artist：Steve Greb。Mike Lynch，KGS允许使用）

一些近代的煤形成于1500万～1亿年前，而最新的煤则仅形成了100万年左

⊖　1ft＝0.3048m。

右（Nersesian 2010）。煤形成时的不同植物和气候条件以及随后发生的地球物理反应导致了不同煤之间的巨大差异。不同地质时期的植物的生物性质与化学性质均有差异。煤层深度、温度、酸度以及湿地中自然水的流动均是影响煤形成过程的因素（Schobert 1987，Van Krevelen 1993，Mitchell 1997）。

煤与石油、天然气一样来源于远古生物，因此煤被称作化石燃料。煤化作用由三个化学过程组成：微生物降解植物中的纤维素、植物中的木质素转化为腐殖质、腐殖质还原成较大的煤微粒（Tatsch 1980）。

3.2 煤阶

煤阶是一个用来描述煤形成过程中煤化程度的量，煤的物理性质和化学性质均会影响煤阶。随着煤化程度的加深，煤从最初的泥煤，按褐煤、次烟煤、烟煤、无烟煤的顺序演变。表3.1展示了煤的各个形成阶段与其对应的化学反应。泥煤的含水量很高，热值较低；最初形成的褐煤的有机质成熟度和热值均较低，是一种软质、呈棕黑色的物质。褐煤储量在世界各种煤储量中居首位。

经过数百万年的演变，褐煤在温度和压力的持续作用下进一步变化，其有机质成熟度逐步增加，从而演变为次烟煤，次烟煤呈漆黑色。随着进一步的物理变化和化学变化的进行，次烟煤变得更硬、更黑，从而形成烟煤。再随着有机质成熟度的逐步增加，最终形成了无烟煤。前两种煤是软质煤，是电厂的主要燃煤；最后两种煤——烟煤和无烟煤，则是“黑煤”或“硬煤”。

煤通常出现在沉积岩的接缝或矿脉处；煤层有不同的厚度，有些地下煤矿有0.7～2.4m（2.5～8ft）厚，而有些露天煤矿则有30m（100ft）厚，如美国西部的露天煤矿。

表3.1 煤化过程的各个阶段

阶段	过程	主要化学反应
腐殖质→泥煤	泥炭化	细菌、真菌分解过程
泥煤→褐煤	褐煤化	空气氧化、去碳酸基、脱水
褐煤→烟煤	煤沥青化	去碳酸基与歧化作用
烟煤→贫煤	预无烟煤化	缩合形成小芳香环
贫煤→无烟煤	1. 无烟煤化	小芳香环的缩合：脱氢
	2. 石墨化	完全煤化

注：源自 Van Krevelen 1993。

3.3 煤的组成

煤是一种由有机和无机化合物复杂混合而成的可燃矿石。其中有机组分主要由碳、氢、氧以及少量的硫和氮组成。同时其他从最初的植物继承而来的微量元素也包含在有机组分之中。无机组分分散在整个煤之中，它由不同的成灰化合物组成。无机组分是通过煤化过程中风和水的流动带来的残渣而被引入泥炭沼泽的，或者是从原始植被及裂缝和洞穴的流体中获得的（Mackowsky 1968）。煤炭矿物学可以通过煤的洗选、燃烧及转换过程（比如液体燃料和化学品）来改变和去除矿物质。

部分元素也会参与形成离散矿物质，例如黄铁矿。无机组分的浓度变化范围很大，可能从煤的几个百分点到煤的十亿分之几的数量级。虽然煤中已有120种不同的矿物已经被鉴别，但是这其中仅有33种在煤中普遍发现，且这33种中仅有8种（石英、高岭石、伊利石、蒙脱石、绿泥石、黄铁矿和方解石）含量大到可以作为主要成分来考虑。

3.4 煤的结构

煤的结构极其复杂，并且取决于煤的起源、历史、年龄与煤阶。20世纪20年代末，化学家认为煤由碳和含氢杂质混合组成。采用干馏（在无空气参与条件下加热）和溶剂萃取（与不同的有机溶剂反应）的分析方法已经揭示了煤中含有大量的碳以及少量的氢、氧、氮、硫和含无机化合物的灰分，如铝和硅的氧化物。干馏过程会产生焦油、水和气体。其中氢气是逸出气体的主要组分，气体中也有氨、一氧化碳、二氧化碳、苯和其他碳氢化合物。

伦敦帝国理工学院的Richard Wheeler、曼海姆（德国西部一城市）的Friedrich Bergius、米尔海姆（德国一城市）的Franz Fischer对揭示煤中的苯环化合物的存在做出了重要贡献。而伦敦帝国理工学院的William Bone于1925年证实了煤中存在苯环结构。他们在煤的氧化产物中得到了三联苯-、四联苯-和其他高羧酸，这表明了煤中普遍存在着三元和四元的芳香结构、五元稠环结构以及单苯环结构。最简单的苯环结构包含8个或10个碳原子，而稠环结构包含15个或20个碳原子。

通过研究煤的分子构象我们可以确定其在燃烧、热解和液化过程中的反应性。已有些许关于这方面的文献发表（如WCI，WEC 2004，Smith & Smoot 1990，Bhatia 1987，Xuguang 2005，Carlson 1991等）。Carlson（1992）借助于计算机仿真研究了煤的三维结构，并进一步分析了由Given（1960）、Solomon（1981）、Shinn（1984）和Wiser（1984）提出的煤的结构。

3.5 煤的分类和成分分析

煤的分类有多种，它们一般基于煤的以下性质进行分类：①灰分；②自身结构：无烟煤、烟煤、次烟煤和褐煤；③热值；④含硫量：高或低；⑤焦炭级别；⑥粘结性。

Henri-Victor Regnault对煤进行工业分析，测定了其水分、挥发分（煤被加热时挥发出来的气体）、固定碳（挥发分析出后煤中残留的固体物）、灰分（煤中的杂质，如铁、硅、铝以及其他未燃物）所占百分比，据此对煤进行了分类。其工业分析是以“收到基”为基准。

Clarence Seyler 采用了元素分析，测定了煤中的化学组成元素：碳、氢、氧和氮，但是硫和灰分不包括在内。英国科学家 Marie Stopes 根据煤的微观组分对其进行了分类：亮煤（普通亮煤）、镜煤（有光泽的黑煤）、暗煤（暗沉粗糙煤）以及乌煤（也被称作丝炭、天然木炭，是软粉状煤）。因为水分、矿物质或灰分并非煤的可燃质，所以煤的组分分析可基于以下几个基准：收到基、空气干燥基、干燥基、干燥无灰基和干燥无矿物质基。在各种分类方案中最常用的基准由 Ward（1984）提出：

1）收到基：包含固定碳、挥发分（有机和矿物）、灰分、水分（内在水和表面水）；

2）空气干燥基：固定碳、挥发分、灰分和内在水；

3）干燥基：固定碳、挥发分和灰分；

4）干燥无灰基：固定碳和挥发分；

5）干燥无矿物质基：固定碳和挥发性有机物；也称为净煤（纯煤）。

由美国标准协会（ASA）与美国材料试验学会（ASTM）编写的煤的分类指南被用于商业分级系统，也被用于科学研究。ASTM 系统（ASTMD388）将煤分为上文提到的四级，每一级又被细分为几个子类。高阶煤的固定碳（热值）和挥发分（干燥无矿物质基）含量高，氢和氧元素含量低；低阶煤的碳元素含量较低但其氢和氧元素含量高，且可按照其热值高低（干燥无矿物质基）细分。

无烟煤作为最高阶煤种，燃烧时火焰小且产生的烟气少。它的固定碳含量在所有煤中最高，达 86% ~98%，能量也比较高。它的热值为 13500 ~15600Btu㊀/lb㊁（14.2 ~16.5MJ/lb），其水分和挥发分含量相对较低。虽然无烟煤可以用于电厂发电和钢铁工业，但它主要是用于家用供热。无烟煤是一种稀缺的煤。烟煤是第二阶的软质煤种，燃烧时会产生烟雾和飞灰。它的固定碳含量为 46% ~86%，热值较高，在 10500 ~15000Btu/lb 之间。烟煤是全球最丰富的、经济性最好的可采煤炭，也是蒸汽轮机动力发电厂的主要燃料，有些烟煤可以转换为钢铁工业所需的焦炭。次烟煤是第三阶煤种，其固定碳含量为 35% ~45%，水分含量比烟煤更高，热值为 8300 ~13000Btu/lb。虽然亚烟煤的热值较低，但因其含硫量较低、对环境污染小的特点，使其在发电厂中应用广泛。褐煤也是一种软质煤，固定碳含量为25% ~35%，它的热值最低，为 4800 ~8300Btu/lb。褐煤主要用于发电。

随着煤阶的增加，煤的水分和挥发分含量降低，固定碳含量和热值增加。图 3.2

㊀ 1Btu = 1055.056J。

㊁ 1lb = 0.45359237kg。

更详细地给出了美国、英国和德国的各种煤的分类方法（数据源自 EURACOAL 网站）。

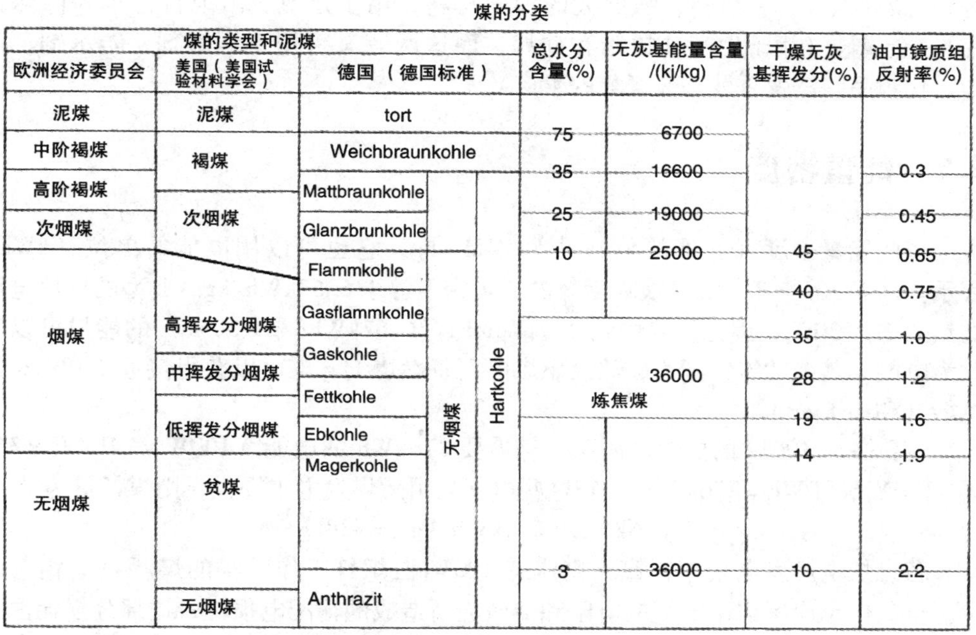

煤的分类

煤的类型和泥煤					总水分含量(%)	无灰基能量含量/(kj/kg)	干燥无灰基挥发分(%)	油中镜质组反射率(%)
欧洲经济委员会	美国（美国试验材料学会）	德国（德国标准）						
泥煤	泥煤	tort						
中阶褐煤	褐煤	Weichbraunkohle			75	6700		
高阶褐煤					35	16600		0.3
次烟煤	次烟煤	Mattbraunkohle		Hartkohle	25	19000		0.45
		Glanzbrunkohle			10	25000	45	0.65
烟煤	高挥发分烟煤	Flammkohle	无烟煤				40	0.75
		Gasflammkohle			炼焦煤		35	1.0
	中挥发分烟煤	Gaskohle				36000	28	1.2
	低挥发分烟煤	Fettkohle					19	1.6
		Ebkohle					14	1.9
无烟煤	贫煤	Magerkohle			3	36000	10	2.2
	无烟煤	Anthrazit						

图 3.2 分类方法综述（数据源自 EURACOAL）

除了用于供热和发电之外，煤还是制造业的一种重要原料。煤干馏（碳化）所产生的烃气体和煤焦油可以用于合成药物、染料、塑料、溶剂以及众多其他的有机化学品。高压下煤的氢化和液化，以及采用费托合成间接液化技术是生产清洁液体染料和润滑油的有效可行方法。

3.6 煤的利用

尽管煤燃烧所释放的温室气体是导致全球变暖的原因之一，但煤还是作为首选的能量来源被人们所利用。除了发电之外，煤最重要的利用方式集中在钢铁生产、水泥工业以及液体燃料生产中。自 2000 年以来，全球煤耗量持续增加。仅 2010 年，全球就消耗了 61 亿 t 硬煤与 10 亿 t 褐煤。不同种类的煤用途各不相同。动力煤（也被称为热力煤，属于硬煤）主要用于发电与产热。焦煤（也被称为冶金煤，也属于硬煤）主要用于焦炭（主要是烟煤）和钢铁生产。氧化铝精炼厂、造纸工业、化工和制药行业也是重要的用煤单位。煤的副产品也可用于生产多种化学品。精炼煤焦油可用于生产杂酚油、萘、苯酚和苯等化学品。炼焦炉中回收的氨气可用于制造铵盐、硝酸和农用化肥。成千上万的产品中都有煤或煤副产品的身影：肥皂、阿司匹林、溶剂、染料、塑料和纤维（如人造丝、尼龙）等。煤也是生产一些特殊产品的重要原料，如活性炭（用于水和空气净化过滤以及“肾透析机”等）；碳纤维（一种质轻、强度大的加固材料，用于建筑、山地自行车和网球拍等）；金属硅（用于生产硅树脂和硅烷，而这两者又可用于润滑剂、防水剂、树脂、化妆品、洗发香波和牙膏等的生产）。

3.7 能量密度

煤的能量密度（亦即热值）约为24MJ/kg，它也可以用电能的单位（kWh）表示。1kWh等于3.6MJ，换算后煤的能量密度等于6.67kWh/kg。典型的燃煤电厂的热效率为30%，因此，煤中约2.0kWh/kg（6.67kWh/kg×30%）的能量可以转化为电能，其余的能量则为废热。燃煤电厂每燃烧1kg煤可以获得接近2.0kWh的电能（Glen Elert）。

例：一只100W的白炽灯照明一年需要876kWh的电能（100W×24h/天×365天/年=876000Wh=876kWh）。若这些电能均由燃煤发电来提供，则煤耗量为

$$876\text{kWh}/(2.0\text{kWh/kg})=438\text{kg}$$

若燃煤电厂发电效率提高，则维持100W白炽灯工作一年的煤耗量会相对减少。这其中也应考虑由电缆的电阻和热效应所造成的输配电损耗，这部分损耗占总电耗的5%~10%，且与电站距离以及其他因素有关。

1. 碳排放强度

一般商品煤的含碳量在70%以上，上文提到的热值为6.67kWh/kg的煤的含碳量大约在80%左右。因此，1kg的煤中碳的物质的量为

$$(0.8\text{kg})/(12\text{kg/kmol})=2/30\text{kmol}$$

式中，1mol等于N_A个原子，N_A为阿伏伽德罗常数。

煤燃烧时，煤中的碳与大气中的氧气结合，生成二氧化碳，其分子量为$(12+16\times2)$kg/kmol=44kg/kmol。因此，燃烧1kg煤所释放的二氧化碳的质量约为

$$(2/30)\text{kmol}\times44\text{kg/kmol}=88/30\text{kg}\approx2.93\text{kg}$$

这可用于计算燃煤电厂的CO_2排放因子。因为6.67kWh/kg的煤的有效能量约为31%，燃烧1kg煤可产生2kWh的电能，同时燃烧1kg煤会排出2.93kgCO_2，所以燃煤电厂的CO_2直接排放强度约为1.47kg/kWh或0.407kg/MJ。

2. 发热量估计

煤的发热量Q是其在氧气下完全燃烧所释放的热量。Q是关于煤的元素组成的复杂函数。发热量Q可以通过实验用热量计测定。Dulong给出了氧气量低于10%的状况下Q的近似计算公式

$$Q=337C+1442(H-O/8)+93S$$

式中，C为煤中碳元素的百分比；H为煤中氢元素的百分比；O为煤中氧元素的百

分比；S 为煤中硫元素的百分比（百分比均以质量计）。式中 Q 的单位是 kJ/g。

3.8　全球煤炭储量：区域性分布

煤是不可再生能源，它的形成需经历数百万年。煤也是世界上最丰富、地域分布最广泛的化石燃料。煤占世界已探明的化石能源储量的 70%，并且远远超过石油和天然气储量的总和。“煤炭探明储量”是指由地质和工程中所获的合理数据推断出的煤量，是将来可以在现有的经济和操作条件下从已知煤层中开采的数量。除了中东地区之外，世界各主要地区都有相当可观的煤炭资源。有趣的是，全球约三分之二的石油储量与超过 41% 的天然气储量却在中东地区。国际上公认的评估世界煤炭储量的方法有两种：①由德国地球科学和自然资源研究所（BGR）编写的，被国际能源署（IEA）作为有关煤炭储量的主要信息来源；②由世界能源理事会（WEC）编写的，被 BP 世界能源统计年鉴所利用。表 3.2 给出了 2011 年世界已探明的煤炭储量的地区分布形式（BP 世界能源统计年鉴 2012）。品质和地质特性是煤炭储量的重要参数。煤是一种非均质能源，其品质与热含量、含硫量和灰分等特性参数有关，这些特性参数在不同地域乃至同一煤层中变化都相当大。特优级烟煤或炼焦煤（用于生产钢铁工业中所需的焦炭）是高品质的煤种。美国生产的炼焦煤的含热量估计为 26.3MBtu/t，它的含硫量相对较低，质量百分比约为 0.9%。另一方面是低热值褐煤储量。以热值为标准的话，不同热值的褐煤储量变化也相当大。国际能源署 2008 年公布的数据表明：褐煤主要生产国所生产的褐煤平均热值最低可达 5.9MBtu/t（希腊），最高可达 13.1MBtu/t（加拿大）（美国 EIA – IEO 2011）。

表 3.2　截至 2011 年世界已探明煤储量的地区分布形式

地区	无烟煤与烟煤 /Mt	褐煤与亚烟煤 /Mt	总储量 /Mt	占世界总储量百分比（%）	（储量/年产量）/年
北美	112835	132253	245088	28.5	228
拉丁美洲	6890	5618	12508	1.5	124
欧洲及欧亚大陆	92990	211614	304604	35.4	242
中东和非洲	32721	174	32895	3.8	126
亚太地区	159326	106517	265843	30.9	53

注：数据源自 BP 世界能源统计年鉴，2012 年 6 月。

图 3.3 给出了 1990 年、2000 年和 2010 年世界已探明煤炭储量的地区分布形式。2000 年以前，世界煤炭储量基本不变。2000～2010 年 10 年间，世界煤炭储量减少了 12.5%。

虽然世界上几乎每个国家都有煤炭储量，但其中仅有 70 个国家有可开采的煤。截至 2011 年年底，世界累计的已探明煤炭储量约为 8610 亿 t（数据源自 BP 世界能源统计年鉴 2012）。据世界能源理事会（WEC2010）估计，以目前煤炭消耗水平

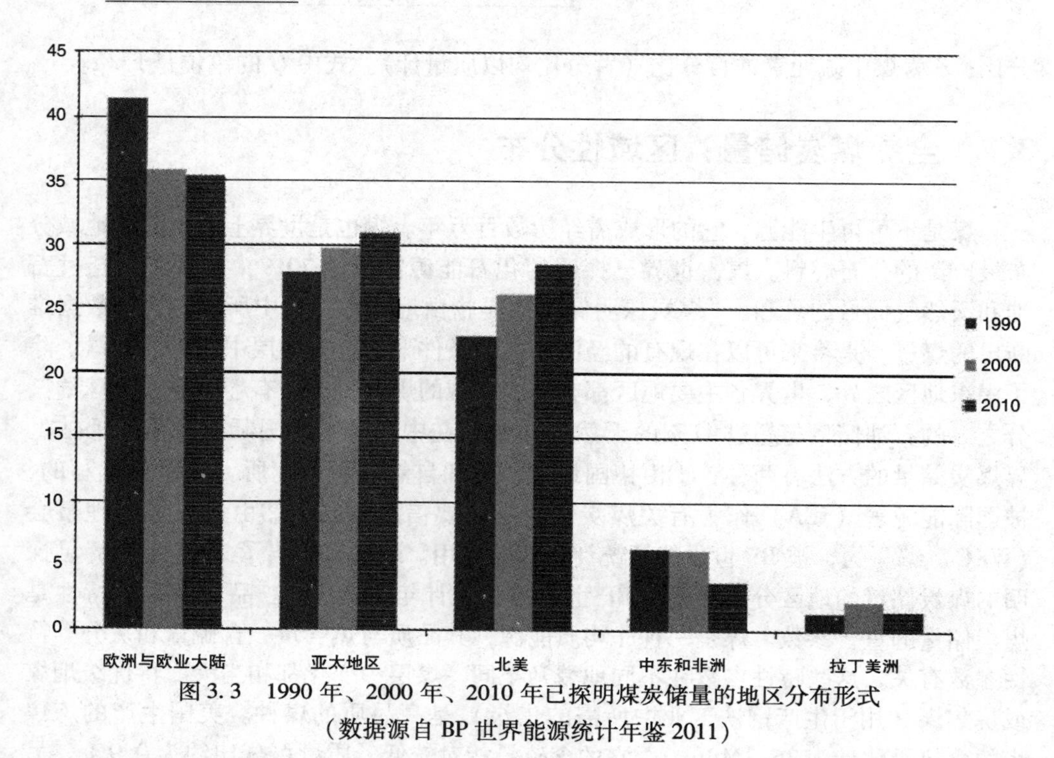

图 3.3 1990 年、2000 年、2010 年已探明煤炭储量的地区分布形式
（数据源自 BP 世界能源统计年鉴 2011）

来看，煤炭储量仅可供人类开采 118 年。也就是说，R/P = 储量/年产量 = 118 年（年底结算时剩余的煤炭储量除以当年的煤炭开采量等于一个时间量度，该时间量度表示如果保持每年相同的开采量，耗尽煤炭储量的时间）。但是，我们可以通过现有和改进的勘探技术发现新的煤炭储量，依赖开采技术的进步以开采以前无法开采的煤炭资源来延长人类能够使用煤炭资源的时限。

全球92%左右可开采的煤炭资源集中在10 个国家，见表3.3（数据源自 BP 世界能源统计年鉴 2012）。美国居首，拥有世界总煤炭储量的 27.6%。俄罗斯和中国远远落后美国居第二和第三，分别拥有世界总煤炭储量的 18.2% 和 13.3%。美国的煤炭储量世界第一，而沙特阿拉伯的石油储量世界第一。因此，美国煤炭生产商正加紧促成煤炭作为主要能量供给源的市场形势。

表 3.3 2011 年年底世界已探明煤炭储量前 10 国家 （单位：Mt）

国家	无烟煤与烟煤	褐煤与亚烟煤	总量	占世界总量百分比（%）	储量/年产量/年
美国	108501	128794	237295	27.6	241
俄罗斯	49088	107922	157010	18.2	495
中国	62200	52300	114500	13.3	35
澳大利亚	37100	39300	76400	8.9	180
印度	56100	4500	60600	7.0	106

（续）

国家	无烟煤与烟煤	褐煤与亚烟煤	总量	占世界总量百分比（%）	储量/年产量/年
德国	99	40600	40699	4.7	223
乌克兰	15351	18522	33873	3.9	462
哈萨克斯坦	21500	12100	33600	3.9	300
南非	30156	—	30156	3.5	119
波兰	4338	1371	5709	0.7	43

注：数据源自BP世界能源统计年鉴，2012年6月。

各个国家“无烟煤和烟煤（硬煤）”与“褐煤和亚烟煤”的储量比例关系均有所不同。按质量计算的话，无烟煤和烟煤占全球可开采煤炭储量的47%，亚烟煤占30%，褐煤占23%（美国EIA－IEO 2012）。

3.9 全球煤炭开采

虽然煤炭开采已有超过5000年的历史，但大规模煤炭开采从18世纪才发展起来。煤的开采有两种方式：表面（即露天）开采和地下（即深井）开采。而地下开采又有两种方法：房柱式采煤法和长壁式采煤法。

房柱式采煤法是在煤层中建立采煤房网络，煤房之间保留煤柱以支撑顶板的采煤方法。煤炭的开采率为50%～60%。长壁式采煤法是用采煤机破碎并采集工作面上的煤（100～250m宽）。自推进液压动力会在采煤时临时支撑起顶部，而在工作面后面的顶部便会坍塌下来。它的开采率约为75%。露天开采仅当煤层接近地表时才经济可行。露天开采的煤炭开采率高于地下开采，但会破坏土地，减少土地的可利用度。

2011年全球煤炭产量为7678Mt。其中约6637Mt为硬煤，1041Mt为褐煤（WCA 2012）。而这些硬煤中，有5670Mt为动力煤，967Mt为焦煤（WCA 2012）。亚太地区的煤炭产量巨大，其增幅约120%，其次是拉丁美洲地区，增幅达78.8%。相比于2010年，2011年亚太地区和拉丁美洲地区的煤炭产量分别创纪录地增长了7.8%和13.3%，而全球平均增长率仅为6.1%。表3.4给出了不同地区的煤炭产量情况。表3.5给出了2001年和2011年主要的煤炭生产国的产煤情况。两表中数据的单位均为百万t油当量。从表中可以看出，美国、德国和波兰的煤炭年产量有下降趋势，而亚洲国家，尤其是中国、印度尼西亚和印度却有明显的增长趋势。

表 3.4　2001 年、2010 年和 2011 年煤炭产量地区分布形式

（单位：百万 t 油当量）

地区	2001 年	2010 年	2011 年	相对 2010 年的变化率（%）
北美	632.2	592.7	600.0	1.2
拉丁美洲	36.8	57.2	64.8	13.3
欧洲和欧亚大陆	439.6	437.3	457.1	4.5
中东地区	0.7	0.7	0.7	—
非洲	130.2	146.1	146.6	0.3
亚太地区	1220.7	2492.7	2686.3	7.8
世界总量	**2460.2**	**3726.7**	**3955.5**	**6.1**
经合组织国家	1029.1	1000.0	1004.4	0.4
非经合组织国家	1431.2	2726.6	2951.0	8.2

注：数据源自 BP 世界能源统计年鉴 2012。

表 3.5　2001 年和 2011 年世界上的煤炭主要生产国

（单位：百万 t 油当量）

国家	2001 年	2011 年
中国	809.5	1956.0
美国	590.3	556.8
印度	133.6	222.4
澳大利亚	180.2	230.8
俄罗斯	122.6	157.3
印度尼西亚	56.9	199.8
南非	126.1	143.8
德国	54.1	44.6
波兰	71.7	56.6
哈萨克斯坦	40.7	58.8
哥伦比亚	28.5	55.8
乌克兰	43.5	45.1

注：数据源自 BP 世界能源统计年鉴 2012。

3.10　2035 年煤炭产量预测

美国 EIA 的能源展望报告预测：从 2008 ~ 2035 年，非经合组织国家的年均煤炭产量增长率为 1.8%，而经合组织国家的年均煤炭产量增长率为 0.5%。表 3.6 给出了世界不同地区煤炭产量的预测情况（EIA - IEO 2011）。

表3.6　2008～2035年世界煤炭产量地区分布形式预测（单位：百万t）

地区	2008	2010	2015	2020	2025	2030	2035	2008～2035年均增长率（%）
经合组织北美国家	1260	1189	1149	1206	1318	1367	1443	0.5
美国	1172	1102	1061	1114	1222	1266	1331	0.5
加拿大	75	77	77	80	84	87	95	0.9
墨西哥	13	10	11	12	12	13	18	1.0
经合组织欧洲国家	651	613	564	560	537	519	513	-0.9
经合组织亚洲国家	447	479	522	526	573	647	714	1.7
日本	0	0	0	0	0	0	0	NA
韩国	3	3	3	1	3	3	3	-0.3
澳大利亚/新西兰	444	476	519	524	573	645	711	1.8
经合组织国家总和	**2358**	**2281**	**2236**	**2291**	**2428**	**2534**	**2670**	**0.5**
非经合欧洲国家	683	621	633	621	611	620	649	-0.2
俄罗斯	336	328	341	339	339	354	385	0.5
其他地区	347	293	292	281	271	266	264	-1.0
非经合亚洲国家	4081	4600	4965	5244	5847	6457	6966	2.0
中国	3086	3556	3871	4103	4618	5091	5431	2.1
印度	568	556	577	620	694	783	885	1.7
非经合组织其他亚洲国家	426	488	518	521	535	583	650	1.6
中东地区	2	3	3	2	2	2	3	1.7
非洲	283	291	346	366	387	417	464	1.8
拉美地区	97	89	127	158	177	190	206	2.8
巴西	7	6	6	6	6	6	6	-0.5
其他拉美国家	90	83	121	152	171	184	200	3.0
非经合组织国家总和	**5147**	**5604**	**6074**	**6391**	**7023**	**7686**	**8287**	**1.8**
世界总产量	**7505**	**7886**	**8310**	**8682**	**9451**	**10219**	**10958**	**1.4**

预计从2008～2035年，中国煤炭产量增长最快，占世界煤炭产量总增长量的67%（世界煤炭产量总增长为68万亿Btu，其中中国为45.5万亿Btu）。该展望报告进一步指出，中国国内产煤将主要供应其自身发展的需要。其他煤炭产量增长幅度较大的国家包括澳大利亚（6.5万亿Btu）、新西兰（占世界煤炭产量总增长量的9%）、印度（4.5万亿Btu）、非经合组织国家（中国和印度除外，为4.5万亿Btu）、非洲（3.6万亿Btu）、美国（2.7万亿Btu）以及拉丁美洲（2.5万亿Btu）。

澳大利亚、新西兰和拉丁美洲地区的煤炭产量的增长大多由于其煤炭出口量的不断增加。而非洲和非经合组织国家（中国和印度除外）煤炭产量的增长则是为了满足自身煤炭消耗量的增加和出口量的上升。美国煤炭产量的增长主要是由于国内煤炭消耗量的增加。

参考文献

Averitt, P. (1976): Coal Resources of the U.S., January 1, 1974, *U.S. Geological Survey Bulletin* No. 1412, 1975 (reprinted 1976), p. 131.

Berkowitz, N. (1979): An Introduction to Coal Technology, Academic Press.

Berl, E., Schmidt, A., & Koch, H. (1932): The origin of coal, *Angew Chem*, **45**, 517–519.

Bhatia, S.K. (1987): Modeling the pore structure of coal, *AIChE J*, **33**, 1707–1718.

Brusset, H. (1949): The most recent view of the structures of coal, *Memoires ICF*, **102**, 69–74.

Bustin, R.M., Cameron, A.R., Grieve, D.A., & Kalkreuth, W.D. (1983): Coal Petrology: Its Principles, Methods, and Applications, Geological Assoc. of Canada.

Carlson, G.A. (1991): Molecular modeling studies of bituminous coal structure, Preprints of Papers – *American Chemical Society, Division of Fuel Chemistry*, **36**, 398–404.

Carlson, G.A. (1992): Computer simulation of the molecular structure of bituminous coal, *Energy Fuels*, **6**, 771–778.

Coal – Chemistry Encyclopedia – structure, water, uses, elements, gas' at http://www.chemistryexplained.com/Ce-Co/Coal.html#ixzz1ox0eAJIl

Davidson, R.M. (1980): Molecular Structure of Coal, *IEA Coal Research*, London, UK.

Elliott, M.A. (Ed.), (1981): Chemistry of Coal Utilization, Second Suppl. Volume, John Wiley & Sons.

EURACOAL: European Coal Association website, retrieved on March 15, 2012.

Fuchs, W. (1952): Recent investigations on the origin of coal, *Chemiker-Zeitung*, **76**, 61–66.

Ghosh, T.K., & Prelas, M.A. (2009): Energy Resources & Systems – Vol. I: Fundamentals and Non-Renewable Resources, Springer Science + Business Media B.V 2009, pp. 159–279.

Given, P.H. (1960): The distribution of hydrogen in coals and its relation to coal structure, *Fuel*, **39**, 147–153.

Glenn Elert (ed.): The Physics FactBook, An Encyclopedia of scientific essays, started 1995, available at http://hypertextbook.com/facts

Hensel, R.P. (1981): Coal: Classification, Chemistry and Combustion, Coal fired industrial boilers workshop, Raleigh, NC, USA.

Hendricks, T.A. (1945): *The origin of coal & Chemistry of Coal Utilization*, NewYork: Wiley, vol. 1, 1–24.

Jeffrey, E.C. (1924): Origin and organization of coal, *Mem. Am. Acad. Arts. Sci.*, **15**, 1–52.

Kentucky Geological Survey: How is coal formed, *University of Kentucky*, available at www.uky.edu/kgs/coal/coalform_download.htm, artist: Steve Greb.

Lieske, R. (1930): Origin of coal according to the present position of biological investigation, *Brennstoff-Chemie*, **11**, 101–105.

Mackowsky, M.T. (1968): In: D. Murchson, T.S. Westoll (eds), *Mineral Matter in Coal: in Coal and Coal-Bearing Strata*, Oliver & Boyd, Ltd., pp. 309–321.

Maruyama, N. & Eckelman, M. J. (2009): Long-term trends of electric efficiencies in electricity generation in developing countries, *Energy Policy*, **37**, 1678–1686.

Mitchell, G. (1997): Basics of Coal and Coal Characteristics, Iron & Steel Society, Selecting Coals for Quality Coke – Short Course.

MIT Study (2007): *The Future of Coal: Options for a Carbon-constrained World*, Massachusetts Institute of Technology, Cambridge, MA, 2007.

Miller, B.G., & Tillman, D.A. (eds) (2005): *Combustion Engineering Issues for Solid Fuel Systems*, Academic Press, 2005.
Mitchell, G. (1997): Basics of Coal and Coal Characteristics, Iron & Steel Society, Selecting Coals for Quality Coke Short Course, 1997.
Moore, E.S. (1922): *Coal: Its Properties, Analysis, Classification, Geology, Extraction, Uses, and Distribution*, New York: John Wiley & Sons.
Nersesian, R.L. (2010): *Energy for the 21st century*, 2nd edn, Armonk, NY: ME Sharpe, Inc., p. 94.
National Research Council (NRC): Managing Coal Combustion residues in Mines, 2006.
Nomura, M., Iino, M., Sanada, Y., & Kumagai, H. (1994): Advanced studies on coal structure, *Enerugi Shigen*, **15**, 177–184.
Schobert, H.H. (1987): Coal: The Energy Source of the Past and Future, *American Chemical Society*.
Schernikau, L. (2010): *Economics of the International Coal Trade*, SpringerScience + Business Media, DOI 10.1007/978-90-48.
Shinn, J.H. (1984): From coal to single stage and two stage products: a reactive model to coal structure, *Fuel*, **63**, 1187–1196.
Singer, J.G. (ed.) (1981): *Combustion: Fossil Power Systems*, Combustion Engineering, Inc.
Smith, K.L., & Smoot, L.D. (1990): Characteristics of commonly used US coals – towards a set of standard research coals, *Prog Energy & Combust Sci* **16**(1), 1–53.
Solomon, P.R. (1981): New approaches in coal chemistry, *ACS Symposium Series* No. 169, American Chemical Society, Washington, DC: 61–71.
Stach, E. (1933): The Origin of coal vitrite, *Angew Chem*, **46**, 275–278.
Stadnikov, G.L. (1937): Constitution and the origin of coal, *Brennstoff-Chemie*, **18**, 108–110.
Suárez-Ruiz, I., & Crelling, J.C. (eds) (2008): *Applied Coal Petrology: The Role of Petrology in Coal Utilization*, Elsevier, 2008.
Survey of Energy Resources 2004, World Energy Council, London, UK.
Tatsch, J.H. (1980): *Coal Deposits: Origin, Evolution, and Present Characteristics*, Tatsch Associates.
US EPA: *US Greenhouse gas Emissions and Sinks* 1990–2004, July 2006.
US EPA: EPA to regulate Mercury and other Air toxics emissions from Coal and Oil-fired Power plants, December 2000.
U.S. Geological Survey (2006): U.S. Coal Resource Databases (USCOAL).
Van Krevelen, D.W. (1993): *Coal: Typology, Physics, Chemistry, Constitution*, 3rd edn, New York: Elsevier.
Ward, C. R. (ed.) (1984): *Coal Geology and Coal Technology*, Blackwell, p. 66.
WCA (2012): Coal Facts 2012, World Coal Association, London, UK, at www.worldcoal.org/resources/coalstatistics/coal_facts_2012 (06_08_2012)[1].pdf
Wiser, W.H. (1984): Conversion of bituminous coal to liquids and gases: chemistry and representative processes. NATO ASI Series C, **124**, 325–350.
World Coal Institute, Richmond-upon-Thames, UK.
Xuguang, S. (2005): The investigation of chemical structure of coal macerals via transmitted-light FT-IR microspectroscopy, *Spectrochim Acta: A Mol Biomol Spectrosc*, **62**, 557–564.

第4章　天然气：储量、增长和成本

4.1　成分及排放物

天然气属于烃类，和石油与煤炭一样形成于地层深处。它由几种气态烃混合而成，其中主要成分为甲烷（70%～90%），其次是乙烷、丙烷、丁烷等重烃以及CO_2（0%～8%），还有氧气（0%～0.2%）、氮气（0%～5%）、硫化氢（0%～5%）和微量的稀有气体。而这些成分的含量可能会由于天然气田的不同有较大的差异。未经处理的原始天然气被称为“湿气”，除去其他烃类几乎是纯净甲烷的天然气被称为“干气”，而含有大量硫化氢的天然气被称为“酸气”。

天然气蕴藏在地下多孔隙的岩石结构中，经常伴随石油矿床存在。天然气被开采上来后，经过精炼除去其中的水、其他气体、砂砾和其他化合物等杂质。被分离的重烃、乙烷、丙烷和丁烷作为液化天然气（Natural Gas Liquid，NGL）单独销售，其他杂质也被分离出来，如硫化氢经过提纯能生产具有商业价值的硫。精炼后的纯净天然气通过美国数千英里（mile）㊀的输气管网输送到全国各地。通过这些管道送往需要的地方之前，天然气被压缩为既无毒、无腐蚀性也无致癌物质的压缩天然气（Compressed Natural Gas，CNG），以提高输送效率。

天然气燃烧所排放的CO_2和污染物质远低于煤炭和石油，因此天然气不仅是环境友好的燃料，而且是目前所能获得的最洁净的碳氢化合物燃料。使用天然气的高效联合循环发电站，单位输出电量所排放的CO_2比燃烧煤炭排放量的一半还少。燃烧石油、煤炭和天然气的排放水平见表4.1。天然气比空气轻，适于作为住宅、工业和商业中各种用途的安全燃料。由于甲烷是非反应烃，其排放物不会因光照产生烟雾污染。

天然气储量计量：计量天然气储量的方法有许多种，比如像对一般气体那样在标准温度和压力下测量其体积，一般用立方英尺（ft^3）㊁/立方米（m^3）表示。而生产和配电公司一般采用千立方英尺（Mcf）、百万立方英尺（MMcf）或万亿立方英尺（Tcf）表示。天然气也可以作为能源来测量，一般采用英热单位（Btu）㊂计量和表示。

㊀ 1mile = 1609.344m。

㊁ 1ft = 0.3048m。

㊂ 1Btu = 1055.056J。

表4.1 化石燃料排放水平

［单位：磅每十亿 Btu（lb[1]/10亿 Btu）热量输入］

污染物	天然气	石油	煤炭
CO_2	117000	164000	208000
CO	40	33	208
NO_x	92	448	457
SO_2	1	1122	2591
颗粒物	7	84	2744
水银	0	0.007	0.016

注：数据源自美国能源情报署（EIA）－天然气问题和发展趋势。

1Btu 的天然气能够产生相当于在标准压力下将1lb 水加热1℃所需的能量。为了让读者有个相对的概念，1ft 的天然气含有大约1027Btu。而为了计费方便，输送至住宅的天然气用“克卡”来表示其使用量。1克卡等同于100000Btu，或略大于$97ft^3$。

4.2 天然气的形成及开采

像其他化石燃料一样，天然气源自于生活在数百万年前的微型动植物。当这些动植物死亡后，其残骸（有机物）下沉并被沉积层覆盖，在地表之下的极端高温高压下被压缩，最后在地壳以下转化形成气体。多孔隙岩结构被坚固地密封于不透水岩层之上，而且形成过程中会产生各式各样的地质圈闭，若上述过程中形成的气体没有被地质圈闭捕捉，则会流向地表（然后进入大气）。被上述不透水岩捕捉的天然气局限在多孔隙岩的有限边界内，无法逃向地表，逐渐形成像被天然气浸湿的海绵那样的常规天然气矿床。天然气分为伴生气（与石油混合）和非伴生气（所在储层不含石油）两种，其中以非伴生气居多。

深层矿床通常主要蕴藏天然气而没有石油，在许多情况下更是只含纯净的甲烷，即热成因甲烷。这就是最受认可的天然气形成假说。

还有另一种形成甲烷（和天然气）的途径——无机成因过程。地壳以下极深处存在富氢气体及碳分子，这些气体在逐渐升上地表的过程中可能与地下矿物质在无氧的条件下发生反应生成甲烷（和天然气）。这些反应还可能形成一些大气中含有的成分（包括氮气、氧气、二氧化碳、氩气和水）。与热成因甲烷类似，各种气体在极高的压力下向地表流动，很有可能形成甲烷矿床。

天然气还可以来自于微生物对有机物的转换作用。该作用发生于近地表，由这一途径获得的甲烷称为生物成因甲烷。产烷生物，即能够产生甲烷的微生物，

[1] 1lb＝0.45359237kg。

通过将有机物化学分解来产生甲烷。这些微生物通常生活在缺氧的近地表，也有的生活在包括人类在内的大多数动物体内。由于这种形成甲烷的方式是在近地表发生，由此产生的甲烷常常散失到大气中。然而在特定情况下，这些甲烷也有可能被捕获于地下，之后作为天然气被重新获得。垃圾填埋气就是生物成因甲烷的一个典例。填埋的废弃物经过分解可以产生相当大量的天然气。应用新科技，我们已经可以获得这些气体并将其补充到天然气的供给中。本文仅讨论热成因甲烷的相关内容。

天然气开采

同一等级质量的天然气常常在不同的地下位置被发现。传统的资源常集中在不连续的地下积累区（储层），这些储层的渗透率值[㊀]都高于一个特定的最小值。这样的天然气通过膨胀过程从所在地质结构中获得。储藏在高压储层的天然气以可控的方式在钻探井中膨胀，以便于捕获、处理和输送至地表。这一膨胀过程有助于提高常规、优质的天然气储层的采收率。比如，当一个天然气储层的平均压强在气田的生命周期内从最初的30MPa降至6MPa，那么将有大约80%最初形成于该储层的天然气被采收。

相较之下，非常规资源储藏在渗透率值非常低的积累区。这些积累区包括紧凑的砂石结构、煤层［煤层气（CBM）］和页岩结构。非常规储层连续性更强，而且通常要求水平井或人工刺激等先进技术来实现经济高效生产。此外，其采收率也比常规储层低——通常只能获得储藏天然气的15%～20%。不同形式的资源对比如图4.1所示。

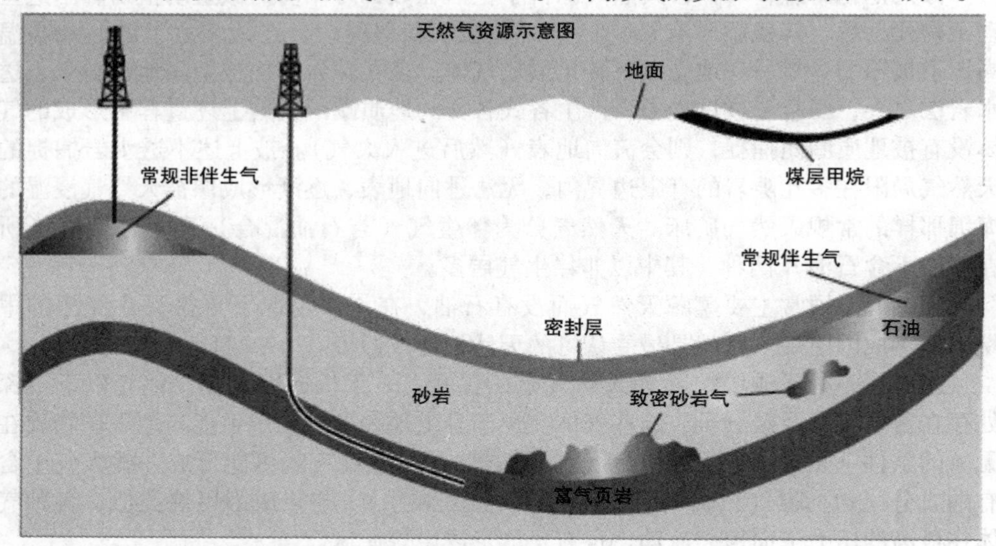

图4.1　各类资源所在地质条件示意图［来源：美国能源情报署（EIA）］

㊀ 渗透率值是表示多孔介质在压力差的作用下，传输流体，如气、油或水的能力大小的参数。富烃储层中就存在多孔介质。在石油工程中，渗透率值通常用单位毫达西（mD）表示。根据定义，非常规地层的渗透率值小于0.1mD。——MIT报告，2011。

“储量”这个术语指的是在将来特定的科技和经济条件下所有能够被开采的天然气总量。天然气储量可以根据特性向下细分为以下几类：“探明储量”、“储量增长”（通过评估已知气田未来长远发展）以及“未探明储量”，即通过勘探（MIT报告，2011）预期将在未来发现的天然气储量。开采不同种类的天然气要采用不同技术。

水力压裂技术是开采天然气的常用技术，它经过了60年实用性的检验（见图4.2）。压裂过程发生在钻井完成，且钢套管插入井口之后。套管钻入储藏天然气或石油的目标区域后，压裂液便通过套管注入井下的目标区域。最后，当目标地层吸收压裂液的速度不及液体注入的速度时，不断升高的压力就会使地层开裂。一旦开裂发生，注液停止，压裂液便开始向地表回流。与压裂液混合一同注入井下的还有被称为支撑剂的材料（通常是沙子或陶瓷小珠），这些支撑剂留在目标地层，使地下结构保持开裂状态。一种代表性的做法是将水、支撑剂和其他化学物质混合后泵入岩层或煤层（例见Healy 2012）。此外，还有其他形成压裂井的方法。有时将丙烷或氮气等气体注入地层以达到压裂效果，有时在进行酸化处理的同时也会产生地层开裂。

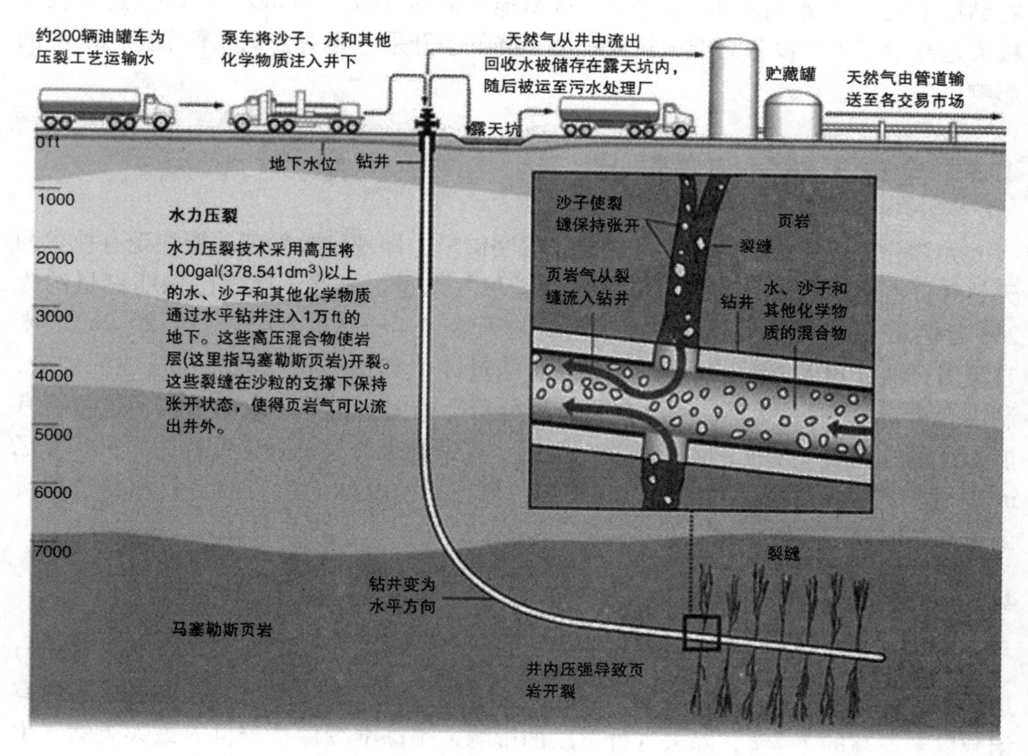

图4.2　典型水力压裂操作过程（来源：ProPublica，作者：Al Granberg，网址：http：//www.propublica.org/special/hydraulic－fracturing－national）

酸化处理主要是将酸（通常是盐酸）用泵注入地层，以溶解钻孔中的岩石，使气体和液体更加顺利地流入井下。大量研究显示有 20% ~85% 的压裂液会留在地下。压裂液从井下流回地表称为返排，在处理这些返排废料之前通常将它们存放在井场的露天坑或贮水池中。理想条件下，设计水力压裂处理的目的是形成足够长、容纳性好的裂缝，以达到最大生产率。在水平钻孔法协助下，水力压裂能使开采页岩气更加经济。若没有这些技术的帮助，天然气就无法快速地流出钻井，页岩气也就无法实现如此大规模的商业化生产。在2000 ~2009 年间，科技进步使单程多级水力压裂系统和层间封隔成为可能，这有助于在困难储层的开采上获得收益。

另一项技术——水平钻孔法最初于 20 世纪 30 年代的美国得克萨斯州投入钻井作业，经过进一步改善，从 80 年代开始成为业界的应用标准。这一技术可以增加钻井穿透的岩层厚度，获得更深地层蕴藏的天然气，使更大量的天然气流入钻井。水平钻孔法先利用垂直井钻从地表钻入期望深度，然后将钻头方向旋转 90°，水平钻入天然气储层。20 世纪 90 年代末，能够实现多级横向开裂的水平井钻极大地拓宽了水平钻孔法的应用范围。水平钻井技术首次满足了发展页岩气的要求，实现了在钻探更大范围储层的同时减少城市区域地表的钻井数（Saurez 2012）。这项技术极大地减少了生产设备需求，最大程度上降低了开采过程对公众和整个生态环境的影响。

4.3 全球天然气储量情况

大部分分析师看重的是天然气的已探明储量，即现已被发现并能在现有技术和天然气价格水平背景下创造经济效益的天然气总量。全球天然气已探明储量约为 208 万亿 m^3（7346 万亿 ft^3），相当于目前天然气年产量的 60 倍（BP 2012a）。来自英国石油（BP）公司的天然气已探明储量评估数据（BP 2012a）按地区划分，制成表 4.2。但是，天然气可采储量，即分析师确信将会发现或随着技术进步将有能力开采的天然气总量，还是相当可观的。仅常规天然气可采储量就约为 400 万亿 m^3，而非常规天然气可采储量与此相当。根据目前全球天然气的消耗率，这些资源总量足够我们继续维持 250 年。

4.3.1 全球天然气产量

全球天然气产量以 3.1% 的增长率从 2010 年的 31782 亿 m^3（112.2 万亿 ft^3）达到 2011 年的 32762 亿 m^3（115.7 万亿 m^3）。美国天然气产量增长率更是高达有记载以来最高的 7.7%，除去气价下跌的影响，美国继续保持着世界最大天然气生产国的地位。第二大产气国俄罗斯的天然气产量达 6070 亿 m^3（21.4 万亿 ft^3）。卡塔尔和土库曼斯坦的天然气产量也在飞速增长，增长率分别达到了 25.8% 和 40.6%，

表 4.2　全球天然气已探明储量　（单位：万亿 m^3）

地区	2001 年	2010 年	2011 年	2011 年该地区占比（%）	（储量/年产量）/年
北美洲	7.7	10.3	10.8	5.2	12.5
中美及南美洲	7.0	7.5	7.6	3.6	45.2
欧洲及欧亚大陆	56.8	68.0	78.7	37.8	75.9
中东地区	70.9	79.4	80.0	38.4	>100
非洲	13.1	14.5	14.5	70.0	71.7
亚太地区	13.1	16.5	16.8	8.0	35
全球总量	168.5	196.1	208.4	100	63.6
经合组织地区	16.1	18.1	18.7	9.0	16
非经合组织地区	152.5	178.0	189.7	91.0	90
欧盟	3.6	2.3	1.8	0.9	11.8
前苏联	50.9	63.5	74.7	35.8	96.3

注：数据源自英国石油公司 2012 年世界能源年度统计评述。

抵消利比亚和英国的负增长（分别为 –75.6% 和 –20.8%）还绰绰有余。表 4.3 给出了世界各个地区和总的天然气产量（BP 2012a）。

表 4.3　2001 年、2010 年和 2011 年全球年天然气总产量

（单位：十亿 m^3）

地区	2001 年	2010 年	2011 年	2011 年增幅（%）	2011 年该地区占比（%）
北美洲	780.3	819.1	864.2	5.5	26.5
中美及南美洲	104.5	162.8	167.7	3.0	5.1
欧洲及欧亚大陆	945.3	1026.9	1036.4	0.9	31.6
中东地区	233.3	472.3	526.1	11.4	16.0
非洲	131.5	213.6	202.7	–5.1	6.2
亚太地区	282.4	483.6	479.1	–0.9	14.6
全球总量	2477.2	3178.2	3276.2	3.1	100

注：数据源自英国石油公司 2012 年世界能源年度统计评述。

非经合组织国家的天然气产量（64.2%）高于经合组织国家（35.8%）。前苏联创下了历史上天然气产量的最大增长率，占世界总产量的 23.6%。与之相反，欧盟曾创下了最高的天然气产量负增长率（–11.4%），这是油田逐渐成熟、维护成本增加和地区消费水平低迷共同导致的。以上数据见表 4.4。

表 4.4 经合组织地区和非经合组织地区天然气产量

（单位：十亿 m^3）

地区	2001 年	2010 年	2011 年	2011 年增幅（%）	2011 年该地区占比（%）
经合组织地区	1099.2	1148.2	1168.1	1.7	35.8
非经合组织地区	1380.1	2030.0	2108.1	3.8	64.2
欧盟	232.8	174.9	155.0	-11.4	4.7
前苏联	655.7	741.9	776.1	4.6	23.6

注：数据源自英国石油公司 2012 年世界能源年度统计评述。

4.3.2 2035 年全球天然气产量预测

根据美国能源情报署（EIA）预测，全球天然气消耗量在 2008～2035 年间将增长 52%，从 2008 年的 111 万亿 ft^3 升至 2035 年的 169 万亿 ft^3。虽然全球经济衰退预计将使 2009 年的天然气消耗量下降 2.0 万亿 ft^3，但需求将在 2010 年出现反弹，消耗量将在该年重回甚至超过下降前水平。根据美国能源情报署 2011 年度国际能源展望（EIA－IEO 2011）参考案例评估，2008～2035 年间，天然气产量的增额主要来自于非经合组织地区，其中中东地区（增长 15.3 万亿 ft^3）、亚洲非经合组织地区（11.8 万亿 ft^3）、非洲地区（7 万亿 ft^3）以及包括俄罗斯和其他前苏联国家在内的欧洲及欧亚大陆非经合组织地区（9 万亿 ft^3）的贡献最大（见图 4.3）。在整个预测期内，伊朗和卡塔尔两国的天然气产量增额达 10.7 万亿 ft^3，几乎是全球天然气产量总增额的 20%。其中有一个离岸气田在预期中的重要贡献不得不提，卡塔尔称它为北方气田，而伊朗称它为南帕尔斯气田。在展望中迅猛增长的储量和供应有助于提高天然气在其他能源中的竞争能力（EIA－IEO 2011）。

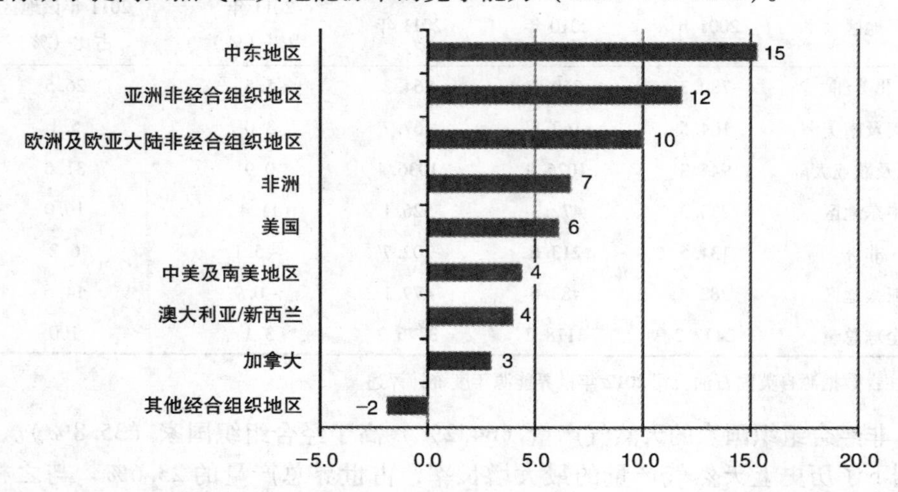

图 4.3 2008～2035 年世界天然气产量增额（单位：万亿 ft^3）（来源：EIA－IEO 2011）

4.3.3　全球天然气消费

2010~2011年全球天然气消耗量增长了3.1%。除了低气价导致消耗量增长的北美地区，其他地区的天然气消耗量增额都低于世界平均水平，其中中国(21.5%)、沙特(13.2%)和日本(11.6%)贡献了最高的增额。由于经济不景气、气价提升、气温升高和可再生能源发电量持续增加(BP 2012a)，欧洲及欧亚大陆的天然气消耗量有所下降，这抵消了其他地区的部分增额。表4.5提供了全球不同地区的天然气消费模式(BP 2012a)。

表4.5　2001年、2010年和2011年天然气消耗量(单位：十亿m^3)

地区	2001年	2010年	2011年	2011年增幅(%)	2011年该地区占比(%)
北美洲	759.8	836.2	863.8	3.2	26.9
中美及南美洲	100.7	150.2	154.5	2.9	4.8
欧洲及欧亚大陆	1014.2	1124.6	1101.1	-2.1	34.1
中东地区	233.3	472.3	526.1	11.4	16.0
非洲	131.5	213.6	202.7	-5.1	6.2
亚太地区	282.4	483.6	479.1	-0.9	14.6
全球总量	**2477.2**	**3178.2**	**3276.2**	**3.1**	**100**
经合组织地区	1097.2	1148.2	1168.1	1.7	35.8
非经合组织地区	1380.1	2030.0	2108.1	3.8	64.2
欧盟	232.8	174.9	155.0	-11.4	4.7
前苏联	655.7	741.9	776.1	4.6	23.6

注：数据源自英国石油公司2012年世界能源年度统计评述。

近10年，全球天然气需求以每年8000亿m^3(28.25万亿ft^3)或2.7%的增幅逐渐增长。在全球一次能源结构中，天然气占21%，仅次于石油和煤炭(OECD/IEA 2012)。

截至2035年预测

据预测，全球天然气消耗量在2008~2035年间将增长52%，从2008年的111万亿ft^3升至2035年的169万亿ft^3。虽然全球经济衰退预计将使2009年的天然气消耗量下降2.0万亿ft^3，但需求将在2010年出现反弹，消耗量将在该年重新超越下降前的水平。表4.6展示了经合组织国家和非经合组织国家的天然气消耗量。非经合组织地区消耗量呈稳步增长，截至2035年其消耗量将超出经合组织地区近50%(EIA-IEO 2011)。

埃克森美孚(ExxonMobil)公司的研究显示，截至2040年，天然气将会是需求增长最快的主要燃料，其增幅将超过60%，增长趋势如图4.4所示(ExxonMobil 2012)。

据英国石油公司分析(BP 2012)，全球天然气需求的年增长率预计将达2.1%。截至2030年，全球范围内天然气需求量将会增长，其中非经合组织国家占增额的

表 4.6　截至 2035 年经合组织及非经合组织地区天然气消耗量预测

（单位：万亿 ft^3）

地区	1900 年	2000 年	2008 年	2015 年	2025 年	2035 年
经合组织地区	37	49	55	57	62	68
非经合组织地区	37	39	56	66	83	100

注：数据源自 EIA – IEO 2011。

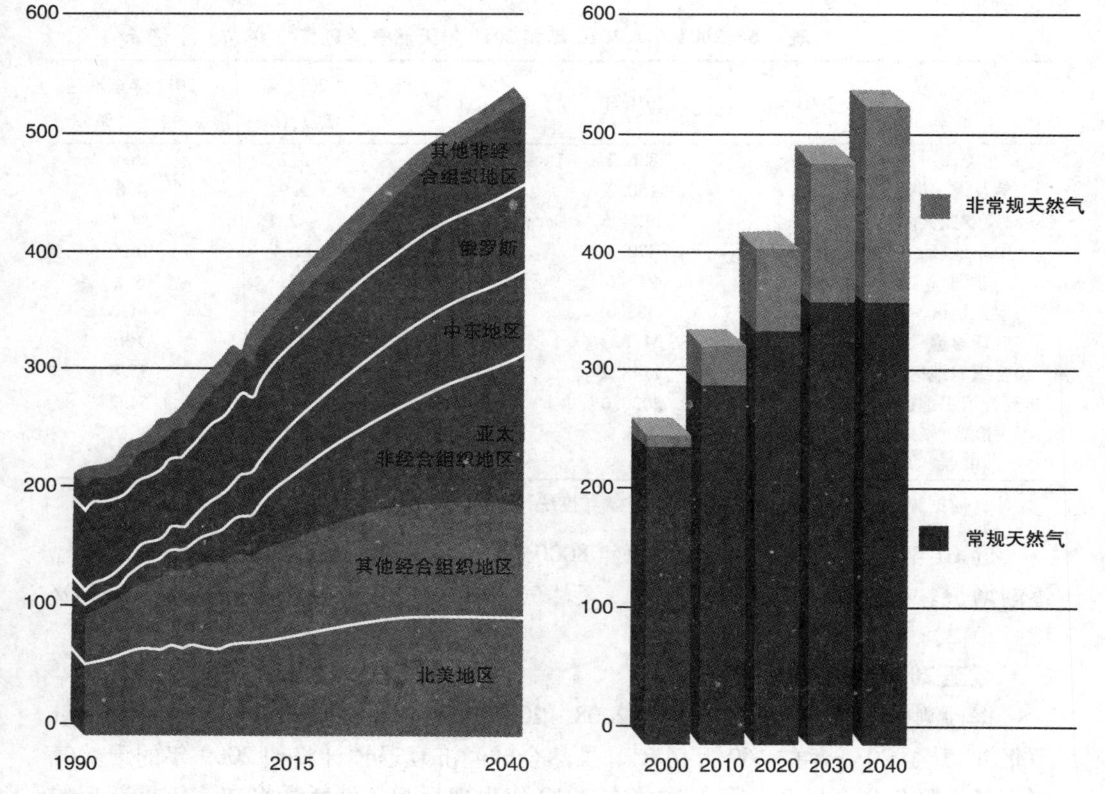

图 4.4　截至 2040 年各地区天然气需求（左）和不同形式天然气产量（右）
（来源：埃克森美孚公司 2012 年度能源展望：截至 2040 年的观点）

80%，平均年增长率将达 2.9%。尤为显著的是，亚洲非经合组织国家天然气需求增长最为迅猛，年增长率将达 4.6%，在未来 30 年内，其需求量将增长为目前的 3 倍。另外，中东地区天然气需求年增长率也将达到较高的 3.7%。而中国天然气需求也以每年 7.6% 的增长率迅速攀升，截至 2030 年需求量将达到 460 亿 m^3/天，相当于 2010 年全欧盟需求水平。目前全球 23% 的天然气需求增长来自中国。不仅如此，天然气在中国一次能源消耗量中所占比例将从 4.0% 扩大到 9.5%。而中东地区该比例也会有显著增长（BP 2012，ExxonMobil，2012）。

由于天然气是一种多用途燃料，因此在不同地区导致天然气需求增长的因素也各不相同。但在全球许多地区，天然气仍被作为发电和工业领域的燃料。与历史规律相同，全球天然气需求增长最快的两个领域是发电和工业，年增长率分别为 2.4% 和 2.1%。天然气因其低投资费用、高热效率以及低于煤炭、石油的碳排放强度受到发电领域青睐。其中，天然气的 CO_2 排放量比煤炭少 60%。2030 年，交通运输领域内天然气消耗量将达到目前需求的 4 倍，但仅占全球总需求的不到 2%。在经合组织国家，天然气需求增长集中在发电领域，年增长率达 1.6%。利用效率的提高和人口增长放缓使工业领域的天然气需求年增长率维持在 0.9% 的低迷状态，其他领域年增长率更是低于 0.1%。在非经合组织国家，工业化、发电领域和本国资源的发展刺激了天然气需求的增加。其中，发电和工业领域对天然气的消耗增长最为显著，年增长率分别达到 2.9% 和 2.8%（BP 2012）。

截至 2025 年，天然气将取代煤炭成为仅次于石油的第二大发电燃料。美国、俄罗斯、伊朗和中国是世界四大天然气消费国（OECD/IEA 2013）。在北美地区，天然气比煤炭更受发电行业欢迎，尤其是在对高碳排放燃料征收高额税费的政策驱使下。在美国，随着非常规天然气产量的提高，天然气供应量足以在可预见的将来满足本国需求。在中国，工业领域和住宅/商业领域的天然气需求增长趋势有所不同，供给后者的配气管路正迅速扩张，而且相较于液化石油气（LPG），天然气具有很强的竞争力。在印度，截至 2040 年，将有大约一半的天然气需求增长来自工业领域。在中东，发电和工业需求正不断刺激天然气需求的增长（BP 2012）。另一方面，天然气需求增长还有燃料替代的原因，尤其是在监管制度变革、相关价格下调的经合组织地区。例如，在经合组织国家，发电领域大约一半的天然气需求增长来自于作为其他燃料的替代品，在工业领域这一比例更是达到 75%。而在非经合组织国家，燃料替代的影响却并没有这么显著，因为急剧扩大的能源需求为各类燃料提供了同样良好的发展机会（英国石油公司，2012）。使天然气在其他能源中脱颖而出的强有力的竞争力来自于对天然气储量和供应量迅猛增长态势的展望。随着液化天然气生产能力的提升，天然气供应和全球市场发生了重大变化。最新钻井技术和增效措施在世界范围内的许多页岩盆地创造了有经济效益的天然气产量，这方面内容读者将在本书接下来的章节中读到。根据 2011 年度国际能源展望（IEO 2011）参考案例评估，总的影响是可获得的天然气量显著增加，进而导致天然气价格下跌，消耗量增加（EIA - IEO 2011）。

4.4　非常规天然气储量

非常规资源储集在地下的不透水岩层如煤层、砂岩和页岩中。之前已经提到，三种非常规资源包括储集在细颗粒沉积岩中的页岩气；从煤矿床中开采出的煤层甲烷（CBM），亦称煤层气（CSG）；储集在不透水岩结构中的致密气。

页岩气被牢牢密封于储集岩中狭小的空间里，需要能钻入并刺激（压裂）储气区域的先进技术。储层中的裂缝是保证天然气顺利流入钻井的关键。一旦受到刺激，页岩气储层就会像常规气井那样产气。这些先进技术的应用极大地提高了页岩气产量，尤其是在美国。

我们已经发现，全球非常规天然气储量巨大，大致与常规天然气储量相当（Rogner 1997）。虽然非常规天然气储量充足，但这些资源大多数难以商业开采或所需成本太高。这就是为什么所有全球石油及天然气储量评估都把重点放在常规天然气储量上（NPC 2007）。然而，最近的两条发展形势将重点转移到了非常规天然气储量：迅速增长的世界能源需求推动石油和天然气价格上涨，以及非常规天然气产量健康稳步增长促使美国天然气价格下降并且预测会在接下来几年持续下降（EIA－IEO 2011）。评估全球可采页岩气总量具有多重而极大的不确定性。即使在普遍生产页岩气的北美地区，对资源总量和可采量的评估仍有很大的不确定性并存在很多变数。尽管世界许多地区蕴藏大量资源，但一些地区甚至没有被纳入评估范围。考虑到世界大部分地区都存在没有生产经验的情况，再加上巨大的不确定性，当前资源评估必须加倍谨慎。

全球当前技术上可采储量评估指出：页岩气储量稍大于 200 万亿 m^3（7064 万亿 ft^3），致密气储量 45 万亿 m^3（1589 万亿 ft^3），煤层气储量 25 万亿 m^3（883 万亿 ft^3）。相较之下，评估还指出全球技术上可采常规天然气资源储量为 425 万亿 m^3（15010 万亿 ft^3），其中 190 万亿 m^3（6710 万亿 ft^3）属于已探明储量（Pearson 等，欧盟，2012）。但对页岩气仍存在“上限、最佳和下限”的评估。例如，在美国，上限/最佳/下限评估值为 47/20/13 万亿 m^3，在中国，该评估值为 40/21/16 万亿 m^3，也就是说，在美国，上下限评估值分别为最佳评估值的 230% 和 64%。在对世界其他地区的评估中，不确定性可能更为显著。在众多导致评估多变性和不确定性的原因中，最主要的还是使用不同的方法、不明确的术语，获得高采收率或者在来自生产经验的评估中采用递减曲线分析（Pearson，欧盟，2012）。据估计，在美国可采天然气资源中，页岩中潜在的天然气资源总量在 10 万亿～25 万亿 m^3（353 万亿～883 万亿 ft^3）之间（EIA 2011），而全国已探明天然气储量为 7.7 万亿 m^3（978 万亿 ft^3）（BP 2011）。自 2006 年以来，美国国内天然气储量增长 40%，其中大部分天然气储量增长来自之前一直被认为不可采的非常规天然气资源。新的先进勘探、钻井和完井技术提供了更有效、成本更低的非常规天然气生产途径。1996 年，美国已探明非常规天然气储量为 48 万亿 ft^3，未开发资源基地储量 366 万亿 ft^3；而到了 2008 年，这些数据分别达到了 140 万亿 ft^3 和 917 万亿 ft^3（Kuuskraa 2009）。

2011 年 4 月，一项由美国能源情报署发起的研究评估了 32 个国家的 48 个页岩气盆地，其中包含了近 70 个蕴藏页岩气的地下结构。这项评估挑选出近期最有希望蕴藏页岩气资源的国家以及具有充足的可用于资源分析的地质数据的盆地，囊括了最有发展前景的页岩气资源储集区。该研究的初步报告指出在这些国家中蕴藏有5760万亿ft^3技术上可采页岩气资源，加上美国的862万亿ft^3，共计6622万亿ft^3（EIA 2011a，2011b）。上述国家及评估数据见表4.7。表中资源总量为5760万亿ft^3，假如包括美国的862万亿ft^3，则总量为6622万亿ft^3。为了更加客观地看待这些页岩气储量评估，我们可以对比2010年1月1日发布的全球已探明天然气储量㊀，其值约为6609万亿ft^3㊁。另外，除页岩气以外，全球技术上可采天然气储量大致为16000万亿ft^3㊂。因此，若加上已确定的页岩气以及其他天然气储量，全球技术上可采天然气储量将增加40%以上，总量将达到22600万亿ft^3。

表4.7 近期评估的48个页岩气盆地中技术上可采页岩气资源

大洲	国家	技术上可采储量/万亿ft^3
北美洲	加拿大，墨西哥	1069
非洲	摩洛哥，阿尔及利亚，突尼斯，利比亚，西撒哈拉，南非	1042
亚洲	中国，印度，巴基斯坦	1404
澳洲		396
欧洲	法国，德国，荷兰，瑞典，挪威，丹麦，英国，立陶宛，波兰，乌克兰和其他东欧国家，土耳其	624
南美洲	阿根廷，委内瑞拉，哥伦比亚，玻利维亚，巴西，智利，乌拉圭，巴拉圭	1225

注：数据源自Howard Gruenspecht，美国国际战略研究中心（CSIS），美国能源情报署（USEIA），2011年9月。

由于世界其他地区的许多国家刚开始了解如何评估可采页岩气资源，对其页岩气资源评估具有很大的不确定性。而且，该项研究排除了几类潜在页岩气资源，例如①除研究所包括的俄罗斯、中东等国在内的32个国家外，中亚、东南亚和中非等地区也富含常规天然气资源；②由于种种原因，未能对备选国家的一些页岩盆地做出评估；③离岸资源。这使得此次评估量较为保守。不仅如此，这些国家可能蕴藏的煤层气、致密气和其他天然气资源也未参与评估。美国能源情报署发起的这项研究囊括的32个国家中，有两组国家的页岩气发展最引人注目。第一组包括法国、

㊀ 该储量指的是存在性已知的、目前可生产的天然气，是技术上可采天然气资源评估量的子集。这一评估量包括天然气储量和专家推测存在的天然气，还有未开发但能够在现有技术下生产的天然气。比如，美国能源情报署在2011年度能源展望早期报告中对美国所有形式的技术上可采天然气资源的评估量为2552万亿ft^3，其中827万亿ft^3为未探明页岩气资源，另外245万亿ft^3为所有形式可生产天然气已探明储量，包括34万亿ft^3页岩气储量。

㊁ Total reserves，production climb on mixed results，Oil and Gas Journal，2010.12.6，第46－49页。

㊂ 包括全球已探明天然气储量为6609万亿ft^3（Oil and Gas Journal 2010）；全球除美国外天然气预测储量平均评估量为3305万亿ft^3（美国地质勘探局，世界石油评估报告，2000）；全球除美国外未探明天然气平均评估量为4669万亿ft^3（美国地质勘探局，世界石油评估报告，2000）；美国天然气推测储量和未开发储量为2307万亿ft^3，包括未探明页岩气827万亿ft^3（EIA－IEO 2011）。

波兰、土耳其、乌克兰、南非、摩洛哥和智利，它们目前严重依赖天然气进口，但本国蕴藏大量页岩气资源；另一组包括美国、加拿大、墨西哥、中国、澳大利亚、利比亚、阿尔及利亚、阿根廷和巴西，这些国家也蕴藏大量页岩气资源而且已经能够生产数量可观的天然气。

4.4.1 全球页岩气产量

据评估，2010 年非常规天然气产量占全球天然气产量的 15%，其中大部分来自北美地区。在北美地区该年贡献的约 4200 亿 m^3（14.8 万亿 ft^3）的非常规天然气产量中，有一半是致密气。页岩气年产量在近 10 年里增长了 11%，在 2010 年达到了非常规天然气总产量的近三分之一。

在美国，致密气生产经过了 40 多年，煤层气生产经过了 20 多年。而页岩气生产起步更晚，但从 2005 年开始，随着开采技术的提高，页岩气生产量迅速增长。到了 2010 年，页岩气产量已经超过了全美天然气总产量的 20%。据评估，在全球其他地区，煤层气产量约为 100 亿 m^3（3500 亿 ft^3），致密气产量为 600 亿 m^3（2.1 万亿 ft^3）。

发展迅速的国家：加拿大生产致密气、煤层气和少量页岩气。澳大利亚具有良好的煤层气发展潜力，目前已开展小规模生产。但澳大利亚未来将重点放在用煤层气生产液化天然气的科研项目更有可能取得成功。有三个类似项目在 2014 ~ 2016 年展开。目前能够生产少量非常规天然气的中国、印度和印度尼西亚正在探寻能够提高各自产量的途径。

尽管欧洲政府表现出了强烈的兴趣，但公众对高人口密度、不利于环境的潜在影响等问题的担忧阻碍了页岩气的发展。我们已经知道，阿根廷、阿尔及利亚和墨西哥也很可能蕴藏大量潜在页岩气资源。

新的钻井和其他相关先进技术使得在全球页岩盆地进行切实可行的经济性生产成为可能。多亏了这些技术，全球可利用资源量得到了巨大增长，这将会导致接下来几十年内气价下降，天然气需求上升（EIA - IEO 2011）。

美国主要天然气供应来源——页岩气

美国天然气产量从 2005 年的每天 500 亿 ft^3 增长至 2011 年的每天 630 亿 ft^3，增长率为 20%，产地也从常规砂岩盆地转变为页岩和致密砂岩地层。不仅如此，原油和天然气液态产物（如丙烷、乙烷和丁烷）——即通常所说的湿气——正不断提高页岩开采的经济可行性，扩大生产（或可能生产）天然气的地质结构。页岩气的发展把整个天然气资源的发展推向更高水平。在 2011 年，美国拥有各种形式的技术上可采天然气储量（已探明和潜在储量）共 2543 万亿 ft^3，其中有 827 万亿 ft^3 以页岩气形式存在（美国加州能源委员会，2012）。

因为目前的生产方法需要适应新的方向，再加上页岩资源可能并不储集于传统的石油和天然气所在岩层，所以页岩气将来的发展将取决于工业、政府部门和地方社会的共同努力。不论哪个国家，只有建立对非常规天然气生产所包含的潜在利益的认识，采取切实可行的措施保护地下水和空气质量，最大程度降低对环境的影响，才能保障页岩资源顺利发展。

在尚未确定非常规天然气生产技术能否在美国以外的国家成功应用的情况下，埃克森美孚公司期望看到非常规天然气能在近几十年内成为亚太地区、南美和中美地区以及欧洲地区更为重要的部分。

对某些地区而言，提高非常规资源产量意味着限制进口需求，但对亚太和欧洲地区而言，这反而意味着通过管道和液化天然气油轮更大量的进口，以满足各自需求（ExxonMobil 2012）。

开发非常规天然气的原因：主要有两大原因，①近20年的技术进步，尤其是水力压裂相关技术；②21世纪开端飙升的气价。需要进口天然气的国家对勘探非常规天然气非常心切，因为假如它们能够生产大量非常规天然气，它们将更大程度保障能源安全和能源独立，并且更少的依赖于昂贵的进口能源。另一方面，开发非常规天然气的天然气生产国将能够出口更大量的天然气。

4.4.2 2035年非常规天然气产量预测

根据国际能源署2011年度世界能源展望中的天然气概要评估，天然气总产量将从2010年的3.3万亿m^3增长至2035年的5.1万亿m^3，增长率大于50%。2008～2020年天然气平均年增长率将达2%，并在随后的15年里缓慢降至1.6%。

非常规资源在天然气产量中的比重迅猛增长，2035年，全球非常规天然气产量预计将达到12000亿m^3。也就是说，非常规天然气在全球天然气产量中的比重预计将从2008年的12%上升至2035年的近25%。根据国际能源机构天然气概要，非常规天然气产量的大部分增长来自页岩气和煤层气。尤其是页岩气，其占全球天然气产量的份额将在2035年达到11%，而煤层气和致密气的份额分别为7%和6%（见图4.5）。

然而，2012年11月发表的世界能源展望的黄金法则（OECD/IEA 2012）指出，2035年，非常规天然气（主要是页岩气）产量将超过目前的3倍，达到1.6万亿m^3。这意味着非常规天然气在天然气总产量的比例由2012年的14%增长为2035年的32%。其中大部分增长来自2020年以后。预测期内最主要的非常规天然气产量来自基础牢固的美国和中国，两国自2020年开始产量将迅速增长。另外，澳大利亚、印度、加拿大和印度尼西亚也贡献了大量增长。以波兰为首的欧盟各国在2020年之后的非常规天然气产量足以抵消持续下跌的常规天然气产量。

包括页岩气、致密气和煤层气在内的非常规天然气资源量预计与常规天然气相当。国际能源机构的分析认为，在其他地区大量生产非常规天然气的成本可以参考北美地区（3～7美元/mmBtu）。

之前提到，新方法的使用提高了页岩气资源的评估量，使美国在过去10年里天然气总储量增长了近50%；有专家预测，到2035年，美国将有47%的天然气产量来自页岩气（Stevens，Paul 2012）。加上致密气和煤层气的产量，美国非常规天

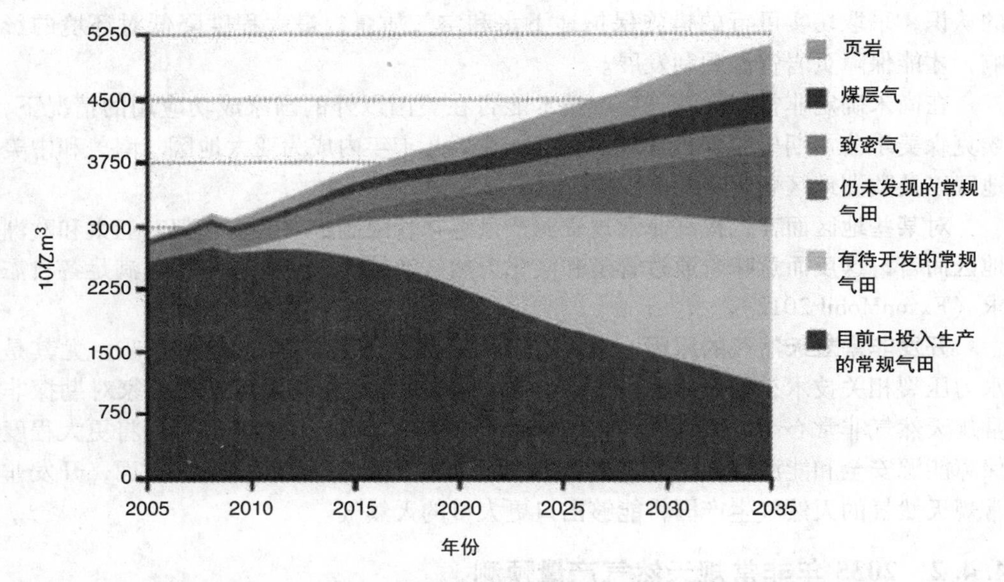

图4.5 不同形式天然气产量（来源：国际能源署2011年度世界能源展望）

然气产量将从2008年的10.9万亿ft^3增至2035年的19.8万亿ft^3（EIA/IEO 2011）。有分析师预测，页岩气将极大扩充世界能源供应（Krauss，2009）。据评估，中国的页岩气储量位居世界首位（EIA 2011）。国际能源展望参考案例评估指出，这些非常规天然气的供应量未来将出现大幅上涨，尤其是在美国、加拿大和中国这些对未来国内天然气供应日益重视的国家。

根据国际能源署2011年度世界能源展望（IEA－WEO 2011），截至2035年，非常规天然气将在中国（煤层气和页岩气）、俄罗斯（致密气）、印度（页岩气）和澳大利亚（煤层气）实现大规模生产。最大天然气生产国俄罗斯年产量将达到9000亿m^3，美国紧随其后，年产量接近8000亿m^3，然后是中国、伊朗、卡塔尔、加拿大、阿尔及利亚和澳大利亚等国。

据莱斯大学贝克公共政策学院的一项研究得出的结论，美国和加拿大的页岩气产量增长有利于防止俄罗斯和波斯湾国家调高出口欧洲国家的天然气价格（莱斯大学，2011）。

美国天然气产量、进口量和出口量：2010年，美国天然气消耗量大于本国产量，从其他国家进口天然气2.6万亿ft^3。在2012年度能源展望参考案例评估中，美国国内天然气产量比消耗量增长更快，这使得美国将在2022年以前成为天然气净出口国，而且2035年以前净出口量将达到约1.4万亿ft^3（见图4.6）。在参考案例评估中，美国的天然气消耗量在2010～2035年间的平均年增长率为0.4%，总增额为2.5万亿ft^3。在2035年26.6万亿ft^3的消耗量中，大部分用于发电、商业和工业领域。商业和工业领域的年消耗量增幅不到0.5%，发电领域增幅为0.8%，

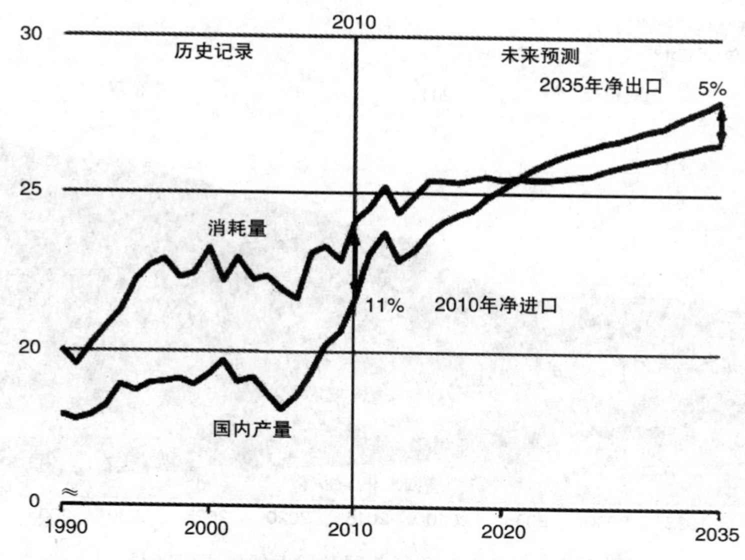

图 4.6　1990～2035 年美国天然气总产量、总消耗量和净进口量（单位：万亿 ft^3）（来源：美国能源情报署 2012 年度能源展望）

而住宅的天然气消耗量下降了 0.3 万亿 ft^3（2010～2035 年）。美国天然气产量以每年 1.0% 的增长率增长，到 2035 年将达到 27.9 万亿 ft^3，超过国内消耗需求，可以向其他国家出口。

最近，美国能源情报署 2013 年度能源展望早期报告预测，美国天然气出口量将超出 2012 年度能源展望参考案例评估的预期。2013 年度能源展望预测，美国天然气产量将从 2011 年的 23.0 万亿 ft^3 增长为 2040 年的 33.1 万亿 ft^3，增幅达 44%。页岩气产量从 2011 年的 7.8 万亿 ft^3 增长为 2040 年的 16.7 万亿 ft^3，也就是说，几乎所有国内天然气产量增长都来自页岩气（见图 4.7）（美国能源情报署能源概要，2012.12）。2013 年度能源展望中页岩气产量增长不仅使总产量大幅提升，而且使 2012 年度能源展望参考案例评估所预测的实现净出口的时间提前。到 2027 年，产自美国国内资源的液化天然气出口量将达到约 1.6 万亿 ft^3，几乎是 2012 年度能源展望预测的 0.8 万亿 ft^3 的 2 倍。据 2013 年度能源展望预测，在今后很长的一段时期内，尤其是 2025 年以前，由于页岩气产量的迅猛增长，加上低成本的原材料和能源导致的相对低廉的天然气价格，某些领域的工业生产量将迅速增长。例如，2011～2025 年，大宗化学品工业领域生产量年增长率为 1.7%（也得益于天然气液态产物产量的增长），初级金属工业领域生产量年增长率为 2.8%。这些增长均高于 2012 年度能源展望参考案例评估的预测。

从长远来看，由于其他国家开发并安装了更为先进、能效更高的生产设备，竞争力不断增强，美国天然气在这些工业领域的出口量增长可能将会受到限制。产量增加导致更大的天然气工业需求（除了租赁费和电厂燃料费）。2013 年度国际能源

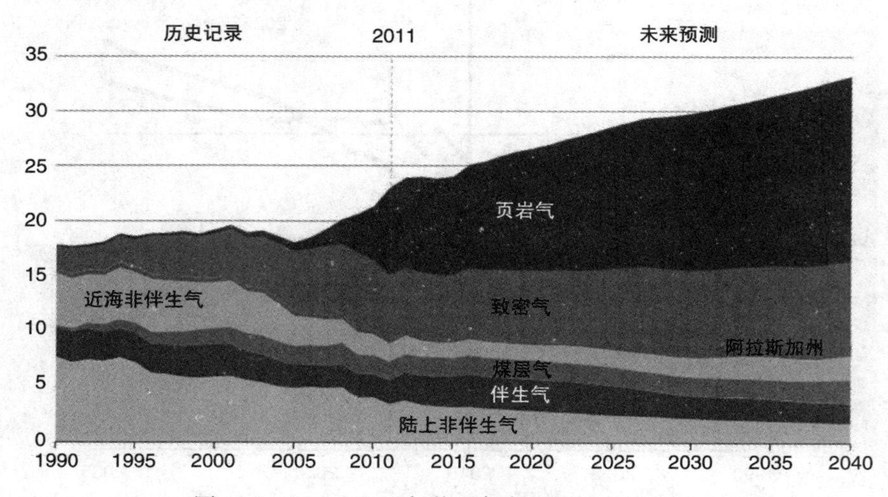

图 4.7　1990～2040 年美国各类天然气干气产量
（来源：美国能源情报署 2013 年度国际能源展望早期报告）

展望的数据显示，2035 年天然气的工业需求量将超过 8.3 万亿 Btu，高于 2012 年估计的 7.2 万亿 Btu。工业能源需求的增长主要来自于制造业产量的增加（美国能源情报署 2013 年度国际能源展望早期报告，2012.11）。

4.5　环境问题

将高压流体注入钻井使岩石破碎，使天然气从裂缝中向外释放是水力压裂技术的一部分。之前提到，所用到的流体主要是水混合（天然或合成）沙子以及多种化学成分。所混合的化学成分取决于地质结构和生产设备。主要考虑的因素有可能引入地下蓄水层的污染物，压裂液中可能通过泄漏、钻井的破损结构等各种途径污染地表的危险化学品等（Arthur 等，2008）。正确设计和安装的钻井不会让钻井液、水力压裂液或天然气漏入可渗透地下蓄水层，对地下水造成污染。水力压裂产生的大量废水中可能溶解有压裂液的化学成分和其他污染物，因此在废弃或重新利用之前需要进行一系列处理。由于生产中使用的水量巨大，加上一些废水中的成分处理起来十分烦琐，这项工作非常重要而具有挑战性。不仅如此，一些地区在进行水力压裂过程后开始出现之前未曾发生的地震活动。美国地质勘探的结果显示，这些地震活动太小，几乎不足以影响安全性。但有科学家认为水力压裂所施加的高压或压裂后注入的处理液就是导致这些地震活动的原因。为了了解导致这些地震活动的原因，科学家正在进行多项研究，注水井通常将废水排入地下非饮用盐水蓄水层（美国能源情报署能源概要，2012.12）。

在居民区以及未曾生产过石油和天然气的地区钻探和生产页岩气激起了社会对

公共卫生和环境的担忧。

对环境的担忧通常包括地表扰动、温室气体排放、水利用和处理以及潜在地下水污染。如果不能确定这些问题是否被重视以及如何处理，页岩气今后的产量、发展速率和气价都将受到影响（加州能源委员会，2012）。

经合组织/国际能源署对土地利用、水利用、潜在饮用水污染和甲烷等气体排放的问题表示担忧，并于 2012 年 11 月发布世界能源展望非常规天然气报告特刊。特刊讨论了非常规天然气对环境的影响，提出了可能出现的“天然气黄金时代”所需要的“黄金法则”。特刊就发展来源广阔的非常规天然气提出来几步既能盈利又合乎环境要求的做法，让这些资源在各国充分提高能源多样性，保障能源供应，降低能源价格。例如，其生产工业的过程链各个阶段都应符合最高社会和环境标准，政府也应制定出基于科学和高质量数据的合适的监管制度，以维护或赢得公众的信任。特刊强调了以下问题：充分的透明度；对环境影响的测量和监测；敦促地方社会处理诸如选择钻井地点，单井设计、建造及测试，水处理和减少排放的投资等。

美国政府相信发展页岩气有助于减少温室气体的排放（白宫，2009）。然而，一些研究指出页岩气的精炼和利用过程所排放的温室气体比常规天然气多（Howarth 等，2011；Shindell 等，2009）。近期的其他研究指出，页岩气井的迅速减少暗示着最终页岩气产量可能远低于目前的预期（Hughes 2011，Berman 2011）。

4.6　液化天然气

液化天然气（Liquefied Natural Gas，LNG）是指为了便于货船或货车运输而进行液化的天然气。液化需要将较重的烃类从天然气中分离，只留下纯甲烷。在大气压下，天然气变为液态的温度大约在 -162℃，误差取决于准确的组成成分。液化使天然气体积减小为原来的六百分之一。

对液化天然气的生产和运输最重要的基础设施是由一条或多条液化天然气生产线组成的液化天然气工厂，其中每条生产线都能独立液化天然气。目前最大的在运营液化天然气生产线位于卡塔尔。在这之前，位于特立尼达和多巴哥的大西洋液化天然气 4 号生产线占据着榜首，其生产能力高达 520 万 t/年（5.2mmtpa），紧随其后的是埃及的 SEGAS 液化天然气工厂，生产能力达到 5mmtpa。而如今的 Qatargas Ⅱ工厂的两条生产线生产能力均达 7.8mmtpa。生产出的液化天然气由专门的运输工具运输，最终经再汽化后分配到各处。再汽化终端通常连着贮藏罐和配气管网，将天然气输送至各地方配气公司或独立电厂。

全球液化天然气大型生产商：全球最大液化天然气生产国是卡塔尔。截至 2011 年中旬，其天然气液化量大约是全球的四分之一。卡塔尔的年液化量从 2009 年早期的 6300 万 m^3（2.2 万亿 ft^3）增长至目前的 1.05 亿 m^3（3.71 万亿 ft^3），增幅十分惊人。2011 年，卡塔尔向全球市场供应了 7550 万 t 液化天然气，几乎是总供应量的31%。印度尼西亚、马来西亚、澳大利亚和阿尔及利亚也是重要的液化天然气出口国。俄罗斯和也门于2009年开始实现液化天然气出口，秘鲁于2010年实现出口。而安哥拉和巴布亚新几内亚分别于2012和2014年实现液化天然气出口（美国能源情报署网站）。2016年，澳大利亚将成为第二大液化天然气出口国，仅次于卡塔尔。近期，澳大利亚有6项相关工程准备开始或已在建设中，这预示着澳大利亚将新增6000万 m^3 （2.1万亿 ft^3）液化天然气生产能力。

全球液化天然气贸易：在未来几十年内，全球以液化天然气的形式进行的天然气贸易预计将呈上升态势。目前液化天然气占天然气贸易的32.3%。2011年全球天然气贸易额增幅为4%，增长平缓。2011年，液化天然气总装运量增长了10.1%，占天然气贸易总增长的87.7%，其中卡塔尔占34.8%。液化天然气供应量的增长主要来自于中东地区以及澳大利亚，这些地区在未来几年预计将有一批新的天然气液化工程投入运营。另外，加拿大也计划在西部地区开展一系列液化天然气出口工程。美国也计划将未充分使用的液化天然气进口设备用于源自国内的天然气液化和出口。在众多液化天然气出口商中，出口体积增长最显著的是日本和英国。由于德国、英国、美国和意大利的出口量下滑，而中国、乌克兰和土耳其的出口增长分别被土库曼斯坦、俄罗斯和伊朗的出口下降所抵消，液化天然气管道输送总量仅增长1.3%（BP 2012）。

根据2011年度国际能源展望参考案例评估，全球天然气年液化能力在2008~2035年间翻了一番还多，从2008年的8万亿 ft^3 增长至2035年的19万亿 ft^3。而且，非洲出口欧洲以及欧亚大陆出口中国的天然气总量也将增长（美国能源情报署网站）。2030年之前，全球液化天然气供应量年增长率预计为4.5%，超出全球天然气总产量年增长率（2.1%）的一倍还多，而且高于区域间管道贸易年增长率（3.0%）。在2010~2030年间的全球天然气供应增额中，液化天然气贡献了25%，高于1990~2010年间的19%（BP 2012）。

4.7　天然气市场分析和价格走势

美国于2011年发表了一份专门针对市场分析的世界能源展望报告。根据这份报告提出的设想，全球天然气消耗量将在2010~2035年间增长50%以上，2035年的全球天然气需求将占能源需求的四分之一以上。然而，我们需要谨慎对待这一不断增长的有利形势，因为天然气在全球能源需求所占比例的增长远不足以实现在碳排放的同时将全球气温升高维持在2℃以下。一份关于天然气的详细年度报告——天然气市场中期报告分析了全球天然气市场近期走势，并调查了对天然气价值链各环节的投资趋势，还据此提供了未来5年天然气的供求预测。报告也详细分析了液化天然气的贸易、价格趋势以及非常规天然气情况。更详细内容请读者参考该报告。

美国非常规天然气产量迅猛增长，但随之而来的是进口量的急剧下降，这导致美国在国际天然气贸易中的前景发生了改变。近期美国天然气进口量的大幅下降给全球天然气市场带来了重大而深远的影响。2008 年的全球经济危机导致全球天然气需求普遍下跌。由于主要来自卡塔尔的充足天然气供应进入世界市场，美国不需要急着购买液化天然气。因此，欧美天然气现货价格出现下跌。虽然 2010 年以来全球天然气需求已经充分复苏，但得益于国内天然气产量的高增长，美国液化天然气进口量一直维持在较低水平，并且一直考虑液化天然气的出口。

天然气价格

有下列几种不同的天然气价格类型：批发价格（如中心价格、过境价格和气门价格）和因所服务的用户而异（工业或家庭）的终端用户价格。天然气价格的制定一般考虑到天然气供应、输送、分配和贮藏的成本以及零售商的利润和税额。不同地区的终端用户价格和批发价格差别较大。

有的天然气批发价格与石油价格相关，二者通过太平洋经合组织的长期供应合同里面呈现的指数联系起来，但这仅仅代表全球五分之一的天然气需求。在北美地区、英国和部分欧洲大陆都可以看到天然气竞争（现货价格），这代表了全球三分之一的天然气需求。其他地区的天然气价格常常按如下规律进行调节：只要反映公众需求，价格可以低于成本、与服务成本持平或由政策决定。国际能源机构认可报告中欧洲、北美地区和太平洋经合组织的天然气市场价格。

下降中的美国天然气价格及其影响：2008 年以前，天然气价格一直稳步增长，之后开始出现下滑。2000～2008 年间，按月结算的亨利枢纽天然气现货价格以 29% 的平均年增长率增长。但从 2009 年 1 月到 2012 年 4 月，亨利枢纽现货价格以平均每年 19% 的幅度下跌。近 10 年内，现货价格非常不稳定，如 2008 年 6 月出现的激增就达到了 13.8 美元/百万 Btu 的高峰。自 2012 年年初以来，天然气价格一直处于较低水平，2012 年 1～4 月末，亨利枢纽现货均价（天然气期货定价）为 2.33 美元/百万 Btu，其中 4 月的均价为 1.94 美元/百万 Btu。如此低的价格要归因于暖冬和天然气的高产量，低价还使得 2012 年 3 月 1 日创造了日消耗天然气 2.1 万亿 ft^3 的纪录。虽然低价在短期内可能阻碍钻井进展，但这只会是暂时情况，不会对页岩气产量持续增长造成太大影响。然而，其长远发展则取决于美国是否会成为液化天然气出口国、会成为多大的液化天然气出口国，以及这些局势对当地天然气价格的影响程度。对于出口的问题，国内观点出现了分歧：由于天然气价格经常与石油价格挂钩，少数专家认为应该加入世界液化天然气市场的竞争；而另一些专家认为，受世界液化天然气和石油价格波动的影响，出口液化天然气会提升国内天然气价格（美国加州能源委员会，2012）。

虽然美国天然气供应量有所增长，但除了发电领域这一推动国家天然气需求上涨的主导力量，国内其他领域天然气需求量一直保持平稳。在今后几年里，美国联邦空气质量条例将规定对即将到达使用年限的现有煤炭设备进行主要投资，从本质上减少排放。但随着天然气价格下降，经营者并不希望将投资用于保证这些燃煤电厂运作，而更倾向于将它们关闭，以此增加国内用于发电的天然气需求（美国加州能源委员会，2012）。

从2009年、2010年和2011年度国际能源展望给出的数据（见图4.8）来看，随着页岩气资源基础不断扩大，天然气现货价格预计将比过去几年出现更大的下跌。自2009年以来，美国市场中石油和天然气价格的平衡似乎已经被打破。2010年和2011年，石油价格飙升至100美元/桶，而美国亨利枢纽（HH）天然气价格一直低于5美元/百万Btu。

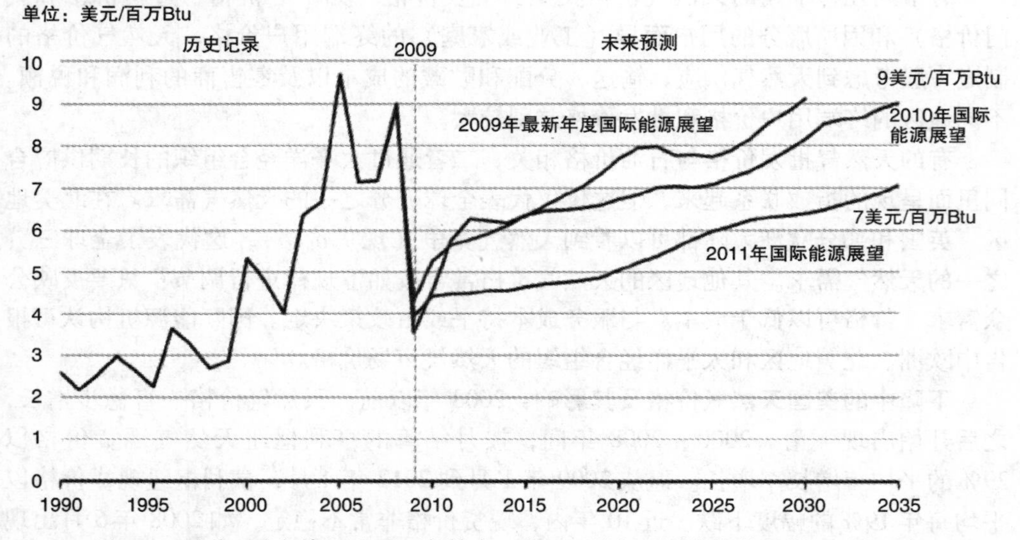

图4.8　随着页岩气资源基础不断扩大，美国天然气预测价格将远低于过去几年
（来源：美国能源情报署2011年、2010年国际能源展望报告；
美国能源情报署2009年最新年度国际能源展望参考案例评估）

欧洲市场还未受到美国非常规天然气崛起的影响。欧洲在2010年提出的天然气价格通常超过美国的2倍。2012年1~9月，英国自然平衡点价格（NBP）在8~10美元/百万Btu间波动，而其亨利枢纽价格持续低于5美元/百万Btu。2010年1月开始出现美国和欧盟相互间的价格影响（Saurez 2012）。

关于天然气的未来还有另外一种观点：美国像如今这样低成本的天然气供应将会有终结的一天，而当未来天然气价格开始上涨，对煤炭的利用就会发展，正如曾经发生过的天然气价格上涨后世界做出的反应（Shaddix 2012）。国家煤炭理事会（2012）对目前美国的天然气市场形势进行了总结，理事会认为国内之所以对代用天然气（SNG）失去兴趣是因为投资者相信，页岩气的发展将使天然气供应量不断增长的同时把气价永久性地稳定在低水平。但是对未来天然气供应量以及价格的预测还存在很大的不确定性。

平准化发电成本：据预测，未来几年天然气在发电领域中的消耗量将继续增长。燃烧时的低排放水平，不断增长的全球页岩气储量带来的高可利用总量，相对较低的价格，这些都是天然气发电优于燃煤发电的主要原因。美国能源情报署 2011 年度国际能源展望报告提出了电厂的平准化发电成本（以美元计）方案，该方案运用多种可实现技术，将于 2017 年开始实行。尽管这一方案是在附录中提出的。相较于燃煤电厂，使用了天然气联合循环技术的电厂能够输送更廉价的电力。

参考文献

Arthur, J.D., Bohm, B. & Layne, M. (2008): Hydraulic Fracturing Considerations for Natural Wells of the Marcellus Shale, presented at *Ground Water Protection Council Annual Forum*, Cincinnati, Ohio. September 2008.

Berman, A. (2011): After the gold rush: A perspective on future U.S. natural gas supply and price, The Oil Drum, 8 Feb. 2011.

BP (2012): *BP Energy Outlook 2030*, London, January 2012.

BP (2012a): *BP Statistical Review of World Energy 2012*, London, UK.

California Energy Commission Staff Report (2012): 2012 Natural gas market trends – In Support of the *2012 Integrated Energy Policy Report Update*, California Energy Commission, May 2012.

ExxonMobil (2012): *The Outlook for Energy:* A View to 2040, at exxonmobil.com

Hughes, D. (2011): *Will Natural Gas Fuel America in the 21st Century*? Post Carbon Institute, May 2011.

Healy, D. (2012): *Hydraulic fracturing or Fracking: A short summary of current knowledge and potential environmental Impacts*; Report prepared for EPA (Ireland) under STRIVE programme 2007–2013, University of Aberdeen, July 2012.

Howarth, R.W., Santoro, R., & Ingraffea, A. (2011): Methane and the greenhouse gas footprint of natural gas from shale formations, *Climatic Change Letters*, doi: 10.1007/s10584-011-0061-5.

IEA/OECD (2013): Natural Gas, available at http://www.iea.org/aboutus/faqs/gas/.

Krauss, C. (2009): *New way to tap gas may expand global supplies*, *New York Times*, 9 October 2009.

National Coal Council (2012): Harnessing Coal's carbon content to Advance the Economy, Environment and Energy Security, June 22, 2012, Study chair: Richard Bajura, National Coal Council, Washington, DC.

Newell, R. (2011): Shale Gas and the Outlook for U.S. Natural Gas Markets and Global Gas Resources, Administrator, OECD, June 21, 2011, Paris, France.

NPC (2007): *Facing the Hard truths about Energy: A comprehensive View to 2030 of Global oil and natural gas*, Washington DC: National Petroleum Council, 2007, pp. 96–97.

Pearson, I., Zeniewski, P., Graccev, F., Zastera, P., McGlade, C., Sorrell, S., Speirs, J., & Thonhauser, G. (2012): *Unconventional gas: Potential energy market Impacts in the European Union, A report by the Energy Security Unit* of the EC's Joint Research Centre, Luxembourg: Publications Office of the European Union, 2012.

Rice University, News and Media Relations (2011): *Shale Gas and U. S. National Security*, 21 July 2011.

Rogner, H.H. (1997): An Assessment of World Hydrocarbon resources, *Annual review of Energy and the Environment*, **22**, 1997.

Schmidt, G.A., Unger, N., & Bauer, S.E. (2009): Improved Attribution of Climate Forcing to Emissions, *Science*, **326** (5953), pp. 716–718.

Shaddix, C.R. (2012): Coal combustion, gasification, and beyond: Developing new technologies for a changing world, *Combustion and Flame*, **159**, 3003–3006.

Stevens, P. (2012): *The Shale Gas Revolution: Developments and Changes*, August 2012, *Chatham House*, at http://www.chathamhouse.org/publications/papers/view/185311.

Suárez, A.A. (2012): The Expansion of Unconventional Production of Natural Gas (Tight Gas, Gas Shale and Coal Bed Methane), *In: Advances in Natural Gas Technology, Hamid Al-Megren (ed.)*, ISBN: 978-953-51-0507-7; In Tech, Available at http://www.intechopen.com/books/advances-in-natural-gastechnology/the-expansion-of-unconventional-production-of-natural-gas-tight-gas-gas-shale-and-coal-bedmethaneShindell, D.T, Faluvegi, G, Koch, D.M.

USEIA (2011): *Annual Energy Outlook 2011 with projections to 2035*, April 2011; Available at www.eia.doe.gov.

USEIA (2012): *Energy in Brief*, US Department of Energy, Washington DC, last updated: December 5, 2012.

USEIA (2011): *Annual Energy Outlook 2011, Prospects for shale gas*, DOE/EIA-0383, Washington, DC, April 2011; available at www.eia.gov/forecasts/aeo/IF_all.cfm#prospect shale.

USEIA (2011a): *EIA – Analysis & Projections: World Shale Gas Resources*: An Initial Assessment of 14 Regions outside the United States, April 5, 2011, USDOE, Washinton DC, available at http://www.eia.gov/analysis/studies/worldshalegas/.

USEIA (2011b): *EIA: Today in Energy*, April 5, 2011, USDOE, Washington, DC; available at www.eia.gov/todayinenergy/detail.cfm?id=811.

USEIA (Nov. 2012): *Annual Energy Outlook 2013 Early Release*, US Department of Energy, Washington DC, November 2012.

White House, Office of the Press Secretary (2011): *Statement on U.S.-China shale gas resource initiative*, 17 November 2009.

第5章 煤燃烧中的污染物释放

煤是“最脏”的化石燃料，并且在燃烧时释放出一些污染物可能导致环境污染。由于煤的氢碳比低，相对于石油和天然气，煤燃烧排放的二氧化碳（CO_2）更多，而且发电效率相对其他化石燃料较低。在煤的燃烧过程中，颗粒物、硫氧化物、氮氧化物、汞和其他金属，包括一些放射性物质的排放比重，也远高于如石油或天然气等其他化石燃料。燃烧煤不仅会导致当地和整个地区的污染，并且污染扩展到了全球范围，导致气候变化并带来不好的环境效应。煤炭也会导致甲烷的排放，尤其是采矿过程。这些污染物除了影响环境，还会引起人类健康问题，有时甚至会致命（Jayarama Reddy 2010）。

煤的应用是多种多样的，主要是用于发电。动力煤用于电厂和加工过程，并在许多行业、住宅和商业部门作为优质热源。煤在炉膛或工业锅炉中燃烧，来保证集中供暖系统的需求。钢铁行业中主要用焦煤进行钢铁冶炼。煤炭在运输中扮演相对较小的角色；例如，在各种发展中国家，古老的蒸汽机车中使用煤炭，煤炭也可以作为液体燃料的一种来源。

燃煤发电厂生产的一些燃煤副产品，一般称为煤燃烧产物（Coal Combustion Product，CCP），其中一些有经济价值。这些副产品包括飞灰、底灰、锅炉渣、烟气脱硫石膏和其他类型的物质，如流化床燃烧飞灰、“煤胞”和洗涤塔残留物。飞灰可以作为水泥的代替品或补充物灌入混凝土中。例如，在美国，超过一半的混凝土是与飞灰混合的。相对于传统水泥，使用飞灰的最大环境效益是可以显著减少温室气体（Green House Gas，GHG）的排放。每当1t飞灰用于硅酸盐水泥中（世界各地广泛使用的最常见的水泥），就可以阻止大约1t CO_2 进入地球大气中。飞灰生产不需要生产硅酸盐水泥所需要的能源密集型的窑烧方法。

煤燃烧产物的利用减少了温室气体排放，减少了填埋垃圾需要的空间，减少了主要原材料的使用需求。飞灰生产的混凝土坚固耐用，抗腐蚀，可以防止碱集料膨胀、硫化和其他形式的化学侵蚀。煤燃烧产物继续在混凝土市场中扮演重要角色。煤燃烧产物在其他建筑产品中的使用也越来越突出，这些建筑有望变成可持续发展建筑，更多的建筑师和业主会理解使用燃煤产物的好处。

5.1 能源相关的CO_2排放

因为世界各地的电力行业将煤炭作为主要能源，所以所有的国家都有温室气体的排放。世界上发电厂 CO_2 排放的五大国分别是中国、美国、印度、俄罗斯和日本。如果欧盟的27个成员国都算作一个单独的实体，欧盟将成为第三大CO_2排放国，排在中国和美国之后（CARMA 2008）。

主要排放国之一的美国，燃煤发电厂每年产生近20亿t的CO_2。2009年，来自燃煤发电厂排放的温室气体约占美国温室气体排放量的1/3和CO_2排放总量的40%（美国EPA，2011）。然而，在2009年，相对于2008年温室气体排放总量下降了6.59%，CO_2排放量下降了8.76%。相对于2007年下降约10%（从2007年高达15.8亿t的碳排放到2009年的14.3亿t，这是1995年以来的最低水平），这主要是由于经济衰退，尽管也可能有其他原因。哈佛大学的研究人员将这种下降趋势归因于工业对煤炭的依赖减少，因为天然气来源丰富且价格走低。与此同时，大多数工业国家的碳排放也有所下降，使全球因为化石燃料使用导致的CO_2排放量从2008年的85亿t降低到2009年的84亿t。然而，这次下降是在前10年的快速增长之后。在过去的10年中，全球CO_2排放平均每年增长了2.5%——几乎是20世纪90年代的4倍。

英国的CO_2排放量从2007~2009年下降了10%。德国和法国的排放量下降了5%和8%。日本的排放量在2年间下降了接近12%。但是，发展中国家的情况是不同的。CO_2排放量在世界人口密集的中国和印度继续迅速增长。中国的排放量2009年上升到18.6亿t碳，占了近1/4的全球化石燃料燃烧排放。2009年中国的CO_2排放增长了近9%。在过去的10年中，平均每年排放量增长8%，中国在2007年超过美国，成为世界最大的CO_2排放国。印度的排放量过去10年每年增长了接近5%；该国在2007年超过了俄罗斯成为世界第三大排放国。虽然各国都采取了一些措施控制排放，尽可能提高化石燃料发电厂的效率，但这些措施本质上是不够的，全球排放总量继续快速增长。

在人均方面，发展中国家的人均排放量仍远低于大部分的工业化国家。相对于中国的5.8t、印度的1.6t和巴西的0.9t，美国的人均排放量世界最高，2009年约为17.3t，俄罗斯为11.6t，日本为8.6t（IEA统计数据，世界银行，2012）。人均电热生产导致的碳排放在欧盟每年是3.3t。在澳大利亚、美国和加拿大，人均排放量是中国的3倍和世界平均水平的近4倍。在许多发展中国家，因为数百万人缺乏电力，人均能耗极低（CARMA 2008）。然而，一些盛产石油的国家，包括卡塔尔，创造了人均排放纪录新高。值得注意的是，许多欧洲国家，如英国、德国和法国，与美国的生活水平相似，但只有其一半的人均CO_2排放。

2035年的排放量预测：1990~2035年经合组织国家和非经合组织国家的不同燃料类型导致的CO_2排放量的预测如图5.1所示。

图5.2显示了2008~2035年非经合组织国家与能源相关的CO_2排放量的预计年均增长率。该数据假定没有能源使用方面政策的改变。经合组织国家，包括美国的排放在预测期间几乎不变。与此相反，非经合组织国家，尤其是中国表现出日益增长的CO_2排放趋势。在电力部门的排放方面，世界十大电力生产公司，五个在

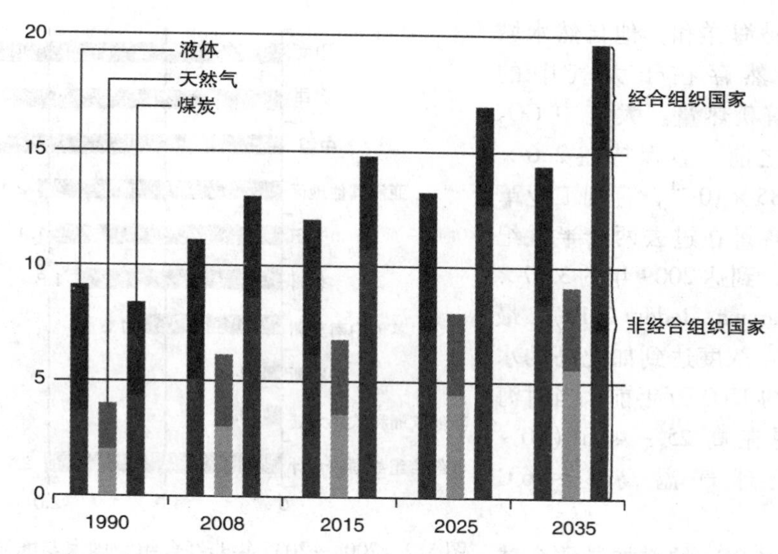

图 5.1　1990～2035 年经合组织国家和非经合组织国家的不同燃料类型导致的 CO_2 排放量，单位为 10 亿 t（来源：美国 EIA－IEO 2011）

中国，两个在美国，一个在印度，一个在南非，一个在德国。世界上最大的碳排放企业是中国华能国际电力公司，它的电厂大约每年排放 2.85 亿 t 的 CO_2，远远超过了英国所有的发电厂产生的 2.27 亿 t 的总和，几乎相当于整个非洲大陆的排放（3.35 亿 t）。在美国，最大的 CO_2 排放企业是南方公司，每年的排放超过 2 亿 t，紧随其后的是 1.75 亿 t 的美国电力公司和 1.12 亿 t 的杜克能源公司（CARMA 2008）。

斯坦福大学的研究小组最近的一项研究发现，22% 的中国排放是由出口商品的生产造成。研究还发现，其中 1.9 亿 t 的碳排放是由出口到美国的商品造成的，如果考虑到中国出口和美国进口的关系来调整碳排放量，美国将再次成为世界上最大的排放国。虽然化石燃料燃烧导致大部分的 CO_2 排放，但土地利用的改变，砍伐森林为农田（发展中国家的另一个严重问题），也会排放大量的 CO_2。2008 年，全球因为土地使用的变化，估计排放了 12 亿 t CO_2。这些排放的绝大多数来自热带地区的森林砍伐，印度尼西亚和巴西承担超过 60% 的土地利用变化导致的排放。这部分排放没有在本书阐述。

每年排放的 CO_2 超过一半被海洋、土壤和树木吸收。CO_2 进入大气的速度远远超过了这些生态系统对 CO_2 的吸收速率，因此对海洋生态系统构成了极大的威胁。大量溶解的 CO_2 改变了海洋的化学性质，使海水酸性更强，这使得造礁珊瑚或贝类等生物更难形成骨架或外壳。现在世界上海洋的酸性比过去的 2000 万年里的任何时候都要强。专家估计如果 CO_2 排放继续保持长期上涨的趋势，全世界的珊瑚礁可能在 2050 年灭绝。

没有被海洋和其他自然水域吸收，仍然存在于大气中的 CO_2，会捕获热量。大气中 CO_2 的含量，之前一直保持在 $2.6\times10^{-4}\sim2.85\times10^{-4}$，直到工业革命。$CO_2$ 含量在过去两个半世纪快速上升，到达2009年的 3.87×10^{-4}（Jayarama Reddy 2010）。最后一次 CO_2 浓度达到如此高的水平，是大约1500万年前，当时海平面比现在高 25～40m（80～130ft），全球气温高 3～6℃（5～11℉）。

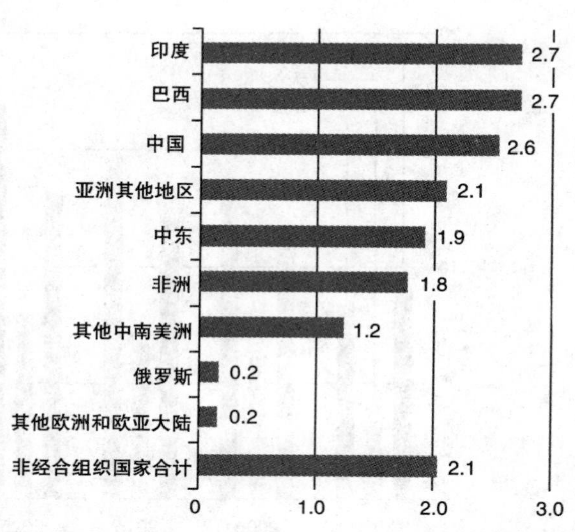

图5.2 2008～2035年非经合组织国家与能源相关的 CO_2 排放的年均增长率，单位为%/年（来源：美国 IEA－IEO 2011）。

大气中 CO_2 的增加导致全球气温快速上升，过去的半个世纪以来，每个10年都比以前更热。这已经由压倒性的科学证据所确立（IPCC－AR4，2007）。气温上升的后果已经被冰川冰原融化、天气模式改变和季节事件的时间变化所见证。由于2009年经济衰退和2012年可再生能源使用量的强劲增长导致的化石燃料使用下降，造成当年全球 CO_2 排放量下降很多。例如，风力发电装机容量在世界范围内增长了超过30%。由于政府的激励措施和上网电价及光伏模块价格的持续下跌，2010年全球太阳能光伏产品和市场比2009年翻了一番。德国2010年安装的太阳能光伏比2009年整个世界增加的还要多。日本和美国的光伏市场相对于2009年翻了一番。风力发电在全球范围内增加的容量最多，紧随其后的是水电和太阳能光伏，但有史以来第一次，欧洲增加的太阳能比风能更多（REN21:2011）。全世界很多国家都制定了良好的环境政策和巨大的清洁能源及能源效率项目的预算分配，这将促进未来几年可再生能源的增长。

然而，越来越多的证据表明，更快、更实质性的行动对控制排放是必要的。政府间气候变化专门委员会（IPCC）模拟了许多在未来几十年排放增长后可能发生的场景（IPCC AR－4，2007）。在这些场景中，21世纪末，预测的可能增长的温度范围为1.1～6.4℃（2～11℉）。即使 CO_2 排放最近下降，CO_2 排放也继续沿着IPCC最糟糕的预测场景发展。更多的科学证据表明，大气中的 CO_2 必须稳定在 3.5×10^{-4} 或更少；为了实现这一目标，需要一个早且根本性的改变（细节参见 Jayarama Reddy 2010）。推动 CO_2 排放到一个快速下降的趋势的一种方法是转向一个新的依赖无碳能源如风能、太阳能、水力和地热而不是危害气候的化石燃料的可持续能源经济。国际社会对这种方法持有一致的观点，虽然对于完全引进、实施的初始成本、效率和其他方面，这是一个有争议的话题。由于在世界大部分地区，特别是在排放量最高的国家，有丰富可用的廉价煤炭，并且由于吉瓦级别的燃煤电厂已经工作或上网，大规模利用先进或者洁净煤技术也对减少排放非常重要。然而，这里有几种实现的方式：煤炭清洗（燃烧前控制）、配以空气污染控制设备（燃烧后控制）和碳捕集与封存，另外还有燃烧过程改善技术。这些在这本书的后面将更详细的讨论。智能、经济地使用煤炭，可以提供安全和廉价的能源，这仍将是一个关键的挑战，直到全球能源需求很大程度上由可再生能源来满足。

在美国，洁净煤技术项目提供低成本、有效控制碳排放的燃煤发电技术，同时满足环境条例。项目的短期目标是满足国家当前和新兴的环保法规，这将大大减少新的和现有的燃煤电厂控制二氧化硫、氮氧化物、颗粒物和汞的成本。中期目标是开发低成本、超级洁净的燃煤电厂，效率比今天的平均水平高出50%（NEPD 2001）。效率越高，排放越少，成本更低。长远来看，我们的目标是开发低成本、零排放发电厂，其效率是今天的近2倍；发电同时，共同生产燃料和化学品；促进技术的发展，煤炭将成为氢的主要来源。与此同时，目前的排放方案要求所有主要的碳排放国，尽快提交减排截止日期；发达国家给发展中国家和贫穷国家提供资源和新技术。

5.2 煤中的有害污染物

众所周知，在煤炭的形成过程中，它从周围的土壤和沉积物中吸收各类物质。这些物质包括杂质，如硫和有害元素，即铅、汞、砷、镍和铬等。不同的煤层中这些杂质的性质和含量种类可能不一样，这取决于煤层形成时的条件。当煤在电厂中燃烧时，这些杂质通过烟气释放到大气中，除非被排放控制方法控制/移除。不同类型的煤中出现的元素的平均浓度见表5.1（美国 EPA 2010）。燃煤电厂排放大量的有害空气污染物，对人类健康和环境造成严重威胁（美国 EPA 2007）。这些排放包括取决于煤炭中的“燃料基”污染物（如金属、盐酸、氟化氢和汞），以及在

表5.1 煤中有害元素的平均浓度（单位：lb[㊀]/10亿 Btu[㊁]）

元素	无烟煤	烟煤	亚烟煤	褐煤
砷	NR	0.5	0.1	0.3
铍	NR	0.11	0.03	0.2
镉	NR	0.03	0.01	0.06
氯	NR	35	2.7	24
铬	NR	1.1	0.4	2.2
铅	NR	0.6	0.2	1.0
锰	NR	1.8	1.3	20
汞	NR	0.007	0.006	0.03
镍	NR	0.9	0.4	1.2

注：表中NR（Not Reported）为没有报道。表中数据源自美国 EPA 2010。

㊀ 1lb = 0.4535924kg。

㊁ 1Btu = 1055.06J。

煤燃烧过程中形成的“燃烧基”污染物（如二噁英和甲醛）（美国 EPA 2010）。燃煤电厂的有害空气污染物包括：①酸性气体，如氯化氢和氢氟化物；②苯、甲苯和其他化合物；③二噁英和呋喃；④甲醛；⑤铅、砷和其他金属；⑥汞；⑦多环芳烃（PAH）；⑧放射性物质，像镭和铀（美国 EPA 2007；ATSDR 2011）。

5.3 对人类健康和环境的影响

这些废气排放对人类健康造成危害，见表 5.2。这些排放会导致呼吸困难，加重哮喘、慢性阻塞性肺疾病、支气管炎和其他肺部疾病。它们可以引发心脏病和中风、肺癌和其他癌症、出生缺陷和过早死亡。这些污染物威胁基本的生命系统。酸性气体有腐蚀性，并能刺激和灼烧眼睛、皮肤、呼吸道。长期暴露在燃煤电厂排放的金属和二噁英环境下会增加患癌症的风险。在人类和动物的研究中，特殊形式的砷、铍、铬和镍已被证明会导致癌症。表 5.2 还鉴定了对环境产生长期影响的污染物，因为它们在土壤、水和鱼中积累（ATSDR 2011）。燃煤电厂也是空气中汞的所有工业来源中最大的排放源。汞与肾脏、肝脏、脑、神经系统的损伤和导致出生缺陷有关（ATSDR 2011）。

表 5.2 燃煤电厂排放出的有毒物质对人类健康以及环境的影响

有害污染物分类	重要污染物	对人类健康的影响	对环境的影响
酸性气体	氯化氢，氢氟酸	刺激皮肤、眼睛、鼻子、喉咙和呼吸道	酸雨：伤害森林和农作物
二噁英和呋喃	2，3，7，8 四氯二噁英	可能的致癌物质：胃和免疫系统，影响生殖内分泌和免疫系统	存积在河流、湖泊和海洋，由鱼和野生动物携带；在食物链中积累
汞	甲基汞	损害大脑、肾、神经系统和肝脏；导致神经系统和先天性出生缺陷	被鱼和野生动物消耗；在食物链中积累
非汞金属和非金属	Sb，As，Cd，Cr，Be，Ni，Se，Mn	致癌物质：肺、膀胱、皮肤、肾脏，可能对神经、皮肤、心血管、免疫和呼吸系统造成不利影响	积累在土壤和沉积物中；可溶组成可能污染水体，积累在土壤和沉积物中
	铅	损害神经系统；可能对学习、记忆和反应造成不利影响；可能对心血管和肾脏产生影响；贫血、脚踝、手腕和手指虚弱	危害植物和野生动物；可能影响陆地和水生态系统
多环芳香烃	Benzo－a－anthracene，Benzo－a－pyrene，Fluoranthene，Chrysene，Dibenzo－a－anthracene	可能的致癌物质。可能在肺部吸附和沉积小颗粒物。可能对肾脏、肝脏和睾丸造成不良影响。可能会损害精子细胞，导致生殖损害	存在于蒸气和颗粒相中；积累在土壤和沉积物中

（续）

有害污染物分类	重要污染物	对人类健康的影响	对环境的影响
放射性同位素	镭	致癌物质：肺和骨骼。支气管肺炎、贫血和脑脓肿	存积到湖泊、河流和海洋中；被鱼类和野生动物消耗；在土壤和沉积物及食物链中积累
	铀	致癌物质：肺和淋巴系统、肾脏疾病	同上
挥发性有机物	芳香烃，包括苯、二甲苯、乙基苯和甲苯	刺激皮肤、眼睛、喉咙和鼻子；呼吸困难；肺功能受损；视觉刺激反应延迟；记忆受损；胃不舒服，影响肝脏和肾脏；也可能对神经系统造成不利；苯是致癌物质	积累在土壤和沉积物中
	醛，包括甲醛	可能的致癌物质：肺癌。眼睛、鼻子和喉咙发炎；呼吸道症状	同上

注：源自美国肺协会（ALA），2011 年 3 月。

发电厂的颗粒物直接来自灰分和烟尘，但更小的微粒来自排放气体在大气中进行的化学反应。化石燃料燃烧产生的更小的微粒会恶化哮喘和支气管炎，导致心脏病和中风，增加早产和死亡风险。这一定程度上是因为这些微粒比大的颗粒可以更深地进入肺部，而大的颗粒被鼻腔和气道过滤掉。电厂排放引发的健康问题，可能出现在短期高水平排放或较长时间低水平排放的时候（美国 EPA，2009）。

环境也受到这些排放的影响。这包括环境退化，有毒金属增多；污染河流、湖泊和海洋；重要文化纪念碑被酸雨降解，如自由女神像和林肯纪念堂。酸雨进入土壤和水体可以改变它们的酸度或 pH 值，改变这些环境的化学和营养平衡。结果，栖息在这些地区的植物、动物和微生物的类型发生改变。有害空气污染物也加剧河流和小溪的污染，可以破坏庄稼、森林，最后，危害人类（美国 EPA 2009，1997）。

并不是所有电厂都是相同的。排放取决于使用的煤的类型、所在位置的控制设备的类型和运行的时间。工厂排放的影响将取决于烟道的高度和相对于人口中心的位置、地势和天气模式。

有害排放会威胁到当地人的健康，并且危及范围很广。例如酸性气体，如盐酸和氟化氢往往会沉淀 1 ~ 2 天，给社区和附近的城镇带来较高的风险。汞和二氧化硫的排放也会直接影响当地。许多污染物也传播得更远，可以被携带到距离原始来源数百甚至数千英里（mile[⊖]）远的地方。对健康的影响只能通过详细分析排放、运输、浓度、接触和影响之间的关系来确定。许多金属、二噁英和其他污染物依附在微粒上，并与大气尘粒一起转移到遥远的地方。这些粒子可以在空中停留一个星

⊖ 1mile = 1609.344m。

期或更久，并由风吹到离来源地区很远的地方（ALA 2011）。

面临更大风险的人

每个人都面临暴露在这些有害的空气污染物中所导致的健康问题风险。然而有些人，由于他们的年龄、总体健康状况或直接接触污染物——面临更大的风险。他们包括儿童和青少年，老年人，孕妇，患有哮喘和其他肺部疾病的人，患有心血管疾病、糖尿病的人，低收入群体，工作在户外的人，以及有一些其他健康问题的人（美国 EPA 2009，1997）。常常，低收入人群或那些属于少数民族或种族的人面临这种污染的影响更大，因为他们的生活接近工业单位，包括发电厂（Levy 等，2002；O'Neill 等，2003）。

5.4 污染控制技术

控制这些污染物，不让它们进入大气中是可行的，现今有效的技术见表 5.3。这些技术在下一章中被详细讨论。在美国，1990 年的《清洁空气法》修正案使污染控制技术强制组合到燃煤发电厂中。

表 5.3 控制燃煤发电厂释放的有毒污染物的有效技术

控制技术	控制的污染物	技术原理
	酸性气体控制	
干和湿烟气脱硫（洗涤塔）	有害空气污染物：盐酸、氟化氢、氰化氢和汞 附属污染物：二氧化硫和微粒	液体与石灰石混合喷到排放物中，排放物通过一连串的液体与石灰混合物或石灰岩为床料的反应床；硫和床料混合物之间的反应生成盐从排气流中移除
干式吸附剂注射（DSI）	有害空气污染物：盐酸、氟化氢和氰化氢 附属污染物：二氧化硫	碳酸氢钠，石灰或类似材料组成的干的吸附剂被吹进导管，与酸性气体反应，并在下游 PM 控制捕获
	非汞金属控制	
静电除尘器（ESP）	有害空气污染物：锑、铍、镉、钴、铅、锰、镍和颗粒相有机物 附属污染物：其他形式的主要微粒	带电的微粒被收集在异性电的电荷板上；粒子被收集处理/进一步处理
袋式除尘器	同上	排放物通过袋式除尘器
旋风除尘器	同上	过滤和分离：利用离心力分离颗粒与气流
	汞控制	
活性炭注入（ACI）	汞、砷、铬、硒、二噁英和其他气相有机碳基化合物	粉状活性炭（类似于木炭）被吹进燃烧后的烟气中；污染物被炭吸收，并被 PM 控制移除

注：源自美国肺协会，2011 年3 月。

参 考 文 献

ALA (2011): Toxic Air: The Case for Cleaning Up Coal-fired Power Plants, March 2011, Washington DC: American Lung Association Headquarters office.

ATSDR (2011): Agency for Toxic Substances and Disease Registry, 2011: *Toxic Substances Portal: Toxicological Profiles*. Washington, DC, USA: ATSDR; available at http://www.atsdr.cdc.gov/toxprofiles/index.asp.

CARMA: Global Estimation of CO2 Emissions from the Power Sector – Working Paper 145; *Information Disclosure and Climate: The Thinking Behind CARMA* 12 Working Paper 132, Aug 27, 2008.

IEA Statistics (2012): CO_2 emissions, at http://www.iea.org/states/index.asp; and http://data.worldbank.org/indicator/EN.ATM.CO2E.KT/countries.

IPCC (2007): Climate Change 2007, *Synthesis Report, IPCC 4th Assessment Report*, IPCC, Geneva, Switzerland.

Jayarama Reddy, P. (2010); *Pollution and Global Warming*, BS Publications, Hyderabad, India.

Levy, J.I., Greco, S.L., & Spengler, J.D. (2002): The importance of population susceptibility for air pollution risk assessment: a case study of power plants near Washington, DC, *Environmental Health Perspectives*, **110(12)**, 1253–60.

Miller, B.G. (2011): *Clean Coal engineering Technology*, Elsvier, Amsterdam, ISBN: 978-1-85617-710-8.

O'Neill, M.S., Jerrett, M., Kawachi, I., Levy, J.I., Cohen, A.J., Gouveia, N., *et al.* (2003): Health, Wealth, and Air Pollution: Advancing Theory and Methods. *Environmental Health Perspectives*, **111**, 1861–1870.

REN21: *Renewables 2011 Global Status Report*, available at www.ren21.net/REN21Activities/Publications/ . . .

US EPA (1997): *Mercury Study Report to Congress*, Volumes I–VIII: (EPA-452/R-97-003 through EPA-452/R-97-010), Washington, DC.

USEPA (2002): ALLNEI HAP Annual 01232008; available at http://www.epa.gov/ttn/chief/net/2002inventory.html# inventory data.

USEPA (2007): *National emission Inventory 2002*. Inventory data; Point sector data- ALLNEI HAP Annual 01232008; at www.epa.gov/ttn/chief/net/2002 inventory.htm

US EPA, (2009): *Integrated Science Assessment for Particulate Matter*, EPA 600/R-08/139F; Available at http://cfpub.epa.gov/ncea/cfm/recordisplay.cfm?deid=216546.

USEPA (2009): *Integrated Science Assessment for particulate matter*, EPA/600/R-08/139F), National Center for environment assessment, RTP division, OR&D, EPA

USEPA (2010): *Air toxic standards for Utilities: Utility MACT ICR data*. Part I,II,III: final draft (version3); at www.epa.gov/ttn/atr/utility/utilitypg.html

US EPA (2011): Inventory of U.S. Greenhouse Gas Emissions and Sinks: 1990–2009, Table ES-7, 2011, at http://www.epa.gov/climatechange/emissions/usinventoryreport.html.

USEIA-IEO (2011): Energy Information Administration – Intl. Energy Outlook 2011, DOE, Washington, DC.

第6章　煤处理和排放控制技术

6.1　煤处理

6.1.1　简介

电力生产过程会对环境产生影响，包括水资源、污染物排放、废物产生、公共卫生和安全等所有类似问题，具体情况取决于使用了某种发电技术。燃煤发电并不能避免产生上述影响，且已经面临着主要与排放有关的多项环境问题的挑战。煤的大量使用所带来的环境问题变得比以往更加严重。历史已经证明煤炭有能力面对这些挑战，因此煤炭也寄希望于有效地解决未来的环境问题的挑战。

煤矿的品质和含量在不同国家、不同矿藏甚至不同矿层之间都存在高度差异。煤通常与灰分矿物质和化学物质有关，包括沙子、岩石、硫和微量元素。一些物质是通过煤层混杂在一起，另一些（主要是有机硫、氮和一些矿物质盐）与煤有机地结合在一起，还有一些是开采过程混进的。这些杂质影响煤炭的性质和燃烧过程，包括烟气排放和燃烧副产品等。

煤处理：洗煤，在矿或（和）发电厂中清洗，从煤中尽可能移除灰分、岩石和水分。原则上，煤在矿区选矿厂清洁的时候被粉碎和洗涤，煤中最大部分的硫被移除。煤的清洁和洗涤，又称选煤。选煤过程，提高了煤炭的质量并且对进一步的利用有益，包括①节省运输、电厂建设和运行成本，特别是锅炉、煤处理和除灰系统；②降低电厂生产成本，如果洗煤增加电厂负荷系数并且洗煤厂尾矿在流化床锅炉中被有效利用，将降低电厂生产成本（Burnard 和 Bhattacharya，IEA 2007）。我们已经认识到高质量的“洁净煤”的利用可以相当大地减少二氧化硫、氮氧化物、颗粒物和二氧化碳（CO_2）排放（Burnard 和 Bhattacharya，IEA 2011）。减少二氧化硫和氮氧化物的排放意味着减少酸雨等环境问题的发生。虽然选煤在许多国家是标准做法，但是作为一种有效改善煤对环境影响的低成本方式，这种方式对发展中国家更有必要。

在19世纪，煤炭中只有5%的能量被使用。现在，使用1950~1960年的技术，煤炭中约有35%的能量可以被使用。新技术在提高效率的同时可以进一步提高电厂的性能，减少污染物的排放和降低成本，这将最终使从煤中获得的能量变得更便宜。

高效可行的技术的开发控制了硫氧化物、氮氧化物、颗粒物和汞等微量元素的排放。最近，焦点已经集中在发展和部署控制主要的温室气体之一的 CO_2 排放的技术上。许多现代化的处理流程都被燃煤发电技术利用，并用于提高热效率和减少排放。高效电厂产生单位能量所燃烧的煤炭少，因此对环境产生的负面影响更小。技术的选择根据地点、煤炭来源和质量等因素而变化。

去除和降低煤炭中的杂质和使用过程中污染物的相关工艺流程被分类为燃前、燃中和燃后处理流程和转化技术（IEA 2003，2011；Balat 2008a，2008b；Omer 2008；Franco 和 Diaz 2009）。

6.1.2 燃前处理过程（选煤）

选煤/清洁由一组技术组成：物理清洗或洗涤、化学清洗和生物方法清洗、去除硫和灰分（Satyamurthy 2007）。选煤还包括干燥、压块和混合（Breeze 2005；IEA 2003）。

物理清洗：有效分离所含的灰分、岩石和黄铁矿硫（硫与铁结合）及微量元素，如煤中的汞。这常常由水来完成。煤的密度及其成分是不一样的，不同类型的煤炭差异很明显。因此，可利用这些差异将煤炭从杂质中分离。根据化学成分，每种类型的煤炭有自己的可洗性标准。当煤被粉碎和清洗时，重的杂质从煤中分离，使其变干净。由于煤可以磨成类似于粉末的小尺寸颗粒，这可以移除高达 90% 的黄铁矿硫。

不同洗煤厂物理清洗中使用的系统也不同，但大体上包括以下阶段：初步准备、粉煤加工、大块煤加工和最终准备。一个典型洗煤厂的煤炭清洁工艺流程如图 6.1 所示（数据来自 RRI 1970；美国 EPA 1988）。

在最初的准备阶段中，原煤经过卸货、储存、运输和压碎，通过筛选分为粗煤和细煤两部分。之后将它们送到各自的清洗过程中。第二阶段，细煤和粗煤的加工过程、操作和设备类似，但用于分离杂质的操作参数不同。大部分的煤炭清洁流程使用向上气流或水脉冲，使床体中的碎煤和杂质流化。较轻的煤颗粒上升，从床的顶部移除，较重的杂质转移到底部。

在第一阶段的准备过程中，通过从煤中移除水分来减少冻结问题、体积和重量，并提高热容量。“脱水”是通过使用筛分机、增稠剂和旋风分离器，之后在流化床或闪蒸或百叶窗式干燥器中进行热干燥。在流化床干燥器中，煤通过推入的热气，在多孔板上悬浮与干燥。在闪蒸干燥机中，煤被输入到大量热气体中即时干燥。干煤和湿气体都进入了一个干燥塔并进入旋风分离器分离。在百叶窗式干燥器中，热气体通过煤的下降帘，然后由一个特别设计的输送机运送。尽管目前是由电厂烟气的热量实现干燥，太阳能也可作为热量来源。

来自第一阶段（见图 6.1）的湿或干燥过程排放的颗粒物，主要组成是来自道路、囤积矿石、废物区域、铁路货车、传送带泄漏、破碎机和分类器的煤尘颗粒物。水润湿用于减少/控制这些排放。另一种方法，适用于卸货、输送、粉碎和筛

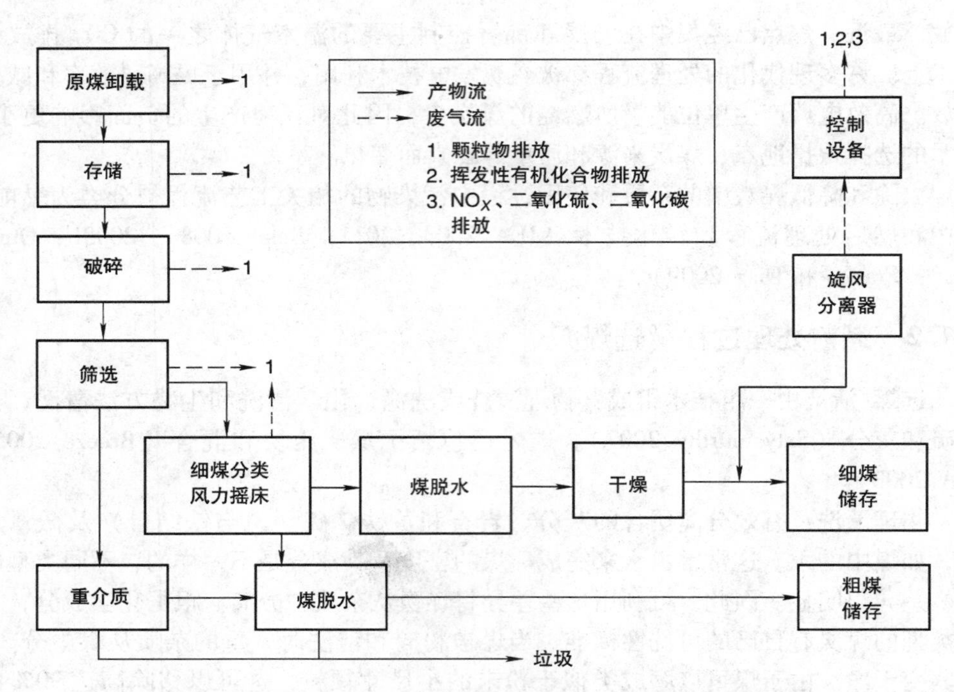

图 6.1 典型洗煤厂工艺流程（源自 RRI 1970；美国 EPA 1988）

选操作过程，包括封闭加工区域和这个区域通过织物过滤器的循环空气。第二阶段细煤和粗煤加工过程的主要排放源是空气分离过程（风力摇床）的排气。湿洗过程的排放非常低。在干洗过程中，排放（可吸入颗粒物）由煤被脉冲空气分层时产生。这些通常是由旋风分离器控制，之后是织物过滤器。最后准备阶段排放的主要来源是热干燥机排气，包含①干燥气体中携带的煤颗粒和煤中释放的挥发性有机化合物（VOC），②煤燃烧产物——热气体包括一氧化碳、二氧化碳、挥发性有机化合物、二氧化硫和氮氧化物。最常见的用于控制干燥器排气的技术是，产品回收旋风分离器下游的文丘里洗涤器和除雾器。这些技术的控制效率超过 90%（美国 EPA 1989）。

当湿洗不合适或认为洗煤厂不具有经济可行性时，干洗方法如空气 - 重介质设备、介质设备、风力摇床和风力跳汰机也可用于清洁（Cicek 2008，Burnard 和 Bhattacharya，IEA 2007）。

煤砖制造时使用适当的粘结剂能减少二氧化硫的排放，同时能固定一些有毒元素。煤的混合有助于提高质量，有利于燃烧，节省成本（Breeze 2005）。关于干选的详细介绍，读者可以参考 Dwari 和 Rao 发表的文章（2007）。

浮选柱是另一个清洁方法，即让细粉煤漂浮在水中。煤炭的化学性质使其适于附着在上升的气泡上。而几乎所有的无机物，如黄铁矿硫，会沉积在浮选柱底部。

重介质分离器、重介质旋风分离器和跳汰机用于煤炭升级。加强的重力分离器、选择性聚集和浮选都是有效去除矿物质的煤炭清洁方法。通过使用这些设备，煤的灰分含量可以减少一半以上（50%）（WCI 2005）。

传统的洁净煤技术和先进的洁净煤过程总结见表 6.1 和表 6.2。

化学清洗：化学清洗用于去除煤中的有机硫。在熔融苛性碱脱除——一种化学清洗方法中，煤沉浸在一种能过滤煤中的硫和其他矿物质化学物质中。此方法还未商业化使用。

生物净化涉及使用微生物（细菌），字面上叫“吃掉”煤中的硫。

煤炭清洁的另一个优点是，一些与煤相关的无机有害污染物如锑、砷、镉、铬、铜、钴、汞、铅、锰、镍、钍、铀和硒，通常都是微量的，通过清洗过程减少其含量。煤炭很可能在破碎、研磨和干燥操作过程中，排放了微量的污染物。

物理、化学和生物清洗方法都可用于提高低质煤的质量，但最好的选择是物理清洗（使用洗煤厂）。除去包括黄铁矿硫的矿物质可以减少大约 40% 的二氧化硫排放量和约 5% 的二氧化碳排放量（Breeze 2005；IEA2008b），提高电厂的效率。

表 6.1　传统的物理洁净煤技术

工艺	流程
压碎	粉碎煤并筛分粗、中和细颗粒。无机材料的密度性质，使其在粉碎过程中释放并分离
跳汰机（G）	把中型尺寸的颗粒从粗颗粒中分离
重介浴（G）	把中型尺寸的颗粒从粗颗粒中分离
旋风分离器（G）	用于把粗颗粒从中型尺寸的颗粒中分离
泡沫浮选法	通过气泡的选择性附带分离煤颗粒中的细小颗粒（<0.5mm）允许它们上升到泡沫中，而其余的粒子留在水中；对于细小微粒，它依赖于灰和煤的表面性质
湿选（Kawatra & Eisle 2001）	快速摇动使不同密度的颗粒迁移到摇床边缘上的不同区域（黄铁矿的比重约为 5.0，煤炭约为 1.8）
螺旋选矿	煤浆从螺旋顶部进入，向底部流动，利用离心力使其分离
动电学	物理清洗是用电泳法完成，在液体中的电动带电粒子迁移到直流电场中相反电荷的电极

注：G = 基于重力/密度的分离（从 Ghosh 和 Plares 2009 修改：一些参考文献都引用自他们写的书）。

表 6.2　先进的清洗流程

工艺	流程
先进的清洗流程	先进的泡沫浮选法（S）、静电（S）和重液旋风分离（G）
水相预处理	生物工艺、热液、离子交换、选择性聚集、LICADO 过程和球石油聚集
有机相处理	解聚、烷基化、溶胀、电解和快速热解
其他过程	微波、微生物脱硫、流化床、超声波液态流化床分类、化学清洗过程、干选和高梯度磁选

注：G = 基于重力 -（密度）的分离；S = 基于表面效应分离（源自：Ghosh 和 Plares 2009，几个参考。这些流程都引用自他们写的书）。

选煤适应性

原则上，对占全球煤炭生产三分之二的大多数烟煤和无烟煤来说，煤炭洗选是可行的。目前，这些煤炭有大约三分之一是经过清洁的，其中来自美国、澳大利亚和南非洲的大部分煤已经被清洁/清洗；还有前景增加中国、印度、俄罗斯、波兰和其他较小的煤炭生产国的选煤比例（Ghosh 2007）。

亚烟煤和褐煤通常是低灰低硫的，但一般含有更多的水分，20%～60%。这将导致一系列燃煤锅炉中的问题，需要更多的能量和维护。尽可能用高效经济的选煤方法来干燥这些煤。劣质煤的另一个问题是自燃；因此，干燥煤是燃烧前瞬间完成的。

一些国家，特别是中国、印度、波兰、捷克、南非、罗马尼亚和土耳其，常用高灰分煤发电。Burnard 和 Bhattacharya 给出了其中几个主要国家使用的褐煤的近似水分含量、灰分和发热量的范围（IEA 2011）。这些煤需要完全预干燥来改善发电厂的效率。

6.1.3 预干燥的好处

电厂使用高含水量的煤，效率会降低。如果煤的含水量从10%增加到40%，效率预计下降4%，如果煤的含水量增加到60%，效率预计下降9%。此外，高水分增加了煤加工进给速率，并需要给煤加工系统提供额外能量，导致工厂操作和维护成本的增加（Burnard & Bhattacharya，IEA 2007）。因此，煤预干燥非常关键。

由于高含水量煤的氧含量高，具有较高的反应活性，在干燥这些煤时存在自燃的风险。因此，需要通过锅炉上部部分烟气的再循环在进入电厂燃烧之前对煤粉进行预热。反过来，这需要一个大锅炉来处理额外的水蒸气，又导致了额外的辅助动力并降低效率。因此，如果使用低品位热或废热预干燥这些煤，锅炉的规模可能会更小，效率可能会更高。因此有必要利用干燥技术，利用低品位能源和回收干燥废弃的热量和/或在没有蒸发的情况下移除水，避免蒸发潜热的损失。如果可以做到高含水量煤的严格预干燥，可以减少高达0.3亿t/年的二氧化碳排放量，这是许多国家电力生产的很大一部分二氧化碳排放量，例如澳大利亚、德国、印度尼西亚和俄罗斯。

使用低品位热能预干燥煤有很多好处：①由于锅炉效率提高，整体装置效率增加，从而减少二氧化碳排放；②通过减少煤量和烟气，锅炉的大小和电厂的额外用电都减少；③通过额外的洗涤器，流量减少也使高硫煤额外产生的二氧化硫被捕捉；④通过增加煤炭的热值和减少煤和空气的流量，减少二氧化氮的排放；⑤汞在燃烧时氧化增加，氧化汞可以被湿石灰喷淋塔去除；⑥使用低品味或废热避免了替代热源的需要。

在美国能源部的洁净煤发电倡议（CCPI 第一期）计划中，一个有前途的低温煤炭脱水工艺已经由大河能源（GRE）开展（美国 DOE，2012 年 6 月）。这是一个利用电厂中废热在流化床干燥器中来减少褐煤水分含量的燃料优化工程，在北达科他州安德伍德的煤炭站。减少褐煤的水分含量可以增加锅炉的能源效率——这意味着对于一个给定的负载，燃料的需求降低。

通过燃料质量的增加、黄铁矿和汞在干燥过程的分离和汞的氧化增加，更多的汞被去除，达到了减排的结果。褐煤的水分含量降低 8.5%，导致高位发热量从 6290Btu/lb 增加到 7043Btu/lb。同时，汞排放减少了 41%，一氧化氮减少了 32%，二氧化硫减少了 54%。干燥过程的示意图如图 6.2 所示。在这个过程中，冷却水带着没被蒸汽轮机利用的余热离开冷凝器。在水到达冷却塔之前，它首先通过一个空气加热器，叶片驱动气流从冷却水中带走一些余热。加热空气之后被送到流化床的煤干燥器中，干燥器配置了两级干燥优化传热。在到达流化床煤干燥器之前，气流挟带着来自烟道气中的额外热量，通过另一个换热器。被两次加热的气流随后进入流化床煤干燥器。干燥了煤炭中的水之后，含水的气流在被排放到大气中之前通过除尘器在干燥过程中去除煤尘埃。额外的热量通过被烟道气加热的水添加到流化床煤干燥器中。这些额外的热量被添加到流化床煤干燥器中来优化流化床运行特性。离开流化床煤干燥器后，干煤的煤进入贮料仓（没有在图中展示），然后在运送到锅炉之前，进入粉碎机粉碎。

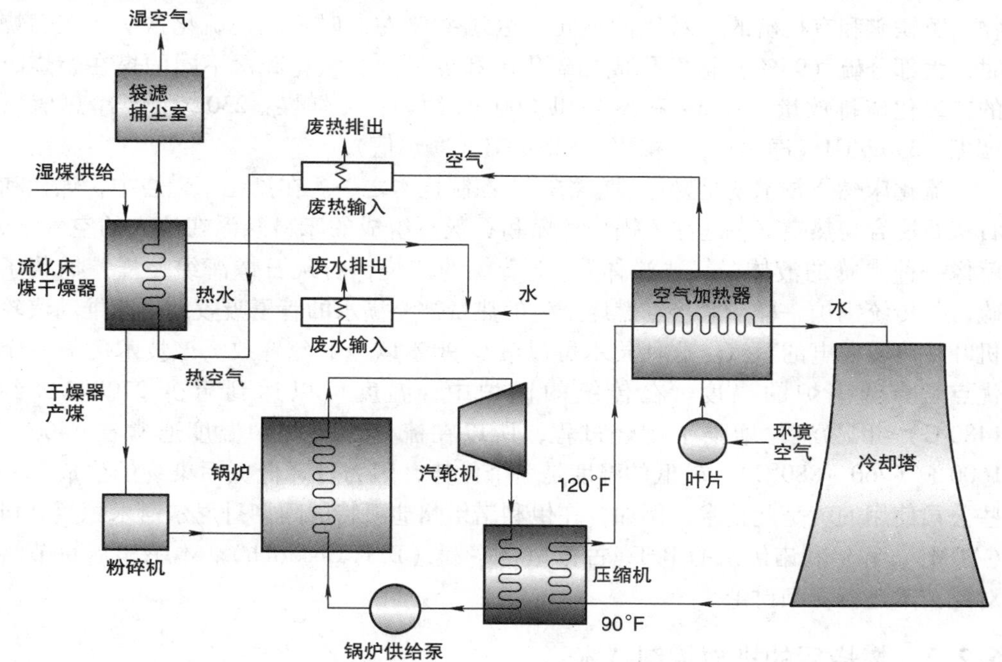

图 6.2 褐煤干燥系统原理图（美国 DOE CCPI 2012）

煤溪站的 GRE 项目从两个阶段来实施。第一阶段的项目涉及一个标准干燥器的安装和运行，额定生产力为 112.5t/h（225000lb/h）。根据设计，标准干燥器能将褐煤含水量从 38% 减少到 29.5%（即减少 8.5%），同时将高热值从 6200Btu/lb 增加到 7045Btu/lb。标准煤炭干燥系统的设计拥有完全自动化控制能力，包括起动、关闭和紧急关闭步骤。输入到流化床煤干燥器中的热量，自动控制去除煤原料流中指定数量的水分。大约6个月的时间里，夜以继日的运行并收集信息满负荷（135t/h）的干燥器安装完成；GRE项目完成了完整的干燥系统的建设，并且从2009年末开始运行。干燥系统的一个潜在的好处是降低建设成本，因为燃煤速率的降低使煤炭处理、加工过程，以及燃烧、烟气运输和烟气清洗系统的容量更小。

一些国家，特别是澳大利亚、德国和俄罗斯，显示出对干燥过程系统的兴趣。

6.2 排放控制技术

6.2.1 燃烧过程中的排放控制技术

目前有不少技术被用在煤燃烧所在的炉膛内部，能够去除二氧化硫和氮氧化物。当煤燃烧时，其化学成分会变化，硫被释放。正如我们所知，煤中存在的硫既含有机形式也含无机形式；无机硫呈现为大部分的黄铁矿硫或小部分的硫酸化合物。黄铁矿和有机硫的相对比例不同，达到40%左右时，硫是硫化铁矿。在燃烧时，大部分硫（95%）被氧化成二氧化硫和少量的三氧化硫。不同的煤在燃烧时的二氧化硫排放量（Graus 和 Worrell 2007）约为：无烟煤：230g/GJ（净热值）；烟煤：390g/GJ（净热值）；褐煤：525g/GJ（净热值）。

流化床燃烧技术就是燃煤污染物燃中控制技术之一。在流化床燃烧中，煤粉和石灰石混合与热空气一起注入锅炉。煤和石灰石组成的床料悬浮在注入的空气上，就像一种沸腾的液体——“流体”。随着煤的燃烧，石灰石像海绵一样，捕获了硫。与传统锅炉一样，紧接着燃烧产生的热量被充满水的管子吸收，生产推动汽轮机叶片旋转发电的蒸汽。这种技术可以减少90%以上的硫释放。该技术的另一个优点是降低锅炉的温度。在传统的锅炉中，温度可以达到至少2700℉（约1480℃）。因为流化增强了燃烧过程，所以在流化床燃烧中温度通常在1400～1600℉（760～880℃）。较低的温度是一个优势，因为可降低氮污染物的生成。一些公司使用的就是此技术，例如，在伊利诺伊州迪凯特的阿彻丹尼尔斯米德兰公司（ADM），和伊利诺伊州的B. F. 古德里奇亨利（B. F. Goodrich）。本书稍后章节将对此技术进行详细讨论。

6.2.2 燃烧后的排放控制技术

燃烧后处理技术将硫氧化物、氮氧化物、微量元素及其他从燃烧的煤炭中释放的产物，在它们到达烟囱和释放到大气中之前去除。下面简要阐述燃烧后污染物控制方法。

1. 二氧化硫控制方法

很多广泛用于控制硫排放的技术，统称为烟气脱硫（Flue Gas Desulfurization，FGD）或洗涤技术。化学吸收剂，一般是钠基或钙基碱性试剂，注入在喷淋塔的烟气中或直接进入管道。烟气中的二氧化硫被吸收、中和或被试剂氧化为固体化合物如硫酸钙或硫酸钠。生成固体可被后续设备从废气流中去除。

大多数脱硫系统（洗涤系统）采用两个阶段：第一阶段去除飞灰，另一阶段去除二氧化硫。洗涤器被归类为“一次直流式”或“可再生式”。直流系统处理消耗的吸附剂为废物或将它作为一个副产品使用。再生系统回收吸附剂到系统中。这两种类型系统进一步分为湿或干或半干洗涤器。

湿法过程：湿式洗涤器是目前使用最广泛的。它包括使用基于钙、镁、钾、钠、氨或海水的吸附剂的多种流程。使用石灰石或石灰的钙基洗涤器是目前最流行的商用技术。在这类湿式洗涤器中，泵抽送浆液进入喷雾塔吸收器（见图 6.3），烟道气用 5% ~15%（质量比）含亚硫酸盐/硫酸盐的悬浮液和石灰石（碳酸钙）或氢氧化钙处理。烟气中的二氧化硫被浆液的液滴吸收，发生一系列复杂的反应。可以从烟气中去除大约 95% 的二氧化硫以及 99.5% 左右的飞灰和 100% 的氯化氢。处理过程产生的副产品石膏，也具有经济价值。

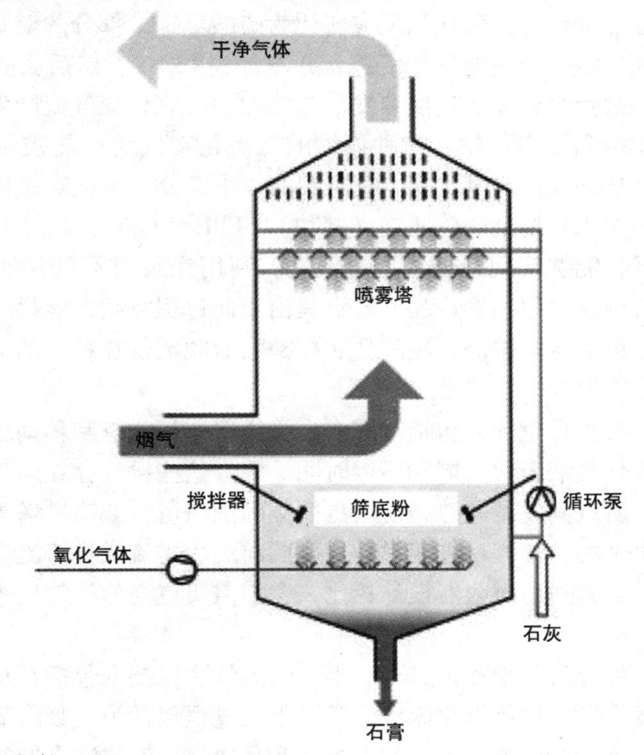

图 6.3　脱硫系统吸收塔的方案设计［来源：维基百科，作者：Flue_ gas_ desulferization_ unit_ DE。svg：Sponk（谈话），2010］

$$SO_2 + CaCO_3 + ½O_2 + H_2O \cdot CaSO_4 2H_2O\text{（石膏）} + CO_2 \quad (6.1)$$

这个化学反应代表强制氧化来获得石膏。这个过程的优点包括内部结构简易、吸附剂（石灰石）廉价、生产畅销的副产品（石膏）、可靠性强和去除效率高等。由于石灰石易于获得并且此处理过程的低成本，致使尽管该流程投资费用高但运营成本很低。因此，此方法适合中、高硫煤。

钠基湿式洗涤器同样也用于商业化运营中。该系统可以实现中硫煤和高硫煤的高脱硫效率。然而，其缺点是产生的废污泥需要处理。在氨洗涤中，硫酸铵或氨用作洗涤媒介。烟气中约93%的二氧化硫在商业级过程中被移除。该过程还能获得有商业价值的副产品硫酸铵。海水洗涤是一个相对较新的技术，方法是用海水处理烟气来消除二氧化硫。如果煤的硫含量低，低于2.5%~3%，这种技术是有效的。

可再生的脱硫过程使碱性试剂再生，将二氧化硫转化为一个可用的副产品。Wellman - Lord 过程是高度确立的再生技术。Wellman - Lord 过程原则上采用亚硫酸钠吸收二氧化硫，然后再生释放浓缩的二氧化硫流。涉及的化学反应如下：

$$SO_2 + Na_2SO_3 + H_2O \rightarrow 2NaHSO_3 \quad (6.2)$$

$$2NaHSO_3 + \text{热量} \rightarrow Na_2SO_3 + H_2O + SO_2 \text{（浓缩）} \quad (6.3)$$

大部分的亚硫酸钠与二氧化硫反应转化为硫酸氢钠，部分的亚硫酸钠氧化为硫酸钠。产生的烟气需要预先清洁到浸透，并冷却到130℉，然后去除氯化物和任何剩余的飞灰，并避免吸收器的过度蒸发。当浓缩的二氧化硫气流产生时，亚硫酸钠通过加热在蒸发结晶器中再生。这种浓缩的二氧化硫气流可能被压缩、液化和氧化，产生硫酸（H_2SO_4）或单质硫。收集到的一小部分二氧化硫氧化形成硫酸并在结晶器中转换为实用且畅销的硫酸钠（盐块）（Elliot 1989）。这个过程的优点是碱性试剂消耗量低，能够实现最低的产物浪费，利用泥浆而不是其他溶剂来防止结垢，以及生产有商业价值的副产品。缺点是由于此过程复杂，能耗和初始成本高。

其他脱硫过程如氨基洗涤、碳酸盐和柠檬酸盐脱硫仅在特定的情况下使用，或者目前正在研发阶段。

湿式洗涤器有多种设计，包括喷雾塔、文氏管、板式塔和移动填充层，这些设计用来促进最大化气液表面区域和停留时间。因为这些设计存在烟气脱硫可靠性和吸收效率问题，所以其发展趋势是使用更简单的洗涤塔，如喷淋塔等。塔的配置可能是垂直的或水平的，烟气可以相对于液体同向流、逆流或横跨流。然而，喷淋塔的主要缺点是，与其他的吸收器设计相比，它们需要更高的液气比率才能达到相同的脱硫效率。

干法过程：可分为半干和干过程。半干的烟气脱硫技术包括石灰或石灰石喷雾干燥、管道喷雾干燥、循环流化床洗涤塔。干燥过程包括炉膛吸附剂喷射和干苏打吸附剂喷射。在这些过程中，产生的干燥废产品通常比湿式洗涤器的废产品容易去除。所有干法烟气脱硫过程都是直流型。

在喷雾干燥烟气脱硫过程中，吸附剂为石灰或钙氧化物。有时，氢氧化钙[$Ca(OH)_2$]也被作为吸附剂。热烟气送入反应容器，石灰和回收的固体组成的泥浆喷到吸收器中。烟气中的二氧化硫和三氧化硫被吸收进泥浆中，与石灰反应，飞灰碱形成钙盐。进入泥浆的水被蒸发，降低了温度并增加了纯气体的含水率。然后纯气体通过喷雾干燥机下游的颗粒控制装置。使用低硫煤和中硫煤的燃煤电厂，通过这个过程可以去除接近 85% ~90% 的二氧化硫以及全部三氧化硫和氯化氢。虽然投资成本低，但由于要持续使用石灰和处理固体副产品，运营成本高。喷雾干燥洗涤与其他烟气脱硫系统结合，如锅炉或管道喷射吸附剂和微粒控制技术如脉动式袋式除尘器，允许使用石灰石作为吸附剂，而不用更昂贵的石灰（Soud 2000）。这种组合的二氧化硫去除效率可超过 99%。

管道喷雾干燥过程类似于喷雾干燥过程，不同的是该过程直接将熟石灰泥浆送入管道系统去除二氧化硫。反应产物和飞灰都在微粒去除装置下游被捕获（见图 6.4）。

部分被捕获的固体可回收并与新的吸附剂一起再次注入。管道喷雾干燥（Duct Spray Drying，DSD）是一个相对简单的能够去除中等浓度二氧化硫的改造过程。干燥粉末状的钙化合物的混合物是产生的副产品。这个过程的脱硫率在一定程度上可以达到 50% ~75%，现在正处于小规模实验中。

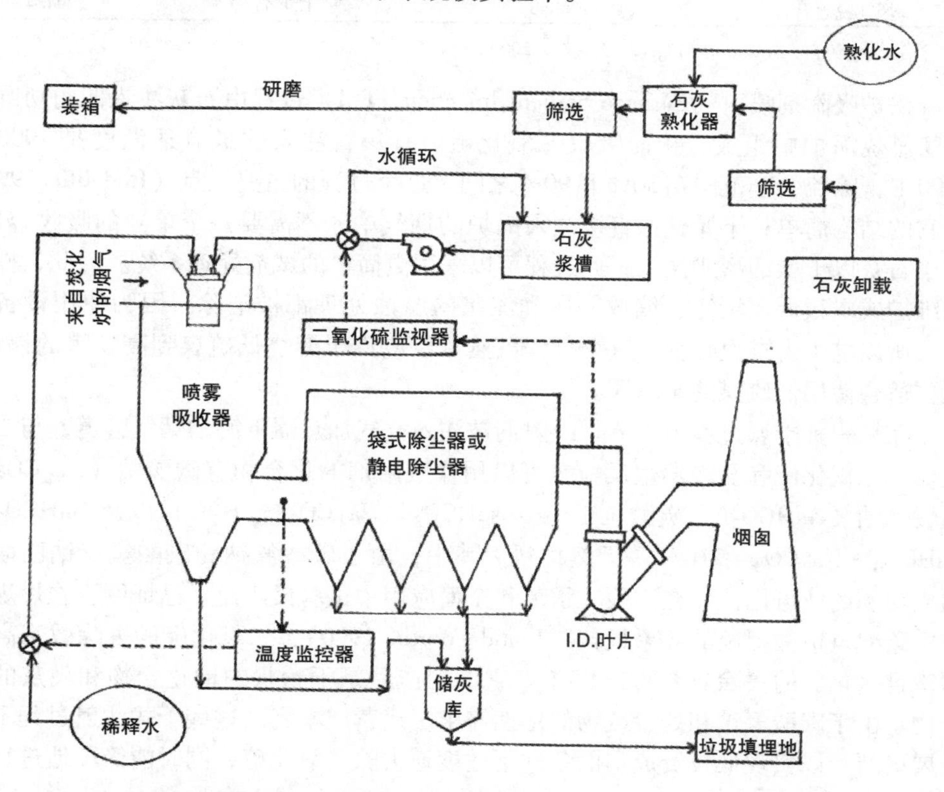

图 6.4 使用熟石灰泥浆的干式洗涤器系统（源自 Hamon – Research Cottrell，Inc.）。

在 20 世纪 90 年代，烟气脱硫技术的应用已经变得突出，并在中欧、东欧和亚洲广泛使用。截至 1999 年，全球范围内安装的控制二氧化硫排放的烟气脱硫系统覆盖了 229000MW 的发电容量。其中约 87% 包含湿法脱硫技术，11% 包含干法脱硫技术，剩下的包含可再生技术（Srivastava 等，2000）。表 6.3 提供了美国内外使用脱硫设施的发电容量。

循环流化床（Circulating Fluidized – Bed，CFB）技术使用氢氧化钙从烟气中去除二氧化硫、三氧化硫和盐酸；循环流化床系统都是干式和半干式类型，其中干式在商业上更常见，能够在钙/硫摩尔比率为 1.2 ~ 1.5 时，实现 93% ~97% 脱硫效率。这种方法适合完全去除三氧化硫和盐酸。但由于普通石灰消耗和钙化合物混合物的副产品的清理成本，运行成本较高。

表 6.3　世界上配备烟气脱硫技术的发电容量　（单位：MW）

技术	美国	美国之外	总量
湿式	82859	116374	199223
干式	14386	11008	25394
可再生的	2798	2059	4857
烟气脱硫合计	100043	129441	229484

注：数据源自 Srivastava、Singer 和 Jozewicz 2000。

锅炉吸附剂喷射（Furnace Sorbent Injection，FSI）过程由石灰注入四角切圆和正切燃烧锅炉中组成，从而吸收二氧化硫。石灰石注入的最合适温度是 1900 ~ 2100℉。除硫效率范围在 30% 和 90% 之间。这个过程的主要优点（Radcliffe 1991）是它的结构简单；干燥试剂直接注入锅炉的烟气中，不需要一个单独的吸收容器。由于石灰以干燥的形式注入，此过程可以采用更简单的试剂处理系统。因此，操作和维护成本很低，堵塞、缩放问题和泥浆的腐蚀处理都被消除。因为使用设备减少，所以电力需求也减少。这个过程虽然可以应用于燃烧低硫煤到高硫煤的锅炉，但更适合使用低硫煤的小电厂。

在另一种干燥过程中，苏打吸附剂被注入空气加热器下游的烟气管道，与二氧化硫、三氧化硫和盐酸发生反应。可以用作吸附剂的化合物有碳酸钠（Na_2CO_3）、碳酸氢钠（$NaHCO_3$）、碳酸氢三钠（$NaHCO_3 \cdot Na_2CO_3 \cdot 2H_2O$）以及 $NaHCO_3$ 和 $NaHCO_3 \cdot Na_2CO_3 \cdot 2H_2O$ 等天然材料。其中，由于碳酸氢钠和碳酸氢三钠已取得的成功和商业可用性，在实验、示范和全面应用中试验最广泛。已证明，在燃煤锅炉中碳酸氢钠捕捉硫的效果最佳（Bland&Martin 1990），二氧化硫的去除效率高达 70% 且氯化氢的去除效率约为 90%。它的副产品是干粉状的钠化合物和飞灰的混合物。由于碳酸氢钠和处置废物的定期需求，运营成本高。这些干式注射过程不断发展更新，以实现低投资成本的条件下适度地去除二氧化硫，同时能简单地进行现有的发电厂改造。

烟气脱硫过程的选择依赖于特定场地、经济条件和其他标准。一般来说，对于使用低硫煤的电厂，干式系统的经济性更好，而湿式系统一般用于处理高硫煤。

2. NO_x控制方法

在过去的30年，煤燃烧生成的大气排放物中，氮氧化物（NO_x）受到最大的关注。由于燃料或空气中氮的存在，煤的燃烧形成了NO_x（Miller 2005；Suarez-Ruiz和Ward 2008；Franco & Diaz 2009）。NO_x包括三种化学形式：一氧化氮（NO）、二氧化氮（NO_2）和一氧化二氮（N_2O）。NO_x的三个主要来源：①热力型NO_x在2700℉（1480℃）以上的高温下，由高温空气中的氧和氮发生反应生成；②快速性NO_x形成是由火焰区域的碳氢化合物碎片在还原气氛下固定大气中的氮所生成；③燃料型NO_x的产生是因为煤中的氮被氧化所生成。因为热力型NO_x是高温过程的产物，所以它对整体NO_x的排放的贡献小，而燃料型NO_x是燃煤NO_x的主要贡献者。通常情况下，超过90%的NO_x的形式是NO，N_2O占$2\times10^{-5}\sim3\times10^{-4}$，剩下的是$NO_2$（Wu 2003）。

NO_x的形成是非常复杂的，与锅炉特性和煤特性有关（Mitchell 1998）。在煤炭燃烧过程中形成的NO_x量大约在$90g/GJ_{NVC}$（流化床）~$540g/GJ_{NVC}$（锅炉）之间（Graus &Worrell 2007）。NO_x是最有害的污染物之一，导致酸雨和臭氧污染（也称为城市烟雾）。

NO_x控制技术分为两类：第一类，考虑减少主要燃烧区的NO_x（称为燃烧改性方法或主要治理和控制方法）；第二类，减少烟气中存在的NO_x，称为烟气处理（Miller 2005；Srivastava等，2005）。下面是几种可用于消除NO_x与其他污染物如二氧化硫、汞、颗粒和空气毒物的技术（Srivastava等，2005）。

主要控制/燃烧修正方法基于NO_x的化学构成，专注于降低燃烧温度峰值和峰值温度的停留时间。这些控制措施通常包含在新建发电厂以及减少NO_x排放的改造上，都是必需的。简要解释为：

1）低过剩空气（Low Excess Air，LEA）燃烧：该技术是基于减少气体温度最高的气体燃烧器火焰中的过剩氧气，该技术使峰值火焰温度降低，减少NO_x的形成。如果使用了LEA，能够在满足化学计量需求的同时，减少引入锅炉的空气量来增加热效率。LEA是实现NO_x减排的最简单的方法，因为除了调节配风控制燃烧，不需要其他设备改造。

2）低NO_x燃烧器（Low NO_x Burners，LNB）：低NO_x燃烧器控制NO_x的原理是基于“燃烧修正”而实现的。燃料与空气的精确混合用来保持一个较低的火焰温度，同时通过采用低过量空气系数、非化学计量燃烧和燃气再循环来加快散热速率。在墙式和四角切圆式锅炉中，低NO_x燃烧器是一个成熟、行之有效的NO_x控制技术。它具有商业可行性且效果显著，因此在世界范围内被广泛使用。

3）分级燃烧（Staged Combustion，SC）：分级燃烧过程中，燃烧一般发生在两个区域：在第一燃烧区域，燃料与低于化学计量的空气一起燃烧，创造主火焰附近的富燃料条件；在第二燃烧区域，其余的燃烧空气被引进来完成燃料消耗。第一区域的氧气缺乏条件和第二区域的低温条件有助于减少NO_x形成。对化石燃料锅炉的

NO_x减少，这是一个良好的技术。这个过程同样适用于墙式和四角切圆锅炉，事实上四角切圆锅炉基本都采用了分级燃烧技术。

4）烟气再循环（Flue Gas Recirculation，FGR）：烟气再循环意味着循环一部分的来自烟道的烟气到锅炉风箱中。10%～30%的烟气排气从烟道气流中回收到主燃烧室，与二次空气混合进入风室。这降低了火焰的温度，稀释了氧气并减少了NO_x。当利用烟气再循环来控制NO_x时，通常从下游烟气颗粒控制设备中提取烟气。回收烟气可以被引入到炉膛的不同地方，这对实现NO_x的减少有相当大的影响。除了再热控制，以任何其他目的使用烟气再循环都对锅炉运行有很大的影响。这项技术主要是针对大型煤炭、石油或燃气锅炉。

5）NO_x再燃：再燃是一种NO_x分段燃烧控制技术，抑制燃烧器中NO_x的形成，然后在锅炉的燃烧区域额外减少NO_x。只要气流停留时间足够长，允许再燃燃料完全燃烧，再燃可以应用于任何类型的锅炉。该技术有可能使NO_x减排50%～70%。再燃还可与其他一些NO_x控制技术结合。NO_x再燃也被称为复燃，炉内NO_x还原，分级燃料注入。

第二组，**烟气处理技术**，是燃烧后将NO_x转化为分子氮和硝酸盐的处理技术。选择性催化还原（Selective Catalytic Reduction，SCR）和选择性非催化还原（Selective Non－Catalytic Reduction，SNCR）是两种已商业化的技术。两者可以单独使用也可组合使用。

选择性催化还原（SCR）：SCR涉及废气与反应试剂的混合，代表性试剂是无水氨，反应是在烟气通过均匀混合的催化剂床层并在烟气气流温度下发生的。氨通过化学方法吸附到催化剂的活性位上，反过来促进氨气、NO_x、排气气流中多余的氧气之间的反应，形成氮气和水蒸气。在反应器中，催化剂以平行板或蜂窝状结构的形式放置，如图6.5所示。安置的催化剂与吹入的氨气反应，使NO_x分解。SCR过程的化学表示为

$$4NO+4NH_3+O_2 \rightarrow 4N_2+6H_2O \tag{6.4}$$

$$2NO_2+4NH_3+O_2 \rightarrow 3N_2+6H_2O \tag{6.5}$$

$$NO+NO_2+2NH_3 \rightarrow 2N_2+3H_2O \tag{6.6}$$

传统方法中，催化剂的形状为整体式蜂窝状结构，单元密度为30～200个单元/in²[㊀]。线速度超过10ft[㊁]/s时，整块材料提供以线性速度变化的压降，转化为一个紧凑的催化剂床结构。透平废气必须包含一个氧气的最小值并且在SCR系统的适当操作的一个特定的温度范围内。温度范围受催化剂影响，催化剂通常是由贵金属或碱金属氧化物组成，或沸石基的材料。对于许多工业应用，氧化钒/二氧化钛催化剂用于操作温度通常在500～800℉（265～425℃）之间的条件。

㊀ 1in＝0.0254m。

㊁ 1ft＝0.3048m。

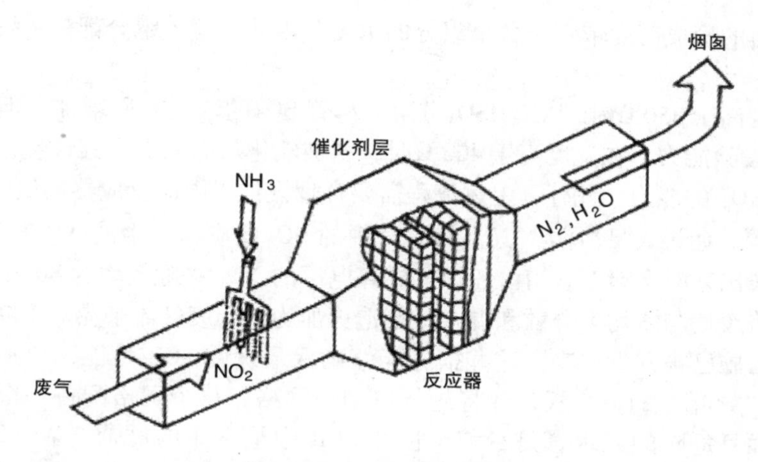

图 6.5　SCR 方法的示意图

低温气体可以用热回收系统处理，得益于催化技术的突飞猛进，人们开发了可以直接使操作温度低至 250℉（120℃）的催化剂。而对于高达 1100℉（595℃）的高温应用，沸石催化剂展现出高性能和高稳定性。合理地匹配催化剂和操作过程的温度，对于优化性能和降低操作成本是至关重要的（见表 6.4）。

表 6.4　匹配催化剂到最佳温度

温度	催化剂类型
低：250～660℉（120～350℃）	多孔挤压膨化填充床反应器
中：500～800℉（265～425℃）	高密度蜂窝结构氧化钒/二氧化钛催化剂
高：650～1100℉（345～590℃）	在陶瓷基片上的沸石催化剂

例如，在使用氧化钒/二氧化钛催化剂时，使排气的温度在表 6.4 的范围之内是很重要的。如果温度下降，反应效率就会过低，NO_x 的排放会增加，并且氨气会排放到烟囱外。如果反应温度过高，催化剂会开始分解。

因为汽轮机废气温度通常超过 1000℉（540℃），所以用热回收蒸汽发生器在废气到达催化剂之前冷却废气。这些回收的热能用于生成蒸汽，用于工业过程或推动蒸汽轮机做功。简单循环的电厂不进行热回收，而是用可以在温度高达 1050℉（565℃）下运行的高温催化剂代替一般催化剂。

$$SO_2 + 1/2O_2 \rightarrow SO_3 \tag{6.7}$$

二氧化硫氧化为三氧化硫（SO_3）也发生在催化剂上，也就是说，在温度低于最适温度（350℃）时，排气中的 SO_3 气体与氨气（NH_3）反应，生成硫酸氢铵（NH_4HSO_4）覆盖在催化剂的表面，从而降低去除 NO_x 的能力。这个化学反应形成硫酸铵 $(NH_4)_2SO_4$ 和硫酸氢盐 $(NH_4)HSO_4$：

$$2NH_3 + SO_3 + H_2O \rightarrow (NH_4)_2SO_4 \tag{6.8}$$

$$NH_3 + SO_3 + H_2O \rightarrow NH_4HSO_4 \tag{6.9}$$

这些盐的形成高度依赖于各个组分的浓度。因此，每个组分都是系统的关键设计参数。

在温度高于350℃时，NH_4HSO_4分解，尽管SO_3的浓度有所增加，但是却提高了NO_x的去除能力。在温度高于400℃时，氨被氧化从而减少了其含量，因此减少了其去除NO_x的能力。此外，上述流程需要合理设计以限制反应器的氨泄漏到5×10^{-6}或更少。如果大量泄漏，氨将与废气中的SO_3反应，产生的NH_4HSO_4从空气预热器分离出来时会堵塞管道。粉煤的燃煤电厂的NO_x去除效率为80%~90%。

能够将废气与氨均匀分散和混合，创造更加均匀的废气流来应对不断增长的锅炉大小的措施已被开发出来。这些措施能够确保最好的SCR性能，包括在进气口铺设称为“导叶”的整流板，或将进气口划分网格，每个网格配备一个氨注入喷嘴。有毒而且危险的无水氨是目前全世界SCR中最常用的试剂（Wu 2002）。最近，尿素基试剂，如干尿素、熔融尿素或尿素培养液，正在被开发作为无水氨的替代品，但也需要非常小心的存储和处理。

三种SCR结构广泛用于燃煤电厂：高尘、低尘和末端系统，其中高尘结构更受欢迎。在操作设备的需求方面，每种结构都有其优点和缺点。以下几个问题必须在SCR系统的设计和运行时考虑，包括煤特性、催化剂和试剂选择、工艺条件、氨注入、催化剂清洗和再生、低负荷运行和流程优化（Wu 2002）。由于副反应形成的硫酸的腐蚀效应，SCR更适合低硫煤。

NO_x的去除效率取决于其体积、密度、操作温度和SCR催化剂类型。在不同的工业应用中，一些性能和寿命经过不同工业应用验证，并且具有高活性和选择性的NO_x还原催化剂都是可以在市场上买到的。在高尘结构系统中，支持烟道陶瓷板，提供大型通道尺寸和低的灰尘残留的催化剂已经被开发出来了。这些催化剂的清洗服务是非常罕见的。试剂喷射系统设计需要确保试剂与烟气的完全混合，来协助转换过程。过剩的残余氨（氨泄漏）是对环境有害的，并且应该最小化。由于许多原因，此过程必须满足在非常慢的NO_x和氨排放速率下进行，这意味着挑选符合该条件的方法与选择减排技术一样重要。在1957年（DOE1997），SCR被美国Englehard公司授予专利。这种技术可以实现NO_x减排85%~95%，并且在中西欧尤其是德国、日本、美国和中国的商业应用中广泛使用了30多年（Mcllvaine等，2003）。

进展：对于许多工业应用，包括陶瓷和玻璃制造，SCR提供了最高的NO_x去除效率。然而，有一些与氨试剂的二次释放（氨泄漏）、试剂的处理和存储、变速流速率的过程控制、NO_x的浓度和温度、高成本的设备和控制系统相关的担忧。处理这些问题和改善催化剂、试剂输送、控制系统和SCR技术相关的运行成本的手段在过去几年来取得了重大进展。

选择性非催化还原（SNCR）是另一个燃烧后用来去除锅炉中NO_x的技术，没有催化剂存在，只通过氨水或尿素试剂喷射到烟气中实现。在氧气存在时NO_x和氨反应的机理是，利用气相自由基反应而不是使用催化剂促进反应。SNCR过程最优化的关键是，烟气中的试剂在特定温度范围内注入，实现更大的 NO_x 减少量。对尿素试剂，这个范围是 1800～2100℉（982～1149℃）；对于氨，则略低，是 1600～1800℉（871～982℃）。通过氢和氨的共同注射，温度范围可以降至一个较低的范围。在不同的运行负载下使用高速温度（High Velocity Temperature，HVT）探针来做温度测绘，对特定温度窗口的位置决定至关重要（见图 6.6）。

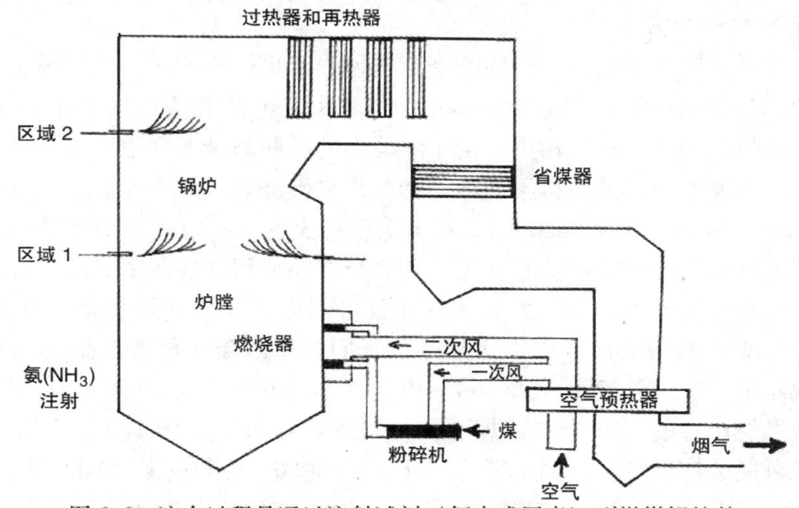

图 6.6　这个过程是通过注射试剂（氨水或尿素）到燃煤锅炉的辐射和对流区域来工作（源自 Hamon Research－Cottrell，Inc.）

高速温度测绘、系统几何结构与计算机燃烧 CFD 建模一起用来描述该系统。它们能够预测一系列负载的温度和气体流线。除了温度测绘和锅炉/炉膛建模之外，还可利用一种计算机化学动力学反应模型。后者为气相竞争反应和预测 NO_x 去除提供了解决方案。喷雾器形式和分布在实现适当的还原层次上也是至关重要的。一般来说，有两种类型的试剂注射器置于系统中来实现试剂的覆盖：可伸缩的多端口喷枪如蒸汽、水或乙二醇冷却都在系统的宽度上被用于注入试剂。SNCR 反应需要氨作为主要的还原剂。提供的氨可能是无水、含水或 U_2A 产品气体氨，也可来自尿素溶液。试剂被挖成管状洞分布和混合模块来计量每一个注射器。SNCR 的优点是：不需要催化剂，降低安装成本且无废料产生。SNCR 性能在不同应用中各有独特性，据报告，NO_x 减排水平在 30%～70%。该技术主要用于小型商业锅炉和废物焚化炉。与 SCR 方法相比，SNCR 会泄漏更多的氨，万一废气中的 SO_3 浓度高，需要采取措施应对 NH_4HSO_4 沉淀。SNCR 可以与其他上游和下游 NO_x 控制技术结合。最近，为了更有效的控制，引进了混合动力系统（Nordstrand 等，2008）。通过结合 SCR 和 SNCR 技术，在化学和催化剂的使用中发生明显改进，这使混合组合通常更灵活和有效。虽然会使用非常昂贵的试剂，但是混合 SNCR / SCR 系统能够在一个特定的 NO_x 减排能力和该过程在整个生命周期的花费中找到平衡点，并且能够改进试剂利用率，增加整体的 NO_x 减排（Wu 2002）。然而，目前为止这些混合动力系统尚处于示范阶段，目前表现出的 NO_x 减排率达 60% ~70%。

零氨技术（Zero Ammonid Technology，ZAT）：也称为“NO_x 捕集”，是最新的技术，并不需要注入氨和尿素。ZAT 是基于催化剂的系统，将所有的 NO_x 转化为 NO_2（即氧化 NO），并将 NO_2 吸附在催化剂上。部分催化剂是从排气流中孤立的，被吸附的 NO_2 通过稀释的氢或某种形式的氢试剂气体还原为 N_2，然后 N_2 从催化剂中释放。

3. 颗粒物控制方法

由于煤中存在矿物杂质，一些燃烧产物形成于煤燃烧期间。飞灰是主要的潜在污染来源，需要被控制（Akar 等，2009），因为它包含的微粒（PM_{10}）可能会通过除尘设备排向大气。微粒污染是由于组分中的一些微量元素浓度较高且发生表面缔合引起。不同微量元素源自不同的矿物质，在燃烧时，煤中的显微组分根据表现不同（Suarez - Ruiz & Ward2008），可分为低挥发性、挥发性和高挥发性。在燃烧时，低挥发性微量元素往往分布在飞灰和底灰之间或留在底灰中。另一方面，挥发性和高挥发性微量元素，都在炉中蒸发并且可以融入任何排渣沉淀（熔炼留下的玻璃块状残渣）或污染物（矿物质）中。它们大多浓缩在现有的细小飞灰中或被排放到气相中（Xu 等，2003；Suarez - Ruiz & Ward 2008；Vejahati 等，2009）。

煤炭燃烧产生的微粒排放根据粒子大小分类为 $PM_{1.0}$、$PM_{2.5}$ 和 PM_{10}。前两个超细颗粒可能会在悬浮的空气中遗留很长一段时间，会严重影响环境和人类健康（Bhanarkar 等，2008；Breeze 2005；Miller 2005）。微粒中最细小的一部分主要源自燃烧时灰分集团的蒸发；其余的大于 1μm 的微粒通常由煤中的矿物杂质形成，遗留在残渣灰分中（Senior 等，2000b；Ohlstrom 等，2006）。

许多用于控制燃煤电厂微粒排放的技术已经被开发出来，并在发展中国家和发达国家都广泛使用。它们包括静电除尘器（ESP）、织物过滤器或袋式除尘器、湿式颗粒洗涤器（湿法烟气脱硫系统）、旋风除尘器和热气体过滤系统（Soud&Mitchell 1997）。其中，静电除尘器和织物过滤器都是目前可供选择的技术，能清洗大量的烟气，具有很高的烟气收集和微粒去除率。

除了汞和硒等挥发性元素，大部分的微量金属都与主要粒子一起被捕获（Sondreal 2006）。细颗粒（$PM_{1.0}$ 和 $PM_{2.5}$）尺寸较小，而且只占总质量的一小部分，因此难以控制。但捕捉它们是至关重要的，因为从人类健康的观点来看，它们是最不安全的污染物（Ohlstrom 等，2006）。用于控制发电厂排放的颗粒物的技术包括静电除尘器、旋风除尘器、织物过滤器（袋式除尘器）、湿式除尘器和热气体过滤系统。相关设计方面和细节可以在很多参考书中找到。

4. 汞排放控制

汞（Hg），是一种危险的有毒污染物，存在于煤炭中的硫化矿物中。有的汞也有机结合在煤的显微组分中（Pavlish 等，2003；Sondreal 等，2004）。在煤的燃烧过程中，汞在烟气中表现为三种不同化学状态的混合物：Hg^0、Hg^{2+} 和微粒汞（Hg^p）（Lee 等，2006）。烟气中汞污染的浓度变化范围是 1 ~20μg/m^3（Yang 等，

2007）。三种汞污染物中，Hg^0 因其高度不稳定和不溶性很难通过排放控制设备捕获。因此，它被完全排放到大气中，并且由于其生命周期长，能够在大气中长距离扩散，造成全球污染（Wang 等，2008；Pavlish 等，2003，2009；Sondreal 等，2004）。Hg^{2+} 具有可溶性，并且很容易附着在颗粒物的表面。Hg^{2+} 和 Hg^p 在大气中都只有短短几天的寿命。因此，使用传统的污染物排放控制设备能有效地控制这两种污染物（Senior 等，2000a；Pavlish 等，2003；Sondreal 等，2004；Wang 等，2008）。目前，没有单一的技术用于减少烟气中的汞，但是结合现有的排放控制设备，可以在一定程度上去除烟气中的汞。煤的类型对汞的去除率影响显著。静电除尘器、织物过滤袋式除尘器和湿法烟气脱硫系统对烟气中部分颗粒状和氧化态的汞具有不同程度的去除效果。洗涤系统需要额外的昂贵设备。织物过滤器有助于实现最高的脱汞率。冷端静电除尘器比热端静电除尘器更有效，成本也是中等偏高，并且需要额外的安装空间。对于不同类型的燃煤，这些空气污染控制设备的脱汞率并不相同。这些技术对于褐煤燃烧排放的颗粒物具有较高的脱汞率，而对于次烟煤则效率较低（Pavlish 等，2003；Kolker 等，2006）。

吸附剂喷射技术能高效去除烟气中的 Hg^0 和 Hg^{2+}（Yang 等，2007）。该技术将活性炭、石油焦、沸石、粉煤灰、化学处理碳和碳的替代品等吸附剂注入上游的静电除尘器或织物过滤袋式除尘器中来控制汞排放。

5. 废物控制

煤的燃烧产生的废物主要是由不燃矿物质和少量未反应的碳组成。燃烧前对煤的清洁可以使此类废物减到最小。这是一种可获益的提供优质煤炭的方法，同时能够减少电站废物，提高电站效率。通过使用效率高的煤燃烧技术可以进一步减少废物。人们逐渐认识到，将电站废物再加工为建筑和土木工程行业宝贵的材料是一个发展契机。煤炭废物的使用涉及方方面面，比如锅炉渣铺设道路路面，流化床燃烧废物作为农业石灰和添加粉煤灰来制造水泥（www. worldcoal. org/coal – the – environment/coal – use – the – environment/）。

多元污染控制：到目前为止，有几种适用于燃煤电厂的污染控制方法能够分别去除二氧化硫、NO_x、颗粒物和汞。在强制削减污染物（包括二氧化碳）的背景下，有一种最易实现的综合去污方法。有几项研究证明该多元污染控制过程能够减少 NO_x、二氧化硫、汞、酸性气体和颗粒物的排放，实现更严格的污染控制。美国环境保护署发布的报告描述了火电厂的多元污染排放控制技术方案（EPA – 600/R – 05/034，2005），方案对各种现有或新型的多元排放控制技术进行了批判性分析。这份报告虽然仅针对具有一定成熟度的技术，但根据预测，快速的技术进步将会出现在多元排放控制的发展和商业化中。本文接下来将对这方面的部分研究活动作简要概述。

电催化氧化（Electro – Catalytic Oxidation，ECO）技术是一个有前途的多元的污染去除过程。该技术包括三个步骤：首先，废水导入一个气体反应堆，将污染物氧化为价态较高的氧化物。然后，废水经过湿式静电除尘器系统，氧化过程的产物和其他微粒被该系统收集。最后，从经过处理的废水中提取有价值的副产品——浓硫酸和硝酸。小规模测试表明，90% 的 NO_x、二氧化硫、$PM_{2.5}$ 和汞被除去。测试显示，$PM_{2.5}$ 的排放量减少了 96% 以上，而汞在废物流中未被测出（EPA 2005，&http：//www. physics. ohio－state. edu/～wilkins /energy/ Companion/E14. 1. pdf. xpdf）。

Fan 和同事（Gupta 等，2007）演示了 OSCAR（美国俄亥俄州碳化灰激活）的反应过程，其中涉及两个新型钙基吸附剂在烟煤锅炉气流中的反应过程，目的是捕获硫，并且跟踪在炉膛吸附剂喷射（Furnace Sorbent Injection，FSI）模式中的砷、硒和汞等重金属。通过二氧化碳在碳酸钙沉淀中产生鼓泡来合成吸附剂，碳酸钙沉淀来自石灰喷雾干燥器灰中未反应的钙以及含有带负电荷的分散剂的氢氧化钙浆液。这些吸附剂和二氧化硫之间的多相反应发生在由细小吸附剂粉末注入烟气气流中所产生的夹带流动条件下。反应的吸附剂在高温旋风分离器（约 650℃）或在温度相对较低的下游袋式除尘器（约 230℃）中被捕获。袋式除尘器收集的样品有接近 90% 发生硫酸盐化作用，捕获的砷、硒和汞分别为 800ppmw、175ppmw 和 3. 6ppmw。

LoTOx 是气相的低温氧化过程，其中包括注入臭氧到湿法烟气脱硫上游的烟气中，将 NO_x 氧化为氧化氮（N_2O_5），同时将水银氧化为 HgO。随后这些水溶性化合物在湿法烟气脱硫中被移除。研究已经证实，由于煤的等级、停留时间和操作温度不同，NO_x 还原效率在 70%～95% 之间，脱汞率高达 90%。现已证明，该方法可适用于容量高达 25MW 的锅炉（Gross 等，2001；Gross 2002）。

Levendis 的团队评估了一个减少 NO_x、二氧化硫和电厂中同时排放的颗粒物的综合方法（Ergut 等，2003），即使用干燥吸附剂喷射来减少二氧化硫，通过喷吹煤粉来减少 NO_x，用陶瓷蜂窝过滤器来捕获微粒。过滤器安装在高温区域，保留吸附剂颗粒的时间被延长，能够一直使用直到再利用。该方法的性能评估选择低成本的吸附剂，如碳酸钙（$CaCO_3$）、氢氧化钙[$Ca(OH)_2$]、氧化钙（CaO）和碳酸氢钠（$NaHCO_3$），将它们弄成粉状并与三个主要类型的煤粉混合来实现 NO_x 还原。吸附剂被注入在陶瓷过滤器上游的温度为 1150℃ 的模拟烟道气中，并将温度保持在 600℃ 或 800℃。在所有的研究中，钙/硫摩尔比值的范围是 0. 5～5，燃料空气当量比率约为 2。数值模拟使用修改后的孔隙树的数学模型。为了做对比，我们也使用昂贵的多孔吸附剂甲酸钙 $Ca(COOH)_2$ 做相应的研究。在钙/硫比为 2 时，使用甲酸钙使二氧化硫减少 80%（即 40% 的钙利用率），在使用孔更少且更便宜的吸附剂时，二氧化硫减少约 40%（即 20% 的钙利用率）。碳酸氢钠的性能更好，在钠/硫比为 2 时，能减少 50% 二氧化硫，单独注射时钠利用率可高达 50%。与煤混合的碳酸氢钠的除二氧化硫能力更强，减排率高于 70%。在较高的钙/硫和钠/硫值下，二氧化硫还原效率提高但吸收剂利用率不变。在燃气当量比率为 2 时，NO_x 去除效率是 45%～55%。过滤器对微粒的去除效率在 97%～99% 间。

另一种技术（空气流程）采用注入干燥的碳酸氢钠，再加上增强的湿小苏打洗涤，也被开发用来控制 SO_x、NO_x 和汞等重金属的排放。相关研究还对实验室规模和0.3MW试点燃煤测试设备的实验和结果以及一个完整的5MW设施进行了讨论（Mortson和Owens II 2012；Johnson等，2012）。

Levendis教授和他的团队研究了醋酸钙镁（CMA）吸附剂在贫氧气氛下同时去除二氧化硫和NO_x的效果（Steciak等，1995；Shukerow等，1996）。当这种盐注入锅炉的加热环境中焙烧时，会形成高度多孔的“爆米花状”的“煤胞”。干注射的CMA粒子的比率为2，停留时间为1s，体积当量比率为1.3，当气体温度≥950℃时能够去除超过90%的二氧化硫和NO_x。将细雾状的CMA喷洒在温度为850～1050℃的炉膛中，在摩尔比率为1时，有90%的二氧化硫被去除，而干燥注射实验能够仅使用上述过程约一半的CMA就实现相同的二氧化硫去除率。对于NO_x，CMA实现了与干燥注射相同的去除效率（25%～30%）。虽然二氧化硫和NO_x的排放量得到了明显控制，但通过气相排放的汞、砷、硒和可吸入范围内的微粒，包括重金属、聚芳碳氢化合物和挥发性有机物并未得到控制。使用燃烧后的CMA灰与气体（二氧化硫和NO_x）对CMA吸附剂捕获汞蒸气的实用性进行了研究。在与CMA一样的燃烧条件下对目前应用于工业炉的钙镁碳酸盐（CMC）的影响进行了调查。结果表明，与气体一同燃烧的CMA灰表现出了更高的汞去除率（40%），相比之下，CMC只有4%的去除率。进一步的研究使用模型颗粒（$FeSO_4$），与燃烧后的CMC灰相比，CMA灰能捕捉到更多的模型空气颗粒，这标志着CMA有捕获有毒微粒的功效。Levendis教授和他的团队还研究了联合控制二氧化硫、NO_x、HCl和颗粒物方法的经济性（Shemwell等，2012）。

参考文献

Akar, G., Arslan, V., Ertem, M.E., & Ipekoglu, U. (2009): Relationship between ash fusion temperatures and coal mineral matter in some Turkish coal ashes, *Asian J. Chem.,* **21**, 2105–2109.

Balat, M. (2008a): The future of clean coal, *In: Future Energy: Improved, Sustainable and Clean Options for our Planet,* Letcher, T.M. (ed.), Amsterdam: Elsevier.

Balat, M. (2008b): Coal-fired Power Generation: Proven technologies and pollution control systems, *Energ. Source,* Part A, **30**, 132–140.

Bhanarkar, A.D., Gavane, A.G., Tajne, D.S., Tamhane, S.M., & Nema, P. (2008): Composition and size distribution of particulates emissions from a coal-fired power plant in India, *Fuel,* **87**, 2095–2101.

Bland, V.V., & Martin, C.E. (1990): *Full-Scale Demonstration of Additives for NO_2 Reduction with Dry Sodium Desulfurization*, Electric Power Research Institute, EPRI GS-6852, June 1990.

Breeze, P. (2005): *Power Generation Technologies*, Oxford: Elsevier

Burnard, K. & Bhattacharya, S. (2011): *Power generation from Coal – Ongoing Developments and Outlook, Information paper, OECD/IEA, Paris,* October 2011.

Dwari, R.K. & Rao, K.H. (2007): Dry benefaction of Coal – A Review, *Miner. Process Extract Metallurgy Rev.,* **28**, 177–234.

EPA, Environmental Protection Agency (1988): *Second Review of New Source Performance Standards for Coal Preparation Plants*, EPA-450/3-88-001, February 1988, US EPA, Research

Triangle Park, NC.

EPA (1989): *Estimating Air Toxic Emissions from Coal and Oil Combustion Sources*, EPA-450/2-89-001, April 1989, US EPA, Research Triangle Park, NC.

EPA (2009): *Latest Findings on National Air Quality Status and Trends through 2006*, Office of Air Quality Planning and Standards, U.S. Government Printing Office, 2009.

EPA (2008): *Acid Rain and Related Programs: 2008 Emission, Compliance, and Market Analysis*, Office of Air Quality Planning and Standards, U.S. Government Printing Office, January 2008.

Environmental Engineering, Inc. (1971): *Background Information for Establishment of National Standards of Performance for New Sources*: Coal Cleaning Industry, EPA Contract CPA-70-142, July 1971, EEI, Gainesville, FL.

Elliot, T.C. (1989): (ed.) *Standard Handbook of Power Plant Engineering*, McGraw-Hill.

Environmental Controls: Understanding and Controlling NO_x Emissions, Feb. 1, 2002 at www.ceramicindutry.com/articles/environmental-controls-understanding-and-controlling-nox-emissions, retrieved April 4, 2012.

Ergut, A., Levendis, Y.A., & Simons, G.A. (2003): High temperature injection of sorbent-coal blends upstream of a ceramic filter for SO_2, NO_x, and particulate pollutant reductions, Combustion Science and Technology, **175**, 597–617.

Franco, A., & Diaz, A.R. (2009): The future challenges for 'Clean Coal technologies': Joining efficiency increase and pollutant emission control, *Energy*, **34**, 348–354.

Ghosh, S.R. (2007): Global Coal benefaction scenario and Economics of using Washed Coal, Workshop on Coal benefaction and Utilization of Rejects: Initiatives, Policies and Practice, Ranchi, India, 22–24 August 2007.

Ghosh, T.K. & Prelas, M.A. (2009): *Energy Resources & Systems, Vol-1: Fundamentals & Non-renewable Resources*, Springer 2009, ISBN:978-90-481-2382-7.

Gupta, H., Thomas, T.J., Park, A.A., Iyer, M.V., Gupta, P., Agnihotri, R., Jadhav, R.A., Walker, H.W., Weavers, L.K., Butalia, T. & Fan, L.S. (2007): Pilot scale demonstration of OSCAR process for high temperature multi-pollutant control of coal combustion flue gas, using carbonated fly-ash and mesoporous calcium carbonate, *Ind. Eng. Chem. Res.*, **46**, 5051–5060.

Graus, W.H.J., & Worrell, E. (2007): Effects of SO_2 and NO_x control on energy-efficiency power generation, *Energy Policy*, 35, 3898–3908.

Gross, W.L. (2002): Multi-pollutant control system installation at Medical college of Ohio, technical transfer paper, June 28, 2002.

Gross, W.L., Lutwen, R.C., Ferre, R., Suchak, N., & Hwang, S.C. (2001): report of the stand-up of a multi-pollutant removal system for NO_x, SO_x, and particulate control using $LoTO_x$ on a 25 MW coal-fired boiler, Presented at Power-Gen 2001, Las Vegas, NV, December 12, 2001.

IEA (International Energy Agency) (2008): *Clean coal technologies – Accelarating Commercial and Policy drivers for Deployment*, Paris: OECD/IEA.

IEA (2010a): World Energy Outlook 2010, OECD/IEA, Paris

IEA (2010b): Energy technology Perspectives 2010, OECD/IEA, Paris.

Johnson, D.W., Ehrenschwender, M.S., & Seidman, L. (2012): The Airborne process – Advancement in multi-pollutant emissions control technology and by-product utilization, paper#131, Power plant Air pollutant Control Mega Symposium, Baltimore, MD, Aug. 20–23, 2012.

Kolker, A., Senior, C.L., & Quick, J.C. (2006): Mercury in coal and the impact of coal quality on mercury emissions from combustion systems, *Appl. Geochem.* **21**, 1821–1836.

Lee, S.H., Rhim, Y.J., Cho, S.P., & Baek, J.I. (2006): Carbon-based novel sorbent for removing gas-phase mercury, *Fuel*, **85**, 219–226.

McIlvaine, R.W., Weiler, H., & Ellison, W. (2003): SCR Operating Experience of German Power plant Owners as Applied to Challenging, U.S., High-Sulfur Service, in: *Proc. of the EPRI-DOE-EPA Combined Power Plant Air Pollution Control MEGA Symposium*, 2003.

Miller, B.G. (2005): *Coal Energy Systems*, London: Elsevier.

Mitchell, S.C. (1998): NO_x in Pulverized Coal Combustion, IEA Coal Research
Mortson, M.E. & Owens II, S.C. (2012): Multi-component control with the Airborne process, paper #59, Power plant Air pollutant Control Mega Symposium, Baltimore, MD, August 20–23, 2012; at www.aitbornecleanenergy.com/papers/59.pdf (accessed 05/22/2013).
Nordstrand, D., Duong, D.N.B., & Miller, B.G. (2008): Post-combustion Emissions control, In: *Combustion Engineering Issues for Solid Fuel systems,* Miller, B.G., & Tillman, D. (eds), London: Elsevier.
Ohlstrom, M., Jokiniemi, J., Hokkinen, J., Makkonen, P., & Tissari, J. (2006): *Combating Particulate Emissions in Energy Generation and Industry*, Herring, P. (ed.) Helsinki: TEKES.
Omer, A.M. (2008): Energy, Environment and Sustainable development, *Renew. Sust. Energ. Rev.,* **12**, 2265–2300.
Pavlish, J.H., Sondreal, E.A., Mann, M.D., Olsen, E.S., Galbreath, K.C., Laudal, D.L., & Benson, S.A. (2003): Status review of mercury control options for coal-fired power plants, *Fuel Process. Technol.* **82**, 89–165.
Radcliffe, P.T., (1991): Economic Evaluation of Flue Gas Desulfurization Systems, Electric Power Research Institute.
Resources Research Inc. (April 1970): *Air Pollutant Emissions Factors*, Contract CPA-22-69-119, RRI, Reston,VA.
Satyamurthy, M. (2007): Coal benefaction Technology 2007: Initiatives, Policies and Practices, *Workshop on Coal Benefaction: ..., Ranchi, India*, 22–24, August 2007; available at http://fossil.energy.gov/international/International_Partner/August_2007_CWG_Meeting.html.
Sen, S. (2010): An Overview of Clean Coal technologies I: Pre-combustion and Post-combustion Emission Control, *Energy Sources, Part B*, **5**, 261–271.
Senior, C.L., Bool, III, L.E., Srinivasachar, S., Pease, B.R., & Porle, K. (2000a): Pilot scale study of trace element vaporization and condensation during combustion of a pulverized sub-bituminous coal, *Fuel Process. Technol.* **63**, 143–165.
Senior, C.L., Sarofim, A.F., Zeng, T., Helble, J.J., & Mamani-Paco, R. (2000b): Gas phase transformations of mercury in coal-fired power plants, *Fuel Process. Technol.* **63**, 197–213.
Shemwell, B., Ergut, A., & Levendis, Y.A. (2002): Economics of an Integrated Approach to Control SO_2, NO_x, HCl and Particulate Emissions from Power plants, Journal of the Air & Waste Management Association, **52**, 521–534.
Shuckerow, J.I., Steciak, J.A., Wise, D.L., Levendis, Y.A., Simons, G.A., Gresser, J.D., Gutoff, E.B., & Livengood, C.D. (1996): Control of air toxins particulates and vapor emissions after coal combustion utilizing calcium magnesium acetate, Resources, Conservation and Recycling, **16**, 15–69.
Sondreal, E.A., Benson, S.A., & Pavlish, J.H. (2006): Status of research on Air quality: mercury, trace elements and particulate matter, *Fuel process. Technol.* **65–66**, 5–19.
Sondreal, E.A., Benson, S.A., Pavlish, J.H., & Ralston, N.V.C. (2004): An overview of air quality III: Mercury, trace elements and particulate matter, *Fuel Process. Technol.* **85**, 425–440.
Soud, H.N., & Mitchell, S.C. (1997): *Particulate Control Handbook for Coal-Fired Plants*, IEA Coal Research, 1997.
Soud, H.N. (2000): *Developments in FGD*, IEA Coal Research, 2000.
Srivastava, R.K., Hall, R.E., Khan, S., Culligan, K., & Lani, B.W. (2005): Nitrogen oxide emission control options for coal-fired electric boilers, *J. Air Waste Manage.* 55, 1367–1388.
Srivastava, R.K., Singer, C., & Jozewicz, W. (2000): SO_2 Scrubbing Technologies: A Review, in: *Proc. of AWMA 2000 Annual Conference and Exhibition*, 2000.
Steciak, J., Levendis, Y.A., Wise, D.L., & Simons, G.A. (1995a): Dual SO_2-NO_x concentration reduction by calcium salts and carboxylic acids, J. Environmental Engineering, **121**(8), 595–604.

Steciak, J., Levendis, Y.A., & Wise, D.L. (1995b): The effectiveness of calcium magnesium acetate as a dual SO_2-NO_x emission control agent, AIChE Journal, **41**(3), 712–722.
Suarez-Ruiz, I., & Ward, C.R. (2009): Coal combustion, *In: Applied Coal Petrology: The Role of Retrology in Coal utilization,* Suarez-Ruiz, I and Crelling, J.C. (eds). London: Elsevier.
USDOE (1997): Clean Coal Technology, Control of Nitrogen Oxide Emissions: Selective Catalytic Reduction (SCR), Topical Report No. 9, USDOE, July 1997.
USDOE CCPI (2012): Clean Coal power Initiative Round 1 Demonstration projects, Clean Coal Technology, Topical Report No. 27, DOE: OFE, NETL, June 2012.
USEIA (2008): *Electric Power Annual 2007*, US Department of Energy, Office of Coal, Nuclear, Electric and Alternate Fuels, US Government Printing Office, January 21, 2008.
USEIA (2009): International Energy Outlook 2009, US DOE, Washington, D.C.
Vejahati, F, Xu, Z, & Gupta, R (2009): Trace elements in coal: Associations with coal and minerals and their behavior during coal utilization – A review, *Fuel*, **89**, 904–911.
Wang, Y., Duan, Y., Yang, L., Jiang, Y., Wu, C., Wang, Q., & Yang, X. (2008): Comparison of mercury removal characteristic between fabric filter and electrostatic precipitators of coal-fired power plants, *J. Fuel Chem. Technol.* **36**, 23–29.
Wikipedia, Free encyclopedia: Flue gas desulfurization at http://en.wikipedia/wiki /fuel_gas_desulfurization.
World Coal Institute (WCI) (2007): *The Coal Resource – A Comprehensive Overview of Coal*, London: WCI.
Wu, Z. (2002): NO_x Control for Pulverized Coal Fired Power Stations, *IEA Coal Research*, London.
Wu, Z. (2003): Understanding fluidized combustion, *IEA Coal Research*, London.
Xu, M., Yan, R., Zheng, C., Qiao, Y., Han, J., & Sheng, C. (2003): Status of Trace element emission in a coal combustion process: A Review, *Fuel process. Technol.* **85**, 215–237.
Yang, H., Xua, Z., Fan, M., Bland, A.E., & Judkins, R.R. (2007): Adsorbents for capturing mercury in coal-fired boiler flue gas. *J. Hazard. Materials*, **146**, 1–11.
NO_x Removal: www.durrenvironmental.com

第 7 章　燃煤发电

燃煤发电始于 19 世纪末。燃煤电厂最早的发电效率只有 1% 左右，发 1kWh 的电需要燃烧 12.3kg 的煤。这相当于每发 1kWh 电量释放 37kg 二氧化碳（CO_2）。随着研究深入和经验积累，燃煤发电效率得到迅速提高。另外，煤炭加工和燃烧技术的发展，保证了蒸汽压力和温度参数的稳步提高，进一步促进了效率的提高。到 1910 年，效率增加到 5%，到 1920 年达到了 20%。在 20 世纪 50 年代，效率达到了 30%，但是所有电厂的平均效率仍然停留在 17% 左右。接下来的阶段，除了要除去尾气中的污染物 SO_x 和 NO_x 外，用冷却塔带走不能转化为电能的热量变得十分必要；因为这些技术需要消耗能量，所以导致能源利用效率降低。然而，随着科技水平的不断发展，在 20 世纪 80 年代中期，电厂的平均效率达到了 38%，最高可以实现 43% 的能源利用效率。到 20 世纪 90 年代中后期，丹麦机组发电效率达到了 47%，创造了世界纪录。现在世界上燃煤电站在低位发热量基准下的平均效率基本维持在 33% 左右。

全球范围内，燃煤发电已成为非常成熟的发电技术。尽管煤的利用会显著增强温室效应，但普遍认为在可预见的将来，燃煤发电依然是发电技术中最重要的部分；煤炭与低碳经济不能相互矛盾；并且如果增加资金投入可以实现碳的零排放，或者近零排放（MIT 2007，Burnard 2009）。排放成本不能消除燃煤的其他优势。

煤炭燃料占世界电力能源的比重达到 40% 以上，在某些国家甚至更高，例如南非（93%）、波兰（92%）、中国（79%）、澳大利亚（77%）、哈萨克斯坦（70%）、印度（69%）、以色列（63%）、捷克（60%）、摩洛哥（55%）、希腊（52%）、美国（49%）、德国（46%）（IEA 2010）。

2010 年全球范围内燃煤电厂生产 8698TWh 电力。从国家层面来看，中国位居首位达到 3273TWh，美国紧随其后达到 1994TWh，印度、日本、德国和南非分别为 653TWh、304TWh、274TWh 和 242TWh（IEA 2012 年世界重点能源统计报告）。由于发展中国家与日俱增的能源需求，煤炭资源对发展中国家电力的重要性不会改变，到 2035 年全球燃煤发电所占比例仍然达到 44%（IEA 2011）。

为了最大化煤炭在电力生产中的利用价值，电厂效率是一项非常重要的性能参数。效率提高会带来以下优势：①减少煤炭利用，煤炭储量的可利用时间增长；②降低 CO_2 和传统污染物的排放（效率提高 1% 能够降低 3% 的 CO_2 排放）；③电量输出增加；④降低设备运行成本。

7.1 传统发电厂

基于煤燃烧的传统燃煤发电流程示意图如图 7.1 所示。干净的煤在磨煤机中粉碎成煤粉来增加煤粉比表面积，从而使煤燃烧更加迅速。煤粉在过量空气携带下进入锅炉炉膛。混合物迅速着火燃烧释放出充足的热量。煤中的碳与空气中的氧结合反应生成 CO_2 并释放热量。燃烧产生的热量能够加热锅炉中的水产生高温高压蒸汽。高压蒸汽经过包含数千螺旋桨状叶片的多级汽轮机。蒸汽产生的冲动和推力作用在叶片上导致轮机轴转动，带动安装的发电机转动。根据法拉第电磁效应原理，在强磁场中快速旋转产生电能。汽轮机出口处蒸汽经过冷凝后进入锅炉再加热循环利用。动力煤，也被称之为热力煤，通常用来发电。煤燃烧后产生的质量较大的灰用冷灰斗收集，质量较轻的飞灰夹杂在锅炉烟气中。飞灰之后连同其他污染物如颗粒物在释放到大气之前用机械或者静电沉积的方法脱除。实际运行中，很多系统、辅助系统和技术例如燃烧、空气动力学、传热、热力学和污染物控制等都与能量转换有关。传统的燃煤电站系统复杂、设计传统，为很多国家提供电能。大部分达到了 500MW 的电厂是在 20 世纪 80 年代和 90 年代初建成的。电站设备中不同类型的锅炉、蒸汽轮机和冷凝器会在下文中详细介绍。典型的 500MW 发电量的电站所需的煤、空气和水的数据参见附录。传统发电厂使用价格相对便宜的低阶煤，亚临界水和蒸汽轮机作为唯一的发电设备，这些传统的锅炉的运行效率通常在 30% ~32%。

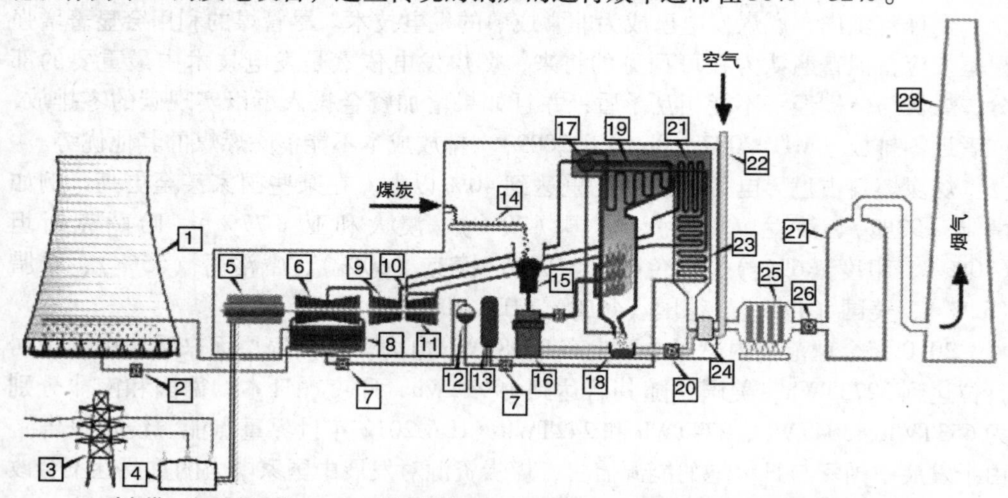

1—冷却塔；2—冷却水泵；3—三相输电线路；4—变压器；5—发电机；6—低压蒸汽轮机；7—凝水给水泵；8—冷凝器；9—中压蒸汽轮机；10—蒸汽控制阀；11—高压蒸汽轮机；12—除氧器；13—给水加热器；14—运煤皮带；15—煤斗；16—磨煤机；17—汽包；18—冷灰斗；19—过热器；20—送风机；21—再热器；22—送风机吸风口；23—省煤器；24—空气预热器；25—电除尘器；26—引风机；27—脱硫塔；28—烟囱

图 7.1 燃煤发电厂（来源：Citizendium，Author & Copyright © Milton Beychock，2010；http：//en. citizendium. org/wiki/conventional_ coal - fired_ power_ plant）

发电效率

估算电站效率不是表面上显现的那么简单。目前还不存在确定的方法。不同地区不同电站计算的电站效率所采用的假设和基准都不尽相同。例如，欧洲电站的热耗率要比美国低8%～10%（电站效率要高3%～4%）。这在一定程度上是因为电厂本身设备上的差异；另一方面，对于同一电厂应用不同的计算方法同样会造成这样的差异（IEA－CIAB 2010）。热力发电厂效率可以表示为输出的电能与输入燃料化学能的比值，一般用百分数表示。热耗率（HR），是另外一种判定电站效率的参数，定义为单位发电量下所需的输入燃料量（Btu/kWh 或 kJ/kWh）。输入燃料的热量可以采用高位发热量（HHV）或者低位发热量（LHV）来计算；但是如果比较不同能源转换系统的效率，必须确保采用同一种方法。电站发电效率的计算公式可以表示为

[3600（kJ/kWh）/HR（kJ/kWh）] ×100，或 [3414Btu/kWh/HR（Btu/kWh）] ×100

在实验室中通过热量测定直接测量的发热量是燃料的 HHV。在这种测量中，燃料在一个密闭的容器内燃烧，量热器周围的水吸收燃烧释放的热量。燃烧的产物冷却至15℃，因此，水蒸气的冷凝热也包括在测量的发热量中，水蒸气来源于煤中氢的燃烧和煤中水分的蒸发。计算 LHV 需要从 HHV 中扣除水蒸气的冷凝热。在美国的工程实践中，计算蒸气发电厂的效率是基于 HHV，欧洲则是采用 LHV。对于燃气轮机电站，美国与欧洲都是采用 LHV。对于蒸气发电厂效率的不同计算方法，一个是美国电力公司购买煤炭的基准是美元/MBtu（HHV），而欧洲实践过程中考虑到冷凝热是燃料能量中不可回收的部分，因为不能冷却含硫的尾部烟气至露点温度以下（Beer 2009，web. mit. edu）。

Termuchlen 和 Emsperger（2003）用国际能源署（IEA）公式计算 LHV 如下：

$$\mathrm{LHV} = \mathrm{HHV} - [91.14 \times \mathrm{H} + 10.32 \times \mathrm{H_2O} + 0.35 \times \mathrm{O}]$$

式中，LHV 和 HHV 的单位为 Btu/lb；H、H_2O 和 O 单位为%，以“收到基”为基准。

国际单位制公式如下：

$$\mathrm{LHV} = \mathrm{HHV} - [0.2121 \times \mathrm{H} + 0.02442 \times \mathrm{H_2O} + 0.0008 \times \mathrm{O}]$$

式中，LHV 和 HHV 的单位为 MJ/kg；H、H_2O 和 O 的单位为%。用 HHV 和 LHV 计算烟煤效率的绝对差异在2%左右（相对差异5%），但是含水量高的次烟煤和褐煤的差异在3%～4%（相对差异大约8%）。美国燃煤电站平均发电效率在34%左右（LHV）。典型燃煤机组的热效率范围在33%～43%（HHV）。

提高效率：目前如何提高燃煤电站效率并且降低污染物排放成为关注的焦点。当代燃烧技术必须满足许多严格的要求，尤其是在燃烧低品质煤或者非传统燃料时。能源技术必须满足：效率高（燃烧效率大于99%，锅炉效率大于85%），燃料适应性强（燃烧时间相同或连续燃烧不同燃料），能跟随负载大范围变动（1:5）

和低排放，其中 $SO_2<2\times10^{-4}$，$NO_x<2\times10^{-4}$（Simeon Oka 2001）。尾气排放到大气之前脱除 SO_2、NO_x、汞和颗粒物等技术得到很好的应用。但是 CO_2 成为主要的问题，碳捕集与封存（Carbon Capture and Storage，CCS）技术是公认的捕集 CO_2 最终的技术。所有的这些技术一般称为洁净煤技术，它们可以分为：①污染物控制技术，在本章前半部分介绍；②电厂效率提高技术。

许多因素和运行参数会影响电厂效率，包括煤种和煤质（如高灰分或水分）、蒸气温度和压力、锅炉设计、冷凝器水温等。

近些年有大量关于燃煤电厂的研究和发展，导致了蒸气温度和压力的提高，锅炉材料的发展等，进一步导致高温高压的煤粉炉技术出现（被称为超临界和超超临界技术）。同时新概念技术如循环流化床燃烧（Circulating Fluidized Bed Combustion，CFBC）、增压循环流化床燃烧（Pressurized Circulating Fluidized Bed Combustion，PCFBC）和整体煤气化联合循环（Integrated Gasification Combined Cycle，IGCC）已经投入运行，具体内容会在下章讨论。这些技术可实现的效率如图 7.2 所示，一般传统的煤粉燃烧效率提高 1% 会导致释放的 CO_2 减少 2% ~3%（IEA 2006）。

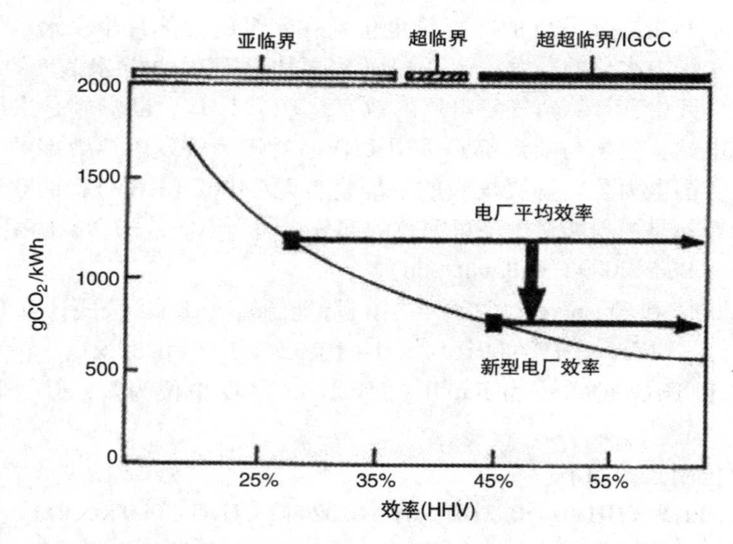

图 7.2　亚临界、超临界和超超临界技术发电效率范围（源自 IEA - Focus on Clean Coal 2006）

更高效的燃煤技术能够减少 CO_2 和污染物如 NO_x、SO_x 和颗粒物的排放。特别是在发电效率很低的国家非常必要。在 2005 年全球平均燃煤电厂效率为 28%，而目前发电效率最高达到了 45%（见图 7.2）。通过改造现有的电厂提高效率或者新建高效的电站都能有效降低 CO_2 排放。对于新建的高效电厂必须考虑建设地点、周围环境和可使用的煤质等因素。未来新建电厂的设计需要做好安装 CCS 的准备。并且，电厂效率必须要高，因为效率太低会削弱 CCS 技术的应用能力。

7.2　蒸汽特性

蒸汽特性对燃煤电厂运行非常关键。水在标准大气压下加热会发生什么？①当对水进行加热时，水的温度会升高直到100℃。这增加的是显热，需要的热量为水的焓值，单位为kJ/kg或者Btu/lb。当水沸腾时，水与蒸汽都处于相同温度，称之为在该特定压力下的饱和温度；②进一步的加热不能提高温度，取而代之的是有少量气泡产生，逐渐上升直至表面破裂。水面之上的空间立刻被密度低的水蒸气分子填充。当从液体表面分离的水分子数大于重新冷凝成液体的分子数时，此时水自由蒸发，所处的温度已经达到了沸点，热量达到饱和状态。如果压力保持不变，继续加热温度不会进一步升高，但会导致更多的水蒸发，产生饱和蒸汽。系统中沸水和饱和蒸汽的温度相同，但是单位质量蒸汽中所含的热量更高。如果压力升高，在不发生相变的情况下，则需要提供更多的热量，相应的温度会升高。因此提高温度能有效增加水的焓值和饱和温度。饱和温度与饱和压力之间的关系称为饱和蒸汽曲线。在饱和温度下，水和蒸汽能够在任何压力下共存。处于饱和状态曲线之上的区域为过热蒸汽。蒸发焓不涉及水汽混合物的温度变化，所有的能量都用来使液态水向气态（饱和蒸汽）转变。饱和蒸汽的总能量是饱和蒸汽焓或者饱和蒸汽的总热量，是同一温度水的焓值和蒸发焓值之和。

$$h_g = h_f + h_{fg} \tag{7.1}$$

式中，h_g为饱和蒸汽的总焓值（kJ/kg）；h_f为液态焓值（显热）（kJ/kg）；h_{fg}为蒸发焓值（kJ/kg）。饱和蒸汽的焓值以及其他参数可以在蒸汽表中查找。

蒸汽相图

温度、压力和饱和焓值与过热蒸汽的关系，称为蒸汽相图，如图7.3所示。

当水从0℃开始加热到饱和温度，它的状态沿着图中饱和水曲线（$A-B$）直至完全吸收液态焓值h_f。如果继续加热，液态水相变为水汽混合物，在饱和温度（$B-C$）下焓值h_{fg}继续增加。当水汽混合物加热到干饱和蒸汽，它的状态从饱和水线到饱和蒸汽线。在这两个状态的中点上，其干度（χ）为0.5；类似地，处于饱和蒸汽线上蒸汽（干饱和蒸汽）的干度为100%。饱和水一旦吸收所有蒸发焓，它就能够达到饱和蒸汽线。在这一点后进一步加热，因为过热度温度开始升高，压力保持不变（$C-D$）。饱和水和饱和蒸汽线包围的区域为湿蒸汽区（水汽混合）。在饱和水线左边的区域只有液态水存在，饱和蒸汽线右边的区域只有过热蒸汽。两线的交点称为临界点——液态水能够存在的最高温度点。高于临界点的水蒸气可以被视作为一种气体。在高于临界点下等温压缩不会造成相变，然而在低于临界温度下压缩会导致蒸气的液化，状态点从过热蒸汽区过渡到湿蒸汽区。对于水蒸气，临界点出现在374℃和22.06MPa。超过这个压力的水蒸气被称为超临界水。

传统的电站运行中水蒸气压力在17MPa左右，被称为亚临界机组。目前新建

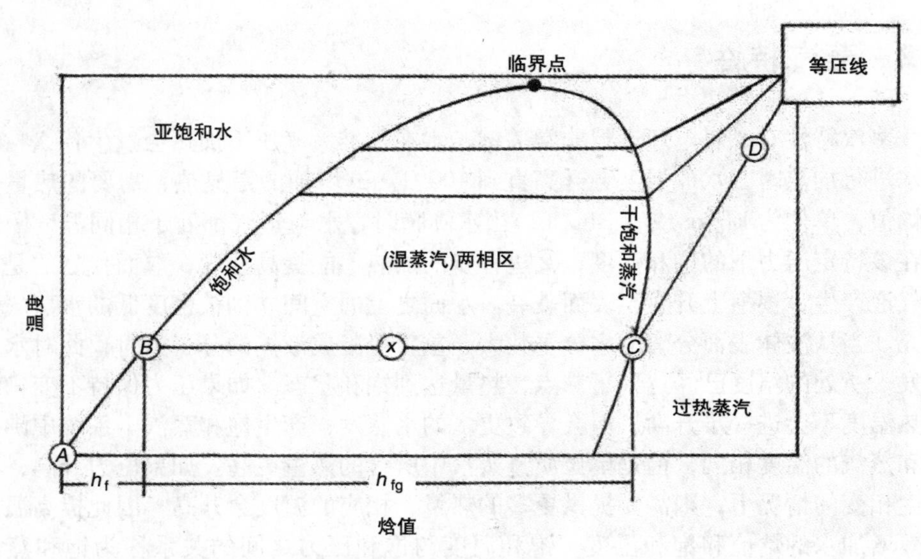

图 7.3　饱和蒸汽与过热蒸汽的温度 - 焓图（来源：Spiraxsarco 网站）

的电厂运行压力已经高于临界压力，压力范围在 23 ~ 26.5MPa，即超临界机组。在追求更高的发电效率时，更应寻找更高的运行压力，在 30MPa 左右，在这种蒸汽条件下的机组称之为超超临界机组，运行的温度范围在 615 ~ 630℃。

7.3　水蒸气发生器/锅炉

7.3.1　早期的水蒸气锅炉

水蒸气发生器或锅炉是用煤燃烧释放的热能将水加热成具有一定温度和压力的蒸汽的设备，是火力发电厂重要的组成部分。蒸汽电厂由以下部分组成：①炉膛，用于燃料燃烧；②蒸汽锅炉，用炉膛中产生的热量将水加热产生蒸汽；③主要电力设备，例如汽轮机利用蒸汽的热能旋转做功的设备；④用于输送水和蒸汽的管道系统。另外，根据水和燃料的可用性和电厂的服务目的（运行汽轮机来发电），电厂需要各种辅助设备和附件。利用蒸汽作为运行工质的蒸汽电厂是以朗肯循环为基础的循环过程，后面会具体讨论。

图 7.4 所示为不同系统和部件的详细蒸汽电厂流程图。原煤从煤场经过磨煤机等处理设备后输送进入锅炉炉膛。煤燃烧释放大量的热量用来将锅炉汽包中的水加热到适当的压力和温度。产生的蒸汽经过过热器，最后过热蒸汽流过汽轮机。在汽轮机做功后蒸汽压力降低。从汽轮机离开经过冷凝器的蒸汽，保持了汽轮机出口处较低的蒸汽压力。在冷凝器中蒸汽的压力取决于蒸汽流速、冷却水的温度以及空气去除设备的效率。如果不能获得足量的水，冷凝器出口的热水会在冷却塔中冷却，

并在冷凝器中循环利用。在汽轮机中适当的回收点抽取的废蒸汽被送到低压和高压水加热器中。

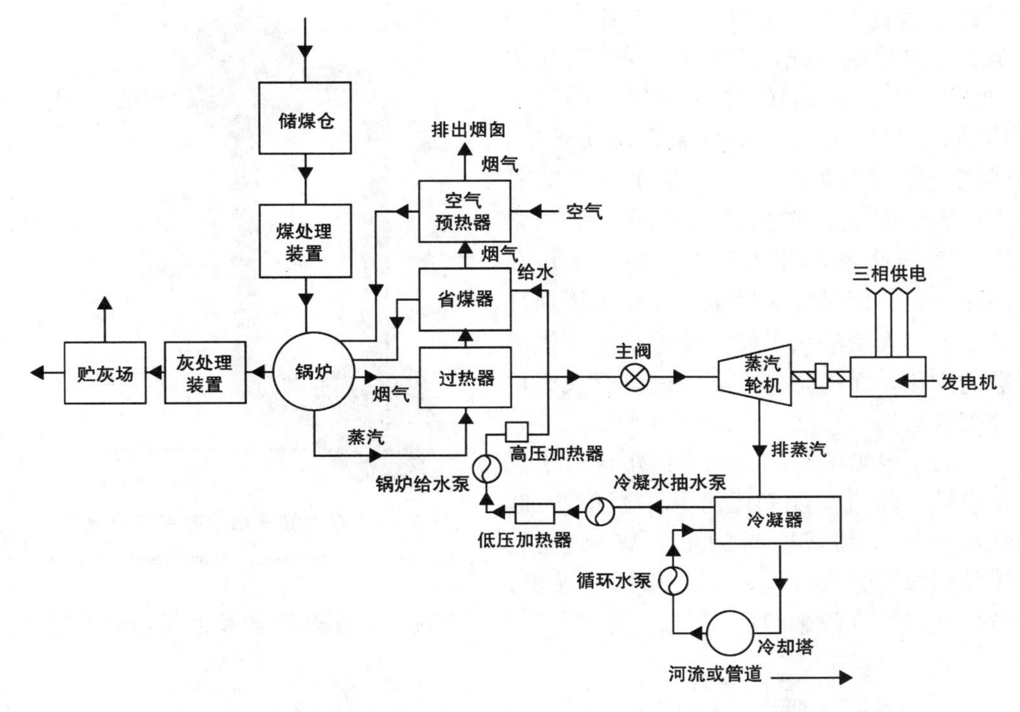

图 7.4 蒸汽电厂流程图（源自 Unit－2－58SteamPowerPlant. pdf）

在电厂中，蒸汽发电锅炉的发展最早开始于 17 世纪末，有很长的历史。第一个在发电系统中广泛应用的水冷壁锅炉是由 Bob 和 Wilcox 公司在 19 世纪开发的。在水冷壁锅炉中，水在管子中循环，热源环绕在四周。管子的直径很小是因为在相同压力下，管径小能承受更高的压强。大部分的水冷壁锅炉使用自然循环的方式（热虹吸），如图 7.5a 所示。密度大的冷给水通入到挡板后面的汽包中，水在这里从汽包挡板后经过下降管到下联箱，置换管道内具有较高温度的水到前面的管子中。进一步加热在前管中产生蒸汽气泡，在汽包中蒸汽与水会自然分离。但是当水冷壁锅炉中压力增加，水和饱和蒸汽的密度差别降低，循环次数相应减少。为了保证锅炉出口同一水平的蒸汽都能达到更高压力，下联箱和汽包的距离必须增加，或者利用强制循环的方法。

水冷壁锅炉应用于电厂需要满足：①大于 500kg/s 的蒸汽量；②大于 16MPa 蒸汽压力；③过热蒸汽温度达到 550℃ 以上。在 CHP 系统中应用的强制循环水冷壁锅炉如图 7.5b 所示。这些年来，水冷壁锅炉经历了多个阶段的设计和发展，被用作“卧式直管锅炉”、“弯管锅炉”和“旋风锅炉”。燃烧管式锅炉可以分为“外燃炉”和“内燃炉”。可以按照以下标准分类：①炉膛位置（内燃或外燃）；②主轴位置（垂直、水平或倾斜）；③循环水的类型（自然或者强制循环）；④蒸汽压力（低压、中压或高压）；⑤应用（固定或移动）。另一方面，在燃烧管式锅炉中，燃烧产生的高温烟气经过被水包围的管道。燃烧管式锅炉制造成本低，结构紧凑，蒸汽速率和压力高达 12000kg/h 和 $18kg/cm^2$。但是容易发生爆炸；由于循环效率差，大量的水不能迅速地适应蒸汽参数的变化。在相同容量下，燃烧管式锅炉外壳要远远大于水冷壁锅炉的外壳。

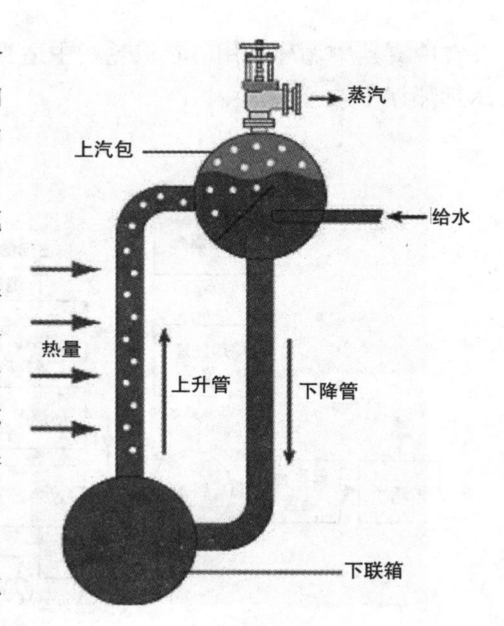

图 7. 5a　自然循环水冷壁锅炉示意图
（来源：www. spiraxsarco. com/resources/…）

为了电力生产的目的，锅炉进行了优化设计，蒸汽温度和压力几乎翻倍增加。在锅炉研发领域取得的重要成果包括：①使用煤粉燃烧（使用颗粒很细的煤粉）取代链式炉（煤颗粒尺寸大），有效利用煤粉更高的体积热释放率的优点；②通过

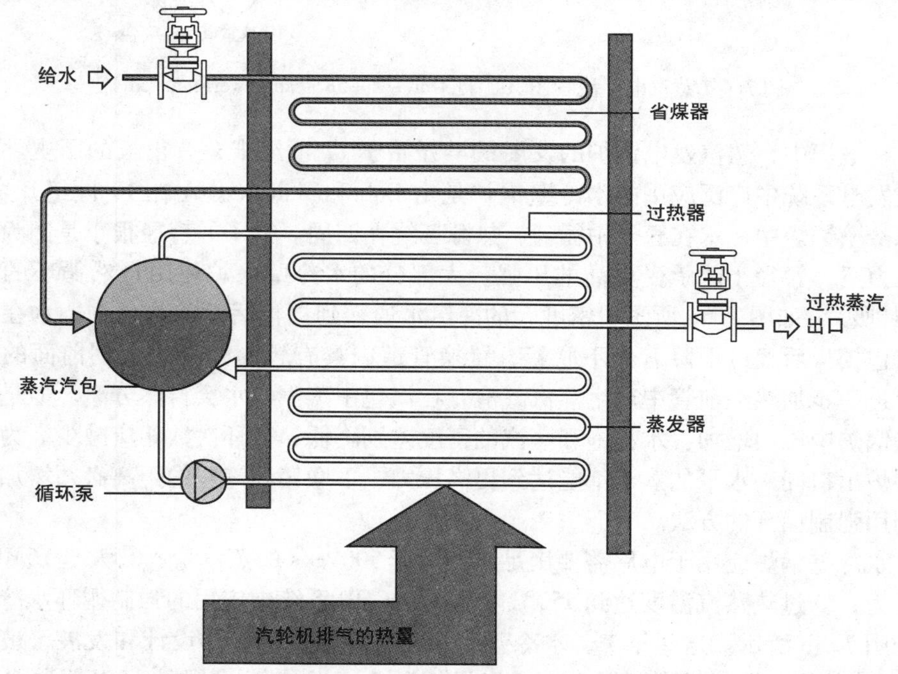

图 7. 5b　在 CHP 系统中应用的强制循环水冷壁锅炉（来源：Spirax Sarco 网站）

过热器提高系统效率；③省煤器；④空气预热器；⑤提升材料性能保证蒸汽压力能够达到1200psig㊀（Kuehn 1996）。

过热器、再热器、省煤器、空气预热器、吹灰器和冷却塔的发展使得能够充分利用煤燃烧释放的热量，对提高系统效率起到重要作用。汽水分离，过热器和再热器的应用提高了蒸汽压力，增大了锅炉容量。关于过热器、空气预热器和再热器的详细介绍见附录。

煤粉燃烧锅炉在20世纪20年代中期得到广泛的应用，因此锅炉容量更大了，燃烧和锅炉效率也得到了提高。

某大型燃煤电厂亚临界蒸汽锅炉系统简化图如图7.6所示。系统包括汽包和深入到炉膛燃烧区的水冷壁等单元。从汽包出来的饱和蒸汽进一步在过热器被燃烧产生的高温烟气加热。高温烟气同时被应用于进入汽包的锅炉给水和进入燃烧区的燃烧空气的预热。

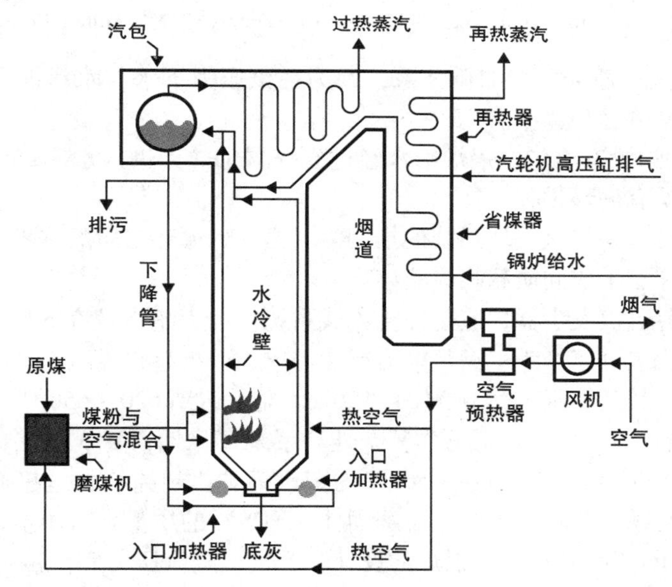

图7.6 某大型燃煤电厂亚临界蒸汽锅炉系统简化图

（来源：http：//en. wikipedia. org/wiki/Boiler，作者：Milton Beychok，2012年改进版）

蒸汽发生器的三种配置如图7.7所示。

1）自然循环中水通过下降管从汽包向下流动，与蒸汽混合通过炉膛上的水冷壁向上流回到汽包。向下流动的液态水与向上流动的水汽混合物的密度差为循环提供充足的推动力。

2）强制循环是在下降管中增加循环泵，提供额外的循环流动推动力。当蒸汽

㊀ 1psig = 6894.76Pa。

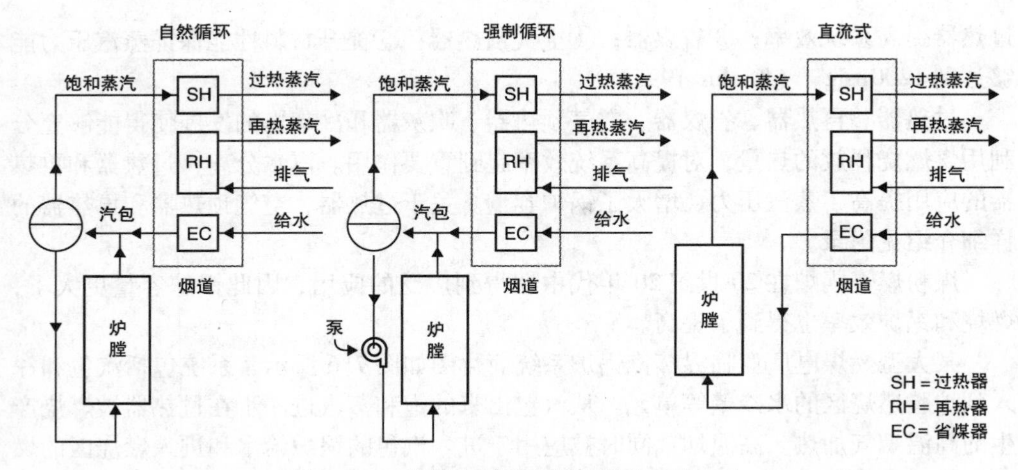

图 7.7 亚临界电厂蒸汽发生器的三种配置
（来源：http：//en. citizendium. org/wiki/Steam－generator；作者：Milton Beychok，2008）

压力超过 17MPa 一般需要增加循环泵，因为在该压力下水与水汽混合的密度差急剧降低，从而影响循环速率。

3）直流锅炉没有汽包。锅炉给水经过省煤器加热，进入水冷壁，最后直接到过热器，中间没有循环过程。

实质上，给水泵提供循环系统的推动力。当达到循环工质的临界点，液相和气相不能共存，导致生成同质超临界流体。

对于超临界蒸汽发生器，应选择直流式系统，因为超临界流体不存在液态和气态，不需要用汽包分离。为了满足电力行业需求，一批超临界压力直流锅炉已经建成并投入使用，其蒸汽压力达到 31 ~ 34MPa，温度达到 620 ~ 650℃（远远超过水的临界点）。紧接着，为了降低操作复杂性和系统可靠性，降低蒸汽参数，建设了一批压力为 24MPa 和温度为 540 ~ 565℃ 的蒸汽锅炉。超纯给水是超临界蒸汽发生器面临的主要问题，要求给水中总溶解固体（TDS）的质量含量不能超过 1×10^{-7}（Nag 2008；Elliot 等，1997）。锅炉的设计、容量、蒸汽压力和温度以及其他参数随着燃料类型和应用条件的不同而变化。尽管蒸汽锅炉和辅助部件有很多设计标准，但是最主要的问题是系统效率、可靠性、实用性和成本。

材料、系统设计和燃料燃烧技术的发展使得锅炉容量及蒸汽温度和压力得到进一步提高。根据产生蒸汽压力是不是高于水的临界压力（22. 1MPa），电站蒸汽发生器可以分为亚临界（低于 22. 1MPa）和超临界（高于 22. 1MPa）蒸汽发生器。亚临界蒸汽发生器出口的过热蒸汽压力一般为 13 ~ 19MPa，温度为 540 ~ 560℃，蒸汽流速为 400 ~ 5000t/h。下面对这些高压锅炉进行简要介绍。

7. 3. 2 高压锅炉

高压锅炉（蒸汽容量在 30 ~ 650t/h 之间或者更大，压力高于 6MPa，最高达到

16MPa，最高蒸汽温度在540℃左右）普遍应用于现代发电厂，其具有以下优点：

1）提升电厂效率和容量，因为在相同发电量条件下，需要的高压蒸汽量更少。

2）锅炉管道内水的强制循环能够代替炉膛和水冷壁布置，而且降低了换热面积。

3）减少结垢。由于水在管道内流速很快，故降低结垢的可能性。

4）由于所有部分均匀加热，故降低受热面超温和热应力破坏的风险。

5）减少局部膨胀，防止空气和烟气泄漏。

6）不需要使用复杂的辅助控制系统，蒸汽能够迅速满足负荷的变化。

通过强制循环方式使水通过锅炉管道有利于提高运行效率和容量。

几种超临界压力强制循环的特殊类型锅炉介绍如下：

1）La Mont 锅炉：最早是 La Mont 在1925年开发设计（见图7.8）。这种锅炉通常用来产生45～50t 蒸汽压力在12MPa、温度在500℃的过热蒸汽。近些年来，强制循环应用到该类型锅炉。但是面临的主要问题是在受热管道内表面容易产生气泡附着在管壁上。由于气泡热阻要大于水膜，故导致热流量和蒸汽量降低。

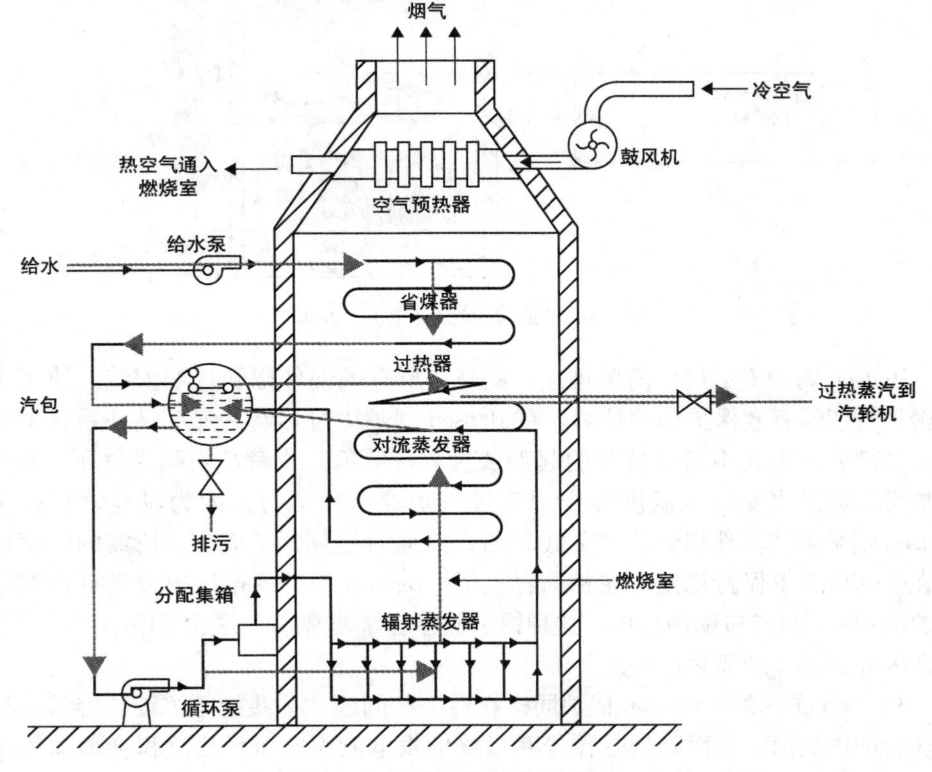

图7.8　La Mont 锅炉原理图（来源：Joshi）

2）Benson 锅炉：如果锅炉压力提高到临界值（225atm），蒸汽和水的密度相同，因此在 La Mont 锅炉中气泡产生的风险会完全避免。Benson 开发这种高压锅炉并在 1927 年建成。最大的工作压力达到 50MPa，远远高于商业 Benson 锅炉的压力。产生蒸汽量能够达到 150t/h，蒸汽温度高达 650℃。起动时，给水依次经过省煤器、蒸发器和过热器，然后通过打开起始阀 A、关闭阀门 B 将蒸汽返回到给水管道。当蒸汽一旦加热到过热状态时，关闭阀门 A，打开阀门 B，如图 7.9 所示。

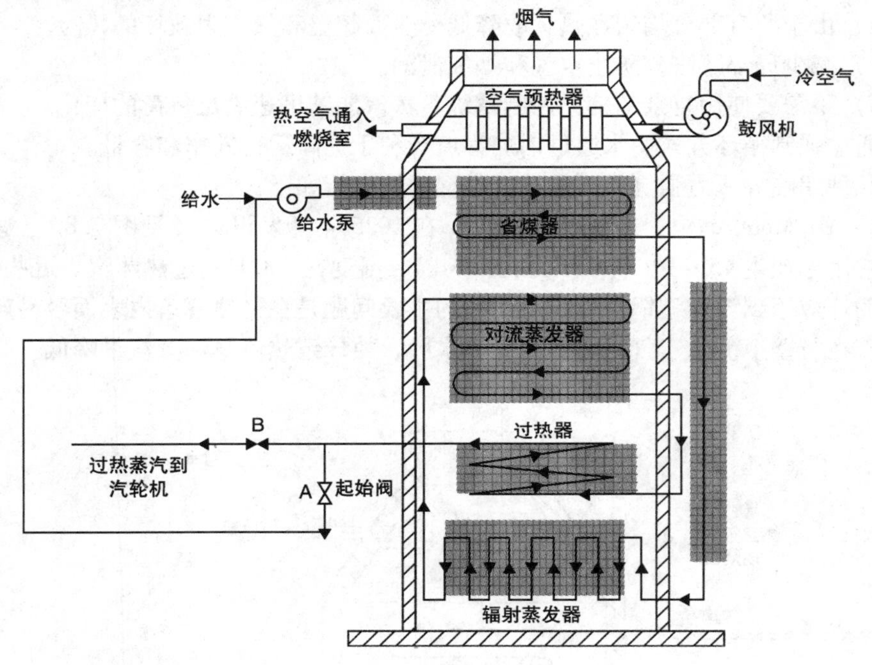

图 7.9　Benson 锅炉（来源：Joshi）

Benson 锅炉安装过程简单迅速，就是将所有的部件搬到现场安装。使用小管径密排管能够有效保护锅炉炉墙。在 Benson 锅炉中过热器是强制循环系统中不可分割的部分，因此不需要特殊的起动装置。在低负荷或者高负荷条件下，Benson 锅炉可以通过改变蒸汽温度和压力实现锅炉经济性运行。因为没有汽包，所以 Benson 锅炉要比其他锅炉总重量低 20%，这同时也降低了成本。所需的温度也能够在任何压力下保持稳定。在相同容量下，Benson 锅炉的排污损失只有自然循环锅炉的 4%。与汽包锅炉相比，这种锅炉储存容量非常小，并且使用小内径的受热管，因此其爆炸的风险比较低。

3）Loffler 锅炉：Benson 锅炉同样存在一些问题，一些盐等沉淀物容易沉积在受热管的内表面，从而降低热传导和最终的发电能力。而且盐沉积会增加传热热阻，管壁超温的风险升高。Loffler 锅炉通过防止给水进入锅炉管道的方法解决这一难题。大部分的蒸汽是利用一部分从锅炉中出来的过热蒸汽在外部将给水加热成蒸汽（见图 7.10）。

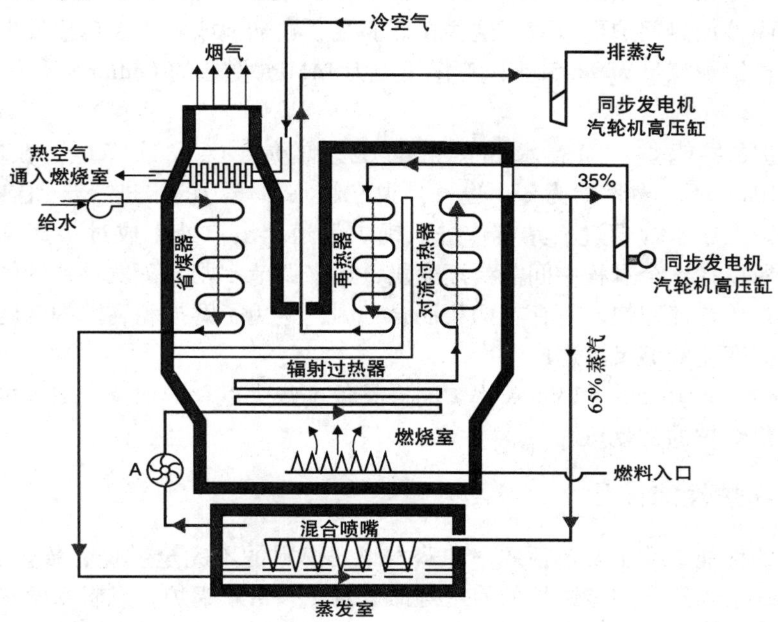

图 7.10　Loffler 锅炉（来源：Joshi）

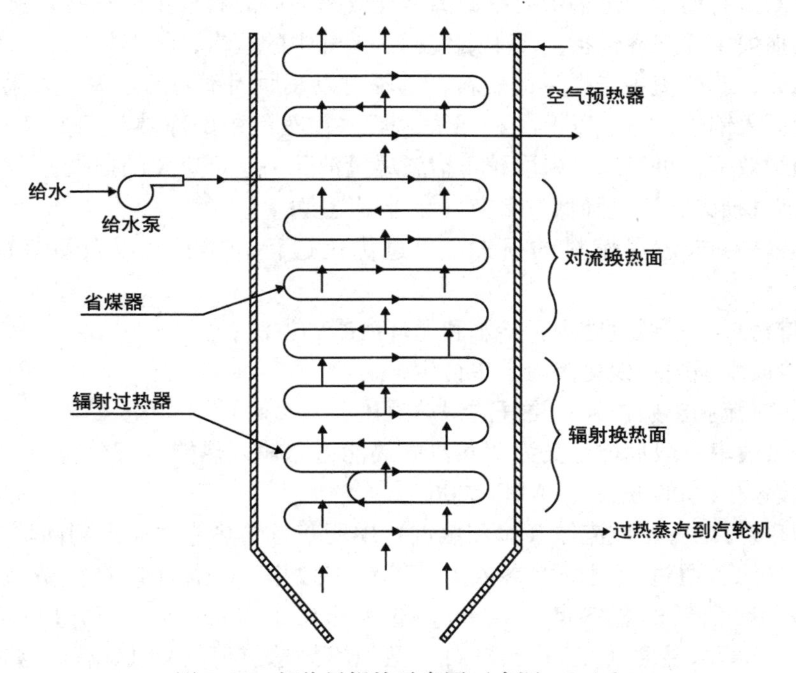

图 7.11　超临界锅炉示意图（来源：Joshi）

与其他类型锅炉相比，Loffler 锅炉能够携带高盐浓度的给水，并且在结构上比自然循环间接加热锅炉更紧凑。这些特点满足了在陆地或者海上运输发电的条件需要。目前，锅炉容量为 94.5t/h，工作压力为 14MPa 左右的 Loffler 锅炉一直被投入使用。

4）超临界锅炉：随着水和蒸汽的压力增加，蒸发焓降低。在临界压力（22.105MPa）下，蒸发焓为零，也就是说在超临界压力的水进一步加热会突然转变成蒸汽。高压水（超过临界点）进入锅炉管道，出口处生成过热蒸汽。因为没有汽包，所以在这个过程中间需要渐变段，用来调节水剧烈蒸发导致的体积增大。

优点：传热速率快，不存在两相混合，因此避免了磨损和腐蚀的问题。操作方便，对负荷变化能够灵活适应。

Schmidt – Hartmann 和 Velox 锅炉同样具备这些优点。详细技术细节可以参考关于高压蒸汽锅炉的文献。

7.3.3 锅炉性能评估

锅炉的性能参数主要包括效率和蒸发率。燃料的不完全燃烧、传热表面腐蚀、运行和维护不当等会缩减锅炉的使用寿命。对于一台新锅炉，燃料和给水的品质恶化会导致锅炉性能降低。利用热平衡的方法可以确定可避免和不可避免的热损失，锅炉效率测试有助于确定锅炉效率偏离最佳效率的原因和校正措施的问题区域。燃煤锅炉热损失主要来源包括：①干烟气；②烟气中的蒸汽；③燃料中的水分；④空气中的水分；⑤残渣中未燃尽的燃料；⑥辐射以及原因不明的损失。如果 100% 的燃料能量通入锅炉，经过以上各种损失之后，在蒸汽中的净热量只有 73.8%。为了提高锅炉效率，可以通过采取校正措施尽量消除一些可避免的损失：

1）烟气损失：通过降低过量空气和排烟温度；

2）残渣中未燃尽燃料的损失：通过优化运行和维护，以及更好的燃烧器工艺；

3）排污损失：通过处理新给水和循环冷凝的方法；

4）冷凝水损失：使更多冷凝水再生；

5）热对流和辐射损失：更好的锅炉隔热。

锅炉热效率一般地被定义为“蒸汽中热能占总输入热能的百分比”。主要存在两种评价锅炉效率的方法（UNEP 2006）。

1）直接方法：工质流体（水和蒸汽）中所获得的热能占通入到锅炉中燃料总热能的百分比。通过检测以下参数来计算锅炉效率：①每小时产生蒸汽量（kg/h）；②每小时消耗的燃料量（kg/h）；③工作压力（kg/cm^2）和过热蒸汽温度（℃）等；④给水温度（℃）；⑤燃料类型和燃料总热值（kcal/kg）。这种方法优点是需要的测试工具和参数少，电厂工作人员容易估算，但是对于系统效率降低的原因和各种损失的信息没有涉及。

2）间接方法：效率为输入总热量和各项热损失的差别，也被称为热损失法。

利用该方法进行锅炉现场测试的参考标准有英国标准 BS 845：1987 和美国标准 ASME PTC－4－1 蒸汽发电机组功率测试准则。

使用间接方法计算锅炉效率需要以下数据：①燃料元素分析与工业分析（C、H、O、S、灰分和水分）；②烟气中 O_2和 CO_2的含量（%）；③烟气温度 T_f（℃）；④环境温度 T_a（℃）和空气湿度（kg/kg）；⑤燃料总热值（kcal/kg）；⑥灰中可燃物的含量（%，对于固体燃料）；⑦灰的总热值（kcal/kg，对于固体燃料）。间接方法计算效率是比较困难的，虽然能够得到各个过程质量和能量平衡，易于确定提高锅炉效率的方法，但是测试过程比较复杂、费时费力，而且需要实验室专业测试设备。

关于燃煤发电厂炉膛的详细介绍见附录。旋风炉最早建于 1946 年，具备与煤粉炉相同的优点，并且可以使用结渣煤，对煤质要求不高且不需要磨煤等前处理，降低了锅炉成本和炉膛尺寸。

7.4 汽轮机和动力循环

电站汽轮机，将蒸汽中的热能转化成机械能或者轴扭矩，然后转化为电能。将热能转化为机械能是通过控制蒸汽在固定喷嘴和旋转叶片中膨胀做功来实现的。转化的轴扭矩然后推动发电机发电。

过热蒸汽经过喷嘴到转子，转子发生旋转。在这个过程中，蒸汽会消耗一部分能量，如果蒸汽在饱和温度下，一部分能量的损失会导致蒸汽发生冷凝。汽轮机由多级组成，第一级转子的排汽直接进入同轴上的第二级转子。饱和蒸汽连续经过多级转子后，含水量逐渐增加。这不仅会加剧水击现象，而且冷凝的液滴会严重腐蚀汽轮机。解决的方法是在汽轮机的进口处通入过热蒸汽，利用过热部分的热量来推动转子，直到温度或压力条件接近饱和状态时排出蒸汽。

朗肯循环（一种热力学循环）描述了从加压水吸收热量生成高势能的蒸汽，蒸汽再通过汽轮机叶片做功输出能量的过程。朗肯循环是一种蒸汽轮机分类的方法（Elliot 1989），也是一种描述发电厂蒸汽驱动发电过程的方法。从汽轮机排出的蒸汽在低压和低温下冷凝，再循环回到锅炉中。

当使用高效汽轮机时，朗肯循环的温熵图（$T-s$）与卡诺循环类似。主要的区别在于朗肯循环的吸热（在锅炉中）和放热（在冷凝器中）是等压过程，而理论上卡诺循环是等温过程。使用泵加压来使液态工质进入冷凝器中，而不是气态工质。在整个循环过程中，泵输送工质输出的能量会全部损失，同样会损失锅炉中工质蒸发的大部分能量。在循环中这些能量的损失是因为汽轮机中为了减小叶片的腐蚀破坏，蒸汽的冷凝限制在 10% 以内。冷凝器在循环中抛弃了工质的蒸发能。但是在循环中，泵输送整个工质需要的能量很少。朗肯循环的效率与工质有很大关系。当工质没有达到超临界压力时，循环能够运行的温度区间很小：汽轮机入口温度通常在565℃（不锈钢的蠕变极限），冷凝器温度大致在30℃左右。在以上条件下，理论卡诺循环的效率在63%左右，而现代燃煤电厂的实际效率为42%。

水这种工作流体在闭环系统中不断重复使用。经常在电厂冲击中看到的夹杂着液滴的水蒸气，是从冷却系统中产生的（不是来自闭环的朗肯发电循环），这部分水蒸气代表着废热能量（泵送和冷凝），不能在汽轮机中转化成有用功。冷却塔就是利用冷却流体的汽化潜热来运行的。水因为有很好的热力学性能而被用来作为工质。

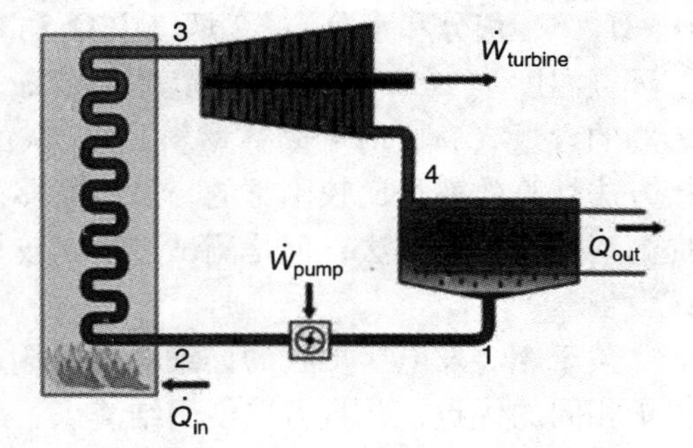

图 7.12 朗肯循环的四个主要部件（来源：English Wikipedia，Author & Copyright © Andrew Ainsworth）

朗肯循环的优点之一是在压缩阶段泵消耗的功更少，导致实际情况下循环效率更高。在一定程度上由于更低的加热温度降低了以上方面的优势。朗肯循环的四个过程如图 7.12 和图 7.13 所示。

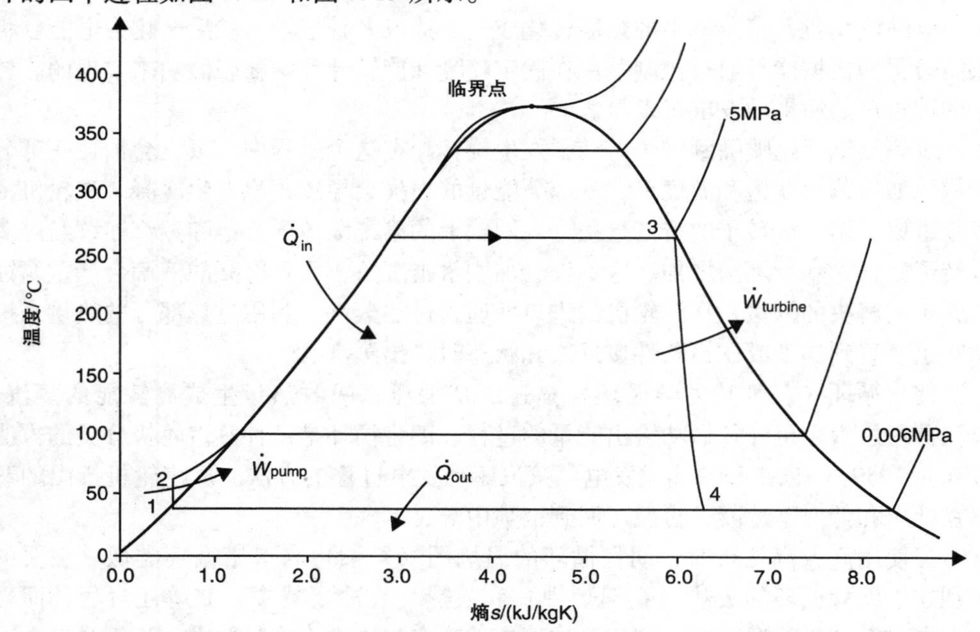

图 7.13 典型朗肯循环的 $T-s$ 图（来源：en. citizendium. org；作者：Milton Beychok 2009）

过程 1 - 2：工作流体在 1 状态进入，在泵中由低压被压缩至高压，由于在这个阶段流体为液态，压缩需要较低的能量，该阶段是等熵压缩过程。**过程2 - 3**：在状态 2，高压液态工质进入锅炉，在等压条件下被高温烟气加热成干饱和蒸汽。锅炉作为一个等压的热交换器。需要输入的热量可以通过 Mollier 图和焓 - 熵图计算。

过程 3 – 4：干饱和蒸汽在汽轮机中等熵膨胀做功，带动发电机旋转产生电力。经过膨胀做功后，蒸汽温度和压力降低，一部分蒸汽冷凝。利用焓 – 熵图和蒸汽表能够计算过程中输出的能量。**过程 4 – 1**：湿蒸汽（水汽混合）进入冷凝器，在恒定温度下冷凝成饱和液体。冷却介质在压缩机中的放热是压力不变的。饱和液体再进入到加压泵中完成整个循环。

因此，在理想朗肯循环，加压泵和汽轮机是在等熵条件下工作，保证最大输出功。$T-s$ 图中过程 1 – 2 和 3 – 4 表示为垂直的直线，与卡诺循环非常类似。以上朗肯循环避免了在汽轮机膨胀做功后蒸汽处于过热蒸汽状态，从而减少热量在冷凝器中的浪费。

图 7.14 所示是利用过热蒸汽的朗肯循环。加压泵、锅炉、汽轮机和冷凝器四个主要部件都是稳流装置，因此可以用稳态过程来表示朗肯循环的四个过程。从稳定流动方程入手，简单朗肯循环的热力学效率可以表示为

$$\eta_{\text{therm}} = \frac{\dot{W}_{\text{turbine}} - \dot{W}_{\text{pump}}}{\dot{Q}_{\text{in}}} \approx \frac{\dot{W}_{\text{turbine}}}{\dot{Q}_{\text{in}}}$$

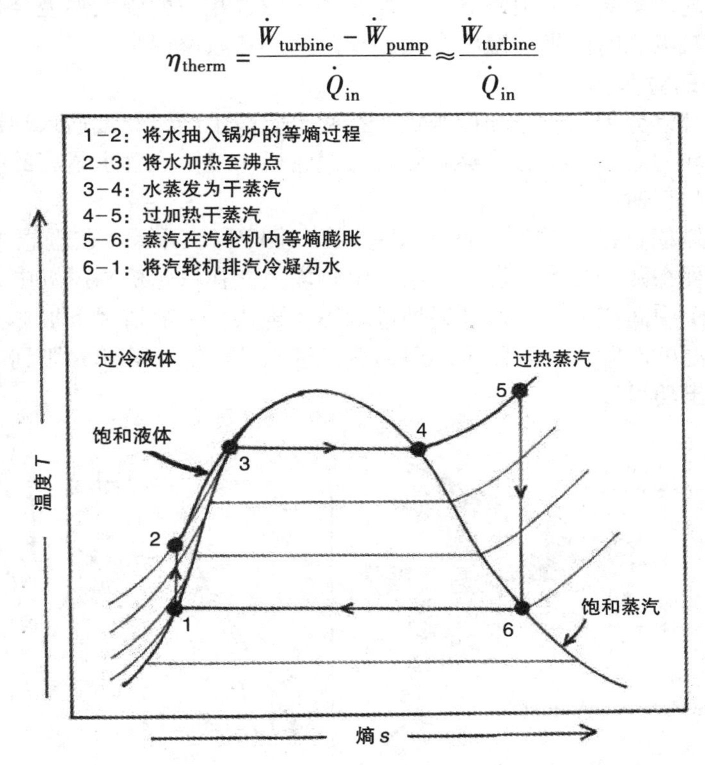

图 7.14　朗肯循环 $T-s$ 图（过热蒸汽）（来源：en. citizendium. org；作者：Milton Beychok 2009）

通常泵消耗的功只有汽轮机输出功的 1% 左右，可以忽略泵消耗功的部分 W_{pump} 进一步简化公式。Q 表示系统中热流速（单位时间内的热量），W 表示系统中机械能的消耗与生成（单位时间内的热量）。

实际循环与理想循环：实际蒸汽动力循环与理想循环的不同之处在于过程的不

可逆性。液体摩擦和与环境的热损失是导致不可逆的两个常见原因。

在锅炉、冷凝器和部件之间的管道内存在液体摩擦，从而导致流体压力下降。由于连接管道内压力的下降，汽轮机入口的压力要略低于锅炉出口的压力；对于冷凝器中压力的下降，通入的液体水的压力一般要高于理想循环相应的压力。这就需要功率更大的泵和更高的泵输入功。另一个不可逆的来源是蒸汽在流经多个部件时与环境之间的热损失。

由于在泵和汽轮机中的不可逆因素，泵需要更大的输入功，而汽轮机的输出功降低。在理想条件下，蒸汽通过以上设备是等熵过程。

1. 提高朗肯循环效率

有三种方法可以用以提高朗肯循环的效率：①降低冷凝器压力，从而降低蒸汽温度，在这个温度下不再吸收热量，但是会导致蒸汽中水分含量增加，影响汽轮机效率。②过热蒸汽加热到更高的温度，有利于降低汽轮机出口处蒸汽中水分的含量，但是最高温度受材料限制。③增加锅炉压力，相应的沸点温度会自动升高，导致热量被蒸汽吸收时的平均温度升高，导致循环热效率提高。

2. 再热朗肯循环

汽轮机可以分为高压缸和低压缸，在两个阶段中间将蒸汽通入到锅炉中再热来提高朗肯循环的效率。再热能够有效解决汽轮机末级蒸汽含水量高的问题，目前在蒸汽动力电厂普遍应用。

理想再热朗肯循环的原理图和 $T-s$ 图如图 7.15 所示。在理想再热朗肯循环中，膨胀过程在两个阶段中发生。第一个阶段蒸汽在汽轮机高压缸中等熵膨胀，压力降低到某个中间压力后返回到锅炉进行等压再热，一般情况下加热到蒸汽进入高压缸入口的温度。第二个阶段再热后的蒸汽进入低压缸，等熵膨胀到冷凝压力。再热循环的输出功可以表示为

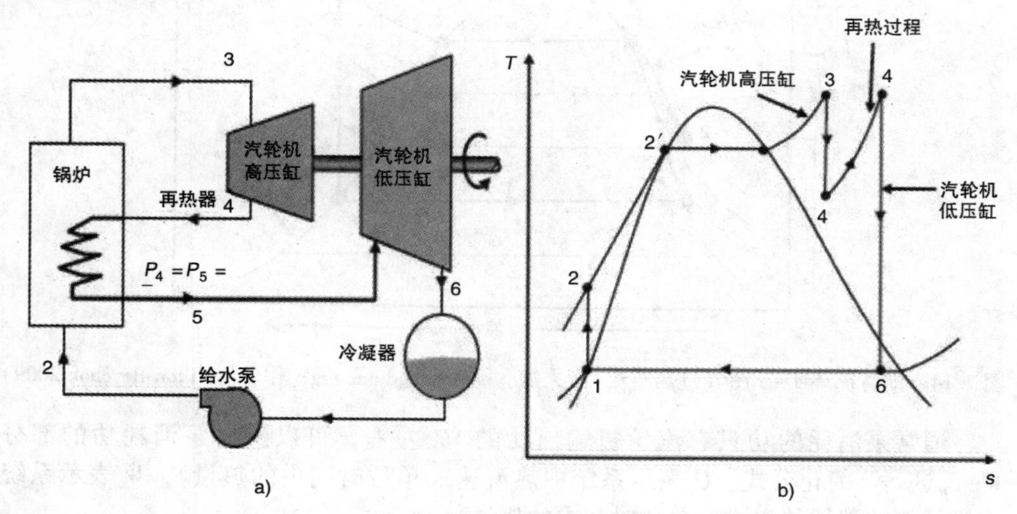

图 7.15　理想再热朗肯循环的原理图和 $T-s$ 图

$$\dot{W}_{turbine,out} = \dot{W}_{turbine,I} + \dot{W}_{turbine,II}$$

3. 回热朗肯循环

回热朗肯循环的 $T-s$ 图如图 7.16 所示，从图中可以看出过程 2－2′将工作流体在相对低压下加热。这降低了平均加热温度和循环效率。为了克服这个问题，加压泵出口处的给水温度在进入锅炉前需要进一步加热，这个过程称为回热，可以提高朗肯循环的热效率。回热过程通过提高锅炉给水的温度来提高了锅炉中热传递的平均温度。

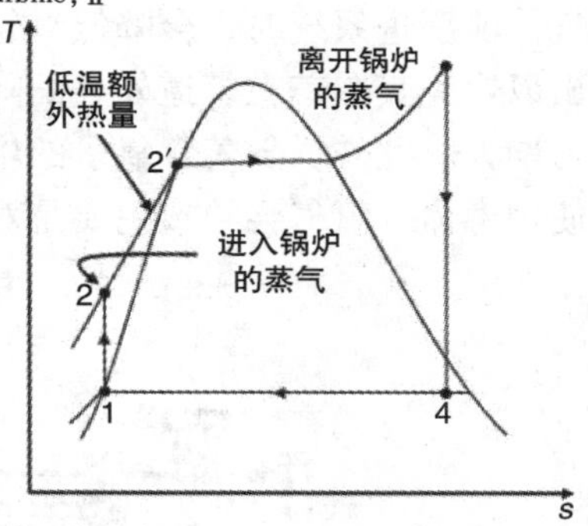

图 7.16　理想回热朗肯循环

在回热过程中，给水通过泵加压后，被汽轮机抽出的蒸汽在某中间压力下加热。这个过程是在给水加热器中完成的。给水加热器可以分为开式和闭式加热器两类。开式给水加热器（直接接触式）主要是一个混合的腔室，抽出的蒸汽与从泵出来的给水直接混合。理想情况下，在加热器出口混合液体达到饱和状态。闭式给水加热器蒸汽和给水不会直接混合，因此两者会存在不同的压力。

7.5　蒸汽冷凝器

蒸汽冷凝器是朗肯循环四个主要部件之一。主要的作用是将汽轮机排汽冷凝成液体水，供循环使用。另外通过维持一定的真空度可以提高汽轮机效率。冷凝器的运行压力越低（真空度增加），汽轮机中蒸汽的焓降相应增加，导致汽轮机输出功（电力输出）增加。通过降低冷凝器压力，使冷凝器在尽量低的压力下运行，类似“增大汽轮机输出功”，“提高电厂效率”和“相同电厂出力下蒸汽量降低”都能达到。

冷凝器类型：目前在电厂常用的冷凝器主要有直接接触式和表面式两类（HEI 2005）。前者是汽轮机排气直接与冷却水混合。老式 Barometric 和 Jet 型冷凝器是这种类型。

第二种类型（表面式冷凝器）是在现代电厂中应用最普遍的冷凝器。汽轮机排气在冷凝器壳侧（真空下）流动，而电厂循环水在管侧流动。因此，主要的热传递的机理包括饱和蒸汽在管道外壁的冷凝和循环水在管道内部的加热。通过给定循环水的流速和进口温度可以确定冷凝器的工作压力。如果循环水的温度降低，冷凝器的压力相应降低，同时会增加电厂出力和效率。循环水的来源包括冷却塔、喷淋池和来自河海的直流水。冷凝器底部收集被冷凝的蒸汽，这个部分被称为热井，然后送到蒸汽发生器中循环使用。典型水冷表面式冷凝器如图 7.17 所示。因为该冷凝器是在真空下运行，所以一些不冷凝的气体将会被排出。这些气体主要是从一些负压工作的设备（如冷凝器）泄漏进来的空气，也有可能是水经过热力学反应或化学反应分解产生氧气和氢气。这些气体会导致冷凝器运行压力升高，当更多的气体泄漏进系统时，会降低汽轮机出力和系统效率。这些气体必须及时从冷凝器排出以避免其覆盖在管道外表面降低蒸汽和循环水的传热效率从而使冷凝器的工作压力增大。此外，随着含氧量的增加，冷凝器中水的腐蚀性增加，会大大影响部件的使用寿命。氧气会导致主要是对蒸汽发生器的腐蚀。

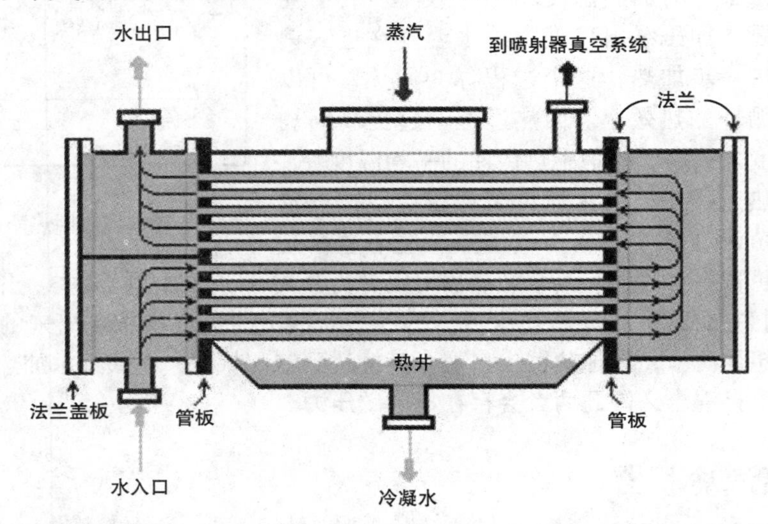

图 7.17　典型水冷表面式冷凝器（来源：Citizendium，作者：Milton Beychok，2008）

去除不冷凝气体一般采用射汽抽气器和液环真空泵。射汽抽气器是使用高压动力蒸汽排出不冷凝气体；液环真空泵是使用液体工质来压缩不冷凝气体，然后排到大气中。

为了便于去除不冷凝气体，冷凝器一般装有空气冷却器，主要由一定数量的管排组成，用来收集不冷凝气体，将气体冷却降低其体积和空气去除设备的尺寸（HEI 2005）。

蒸汽表面式冷凝器（Steam Surface Condenser，SSC），根据汽轮机排气通入到冷凝器的方向，通常分为侧面排气与下部排气两种。前者的冷凝器与汽轮机是相邻安装，从汽轮机出来的蒸汽从冷凝器的侧面进入。后者则是从上部进入到冷凝器，汽轮机安装在冷凝器的上方。SSC 又可被描述为管壳结构。管程可以根据管通的数量或者管束和水箱的结构分类，大多数的 SSC 具有一个或者多个管通。管通数量是水在管中流过冷凝器长度的循环次数。一次循环水系统的冷凝器只有一个路径，多通冷凝器一般采用闭环系统。管程也可以分为分开式和非分开式。前者是管束与水箱分开为不同的部分。这样的好处是在一个或者多个部分的管束工作时，其他部分可以不运行。因此在一部分管束维修的情况下冷凝器能正常工作。与其比较，后者所有的管束要一直运行。

SSC 的壳侧根据几何形状可以分为圆柱形和矩形。其选择与冷凝器的尺寸、电厂布局和制造商的偏好有关。另外SSC也可以有多壳程和高压力配置（HEI 2005）。

冷凝器的主要部件

外壳、热井、真空系统、管板、管道、水箱和冷凝泵是蒸汽冷凝器的主要组成部分。

1）外壳位于冷凝器最外部，并包含了热交换的管道。碳钢板作为制作外壳的材料可使外壳更硬以满足强度要求。如果选定了要求的设计，中间板会作为挡板安装进去，提供冷凝蒸汽所需的流道。同时，金属板也可以防止管路太长导致管道下垂。对于大多数的水冷式表面冷凝器，在正常工况下，外壳应处于真空状态。

2）热井位于外壳的底部用于收集冷凝液，这些冷凝下来的水将作为给水重新打入锅炉。

3）真空系统：对于水冷式表面冷凝器，一般需要用表面蒸汽喷射压缩器提供并维持壳内真空。这个抽汽系统使用蒸汽作为其动力流体，将停留在表面冷凝器的不凝结气体去除。如之前提到的，电动机驱动机械式真空泵，这种类似液体循环式的泵，目前被广泛应用以提供系统的真空状态。

4）管板：在每个外壳的末端，通常都会有一个由不锈钢制成的足够厚的金属板，上面有可以供管子插入和转动的孔。为了使进水成流线型，每个管子的入口端也设计为喇叭口。这样可以避免在每一个管入口的漩涡引起腐蚀，并且降低流动阻力。同样建议在入管处使用塑料，以避免漩涡腐蚀入口端。考虑到管道在长度方向的膨胀，在外壳和管板之间设计有伸缩缝，以允许管板纵向的伸缩。在较小的单元处，会在管道上设计一些凹陷以照顾管道的扩张，并且将水箱的两端稳定地固定在外壳上。

5）管道：根据不同的选择标准，管道通常由不锈钢、铜合金、白铜或者钛作为原料制成。含铜合金如黄铜和白铜是有毒的，它们在现在的设备中是很少见的。钛冷凝管通常是最具技术性的选择，然而由于成本太高，在实际应用中这些已经被淘汰掉。在现代发电厂，根据冷凝器的尺寸，管子的长度可以延伸到17m。从生产商到管子在厂里的安装点之间的运输工具基本上决定了管道的大小。

6）水箱：管板的管末端是轧制的，对于每个冷凝器，其末端都会有一个被称为水箱的盒盖密封，水箱被法兰联接到管板或冷凝器外壳上。水箱上通常有一个人孔在铰链盖上以允许日常检查和清洗。在水箱的进口和出口处，都安装有法兰、蝴蝶阀、排气孔和排水连接点。在进出口安装的温度计用于测量冷凝水的温度。

7）冷凝泵：冷凝泵用于收集冷凝液并将其输运回蒸汽系统去重新加热和再利用，或者利用它去除多余的冷凝液。锅炉给水泵和热井泵是冷凝泵的两种应用形式。

冷凝泵通常会紧挨着主要的冷凝器热井，准确地说是在它的下面。这个泵将水输送至离锅炉很近的给水箱中。通常情况下，这个水箱也被设计为可以除去冷凝水中溶解的氧，被称为除氧给水箱（DFT）。它的输出提供给了进料增压泵，进而流入给水泵，使得给水回到锅炉以完成循环。连起来的两个泵用于提供足够的净压头，以防止循环中发生汽蚀和可能出现的损害。

在电厂中使用的表面式冷凝器必须满足以下几点要求：①进入冷凝器的蒸汽必须在整个冷凝器的冷却表面上均匀分配，且使压损达到最小。②在冷凝器中循环的冷凝水应该能准确地调控，离开冷凝器时的温度应该等于冷凝器内蒸汽压力所对应的蒸汽的饱和温度。③避免外表面污垢的沉积，这可以通过输送冷凝水通过管道并将蒸汽流过管道来达到。④不能有空气漏气进入冷凝器，以避免冷凝器内真空度被破坏，否则会导致效率下降。如果存在漏气，则应该尽快用抽气泵将空气抽出。

冷凝塔和工厂控制系统是另外两个与电厂相关的重要组成部分。读者可以参考相关文献得到详细信息。

参考文献

Andrew Ainsworth (Author) (2007): Rankine Cycle, English Wikipedia, at http://en.wikipedia.org/wiki/rankine_cycle.

Citizendium (2009): Steam Generator, at http://en.citizendium.org/wiki/ Steam _ generator; Figure author: Milton Beychok 2009.

Bengtson, H. (2010): *Steam Power Plant Condenser Cooling-Part 3: The Air Cooled Condenser, Bright Hub Engineering*, Stonecypher, L. (ed.); at http://www.brighthubengineering.com/power-plants/64903-steam-power-plant-condenser-cooling-peart-three-the-air-cooled-condenser/#).

Booras, G., & N. Holt (2004): *Pulverized Coal and IGCC Plant Cost and Performance Estimates*, in *Gasification Technologies 2004*, Washington, DC.

Citizendium (2012): Steam Generator, at http://en.citizendium.org/wiki/Steam_ generator, May 2012.

Elliot, T.C., Chen, K. & Swanekamp, R.C. (1997): *Standard Handbook of Power plant Engineering*, 2nd Edition. McGraw-Hill, ISBN 0-07-019435-1.

Energy/Power Plant Engineering, Unit-2-58SteamPowerPlant.pdf.

HEI (Heat Exchange Inst.) (2005): Condenser Basics, Tech Sheet #113, February 2005, available at Condenser Basics – Tech Sheet 113.pdf.

Johnzactruba: Coal Fired Thermal Power Plant: The Basic Steps and Facts, Lamar Stonecypher (ed.), available at www.brighthub.com › ... ›

Joshi, K.M.: Power Plant Engineering – High Pressure Boilers and FBC, SSAS Inst. of Technology, Surat, at powerplantengineering.pdf.

IEA-CIAB (2010): *Power Generation from Coal – Measuring and Reporting Efficiency, Performance and CO_2 Emissions*, IEA, Paris, France, 2010.

Kuehn, S.K. (1996): Power for the Industrial Age: A brief history of boilers, *Power Engineering*, 100 (2), 5–19.

Nag, P.K. (2008): *Power Plant Engineering*, 3rd edition, Tata McGraw-Hill, ISBN 0-07-064815-8.

Rubin, E. (2005): *Integrated Environmental Control Model 5.0*, 2005, Carnegie Mellon University, Pittsburgh.

Schilling, Hans-Dieter (2005): How did the efficiency of coal-fired power stations evolve, and what can be expected in the future? *In: The efficiency of Coal-fired Power stations*, at www.sealnet.org in cooperation with www.energie-fakten.de; January 11, 2005, pp. 1–8.

UNEP (2006): *Thermal Energy Equipment: Boilers & Thermic Fluid Heaters, Energy Efficiency Guide for Industry in Asia*, at www.energyefficiencyasia.org.

Wikipedia, Free Encyclopedia: Rankine Cycle, at http://en.wikipedia.org/wiki/rankine_cycle, retrieved on May 2012.

第8章 先进燃煤发电技术

章节 A：煤燃烧技术

如先前所述，基于几十年实践经验的煤粉（Pulverized Coal，PC）燃烧技术是目前世界范围内应用于火力发电厂的主要技术。

在此期间，煤粉燃烧技术一直致力于提高效率和减少排放等方面的技术改进。然而现有的燃煤技术在将来可能并不适用，所以需要对技术进一步改进。例如，火力发电中的二氧化碳捕集与封存（CSS）技术是控制二氧化碳排放的一个重要的新兴选择，但该技术将进一步增加目前发电系统的复杂性。

8.1 亚临界煤粉炉发电技术

在磨煤单元中，煤被磨成了滑石粉细度，然后与助燃空气一起通过燃烧器被送入炉膛（Field 等，1967；Smoot&Smith 1985；Beer 2000）。煤粉颗粒在点燃之前，先快速加热发生热解。为了使煤焦完全燃烧，大量的助燃空气混合后被注入火焰中。为了从烟气中去除硫氧化物（SO_x）、微粒和氮氧化物（NO_x），锅炉产生的烟气要先经过“净化单元”。经过净化单元的烟气处于大气压下并且含有 10% ~15% 的二氧化碳。锅炉管道生成的干饱和水蒸气经过过热器继续加热形成过热蒸汽。高压过热蒸汽驱动汽轮机转动使发电机发电。从汽轮机出来的低压蒸汽被压缩后用泵重新送回炉膛进行再热，并重复上述过程。图 8.1 所示为一个配备有烟气脱硫（Flue Gas Desulfurization，FGD）洗涤器并且能够显著减少 NO_x 的低氮单元的先进燃煤强制循环锅炉。亚临界条件泛指蒸汽压力低于 22.0MPa（约 3200psi）、蒸汽温度约为 550℃（1025℉）。亚临界燃煤机组发电效率在 33% ~37%之间（HHV），其效率大小取决于煤的质量、操作条件、设计参数和位置。

关键工质的流动和 500MW_e 亚临界燃煤机组的条件如图 8.2 所示（Rubin 2005；Parsons 等，2002；MIT 报告 2007）。该机组燃煤量为 208000kg/h，需要大约为 2500000kg/h 的燃烧空气。因为该机组在负压条件下工作，所以空气能渗入到机组当中，且未被利用的高温气体不会逃逸到环境中。颗粒物（主要是飞灰）能够被静电除尘器除掉 99.9% 。排放到空气中的颗粒物量为 11kg/h。通过安装低氮燃烧器和 SCR 能够将 NO_x 降低到 114kg/h。烟道中脱硫单元的 SO_2 移除率超过 99% ，最终使得 SO_2 排放量为 136kg/h。对于伊利诺伊州#6 煤，在 FGD 单元中的汞的移除率应该是 70% ~80% 甚至更高。

在这些操作条件下，卡内基梅隆大学综合环境控制模型（Integrated Environ-

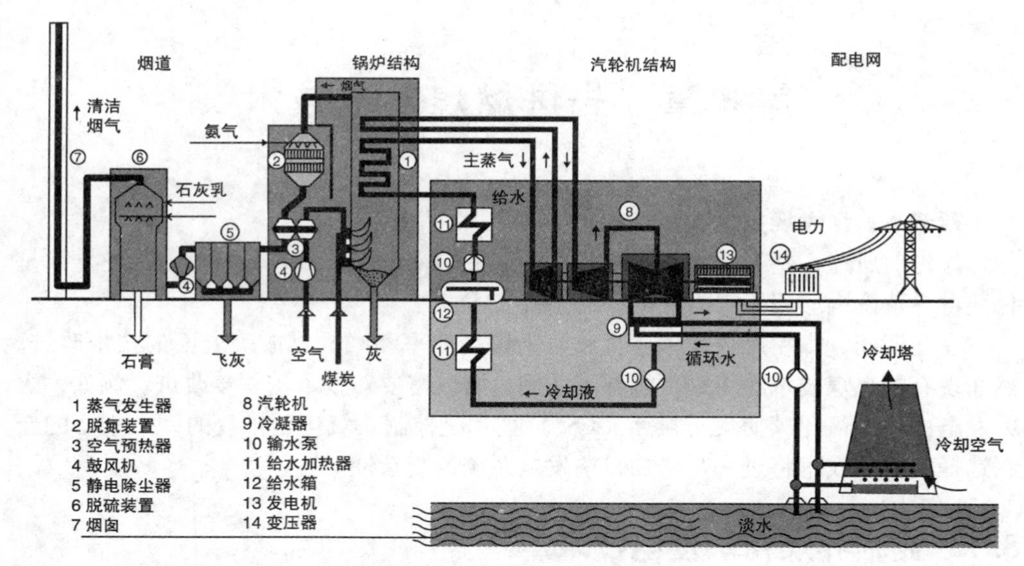

图 8.1 先进燃煤电厂示意图（来源：Termuehlen & Empsberger 2003，Janos Beer 2009；Janos Beer 教授允许使用，版权属于 Elsevier）

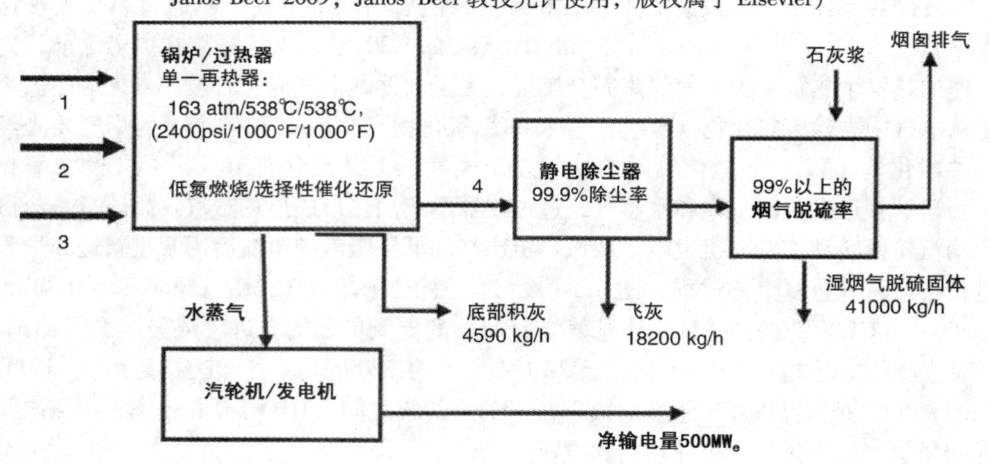

图 8.2 无 CO_2 捕获的亚临界 500MW_e 煤粉燃烧机组内蒸汽流动和工况：1—送入空气（2110000kg/h）；2—给煤量（208000kg/h）；3—漏风量（335000kg/h）；4—尾气（159℃）；石灰浆（22600kg/h - 石灰 145000kg/h - 水）；烟气释放量为 2770.000kg/h（55℃，0.10MPa）（来源：MIT 2007）

ment Control Model，IECM）实施了一个关于伊利诺伊州#6 煤的发电效率为 34.3%的项目。对于匹兹堡煤，同样的 SO_x 和 NO_x 排放前提下，IECM 计划的发电效率为 35.4%（Rubin 2005）。粉河盆地次烟煤和北达科他州褐煤的排放量类似，IECM 计划的发电效率分别为 33.1% 和 31.9%。

煤炭矿物质、飞灰和底灰等副产物能够被用来制造成水泥和砖。经过脱硫作用的湿固体可以被用来制造墙板，或者用无害的方法进行处理。

Booras 和 Holt（2004），使用了美国电力研究院（EPRI）的发电设计模型，该模型下伊利诺伊州# 6 煤的发电效率为35.6%，脱硫效率为95%，尾气的 NO_x小于0.1lb[㊀]/百万 Btu[㊁]。在相同的操作条件和控制条件下，他们计算了匹兹堡 8 号煤的发电效率为36.7%，该效率和 NCC 研究的一样（NCC 2004）。由于煤质的差异，两种模型发电效率差异大约是1%。

IECM 和美国电力研究院的差异主要来源于使用的高水平的 SO_x和 NO_x去除的模型参数设定不同。对于伊利诺伊州# 6 煤，Booras 和 Holt 在 MIT 研究中增加了 SO_x和 NO_x的取出，使发电效率下降了0.5%。其余的差异几乎都是由于模型参数的假设的不同引起的，比如说冷却水的温度对发电效率有很大的影响。

8.2　超临界和超超临界技术

如果系统能够在更高的蒸汽压力和蒸汽温度下运行（更高的蒸汽循环度），亚临界系统的热效率将会得到提高。这代表着机组从亚临界水平过渡到超临界甚至超超临界水平。

在热力学上，超临界是一种气态和液态共存的状态。在压力为22.1MPa（221bar[㊂]）时，水和蒸汽就达到了超临界状态，在高于这个运行压力时，循环就变成只有单相工质的超临界状态，这种情形与亚临界锅炉相反。表8.1说明了高的蒸汽压力和温度会导致电厂的发电效率变高。亚临界条件到 USC 蒸汽条件将会使效率提高4%～6%。超超临界技术在使用合适的锅炉材料的情况下，效率达到50%（LHV 基础上）是可以实现的。

表 8.1　亚临界、超临界和超超临界发电厂近似的蒸汽压力、温度和效率

燃煤电厂	主蒸汽压力/MPa	主蒸汽温度/℃	再热蒸汽温度/℃	净效率①（%）（HHV 基础上）
亚临界机组	<22.1	<565	<565	33～39
超临界机组	22.1～25	540～580	540～580	38～42
超超临界机组	>25	>580	>580	>42

① 烟煤（来源：Nalbandian 2009）。

除了增加蒸汽参数外，Schilling（1993）提出通过减少空气比例（过量空气系数）和烟气温度，再热和减少冷凝器压力来提高电厂的发电效率的方法（见图8.3）。

㊀ 1lb=453.59237g。

㊁ 1Btu=1055.056J。

㊂ 1bar=0.1MPa。

图 8.3 前两个步骤涉及 6% ~8% 的废气热损失是锅炉最大的热损失。空气系数，又称为过量空气系数，表示实际空燃比与理论完全燃烧空燃比的比例。过量空气系数增加了锅炉烟气出口的质量流动，因此增加了尾气热损失。改进燃烧技术（更好的煤炭研磨技术和先进的燃烧器设计）能以更小的过量空气系数实现完全燃烧。煤更好的研磨和增加燃烧器内空气动量，需要输入少量的额外的能量；但是由于减少过量空气而增加的效率能够远远补偿额外的能量。

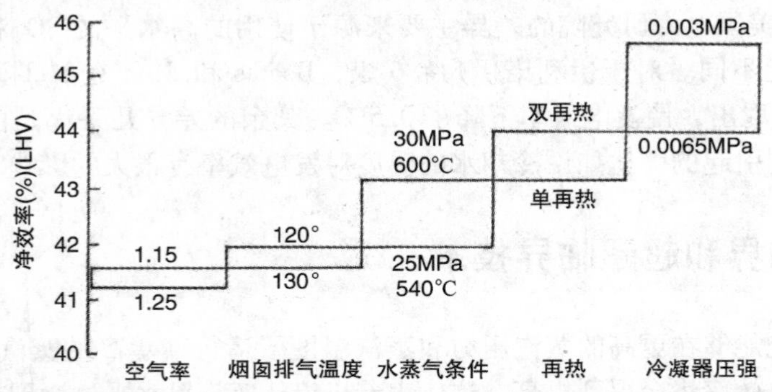

图 8.3　各种提高煤粉燃烧发电厂效率（LHV）措施的影响（源自 Schilling 1993）

通过合适的锅炉设计能够降低锅炉的排气温度。含硫的燃料燃烧需要的过量空气量和排气温度下限直接相关。更高的过量空气系数使得 SO_2 更多的氧化为 SO_3，促进了硫酸的形成。反过来，硫酸蒸气增加了烟气的露点，因此提高了最低排气温度。出口温度为 130℃（266℉）时，锅炉的排气温度每减少 10℃（18℉），电厂效率增加 0.3%。

朗肯循环效率与供热周期内的压力和温度正相关，与冷凝器压力和冷却介质温度负相关。美国的冷凝器压力标准设计为 6.7TPa（67Mbar），然而在北欧使用更低温度的冷却水，对应的压力为 3.0TPa（30Mbar）。两者之间的差异能够使效率增加 2%。

随着蒸汽压力和温度的增加，蒸汽变为超临界状态（压力超过 225atm），并且由于供热压力和平均温度更高，使得朗肯循环效率增加（见前面内容）。$T-s$ 图和 $h-s$ 图（见图 8.4a、b）阐述了具有预热作用的超临界水蒸气循环过程。超临界流体通过汽轮机的高压级后膨胀发电。流体经过膨胀之后，重新回到锅炉再次加热提高蒸汽的参数值以提高发电功率。一次再热和二次再热提高了供热的平均温度，从而增加了循环的效率。图 8.8a 和图 8.8b 分别显示了一次再热和二次再热到相同的初始温度（580℃）的过程。

值得注意的是不同国家的超临界和超超临界锅炉的压力和温度曲线的定义不一样。虽然超超临界标准不一样，但是表中所给的范围经常被用到。用 LHV（欧洲）所表示的效率通常比用 HHV（美国）所表示的效率稍微高一些，因为在 LHV 中用来蒸发水的能量常常不被考虑。因此对于性能完全一样的电厂，美国的效率要比欧洲的效率低 2% ~4%（Nalbandian 2009）。

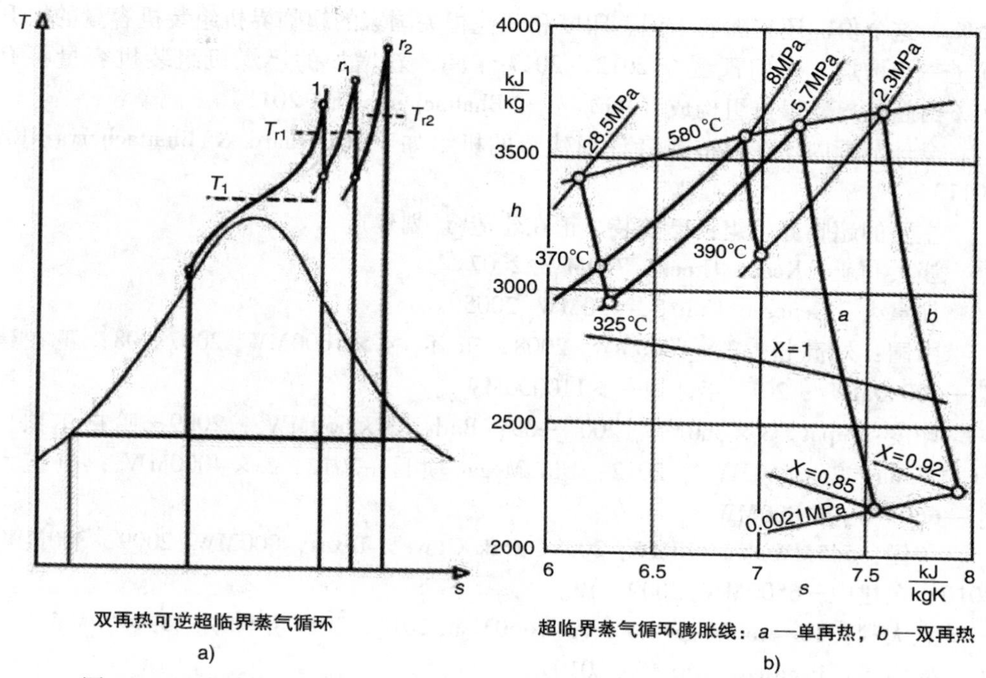

图 8.4 超临界再热机组 $T-s$ 和 $h-s$ 图（来源：Buki 1998；Janos Beer 2009；Janos Beer 教授允许使用，版权属于 Elsevier）

直流锅炉适用于超临界电厂，因为直流锅炉不需要锅炉排污。这使得电厂只需更少的冷凝水注入循环就可达到水平衡。然而这些电厂需要冷凝液纯化槽等设施来保证蒸汽的纯净。直流锅炉不需要任何工程改造就能够承受超过 30MPa 的水蒸气压力，但是管路和管头需要重新设计以承受高压。电厂的对流部分包含了过热器、再热器和省煤器。在尾部有一个空气预热器用来吸收尾部烟气的热量使其温度从 350 ~ 400℃ 降低到 120 ~ 150℃。回转式空气预热器适用于大多数大型电站。

超临界发电效率一般在 37% ~ 42%（HHV），大小取决于设计、操作参数和煤种。现有超临界发电效率为 38%（HHV）的燃煤电厂，其压力为 24.3MPa，温度为 565℃，所用煤种为伊利诺伊州#6 煤（MIT 2007）。对应表 8.1 中的烟煤。

超临界机组最早商业化是在 20 世纪 60 年代晚期。美国在 70 年代和 80 年代开始大量地建造超临界机组，但是他们遭遇了材料和制造加工的问题。在克服了这些问题之后，现在的超临界机组成为一项可以值得信赖的技术，并在少数几个国家得到推广。一些超临界机组建在欧洲、亚洲、俄罗斯和美国。印度开始引进超临界燃煤发电机组用于高灰煤的燃用。位于 Sipat 和 Barh（印度城市名）的两座超临界燃煤机组电站的相关运营经验和更多新机组的投建将帮助印度或类似国家（例如：保加利亚、中国、法兰、罗马尼亚和南非）用于使用高灰煤进行发电。超临界燃煤机组发电量占总的燃煤机组发电量的份额从 2004 年的 18% 增长至 2009 年的

25%，这个份额还将随着中国、印度和其他相关国家的超临界机组装机容量的提升而进一步增加。人们预测在 2012～2017 年间，新增加的燃煤机组装机容量将有 50% 由超临界燃煤机组构成（Burnard 和 Bhattacharya IEA 2011）。

全球范围内正在建造或者计划建造的机组如下（Burnard & Bhattacharya IEA 2011）。

主要的超临界机组：已安装、正在建造/计划建造

澳大利亚：Kogan Creek，750MW_e 2007。

加拿大：Genesee Unit 3，450MW_e 2005。

中国：外高桥，2×1000MW_e 2008；玉环，4×1000MW_e 2007—08；正在建造—50000MW_e；2015 年计划—＞110000MW_e。

印度：Sipat，3×660MW_e 2007—09；Barh，3×660MW_e，2009；哈格尔项目（CLPIndia）2×660MW_e，2012；UltraMega 项目—2012，5×4000MW_e；机组大小—660MW_e 或 800MW_e。

美国：545MW_e 和 890MW_e 2008；Oak Grove，Texas，800MW_e 2009，800MW_e 2010；在建中—6500MW_e 2009—12。

意大利：Torrevaldaliga Nord，3×660MW_e 2010；2015 年计划—3×660MW_e。

墨西哥：Pacifico，700MW_e 2010。

荷兰：Eemshaven，在建中，2×800MW_e 2013。

南非：6×800MW_e 2011—15。

俄罗斯：Berezovskya，800MW_e 2011；Novocherkasskaya，330MW_e（CFB），2012；Petrovskaya，3×800MW_e 2012—14。

德国：Niederaussem，1000MW_e（褐煤），2003；Walsum，750MW_e 2010；Neurath—在建中，2×1100MW_e（最大的燃烧褐煤 USC 电厂）2011；Hamm，在建中，2×800MW_e 2012。

波兰：Lagisza，460MW_e（CFB）2009；Belchatow，833MW_e 2010。

韩国：Tangjin，2×519MW_e 2006；5×500MW_e & 2×870MW_e 2008—10。

注意：上述所有的电厂均为燃煤电厂（除非特别提到）。

现在的超临界电厂材料一般采用铁氧体/马氏体合金，这种合金能够承受 600℃ 的高温和 30MPa 的压力。然而镍基超耐热合金被认为是最有前途的材料，它能承受 720℃ 的高温和 37MPa 的高压，因此电厂的热效率能够达到 50% 左右（Shaddix 2012）。

新型材料的发展极大地拓宽了现代电厂的操作空间；欧洲和日本的燃煤电厂已经开始朝高蒸汽压力和高温条件发展（特别是高温），简称为超超临界条件。

现在燃烧烟煤的火力发电厂，其超超临界参数已经达到了 30MPa 和 600℃/600℃，其效率达到了 45%（LHV）甚至更高。电厂现在已经有了高温条件运行的经验，并且具有极好的性能；现在的超超临界机组可操作性与超临界机组已经相差

无几。日本和欧洲已经运行和正在建造的超超临界机组被 Blum 和 Hald（2002）列出（Janos Beer 2009）。本书最后一章的内容将会提到进一步提高效率的可能。

丹麦、德国、意大利和日本的正在运行的超超临界电厂占全球的发电比例不到 1%。中国也正在建造超超临界机组——玉环电厂，其坐落在浙江省，包含了两个 $1000MW_e$ 机组并且其蒸汽参数为 26.25MPa/600℃/600℃（Minchener 2010）。提高的效率将会使得 CO_2 排放减少 15%。2001 年后的丹麦的热力发电厂在下文将会显示，它是世界上效率最高的超超临界电厂。

丹麦，Avadore 发电站；机组 2，CHP：发电 585MW，发热量 570MW；超临界机组。煤作为基本燃料，气体和生物质燃料作为辅助；2001 年开始投入运行；世界发电效率最高的电厂，为 49%（来源：Wikipedia，Avedorevaerket，Copenhagan，Denmark，By G Ⓡ iffen）

材料的发展和蒸汽运行参数发展的关系被 Henry 等（2004）进行了广泛的研究。过热温度每增加 20℃，电厂的效率将会增加 1%。图 8.5 说明了电厂效率的增加将会使得 CO_2 减少的百分数（Booras 和 Holt 2004）。

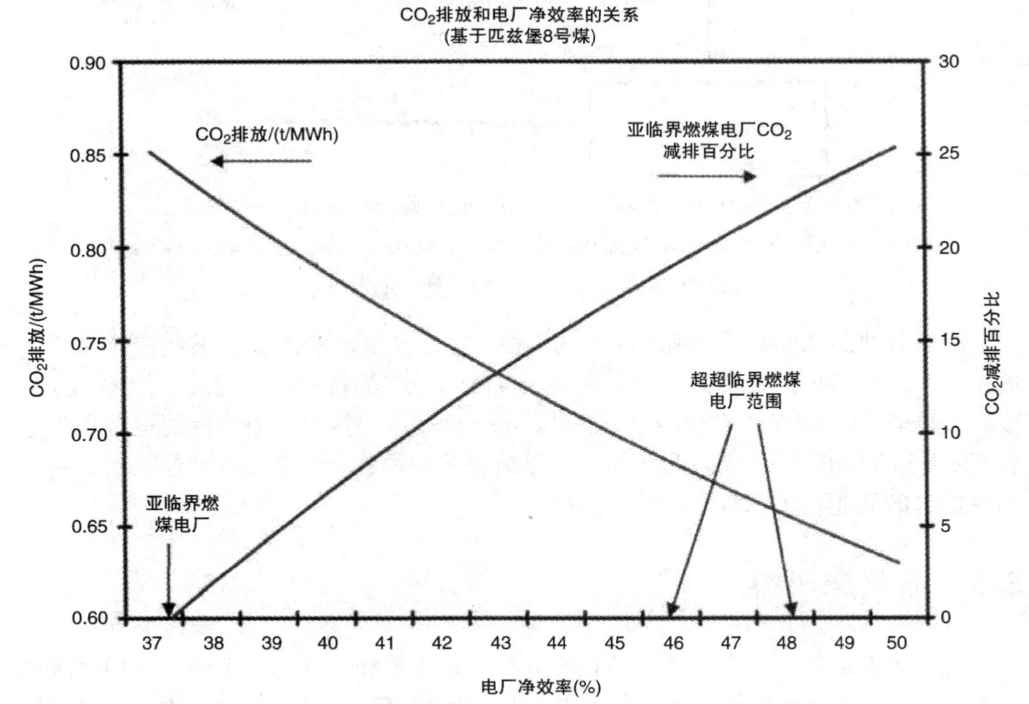

图 8.5 CO_2 排放作为电厂效率的函数（HHV）（来源：Booras 和 Holt 2004，Janos Beer 2009，JanosBeer 教授允许使用，版权属于 Elsevier）

超临界技术和超超临界技术主要解决的问题是减少了CO_2的排放。该技术结合最好的污染控制设备，通过减少每兆瓦时所需的煤来减少污染，这样就降低了总的排放，这其中还包括CO_2的排放。

图8.6的框图显示了超超临界机组的蒸汽流动情况（MIT报告2007）。其锅炉煤燃烧一侧和燃气处理方式与亚临界机组一样。产生相同的电力，超超临界机组所需要的煤量少21%，这就意味着CO_2的排放要减少21%。超超临界机组设计的效率为43.3%（HHV），超临界机组的效率为34.3%。在该情形下，每小时排放了温度为55℃、1个大气压下的2200000kg废气，其组分为$N_2=66.6\%$，$H_2O=16.7\%$，$CO_2=11\%$，$O_2=4.9\%$，$Ar=0.8\%$，$SO_2=2.2\times10^{-5}$，$NO_x=3.8\times10^{-5}$，$Hg<1\times10^{-9}$（vol %）。

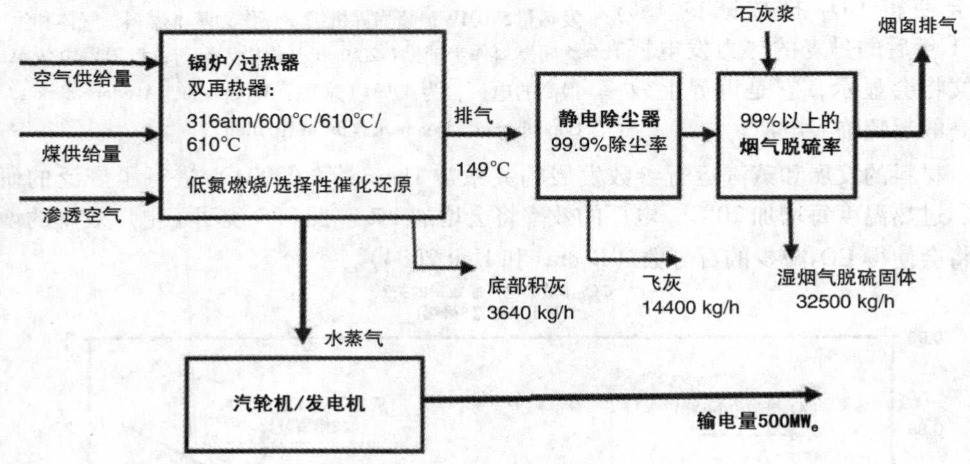

图8.6 无CO_2捕获的超超临界500MWe燃煤电厂机组——空气量：1680000kg/h；给粉量：164000kg/h；渗透空气：265000kg/h；石灰浆：17900kg/h石灰和115000kg/h水（来源：MIT报告2007）。

超临界机组和超超临界机组技术的优点包括增加效率，减少燃料成本和CO_2的排放，减少电厂的过负荷运行。它们的成本与亚临界技术相差无几，能够和新的或者改造的CO_2捕获技术相融合（Nalbandian 2009）。然而，当蒸汽的运行条件达到720℃和37MPa时，高温腐蚀和过热器结渣的问题就会出现。涉及超临界和超超临界技术的问题在下一章节会简要的提到。

8.3 流化床燃烧

流化床燃烧是煤粉燃烧的一种独特方式，是煤粉和空气在一个流化床中燃烧的技术。它是一个灵活的燃烧发电技术并有显著的优点：①紧凑的锅炉设计；②燃料灵活，能够燃烧多种燃料，比如煤、生物质、木质、石油焦和洗煤废物；③更高的燃烧效率；④对环境友好，能够减少 SO_x 和 NO_x 的排放（>90%）；⑤与煤粉燃烧电厂相比，建设成本减少8%~15%。

当均匀的高压空气或者气流通过铺满均匀细颗粒（比如沙）的床层时，固体颗粒开始悬浮在流动的空气中，这个床层就叫作流化床。当进一步增加空气流速时，气泡形成，剧烈震荡，快速混合形成致密的床层表面。固体颗粒床的表面好像流体一样——"鼓泡流化床"提供了更充分的化学反应和热量传递。如果沙粒在流化态时被加热到煤粉的点火温度，当煤粉注入时就能够被快速点燃，并且床将会获得均匀稳定的温度；燃烧温度在840~950℃之间时，其温度远低于灰熔点温度。因此，灰分融化及相关的问题能够被避免，而且 NO_x 也会大大降低。由于流化床混合迅速，并且流化床产生的热量能够被固定在床中的换热管有效吸收，同时床壁能达到较低的燃烧温度，所以流化床的换热系数很高。气体流动速度始终保持在最小流化速度和颗粒携带速度之间，这确保了流化床的稳定并且避免了气流中的固体颗粒被携带。这种类型的锅炉大多数是常压流化床燃烧（Atmospheric Fluidized Bed Combustion，AFBC），并有一个宽泛的容量范围0.5~100T/h。在实践中，煤依据不同等级被破碎到1~10mm后送入燃烧区域。空气既作为流化气体也作为燃烧气体，被烟气预热后以特定压力送入燃烧室。流化床内的传热管携带水以充当蒸发器。燃烧的气体产物在释放到大气之前通过锅炉的过热器段、省煤器段、除尘器和空气预热器。通过添加吸附剂（如石灰岩或白云石），大多数的二氧化硫能够被除去。由于流化床的混合特性，高温烟气与吸附剂直接接触，使得吸附剂经历了热分解（煅烧），这是一个吸热反应。用石灰岩作为吸附剂时，煅烧反应发生在744℃以上。

$$CaCO_3 + \text{热量} \rightarrow CaO + CO_2$$

$$(\text{石灰岩} + \text{热量} \rightarrow \text{石灰} + \text{二氧化碳}) \tag{8.1}$$

在石灰岩吸收二氧化硫气体之前，煅烧被认为是必要的。二氧化硫的捕获是通过化学反应生成稳定的硫酸钙：

$$CaO + SO_2 + 1/2O_2 \rightarrow CaSO_4$$

$$(\text{石灰} + \text{二氧化硫} + \text{氧气} \rightarrow \text{硫酸钙}) \tag{8.2}$$

硫化反应总是需要大量的石灰岩，其数量取决于燃料的含硫量、流化床温度以及石灰岩的化学和物理特性。吸附剂在流化床燃烧过程中的主要任务就是维持空气的质量，也能够作为影响传热性质和灰分质量的床料。依据燃料的含硫量，石灰岩可以占整个床层的50%的原料，其余为燃料灰和惰性材料。对高硫烟煤的废弃物来说尤其如此。当流化床中包含了大量的钙（氧化钙和碳酸钙）时，灰分的处理变得并不容易，因为灰分的pH值变得非常高。燃料中超过95%的硫污染物能够在锅炉内被吸附剂吸收掉；一些重金属也能被处理掉，虽然没有传统机组的冷湿洗涤塔效率高。

该技术更适用于难以点燃的燃料，比如石油焦和无烟煤、低质量的燃料如高灰分煤和煤矿废弃物、热量差异大的燃料如生物质和燃料混合物。

20 世纪 80 年代早期，美国通过流化床燃烧技术燃烧石油焦和煤矿废弃物来发电。在德国，流化床燃烧技术演变为试图不使用排放控制装置来控制燃烧硫酸盐矿石的排放。

流化床燃烧系统分为两种，即常压系统（AFBC）和加压系统（PFBC），以及两个亚系统，鼓泡或循环流化床：①常压系统工作在大气压环境下，是最为常见的系统。此系统的效率和常规燃煤发电站的效率一样，为 30% ~40%。②加压系统工作在一个加压的环境下，能够产生高压的气流，因此该系统能够驱动燃气轮机运行，创造一个效率更高的联合循环系统，其效率大约为 40%。③鼓泡流化床机组使用较慢的流动速度，所以颗粒主要在床层上，该机组主要运用在小电厂中，其效率大约为 30%。④循环流化床使用更快的流动速度，所以颗粒不断地和烟气混在一起，该机组常用在更大的电厂中，效率更高，大约为 40%。

8.3.1 鼓泡流化床单元

这些装置里燃烧的煤粉颗粒典型直径一般在 1000 ~ 1200μm 之间，其流动速度在最慢流化速度和固体颗粒携带速度之间。

在这些情形下，有一个清晰的床面将固体材料密集区和稀少区分隔开来。对于大多数的鼓泡流化床，通常采用将逃脱床的颗粒回注以获得令人满意的性能。一些流化床单元将空气和燃料也采用此种方式以增加床层的内部循环程度（Virr 2000）。一般的鼓泡流化床锅炉原理图如图 8.7 所示。对于高水分、低热值的燃料，如生物质、城市废物、纸、纸浆工业废物和污泥等来说，小容量的鼓泡流化床是一种值得推荐的技术。另一方面，当需要替代昂贵的液体燃料进行发电、集中供热和分布式发电时，基于低热值和低热量的燃料就变得很吸引人了，鼓泡流化床在上述情况下将会取得不错的收益。

鼓泡流化床适用的功率范围为 0.5 ~ 500MW_{th}，正好对应分布式能源发电系统的功率。另一方面，鼓泡流化床可以同时或单独使用不同来源和品质的燃料。

鼓泡流化床技术被认为是解决分布式能源发电的最好方法，因此该技术适合在发展中国家运用，他们可以在局部地区推广该技术。

8.3.2 循环流化床单元

循环流化床（CFB）技术利用流化作用将燃料颗粒和石灰岩在低温（800 ~ 900℃）燃烧过程中混合。燃烧空气通过两个阶段送入：一次风通过燃烧器直接送入；二次风从燃料供给点上方的燃烧器送入。石灰岩捕获燃烧过程中形成的二氧化硫，低的燃烧温度使得 NO_x 降低。

燃料和石灰岩多次循环使得燃料的燃烧效率得到了提高，并减少了污染物，同时将热量传递给高品质的水蒸气用来发电。由于燃料充分的混合，足够长的燃烧时

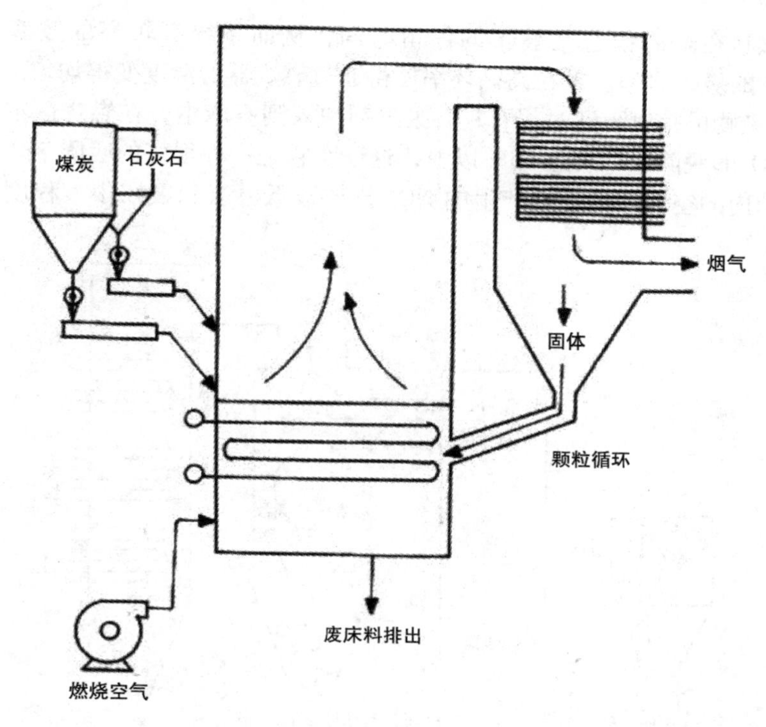

图 8.7　一般的鼓泡流化床锅炉原理图（源自 Gaglia&Hall 1987）

间和较低的燃烧温度，使得循环流化床可以燃烧任何可燃的燃料。垃圾燃料由于含有高比例的不可燃物（热值为 5 ~ 35MJ/kg），因此被认为是一种高度符合条件的燃料。与传统的蒸汽发生器不同，循环流化床捕获和控制不希望得到的污染物不需要额外的设备。

常压循环流化床机组中颗粒尺寸一般为 100 ~ 300μm，流化速度达到 30ft㊀/s。一般的循环流化床锅炉原理图如图 8.8 所示。床层参数被维持以致促进了固体从床内淘洗出来。固体在一个固体立管内相对稀薄相中被吹起，一个下面吹来的旋风为固体提供了返回的路径。这里没有蒸汽发生管埋在床内。传热表面通常被嵌入流化床内，产生的蒸汽通过传统的循环设备（朗肯循环），蒸汽的产生和过热发生在传统的部分——水冷壁和管的出口。

循环流化床技术的优点（Jalkote—EA - 0366）

1）燃料的灵活性：由于流化床的温度比灰融温度更低，所以炉膛的设计不用考虑积灰，因此炉子能够燃烧种类繁多的燃料。低级煤，高灰分煤和低挥发分煤，生物质，废弃物和另外难以燃烧的煤都能够在循环流化床中轻易燃烧。

2）提高燃烧效率：由于流化作用引起的旋风使得固体颗粒再循环，因此即使

㊀　1ft = 0.3048m。

无论什么燃料在炉内都有足够长的停留时间，从而系统有较高的效率，实现了98% ~99%的炭燃尽率。颗粒高循环率使得通过燃烧器的温度变得均匀。

3）污染物的控制：通过将石灰石吸附剂加入到石床中，在燃烧区本身完成硫的去除；SO_2的脱除效率可达95%以上，这证明它是一种很好的吸附剂。低炉温再加上进入炉内的空气使得炉内产生的 NO_x 排放极低。氯和氟在很大程度上被留在了灰烬中。

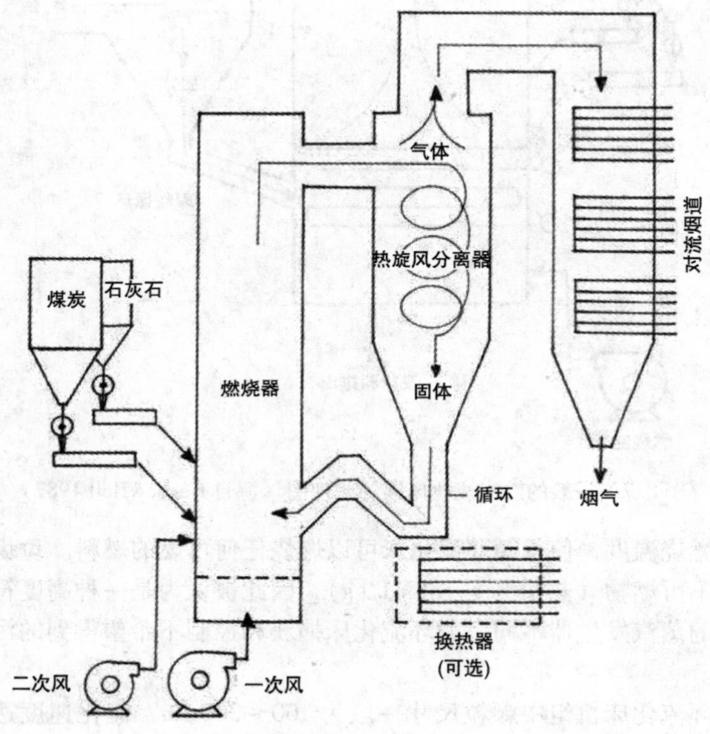

图 8.8　一般的循环流化床锅炉原理图（源自 Gaglia&Hall 1987）

4）操作的灵活性：可以是专为循环或基本负荷运行而设计的；部分负荷可降至 MCR 的25%，并且每分钟负荷变化率达到7%是可能的。

5）简化燃料供给：对燃料供应而言，破碎就足够了；不需要粉碎。

6）成熟的技术：大多数机组的商业利用性超过98%；例如，Foster Wheeler 拥有超过150 台循环流化床蒸汽发生器在运行中。

7）更经济：对于需要超过75 ~100t/h 蒸汽的工业应用而言，循环流化床燃烧（CFBC）锅炉比空气流化床燃烧（AFBC）锅炉更经济。对于大型机组，CFBC 锅炉的高炉特点使其与 AFBC 蒸汽发生器相较而言，拥有的空间利用率更高，为高效燃烧和捕获SO_2提供更大的燃料颗粒和更多的吸附剂停留时间，为 NO_x控制提供更简单的应用技术。最近已建成几个新的褐煤燃烧循环流化床机组（Wilson & Monea 2004)。

CFBC系统部件：构成CFBC机组的主要部件为流化床燃烧室和相关系统，流化床换热器，固体分离系统——外部再循环的循环旋风分离器和内部颗粒再循环的惯性粒子分离器，常规蒸汽轮机系统，燃料的制备和输送系统，以及除灰系统。

燃料进料系统和吸附剂进料系统是非常重要的。燃料进料系统是气动或湿型的，煤的进料是以煤水混合物的形式进行的，因为这样燃烧更充分。在煤的进料中，灰分和硫含量决定了最佳的系统设计。对于低灰分含量的燃料，煤水混合物（浆）是有利的；对于高灰煤，则需要大量的水，这会影响它的效率。水煤浆燃料中含有25%的水，燃料进料尺寸低于0.75in[⊖]。

吸附剂是不可燃物，一般都是连续或间歇地进料。在后一种情况下，要使用锁料斗。该吸附剂粉碎至3mm左右，干燥下放入锁料斗中。

循环流化床的全球地位：从20世纪90年代以来，在发达国家，研究与开发活动的重点已由鼓泡流化床转向循环流化床。由于液体燃料和气体燃料价格低廉，加之有更严格的排放标准，与这些单元功率小的使用液体燃料或天然气的锅炉相比，以煤为燃料的鼓泡流化床更加没有竞争力。

成百上千的CFBC锅炉在全世界范围内应用。Foster Wheele已拥有超过150台循环流化床蒸汽发生器在运行中。这些机器的商业利用性超过98%。许多的M/s Lurgi Lentjes Babcock Energietechnik的CFBC蒸汽发生器（> 8700mW）和M/s Babcock & Wilcox的CFBC 机器在全世界范围内应用。它们是CFBC系统的主要制造商（Jalkote）。

在美国北达科他州和得克萨斯州的Morgentown能源中心，在各种流化床中燃烧褐煤，其燃烧效率高达99%（Rice等，1980）。最近的燃煤电厂趋向于循环流化床电厂，例如Warrior Run，Red Hills（250 MW），以及带有选择性催化还原（SCR）的Puerto Rico这样的循环流化床电厂，它们都是在世界上拥有最低排放量的火力发电厂。在佛罗里达州的Jacksonville最大的在运行的CFBC机组是320MW_e。

在澳大利亚，燃烧褐煤的流化床燃烧器用于发电。褐煤需要先干燥，将水分含量从70%减少到20%（McKenzie 1978）。

在中国台湾，循环流化床机组（2×150MW）正在使用，争取达到非常严格的排放目标（$NO_x < 9.6\times10^{-5}$，$SO_2 < 2.35\times10^{-5}$，相当于98%的脱硫水平）。从1989年和1993年以来，日本已经有两个拥有循环流化床技术的火电厂（80MW_e）。中国已经开发了许多不同规模的燃烧低质煤（如褐煤）的流化床。据估计中国约有2000个容量高达10000t/h的流化床热水和蒸汽发生器系统。在印度，有两台125MW的循环流化床电站正在发展中（Eskin & Hepbasli2006）。

⊖ 1in = 0.0254m。

欧洲的流化床技术广泛传播，法国、德国、瑞典、西班牙、土耳其和东欧（尤其是波兰）用其来燃烧劣质燃料。法国的 Emile Hucket 和 Gardanne 是应用该项技术的两个最大的地方；Gardanne 设计来燃烧烟煤和重质石油残留物。带有“pant - leg”底部的锅炉对于燃烧普通煤的 300MW_e 机组而言是足够大的，这样提供了额外的燃料灵活性（Bazzuto 等，2001）。最近 CFBC 机组容量已经增加很多，全球总生产能力约为 20GW，预计还将增长。

亚临界条件下可使用的 CFBC 技术，已经达到供应链的经济规模。由于其燃料灵活性，在可负担的成本下，可以建立规模大于 300MW_e 的大型 CFBC 电厂，且能够燃烧不同类型的煤和生物质燃料，CO_2 排放量更少。据估计，规模大于 660MW_e 的超临界 CFBC 电厂，燃烧 20% 的生物燃料将比传统的发电厂的 CO_2 排放量少 32%（Giglio 和 Wehrenberg2009）。由 Foster - Wheeler 设计的最大的第一台超临界 CFBC 机组为 460MW_e、28.2MPa、563℃/582℃，正在波兰的 Lagisza（2009）运行，它使用的是收到基热值范围在 4300 ~ 5500kcal/kg 的波兰褐煤，设计效率为 43.3%（LHV，净值）。此外，该设计允许通过喷枪喷入高达 30% 的总燃料热量输入的煤浆（Utt & Giglio 2012）。第二个 330MW_e 的机组，将安装在俄罗斯的 Novocherkasskaya GRES 设施（Jantti 等，2009）。

位于波兰的 460MW_e 的 Lagisza 循环流化床 OTSC 机组（来源：Utt & Giglio，Foster - Wheeler 2012；Robert Giglio 允许使用）

为 SC 单元设计的 600MW_e 和 800MW_e 的机组现在可以使用了。因为 USC 要求过热温度或再热温度超过 600℃，所以设计就需要相当大的改进，因为 CFBC 技术是在相对较低的温度下进行工作的。如果能达到 28MPa 蒸汽压力，使用硬质煤燃烧也能达到超过 45%（LHV，净值）或 43%（HHV，净值）的效率。

Foster Wheeler 正在开发灵活燃烧的循环流化床技术，这项技术将允许循环流化床产生富含 CO_2 的烟气，为全球 CCS 努力做贡献（Giglio 和 Wehrenberg2009）。该技术有潜力将火力发电站的 CO_2 排放量减少 90% 以上，同时最大限度地减少对消费者的消费影响和技术风险。进一步，通过结合生物质共燃能力和碳捕集能力，能实现如表 8.2 所示的大气 CO_2 净减排。Foster Wheeler 技术使用氧和回收再利用的循环流化床烟气混合来替代空气。这样，烟气变得富含 CO_2（包含超过 90% 的 CO_2），而不是大量的氮气，因此就不需要昂贵的和能源密集型的设备来从烟气中

除去 CO_2。此外，与其他技术相比，它有以极低成本产生无碳的电力的潜力。

表 8.2　600MW$_e$ 发电厂的 CO_2 排放量

发电厂类型	排放量/(百万 t/年)	相对于一般燃煤机组的减少量(%)
燃煤发电厂	5407	—
含 20% 生物质的循环流化床电厂	4325	20
含 20% 生物质的亚临界循环流化床电厂	3644	32
灵活燃烧循环流化床电厂	54	50
含 20% 生物质的灵活燃烧循环流化床电厂	-54	110

注：数据源自 Giglio &Wehrenberg 2009。

生物质混烧：降低温室气体排放强度的一个方法就是使用生物质混烧，这对煤粉燃烧电厂和气化厂都是可能的。工业实践表明，在以煤为主要燃料的发电厂中，约 15% 热含量的生物质混烧没有对燃煤电厂的效率和可用性产生负面影响。如果大型生物质混烧（高达 30% ~ 50%）可以实现，那么生物质可以在一个单独的、常压循环流化床气化炉中被气化，并且产生的气体不需要清洁就可以用管道输送，也可以与煤炭一起在煤粉锅炉中共烧。因为循环流化床气化炉工作温度低，所以产生的生物质灰的构成形式使其很容易从气化炉中除去。

8.3.3　增压流化床燃烧

增压流化床燃烧（Pressurized Fluidized Bed Combustion，PFBC）是一种相对典型的现代系统，是具有较高的热效率和较低污染的先进煤燃烧系统。PFBC 系统利用朗肯循环和 Brayton 循环以实现高循环效率、低排放的目的。第一代 PFBC 系统中，在由压缩机（860℃和 1.6 ~ 1.8MPa）产生的高气压下（强制通风），煤和石灰石的混合物高效燃烧和流化。在流化床上的热释放率与床的压力成正比，因此在高气压下燃烧的热释放率是很高的。因此，一个深床用来获取大量的热量，这将提高燃烧效率和二氧化硫的吸收。根据压力，全负荷床的深度在3.5 ~ 4.5m 之间。流化床内的管道以蒸汽的形式回收产生的热量，这些热量能驱动汽轮发电机。处于压力下的燃烧室所释放的热废气被回收，使用高效旋风分离器清理所有的悬浮颗粒，并且用于驱动一个燃气轮机发电机。汽轮机是 PFBC 中电力的主要来源，提供约 80% 的总功率输出，其余 20% 是在燃气轮机中产生的。图 8.9 所示是美国的第一个大型 PFBC 技术示范（Tidd 项目，70MW 容量）。在 Tidd 电站，燃气轮机是一个双轴电机。在一个轴上，变速器、低压涡轮机与低压压气机耦合；在另一个轴上，高压涡轮驱动压缩机和发电机。高低压气机之间有一个中间冷却器。双轴设计的优点是，自由旋转的低压涡轮机可以减少气体的温度和气流，负荷减少的同时又能使发电机保持恒定的速度。燃料供给系统是气动或湿式的。燃料的供给是以水煤浆的形式，其中水占 25% 的重量。这在 Tidd 中非常典型。燃料的进料尺寸小于 0.75in。

在获得了相当多的有用的数据和经验后，Tidd 经过了 8 年的示范运行之后在

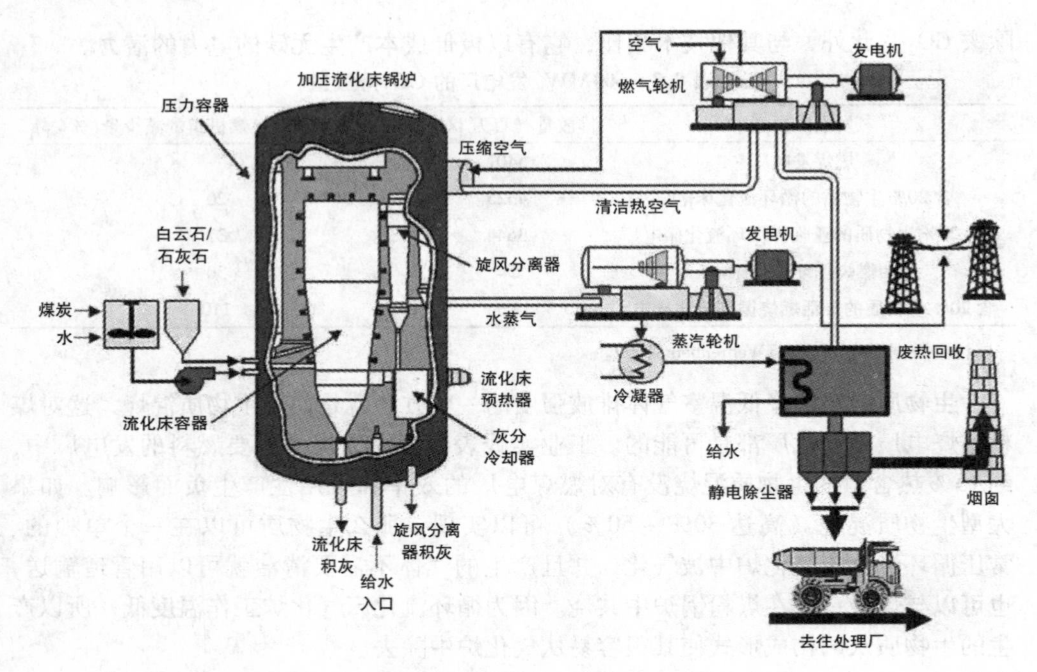

图 8.9　美国俄亥俄州 Tidd 的大型 PFBC 技术（来源：
美国 DOE——Tidd PFBC 示范工程，1999 年 6 月）

1994 被关闭（DOE 1999）：

1）吸附剂的大小对流化床的脱硫效率、稳定性及传热特性有最大的影响。

2）试验表明，在钙/硫摩尔比为 1.14 和 1.5，1580℉ 的满负荷下，可达到 90% 和 95% 的脱硫效率。

3）在测试期间，NO_x 排放量介于 0.15 ~ 0.33lb/10^6 Btu（通常约为 0.20lb/10^6），而 CO 的排放量仍低于 0.01lb/10^6 Btu，微粒的排放量均小于 0.02lb/10^6 Btu。

4）平均燃烧效率的范围在 99.3%（低床层水平）~99.5%（中等至满床层高度水平）。

5）基于燃料的 HHV 和总输出电功率，热效率为 10280 Btu/kWh，效率值为 33.2%（低值的产生是由于一个 20 世纪 50 年代的没有再热系统的老式蒸汽发生器，没有标准燃气轮机的最佳性能好，没有尝试优化热回收并且这是小规模的示范单元）。

6）先进的微粒过滤器（Advanced Particulate Filter，APF）采用碳化硅烛形过滤器阵列，在质量基准上实现了 99.99% 的过滤效率。

7）在床管组件中不会有侵蚀性，并且持续在预期效果下运行证实 PFBC 锅炉为商业应用做好了准备。

8）ASEA Stal GT－35P 型燃气轮机被证明能够在 PFBC 烟气环境下运行，但因为与PFBC技术无关的原因，未能成功满足性能要求。

PFBC系统可用于热电联产（蒸汽和电力）或联合循环发电。联合循环（燃气轮机和蒸汽轮机）使整体的转换效率提高5%～8%。然而，进一步的研究要求了解NO_x的形成机制、脱硫反应和热传导。

1. 先进的PFBC

1）早期第一代PFBC系统除了增压流化床燃烧器中的污浊空气之外，采用天然气来提高燃气轮机的燃烧温度。这种混合物在一个燃烧器顶部燃烧，提供更高的入口温度，以获得更大的联合循环效率。问题是与使用煤炭相比，使用天然气要昂贵得多，虽然最近天然气的价格便宜了些。

2）在更先进的第二代系统中，将加压碳化器与促使煤转化为燃料气和焦炭的过程相整合。PFBC燃烧焦以产生蒸汽，并且为燃气轮机加热燃烧的空气。来自碳化塔的燃气在与一个燃气涡轮相连的燃气轮机塔燃烧，将燃气加热到燃气轮机的额定燃烧温度。蒸汽是通过回收从燃气轮机排放出的热量而产生的，并用于驱动一个常规的蒸汽涡轮机，从而提高了联合循环功率输出的整体效率。这些系统被称为APFBC系统，或先进循环增压流化床燃烧联合循环（ACPFBCC）系统。APFBC系统是完全燃烧煤炭的。

3）GFBCC：气化流化床燃烧联合循环（GFBCC）系统有一个加压循环流化床（PCFB）部分气化炉，它将燃料合成气送到汽轮机燃烧室塔顶。燃气轮机排气为常压循环流化床燃烧室供应燃气，这个燃烧室里燃烧的是来自PCFB部分气化炉的焦炭。

2. PFBC的优点

1）改进的循环效率（更低的耗热率）：通过将朗肯循环和Brayton循环相结合，可以显著提高发电厂的效率。对于第一代PFBC联合循环，可达到接近40%的效率以及8500Btu/kWh的耗热率。第二代先进的联合循环，效率预计将达到45%以上并且耗热率低达7500Btu/kWh。

2）更低的排放和改善的燃烧：除了联合循环运行和较高的燃烧速率，增加压力和相应的空气/气体密度能达到更低的流化速度（约1m/s），从而降低了浸入式换热管的侵蚀风险。较低速度和深床的联合作用来保持所需的传热表面，最终极大地增加了床内停留时间，从而降低了SO_x排放量，提高了燃烧效率。

3）减少锅炉的尺寸。

4）模块化。

PFBC系统组成：系统主要包括以下部分：锅炉及相关系统；常规汽轮机系统；燃气轮机；热气净化系统；燃料制备排灰系统；除灰系统。由于燃气轮机是由锅炉的热加压气体所驱动的，同时向锅炉供应燃气和发电，所以需要具备以下特征：①应具有达到几乎恒定流化速度的体积流动特性；过量的空气系数和速度进入煤气清洗系统（对于旋风分离器很重要）。②它应该平衡低负荷下锅炉的低空气流动与燃气轮机的高空气流动之间的相反要求。③承受颗粒物负荷并且没有严重的损坏。④在整个负荷范围内接受较低的进气温度（约840℃）。

煤气清洗系统尚未在PFBC系统中建立。通常高效的旋风分离器已被成功测试，柱状过滤器和陶瓷管过滤器仍在检测中。

PFBC技术现状：在美国的Tidd示范电厂已经被精简。自从1991年，满足所有环境条件的一个130MW_e（热电联产）的示范电厂已经在瑞典的斯德哥尔摩运行。另一个80MW_e的使用灰含量36%的黑褐煤的示范电厂正在西班牙的Escatron运行。从1993年到1996年，一个70MW_e示范电厂在Wakamatsu运行。

目前，一个350MW_e PFBC电厂计划在日本建立，另一个计划在美国的SPORN建立。英国从80MW_e PFBC电厂中获得了足够的经验，这个电厂从1980～1992年在Grimethrope运行，并且英国现在正提供商业PFBC电厂，同时正在开发第二代PFBC。瑞典ABB公司是全球领先的制造商，首先在世界建立了三个示范电厂，现在正建立300MW_e功率的电厂。在印度，BHEL－Hyderabad近10年一直运行着一个提供有用的数据的400mm PFBC。IIT马德拉斯有直径300mm的研究设施，由美国国家科学基金会（NSF）资助建造。印度政府正在考虑BHEL的设立一个60MW_e PFBC电厂的提议（PS jalkote）。

8.4 性能和成本比较

所有迄今为止被讨论的这四个主要煤炭发电技术（亚临界、超临界、超超临界和循环流化床）都是气吹式，组成基本上所有目前在运行和安装中的以煤为基础的发电站单元。表8.3总结了这些技术的代表性的运行性能和经济性（麻省理工学院报告2007）。

表8.3中给出的CO_2捕集数据将在随后的章节中讨论。表8.3中的循环流化床单元的性能数据是基于褐煤而言的。褐煤的热值为17400kJ/kg，低硫；由于其热值较低，给煤率要高于其他技术。

表8.3　气吹式煤粉发电技术的代表性能和经济性

	亚临界PC		超临界PC		超超临界PC		亚临界流化床[6]	
	无碳捕集	有碳捕集	无碳捕集	有碳捕集	无碳捕集	有碳捕获	无碳捕获	有碳捕获
性能								
热效率[1]/(Btu/kW_e-h)	9950	13600	8870	11700	7880	10000	9810	13400
发电效率η(%)(HHV)	34.3	25.1	38.5	29.3	43.3	34.1	34.8	25.5
送煤量/(kg/h)	208000	284000	185000	243000	164000	209000	297000	406000
CO_2的排放/(kg/h)	0	573000	0	491000	0	422000	0	36000
在CO_2排放为90%[2]下CO_2的捕集量/(g/kW_e-h)	931	127	830	109	738	94	1030	141

（续）

	亚临界 PC		超临界 PC		超超临界 PC		亚临界流化床[⑥]	
	无碳捕集	有碳捕集	无碳捕集	有碳捕集	无碳捕集	有碳捕获	无碳捕获	有碳捕获
成本								
电厂的总成本/(美元/kW_e[③])	1280	2230	1330	2140	1360	2090	1330	2270
发票费用/(¢/kW_e-h @15.1%[④])	2.60	4.52	2.70	4.34	2.76	4.24	2.70	4.60
燃料/(¢/kW_e-h @1.50 美元/MMBtu)	1.49	2.04	1.33	1.75	1.18	1.50	0.98	1.34
运行与维护/(¢/kW_e-h)	0.75	1.60	0.75	1.60	0.75	1.60	1.00	1.85
COE/(¢/kW_e-h)	4.84	8.16	4.78	7.69	4.69	7.34	4.68	7.79
相对同样技术捕集 CO_2 的成本[⑤]/(美元/t)	41.3		40.4		41.1		39.7	
相对超临界 CO_2 捕集的成本[⑤]/(美元/t)	48.2		40.4		34.8		42.8	

注：1. 数据源自煤炭的未来，麻省理工学院研究 2007，表 3.1。

2. 表格中煤粉燃烧机组的基础：500MW_e 净输出；伊利诺伊州#6 煤（61.2% wt C，HHV = 25350kJ/kg），85% 功率，①效率 = 3414 Btu/kW_e - h/（热效率）；②90% 的移除用于所有捕获例；③根据 2000 ~ 2004 年的设计研究和预估，一段时期的成本稳定性根据通货膨胀率计算为 2005 美元。2004 ~ 2007 年的成本将会增加 25% ~ 30%，因为工程和建造成本的快速增加。④美国每年的持仓费用 15.1%（来自于 EPRI - TAG 方法）公用事业投资于美国资本市场，以 55% 负债为基础@ 6.5%，45% 的股东权益@ 11.5%，38% 的税率，2% 的通货膨胀率，3 年的施工期，20 年的预定寿命，应用于工厂总成本用来计算投资费用。⑤不包括运输成本和注射/储存成本。⑥循环流化床燃烧褐煤（HHV = 17400kJ/kg）成本为 1 美元/百万 Btu。

技术评价

为了在一致的基础上评估技术，采用的发电技术设计的性能和操作参数（如上所述）是基于卡耐基梅隆大学的综合环境控制模型（IECM），版本 5.0（Rubin，2005），这是一个针对煤基发电的专门的建模工具（Booras & Holt 2004）。还有其他的建模工具可以使用。因为众多的设计和参数的选择，并且都包括有工程近似性，所以每一个都将得出不同的结果。当有操作差异时，IECM 的结果与其他模型的结果是一致的。机组都使用同一个标准的具有高硫、相对高热值的伊利诺伊州#6 烟煤，硫的重量比为 3.25%，热值为 25350kJ/kg（HHV）。

电力平准化成本（COE）：COE 是恒定的美元电力价格，要求在电厂的生命周期的基础上来包括所有的经营费用，最初项目花费的借款和应付利息，以及可接受的返还方式支付给投资者。COE 是由三部分组成：资本费用、运行与维护成本及燃料成本。资本成本是 COE 最大的组成部分。这项研究（麻省理工学院报告 2007）采用将占 15.1% 的总成本（TPC）的分期付款因子的方式来计算 COE 的建设成本组成。模型的详细描述、假设和分析在 2007 年的麻省理工学院报告的附录

3B 和 3C 部分，读者可以参阅。

章节 B：煤转化技术

转化技术将煤变成一种具有清洁能源性质的气体或液体。一个最先进的转化技术是联合循环煤气化。

8.5 气化

煤气化意思是将煤转化成更有用的含有气体混合物的气体形式（煤气）。这是一个将煤转化为气体燃料和液体燃料的过程，净化后可以用作清洁燃料。根据热含量，煤气可分为三种类型：①低热量煤气（$<7MJ/m^3$），主要成分为 N_2 和 CO_2，还包含例如 CO、H_2 和 CH_4（甲烷）气体；②高热值煤气（$37MJ/m^3$），主要由甲烷组成；③中热值煤气（$7\sim15MJ/m^3$），主要含较多甲烷，CO 和 H_2 的含量稍低。

粉碎和干燥的煤送入反应器（称为气化炉），水蒸气和空气或氧气在 800～1900℃高温、10MPa 高压下反应。当煤炭在低于化学当量比的空气下燃烧时，有或没有蒸汽，所产生的气体都是低热量气体，净化后可作为一种气体燃料。如果用氧气代替空气，中热值气体可被用作为合成气。气体中部分 CO 必须与水蒸气反应来得到额外的氢——称为“变换”反应，根据合成天然气（SNG）、液体燃料、甲醇和氨的生产要求，这个反应需将这些不同气体成分控制在合适的比例。

气化起源于 18 世纪后期，现在是一个相当成熟的技术，全球在煤气化方面有丰富的经验。城镇燃气早在 1792 就已经生产出来了。在 1913 年，第一个用合成气生产甲醇的过程建立了（BASF）。在 1921 年，温克勒（Winkler）申请了高温流化床气化的专利，在第二次世界大战的德国，用煤生产合成燃料已经很常规了。后来，气化又被用于在大型发电中及从煤和石油中生产出 Fischer - Tropsch 液体和化学品。今天，气化技术广泛用于世界各地。2007 年，根据气化技术委员会的报告，全球范围内有 144 个气化厂和 427 个气化炉在运作，增加 $56GW_{th}$ 的等效热容量，其中煤炭气化就占 $31GW_{th}$ 的容量（Blesl 和 Bruchof 2010）。

8.5.1 化学气化

煤气化基本上是一个在碳基原料（这里指煤）给料转换器中进行的化学反应，在高温和适度的压力的气化炉中，将蒸汽和氧气转化成 CO 和 H_2 混合的合成气体（见图 8.10）。气化发生在还原条件下。

气化的化学过程很复杂，涉及许多化学反应；一些非常重要的反应如下（Steigel 等，2006）：

氧气下燃烧：$C+O_2 \rightarrow CO_2 \quad \Delta H_r=-393.4MJ/kmol$ (8.3)

氧气气化：$C+1/2O_2 \rightarrow CO \quad \Delta H_r=-111.4MJ/kmol$ (8.4)

蒸汽气化：$C+H_2O \rightarrow H_2+CO \quad \Delta H_r=130.5MJ/kmol$ (8.5)

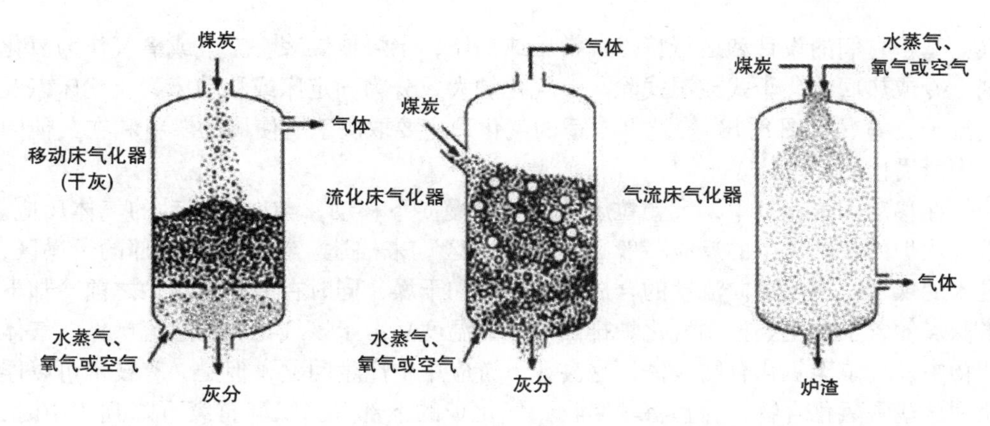

图 8.10　三种类型的气化（来源：DOE/NETL 煤炭发电站）

CO_2气化：$C + CO_2 \rightarrow 2CO \quad \Delta H_r = 170.7MJ/kmol$　(8.6)

水－气转化反应：$CO + H_2O \rightarrow H_2 + CO_2 \quad \Delta H_r = -40.2MJ/kmol$　(8.7)

氢气气化：$C + 2H_2 \rightarrow CH_4 \quad \Delta H_r = -74.7MJ/kmol$　(8.8)

式（8.3）和式（8.4）的反应是放热的氧化反应，提供大部分的吸热气化反应所需的能量［式（8.5）和式（8.6）］。氧化反应发生非常迅速，完全消耗了气化炉中所有的氧气，使大部分气化炉在还原条件下运行。反应方程式（8.7），是水煤气变换反应，本质上是将 CO 转换成 H_2。水煤气变换反应改变了最终混合物中的 H_2/CO 比，但不影响合成气热值，因为摩尔当量下 H_2 和 CO 的燃烧热几乎是相同的。反应方程式（8.8），甲烷的形成是在高压和低温下，因此在低温气化系统中非常重要。甲烷的形成是一个放热反应，不消耗氧气，因此提高了气化效率和合成气的最终热值。甲烷也可通过以下反应合成：

$$CO + 3H_2 \rightarrow CH_4 + H_2O \quad (8.9)$$

总的来说，约 70% 的燃料热值与气体中的 CO 和 H_2 相关，这更大程度上是取决于所使用的气化炉的类型。

许多其他的化学反应也发生了。在气化的初始阶段，进料温度的上升触发了进料的脱挥发份，同时较弱的化学键的断开，产生了焦油、油脂、酚类和烃类气体。这些产物进一步反应形成 H_2、CO 和 CO_2，而挥发后保留下来的固定碳与氧气、蒸汽、CO_2 和 H_2反应。

气化也可能是生产氢气、其他气体和液体清洁燃料的最佳途径之一。氢可用于燃料电池发电，其他煤气可用作汽轮机发电的燃料，或用于广泛的商业产品，包括柴油机和其他交通燃料（IEA2006）。总之，煤的气化是一种利用全球煤炭储量来生产清洁电力、燃料和化学品的已经确定的技术，并提供了与未来的氢经济的联系。

8.5.2　气化炉的广泛类型

在气化炉由煤产生的合成气，比天然气的热值低，其主要成分为一氧化碳和氢气。基于它们的设计和运行特点：常压或加压，干煤或煤浆，空气或氧气作为氧化剂，冷或热回收，干式或湿式除灰，气化炉大致分为固定床或移动床、流化床以及气流床三类（见图8.10）。选择合适的气化炉主要取决于所使用的燃料和在其他因素中所需使用的气体。

在移动床气化炉中，大颗粒煤从床上缓慢向下移动，与向上移动的气体反应。沿气化炉的长轴发生的反应一般都是按照“区”来描述。在气化炉顶部的干燥区，进入的煤料被相反方向流动的合成气所加热和干燥，同时在离开气化炉之前冷却下来。煤的含水量主要控制气化炉排出气体的温度。由于该气化炉的逆流操作，气体产物中发现了碳氢化合物液体，这会在下游应用中产生问题，但是，有技术可以俘获到这些碳氢化合物，并且将其回收到气化炉的下部。当煤炭持续下降到床中时，就进入了碳化区，在这里，煤在高温气体下将被进一步加热和脱挥发分。在气化区，脱挥发分的煤通过与水蒸气和 CO_2 反应转化为合成气。在燃烧区，在反应器底部附近，氧气与残炭反应消耗剩余碳，并产生气化区所需的热量。在燃烧区，气化炉可以在干灰模式或熔渣模式下运行。在干灰模式下，过量蒸汽与炭的吸热反应，使其温度保持在低于煤灰熔渣温度。此外，燃烧区下方的灰被进入的蒸汽和氧化剂冷却。在熔渣模式下，使用的蒸汽更少，使得燃烧区内的灰的温度超过煤形成熔渣的灰熔点温度。英国天然气/鲁奇（BGL）的方法就是这种类型气化炉的一个例子。该炉的主要特点是：①所需低氧化剂少；②生产烃类液体——焦油和油；③当包括烃类液体的热值时，“冷气体”的热效率高。读者可参阅 Dolezal（1954，1967）的液态除渣和渣热回收技术。

流化床气化炉在高回混模式下运行，使煤颗粒与已经发生气化颗粒彻底混合。煤进入反应器一侧，而蒸汽和氧化剂进入底部附近，从而使反应床流化。被原煤气夹带离开气化炉顶部的焦颗粒，被旋风分离器回收至气化炉中重新循环利用。在床层下被去除的灰颗粒将热量传给蒸汽和氧化剂。气化器在低于煤灰熔融温度的等温条件下工作，从而避免形成灰及床的崩溃。气化炉的低温运行允许使用活性相对高的进料，如低阶煤和生物质，或低品质的原料，如高灰分煤。总之，这种气化炉接受各种类型的原料；在均匀适中温度下运行，需要适量的氧气和水蒸气，并涉及焦颗粒的大量回收。这被美国 KRW 和燃气技术研究院（IGT），以及德国的 Winkler 使用。

在气流床气化炉中，更常用的是细的煤颗粒与水蒸气和氧化剂（通常是纯氧）在高温下反应，即远高于灰和玻璃态熔渣的熔融温度。在这些气化炉中煤的停留时间很短，并且高温是实现高碳转化率的本质。这意味着，需消耗更多的氧气来燃烧更多的给料以产生所需的热。为了最小化氧气的消耗，从而降低成本，这些气化炉通常供应更高品质的原料。这些气化炉可以在下降流或上升流的模式下运行，特点是：①具有气化所有煤的能力，但是最好是低灰煤；②温度均匀；③在气化炉中停留时间非常短；④非常精细地划分并均匀固体燃料；⑤需要相对多的氧化剂；⑥原气体中有大量显热；⑦高温熔渣下运行；⑧原煤气中夹带了一些灰/渣。这种类型的例子是采用湿浆进料的 ConocoPhillips 和 GE 能源集团，以及采用干燥燃料的 Shell Siemens 和 Mitsubishi。除了 Mitsubishi 气化炉，其他都是氧气流。气流床气化炉技术是目前应用最为广泛的一项技术，因其 H_2/CO 比率而广泛应用于化学和石油炼制工业中。

由 KBR 开发的“运输床气化炉”是夹带床和流化床气化炉之间的杂合产品。它可以处理褐煤和煤沥青，并在比流化床气化炉稍高的温度下运行。空气和氧气都可以用作为氧化剂。

气化炉，如此，任何以气化为基础的系统的核心，在高温和高压有蒸汽和氧气的条件下可以将多种原料转化成气态产物。在气化炉中的原料燃烧不完全，但部分氧化成主要成分为一氧化碳和氢气的合成气。

表 8.4 总结了这三种气化炉的特点和商业应用。

表 8.4　气化炉的类型和特点

流动状态	移动（或固定）床	流化床	气流床
燃烧方式	层燃烧器	流化床燃烧器	煤粉燃烧器
燃料类型	固体	固体	固体或液体
燃料尺寸	大，5～50mm	0.5～5mm	小，<500μm
停留时间	长，15～30min	5～50s	短，1～10s
氧化剂	空气或氧气	空气或氧气	氧气
出口温度	400～500℃	700～900℃	900～1400℃
灰处理	排渣和非排渣	非排渣	排渣
商业案例	鲁奇干法灰化（非排渣）；BGL（排渣）	GTI U-Gas，HT Winkler，KRW	GE 能源，Shell，Prenflo，ConocoPhillips，Noell
特点	移动床需机械的搅动，固定床不需要	床层温度在非融点下以防止烧结	由于灰分的熔融特性所以不适用于高灰分燃料
	在移动床气化炉中气体和固体是逆流的	适用于高灰分原料和废弃物燃料	不适用于不易破碎或者雾化的燃料

注：源自 Stiegel，G. J. 2005。

这三种类型虽然适合广泛的应用，但某些情况下需要一个专门的气化过程（NETL：美国能源部），如煤气化（紧凑、低成本且有高碳转化率，并且提高了热效率），等离子气化（适合的原料如农业、市政、工业废物），催化气化（使用催化剂与原料一起控制过程的产物）。在气化中，煤的特性存在一些问题。例如，高灰分和高水分煤在气流床气化炉中产生过量熔渣，这就产生了运行问题并降低了效率。在较低温度下操作的流化床气化炉更适合这样的煤。但床需要定期排灰以保持流态化，同时防止凝结材料积累，这一步将导致固体碳的损失。同样的，浆煤夹带床气化炉使用低品质、高水分煤时存在问题。由于这些煤具有多孔隙性、氧含量高，很难制备煤浆，即使与干燥和以锁料斗为基础的进料相结合也会影响效率。在

20 世纪 80 年代，对水煤浆（Coal - Water Slurry，CWS）进料技术进行详细的研究（Beer 1985，1982）。

固体/ stamet 泵（连续干法进料系统）可以帮助气化炉中直接引进高水分煤；这种方法可以降低成本，无需锁料斗进煤，并且提高半个百分点的电厂效率（Henderson 2008；Beer 2009）。

8.5.3 商业气化炉

鲁奇（Lurgi）：鲁奇气化炉采用的是移动床设计以及在低灰熔点燃料下运作。因为这个过程不能处理煤，所以煤只是被压碎。煤借助锁料斗被送到了气化炉顶部。在气化炉底部注入氧气，并与煤反应，通过从煤床下升起的热合成气对煤进行预加热。灰烬从床的底部掉下来，并通过锁料斗减压。

最初由德国鲁奇公司于 20 世纪 30 年代在德国开发，建成超过 150 个鲁奇气化炉，它们最大的单元处理能力为 1000t 煤/天（干燥无灰基）。有两个应用鲁奇公司这项技术的著名例子，即南非沙索煤制汽油精炼厂和美国达科塔气化合成天然气工厂。这两个应用单位都是以一系列氧气鼓吹式气化炉为特点，并且以当地低阶煤炭为原料。事实上，鲁奇气化过程气化的煤比其他任何商业气化过程气化的煤都多。

鲁奇工艺应用于 IGCC 时的主要缺点是随着合成气而产生的烃类液体。这些液体约占进料热值的 10%，因此为了达到具有竞争力的高效率，这些产物必须充分利用。沙索和南达科他州的气化炉，气化运行的规模（14000t/天，南达科他州）使其液体的回收再利用更经济，并将其转换成高价值产品，如汽油、酚和甲醇。对于一个规模为 500 ~ 600 MW 的 IGCC（4000 ~ 5000t 煤/天），尚不确定是否能使这些副产品更高效经济的回收。另一个缺点是运行的温度限制在煤的灰熔点以下。对于低反应性煤，如烟煤，由于气化温度较低，将降低碳的转换率。这意味着，低阶、高灰分煤使鲁奇工艺过程相较其他对其工作温度要求较高的竞争对手而言，更具竞争优势（Jeffry Phillips，EPRI）。

GE 能源/德士古（Texaco）：GE 能源气化炉在 IGCC 中应用最广泛。这项工艺，由雪佛龙 - 德士古（Chevron - Texaco）公司在 20 世纪 50 年代开发，目前由 GE 能源公司拥有，使用的是一个气流床、耐火内衬的气化炉，这种气化炉可以在压力超过 6.2MPa 的压力下运行。将水煤浆注入气化炉顶部，合成气体及炉渣从气化炉底部流出来。从 GE 能源气化流程中进行热能回收，有三个可供选择的方法：淬火、辐射、辐射和对流。在淬火过程中，合成气和炉渣都被强制进入残渣凝固的地方进行水浴，合成气被冷却下来，并被水蒸气所饱和。熔渣通过锁料斗从淬火段底部被去除，同时饱和气体进入气体净化设备。在辐射过程中，合成气和炉渣进入一个长宽的带有锅炉管的容器中。该容器的目的是使合成气冷却至熔渣熔点以下。在辐射容器的末端，合成气和炉渣都用水淬火。在辐射和对流中，并不是用水将合成气和炉渣淬火，而是只有炉渣进入辐射容器底部中进行水浴。合成气在容器的一侧，并进入一个对流的合成气冷却器。两个火管锅炉和水管锅炉的设计都用于对流冷却器。

自20世纪50年代以来，已经有100多个GE能源的气化工艺的商业应用开始了。一些著名的例子如下：①建造于20世纪80年代初的冷却水工程；②美国的Tampa 电子公司的Polk County 工厂；③煤和石油焦化工公司，如美国堪萨斯州的焦炭合成氨厂、日本Ube焦炭合成氨厂，以及在美国田纳西州的伊士曼煤化工工厂。这些工厂有非常高的可用性，预计在化学工业运作已超过20年。GE能源气化炉也可用于气化炼油厂的副产物，如沥青残留物；全球炼油厂中已经建成了以这些原料为基础的几个IGCC项目。

壳牌（Shell）：皇家荷兰公司，壳牌公司，已经开发了两种不同的气化过程。第一种，壳牌公司气化工艺（SGP），气化液态和气态原料。它的特色是具有一个内村耐火材料的气化炉，并且在该气化炉顶部有一个单一原料注入点。在进入湿式除尘器之前，气化产品会通过合成气冷却器。第二种，壳牌公司煤气化工艺（SCGP）是专门用于气化固体原料的。SCGP气化炉的特色是有一个功能类似于传统燃煤锅炉的膜壁的冷却水膜壁。在气化炉管道的中部，有四个横向进料喷口。炉渣从容器底部的一个渣池中流出，这个容器是供炉渣进行水浴冷却，并且合成气从其顶部溢出。当合成气冷却后从气化炉出口出来时，回收合成气的温度远低于煤的灰熔点。在一部分气体被分离出来进入淬火区再循环前，淬火的合成气温度仍然较高（通常为900℃），需经过一个合成气冷却器和干燥过滤器。将煤炭加入SCGP气化炉中，通常采用高压氮气作为传输介质。煤首先必须干燥并在温暖的滚筒中碾磨粉碎，并且惰性气体流经研磨机时去除煤中水分。干煤经过锁斗系统被加压。SCGP气化炉运行压力高达4MPa。

壳牌公司在20世纪50年代开始发展SGP工艺，并在20世纪70年代中期与Krupp Koppers公司合作SCGP项目。两个公司从1981年分开；Krupp Koppers公司研发一种干燥进料，商标名为PRENFLO的膜壁气化炉。PRENFLO工艺唯一的商业应用是在西班牙普尔托努的280MW Elcogas IGCC中。1999年壳牌公司和Krupp Koppers公司再次合作煤气化工作；然而，只有SCGP提供商业化。SCGP的第一个商业应用是1994年建立在Buggenum的250MW Demkolec IGCC。在20世纪90年代末Nuon公司收购了电厂，现在是作为一个独立运作的电力生产商。壳牌公司还将用于中国的煤化工项目的12个SCGP气化许可证卖出去。壳牌公司的工艺最大的优点是进料的灵活性。240t/天的SCGP建在得克萨斯州迪尔派克的壳牌精炼厂，在20世纪80年代就能生产各种原料，包括褐煤、次烟煤、烟煤和焦炭。SCGP的灵活性是因为煤的研磨和干燥过程消除了水分对气化炉性能的影响（然而，燃料的干燥过程对热效率有负面影响）。最大的问题是它的成本较高，以及它更昂贵的煤气化炉设计（锅炉管比耐火砖更昂贵）和它的干燥系统。

康菲（ConocoPhillips）公司的E-Gas：E-Gas最初是由陶氏化学公司研发

的，它具有一种独特的两级气化炉设计。气化炉内衬耐火材料，采用水煤浆进料。第一级气化炉有两个相对的横向进料喷射器。合成气从第一阶段的顶部出去，并且从底部流出的炉渣进入水槽中进行水浴。第一阶段产生的合成气在温度相当于GE能源和SCGP这两个气流床气化炉的进口温度下进入第二阶段。额外的水煤浆在二次气化炉阶段被注入热的合成气中，但没有额外的氧气注入。吸热气化反应发生在热合成气与二级进煤阶段之间。这降低了合成气的温度，并且增加了这个过程中的冷气效率。刚从气化炉的第二阶段顶部出来，合成气就通过了具有火管设计的合成气冷却器。冷却后的煤气进入刚性屏障过滤器，在这里所有第二阶段未回收的焦被收集起来回收入气化炉的第一阶段，这里的高温环境能保证接近完全的碳转化。

从1976年的实验室规模反应器开始，陶氏化学公司为一个最初以褐煤为原料的550t/天的原始型电厂开发了E－Gas。美国政府为一个建于1984年的，用于处理1600t/天（干基）亚烟煤的商业规模的E－Gas气化厂所产生的合成气提供了价格保障。在1987年，由路易斯安那气化技术公司（LGTI）Dew子公司开始电厂运行，所产生的清洁合成气被送入两个已经运行天然气的Westinghouse 501D燃气轮机。两个燃气轮机的输出总功率为184MW。康菲公司正在开发一些新的IGCC项目：Mesaba IGCC和Steelhead能源项目，资金分别来源于美国能源部和伊利诺伊州，将产生600MW的电力和合成天然气。世界上还有其他几个气化炉制造商。

8.5.4 合成气净化

气化炉技术的类型和操作条件影响合成气中H_2O、CO_2和CH_4的含量和微量成分。在气化炉还原条件下燃料中的大部分硫转化为硫化氢（H_2S），但有3%～10%转换为羰基硫（COS）。燃料中的氮几乎转化成气态氮（N_2），也形成一些氨（NH_3）和少量氰化氢（HCN）。燃料中的氯大部分被转化为盐酸，剩下一些氯在颗粒相中。微量的汞和砷在气化过程被释放出来，划分在几个不同的相中——飞灰、底灰和炉渣。一般的工业气化炉的典型炉气成分见表8.5。作为燃料燃烧合成气或转换为液体燃料、氢或化学物质，杂质都需要被控制。清理工作包括几个步骤：微粒物去除、除汞、变化转换、COS水解、去除酸性气体、硫分回收、尾气处理和SCOT工艺（Stiegel 2005）。

表8.5 燃煤气化炉中原始合成气的组成

气化炉技术	沙索/鲁奇[①]	德士古/GE能源[2a]	BGL[2b]	E－gas/美国康菲公司	壳牌/德国伍德[2c]
床型	移动式	携带式	移动式	携带式	携带式
煤的送入	干燥	泥浆	干燥	泥浆	干燥
煤的类型	伊利诺伊州#6	伊利诺伊州#6	伊利诺伊州#6	伊利诺伊州#6	伊利诺伊州#6
氧化剂	氧气	氧气	氧气	氧气	氧气
压力/MPa（psia）	0.101（14.7）	4.22（612）	2.82（409）	2.86（415）	2.46（357）

（续）

气化炉技术	沙索/鲁奇[1]	德士古/GE 能源[2a]	BGL[2b]	E - gas/美国康菲公司	壳牌/德国伍德[2c]
灰分的形成	炉渣	炉渣	炉渣	炉渣	炉渣
成分	*In %*	*In %*	*In %*	*In %*	*In %*
H_2	52.2	30.3	26.4	33.5	26.7
CO	29.5	39.6	45.8	44.9	63.1
CO_2	5.6	10.8	2.9	16.0	1.5
CH_2	4.4	0.1	3.8	1.8	0.03
其他的 HC	0.3	—	0.2	—	—
H_2S	0.9	1.0	1.0	1.0	1.3
COS	0.04	0.02	0.1	0.1	0.1
N_2 + Ar	1.5	1.6	3.3	2.5	5.2
H_2O	5.1	16.5	16.3	—	2.0
NH_3 + HCN	0.5	0.1	0.2	0.2	0.02
HCl	—	0.02	0.03	0.03	0.03
H_2S/COS	20/1	42/1	11/1	10/1	9/1

① Rath：Status of Gasification Demonstration Plants，Proc. 2nd Annul. Fuel Cells Contract Review Mtg.，DOE/METC - 9090/6112，p. 91。

② Coal Gasification Guidebook：Status，Applications，and Technologies；Electric Power Research Institute，EPRI TR - 102034，1993. 2a：pp. 5 - 28；2b：pp. 5 - 58；2c：pp. 5 - 48（Stiegel et al.）。

化学溶剂，如单乙醇胺（MEA）、二乙醇胺（DEA）和甲基二乙醇胺（MDEA），以及物理溶剂，如甲醇和聚乙烯二甲基醚的混合物，在室温或更低温度下用来进行合成气的清洁。对于使用胺的过程，主要的供应商是 ABB/Lumus、Fluor、MHI（日本）、HTC Purenergy、Aker Clean Carbon（挪威）和 Cansolv（Herzog 2009）。气体净化技术的选择取决于下游作业的纯度要求。首先，根据原始气体的温度，冷却是必需的。从高温气冷系统（High Temperature Gas Cooling，HTGC）中产生的原料气需经清洗系统去除包括细颗粒物、硫、氨、氯化物、汞和其他微量重金属的污染物，从而达到环保排放要求，以及保护后续过程。

根据不同的应用，处理合成气以获得所需要的氢/一氧化碳比，以达到下游工艺的要求。在要求合成气中含硫量非常低（ <10ppmv）的应用中，在脱硫之前需要将 COS 转化为 H_2S。典型的净化和调节过程包括旋风分离器和过滤器去除大部分颗粒；湿洗去除细颗粒、氨和氯化物；固体吸附剂去除汞和重金属；水煤气变换（Water Gas Shift，WGS）调整 H_2/CO 比；催化水解过程将 COS 转化成 H_2S；酸性气体脱除（Acid Gas Removal，AGR）提取含硫气体并脱除 CO_2。

对于去除细微的焦和灰分颗粒，离开 HTGC 系统的原始合成气在一个托盘阵列中用水淬火和洗涤，然后进入浆料气化炉中再循环。对于干式进料气化，旋风分离器和烛台过滤器用来在最后进行水淬和洗涤清理前回收大部分细颗粒至气化炉中。

此外，精细颗粒、氯化物、氨、硫化氢和其他微量污染物，在洗涤过程中也从合成气中被除去。如果需要，洗涤后的气体可再加热以进行水解和酸式 WGS；或通过产生低压蒸汽，预热锅炉给水在低温气体冷却系统中冷却，在下一步工艺之前与冷却水进行热交换。从洗涤塔中用完的水直接进入污水处理系统，在这里污水被减压并倒入重力沉降处理器，以去除细颗粒物。将来源于沉淀池底部的颗粒物用集中的水流进行过滤，从而回收细颗粒，然后根据碳含量要么被丢弃，要么回收到气化炉中。来源于沉淀池的水被回收用于汽化，多余的被送往污水处理系统进行处理。催化剂被用在促进 HCN 与水反应生成 NH_3 和 CO 的反应中。因此，HCN 转化催化剂通常安装在 NH_3 水洗涤塔的上游。盐酸有腐蚀 GT 热阶段的趋势。

下一步就是处理硫污染物。当硫化物浓度达到 2.5×10^{-4} 时，会造成热阶段部位快速腐蚀和尾气中相对高的硫酸露点。甚至会限制从预热锅炉中回收的热量。通常除去硫化物的方式是将 H_2S 转变为单质硫或者硫酸。根据气化温度或者水分含量，有 3% ~10% 的硫被转化成 COS。为了得到低硫含量的合成气，在脱硫之前通过 AGR 过程将 COS 转化为 H_2S。

在 AGR 过程中，通常用物理或者化学溶剂吸附的方法从合成气体中脱除 H_2S 和 CO_2。化学合成应用需要合成气中的硫含量小于 1×10^{-6}，常用的物理溶剂处理方法为低温甲醇洗（Rectisol）和聚乙二醇二甲醚（Selexol）方法。发电过程允许硫化物浓度为 1×10^{-5} ~ 3×10^{-5}，常用的化学方法为 MDEA 和 Sulfinol 方法。尽管汞对燃气轮机并没有影响，但合成气中的汞蒸气还是需要被活性炭去除。该流化床也能脱除会对燃气轮机造成影响的重金属（比如砷）。当前的商业实践是将 LT-GC 的冷合成气通过硫化物，活性炭能够去掉 90% 的汞和大量的重金属。由于活性炭中的硫，这些床大部分都放在 AGR 系统的前面，为了防止硫回流污染了干净的合成气。

虽然“热气体净化”能够保留烟气中的能量，但是该方法在商业上还一直没有实施。读者可以参考第六届气体净化国际研讨会（大阪、神谷、牧野和金冈，2005.11.20—22），该会议讨论了更多细节和关于气体净化技术的分析。

然而，合成气体的净化需要进一步发展（Stiegel 2005）：

1）深入的清洁技术发展需要满足未来的环境规律：低温甲醇洗的性能带来的成本与胺类相当甚至更低。

2）提高污染物的界定范围：颗粒物、H_2S、COS、CO_2、NH_3、挥发性金属、金属羰基合物和它们的排放标准。

3）运行有必要接近下游工序的需求。

4）降低通过减少操作数量来降低微粒和化学脱除的成本。

5）低温气体清理（环境条件）：例如，提高传统技术的机会；热稳定盐的去除；发展新方法。

6）热气体清理（300 ~700°F）：举例来说，发展在气流露点以上工作的技术会更有效率；发展多种污染物去除的技术（如汞、砷、硒、氨和颗粒物等）。

7）颗粒过滤：开发更持久、可靠和成本低的使用寿命 3 年的过滤器；更简单和更便宜的方法来去除固体颗粒。

8.5.5 部分气化联合循环

部分气化联合循环（Partial Gasification Combined Cycle，PGCC）技术显示了发电的潜力，因为 PGCC 在满足可靠性、灵活性和经济性的同时能够实现气化带来的益处。PGCC 利用已有的燃烧技术简化了气化过程，并且克服了与之关联的技术障碍。

在部分气化（Bose 等，2004；Robertson 等，1989）过程中，除合成气之外，还产生了残留的焦，然而在完全气化过程给煤中所有的碳被完全气化。在加压流化床气化炉中煤的部分气化产生的合成气，通入燃气轮机的燃烧室中，产生的焦炭通入 PFBC。在一个燃气蒸汽联合循环中，后者产生的蒸汽通入蒸汽轮机，产生的高压燃气通入燃气轮机（见图 8.11）（Robertson 等，1989）。

除了 PFBC 锅炉，燃煤锅炉也能被利用。PGCC 装置利用 PFB 锅炉技术被称为气化流化床联合循环（GFBCC），利用燃煤锅炉技术被称为煤粉气化联合循环（GPCCC）。

图 8.11 的设计具有流化床的优点，比如，减少对燃料的敏感性，能够在床层上通过吸附剂除硫，提高燃气轮机的入口温度（如果使用天然气）。在 PFBC 中焦炭的燃烧产物在 870℃下清洗移除颗粒物和碱金属，然后用管道通入燃气轮机，部分气化炉的合成气也注入这里。PFBC 废气中的氧含量能够满足合成气在燃气轮机顶部的燃烧器中完全燃烧。顶部的燃烧器需要有能被 PFBC 废气冷却的特殊设计（在 870℃下），而不是通常压缩机出口没有过热的 411℃空气，另外它还是一个低 NO_x 燃烧器。Westinghouse 提出了在富燃—熄灭—贫燃模式下运行的多环漩涡燃烧器（Multi Annular Swirl Burner，MASB），通过在燃烧室的重叠同心环形通道前沿创造一个气流厚层解决了冷却的问题，并使得 NO_x 的排放在 9×10^{-6}下（合成气燃料，在 15% 氧气下燃烧）（Beer & Garland 1997；Domeracki 等，1995；Beer 等，1997，2009）。电厂的效率大约为 48.2%。如果合成气和焦炭燃烧的排出气体被冷却到 538℃，商业就可以使用多孔金属过滤片而不是陶瓷过滤片进行颗粒清洗，碱金属吸收器也就不需要了。这就减少了电厂的成本，增加了可用性，虽然效率也许会减少到 46%（Beer & Garland 1997）。

然而，不像其他的气化技术，PGCC 并没有移除合成气当中的硫，而是将合成气当中的 H_2S 燃烧生成 SO_2，脱硫过程发生在 PCFB 锅炉（GFBCC）或者标准的烟气脱硫（FGD）过程中（在燃煤锅炉的下游）（GPCCC）。对于燃气轮机来说，它能够燃烧多种燃料，它也已经证明在合成气中硫的浓度不会影响合成气的寿命和维护（Giglio 等）。

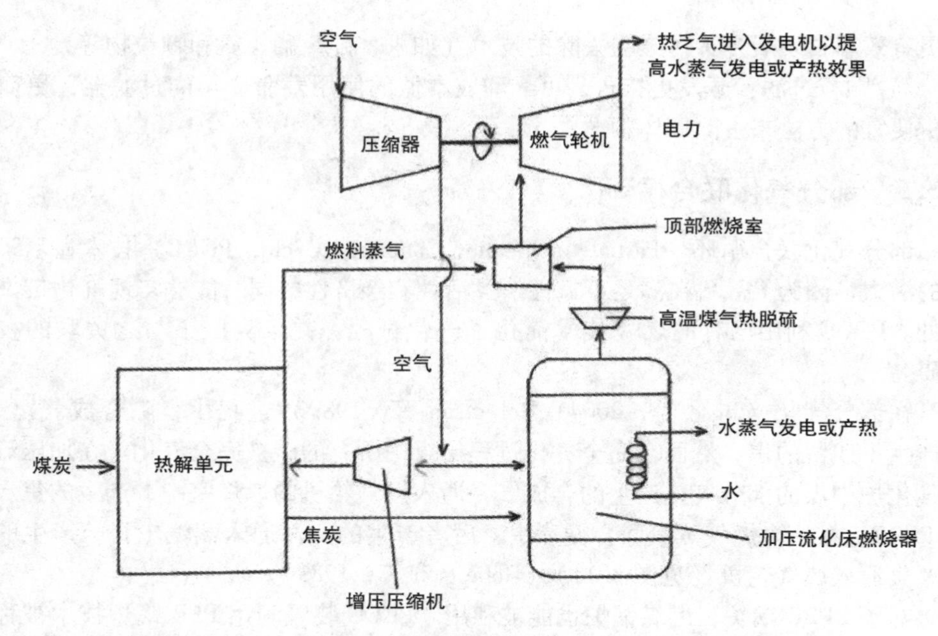

图 8.11　合成气顶部燃烧器 PFBC（源自 Robertson 等，1989）

PGCC 的主要优点在于它的可操作性、燃料和设计灵活性。大多数其他的气化技术都需要电厂的燃料被 100% 气化；在 PGCC 内，燃料的气化和燃烧能够被调整到使电厂性能最优——电厂输出、可靠性、效率和成本——适合特殊工程的需要。这种灵活性是一个在 PGCC 的三个基本技术（气化、燃气轮机和蒸汽动力厂）上有限集成的结果。Foster Wheeler 已经开发和测试了一个 PGCC 的半工业化设计，并为一个商业示范项目做好了准备，该项目是利用 GE 6 FA 燃气轮机的 $300MW_e$ GFBCC 设计。

“燃气轮机和汽轮机能量输出比例从 PGCC 的 15/85 提高到了 IGCC 的 55/45”将会在下文提到。

8.6　整体气化联合循环

8.6.1　工艺、电厂结构和安装应用

联合循环煤气化过程由以下 3 个阶段组成：①通过与气化剂（如高温氧水混合物、氧气和空气）在反应器中反应，煤通过气化转化为可燃气体，主要组成为 CO 和 H_2（Higman & van der Burgdt 2003；Holt 2001）；②气体净化，反应气体在冷却后进行净化去除污染物（DOE/NETL 报告）；③发电，即净化后的气体在燃气轮机中燃烧产生电能，在热回收蒸汽发生器中收集燃气轮机出口气体的热量，之后

传送到汽轮发电机中产生更多的电能。因为这项技术结合了环保型气化技术和高效气体蒸汽联合循环来进行发电，所以把它叫作“整体气化联合循环（Integrated Gas Combined Cycle，IGCC）”，与其他技术相比，它拥有更高的效率和更低的污染物排放率。前两个阶段已经概述了。在 IGCC 电站中，大约三分之二的电能是由燃气轮机产生的，三分之一的电能由蒸汽轮机产生。通过减少蒸汽冷凝器的热损失，联合循环效率得以提高（Beer 2009）。

现在，天然气联合循环（Natural Gas Combined Cycle，NGCC）发电是效率最高的发电技术，并且在未来有希望保持这个地位。从热力学的角度来说，联合循环最有效地利用了燃料的能量；而天然气联合循环，利用了高品位的天然气并减少循环的热损失，与其他发电技术相比，它获得了更高的能量利用效率（Giglio 等，Foster Wheeler）。

IGCC 和 PGCC 落后于天然气联合循环和循环流化床技术。由于它们使用了联合循环技术，这些循环的效率比蒸汽电站要高。但并不像天然气联合循环电站那样，它们的热损失和价格与固体气化燃料和捕捉固体燃料产生的污染物有关。它们的效率比传统的蒸汽电站高很多（5% ~10% 或 10% ~25%），也从燃气轮机技术的进步中受益。当燃气轮机的效率提高、尺寸变得更大时，这些气化技术也会在尺寸、效率和成本上相应的进步。

IGCC 装置包含了一些过程的结合——空气分离、气化、合成气净化（包括改进型气冷反应堆和硫回收）、余热锅炉（HRSG），以及图 8.12 中所示的发电（图片作者：Stan Zurek，Wikipedia）。这些装置主要由两个子部件组成：气化岛和动力岛。整合的部分来自于用来支持动力岛的气化岛中产生的蒸汽和氮。IGCC 的动力岛由燃气轮机、余热锅炉、汽轮机和冷凝器组成，并和天然气联合循环一样有一些其他的辅助设备。这些电站发电的原理都使用了布雷顿循环和朗肯循环。IGCC 从气化岛到推动汽轮机均使用过量的蒸汽；来自气化岛的过量氮气提供给动力岛来减少燃烧室中 NO_x 的产生。气化岛主要由制粉系统、空气分离设备、气化器和合成气清理设备四个部件组成，从煤中产生合成气推动汽轮机。制粉系统与燃煤电站的系统基本相似。煤压成非常细的粉末注入气化器中。依托于气化器，煤既不在氮气运送中以干粉的形式存在，也不以水泥浆的形式存在。气化器把煤转化为合成气，它由 CO 和 H_2 组成并且热值比天然气低。为实现这点，气化器使用的是空气分离装置分离出来的高浓度的氧气，这种做法会使成本上升并且效率下降。合成气清理部分是气化岛最后的部件，它有四个去除步骤：微粒化、用硫磺处理、水银和碳去除。这些在之前已经阐释过。碳去除过程包括水的转化反应步骤，它把合成气中 CO 转化为 CO_2，CO_2是可分离和可压缩的（Lako，Paul 2010）。

尽管 IGCC 当前成本很高，但其优势在于在燃烧之前可去除污染物。燃烧气体的清理通常成本更高，因为污染物并不像合成气一样是集中、加压的。而且，与炉内燃烧技术相比，IGCC 有以下的优势，使之成为电厂发电的核心技术：①能够处

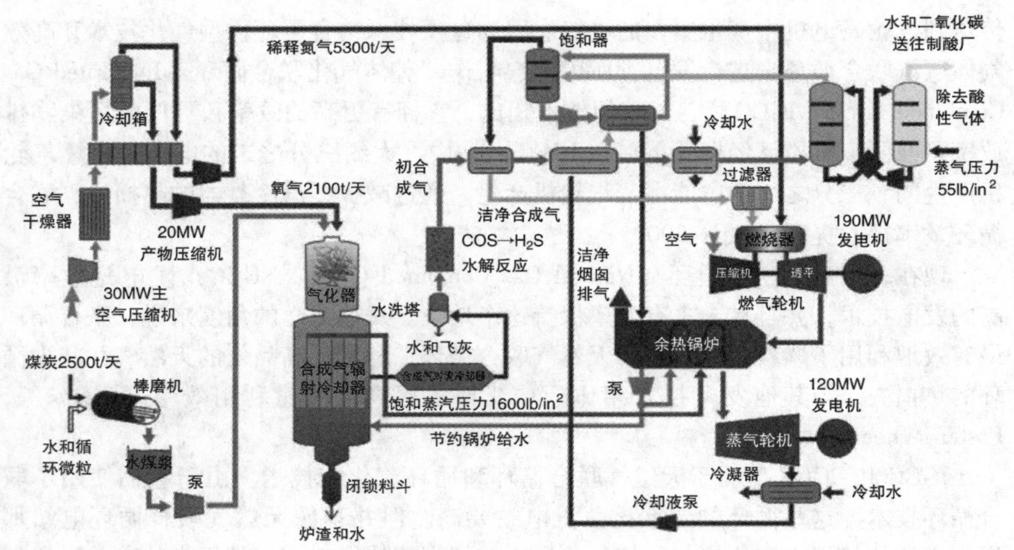

图 8.12 IGCC 发电厂示意图，所有细节如图所示

（来源：Wikipedia，作者：Stan Zurek，2013.3.2）

理基本上所有的含碳原料；②合理的环境特点，即每套发电系统的 CO_2 排放量较低，可以将排放的烟气处理到污染物、微粒和汞的零排放，并且效率很高、花费低；③可以灵活地从发电的汽轮机中分离部分合成气用于其他应用；④煤能量提取达到 60%，而燃煤电厂为 30% ~35%；⑤比当前最先进的火力发电厂效率高并且未来有希望继续提高；⑥封存获取 CO_2 的成本较为划算；⑦如果可能，可以成为获取氢气的一种途径；⑧在用水量方面大量减少，而且固体的副产物减少了 50% 以上。由于 IGCC 的 60% 的能量来源于基于空气的布雷顿循环，所以它的用水量大大减少，汽轮机冷凝器的热负荷减少到火力发电厂当量的 40%。而且，通过直接对烟气进行脱硫，IGCC 不再需要消耗大量水的烟气脱硫装置。当在电厂内部实现碳捕获时也减少了用水量（Barnes 2011）。壳牌公司在基于气化炉使用 F 级燃气轮机在燃烧烟煤时效率为 46% ~47%（LHV，净值）或44% ~45%（HHV，净值）的条件下，估计了 IGCC 的发电效率（Van Holthoon，2007，Barnes 2011）。壳牌公司估计的 F 级燃气轮机使用的匹斯堡的煤，据报告 IGCC 的效率最高可达 41.8%（HHV，净值）（Barnes 2011）。美国能源部发布在《燃料电池手册》（第 7 版）（2004）的文章给出了燃煤、循环流化床、IGCC 技术的基于 HHV 的热效率范围：燃煤电站：34% ~42%；循环流化床电站：36% ~45%；IGCC 电站：38% ~50%。

目前，吹氧式气流床气化炉有着避免焦油生成和其他相关问题产生的优势，是 IGCC 首选的技术，尽管其他构型还有待于评估。而且，由于增加了气化的比重，单一气化炉的容量更容易与现代汽轮机相匹配。由于装备尺寸的减少，高压气化减少了合成气清洗的成本，节约了压缩合成气的能量。然而，高温高压的操作环境对于送煤和空气分离有影响。所以，气化炉处理煤的性能也会受到影响。像早期所看到的，煤可以以干粉和水煤浆的形式被送到一个高压的气化炉中。

由于气化器设计的不同，IGCC 电厂的构造也有很多差异。而且，IGCC 有很多过程，可以使用不同的技术。

麻省理工学院报告（2007）论述了一台 500MW_e 的不带二氧化碳捕集装置的吹氧式 IGCC 展示了典型的气流和工作条件。使用 GE 公司的低压（4.2MPa）辐射冷却气化器为发电机产生高压蒸汽。来自空气分离器的氮气送入燃烧的涡轮机来产生更多的能量并减少 NO_x 的产生。内部功耗大约在 90MW_e，净效率是 38.4%。废气的组分已经给出。可溶的甲基二乙醇胺可以除去合成气中的硫，使气体中 SO_2 含量降为 0.033 lb/百万 Btu，远远低于燃煤电厂的标准。用甲醚可以实现对 99.8% 硫的吸收，同时排放速率为 0.009lb SO_2/百万 Btu。更加昂贵的低温甲醇洗，可以实现对 99.91% 硫的吸收，SO_2 的排放量为 0.004 lb /百万 Btu（EPA 2006）。NO_x 排放控制是燃气轮机的重点，通过在燃烧之前用氮气稀释来减少燃烧温度来达到。如果加入脱硝技术，NO_x 的排放会减少到更低的水平。

IGCC 项目的实施

在欧洲有几个基于精炼厂的 IGCC 电站，它们在经历最初期问题后有很高的可用性（90%～95%）。主要的基于煤炭的 IGCC 项目在欧洲和美国运行。美国的两个第一代的大规模示范项目已经表现出了低排放并且通过联合循环控制整合气化过程：①在 1984～1988 年，德士古公司的 125MW_e 冷却水输出项目使用了德士古气化技术并采用烟煤（1000t/天）作为原料；②在 1987～1995 年，陶氏化学公司/LGTI 的 160 MW_e 项目采用 E－Gas 技术并采用次烟煤进行发电。这些电站尽管在价格保护阶段之后被关停，却给我们提供了大量的经验。

下面介绍的是基于早期电站改进而来的 IGCC 系统（第二代发电站）。这些电站使用了不同的气化炉设计、气体冷却和气体清洁装置并在电厂单元之间采用集成技术方案。

1）250MW_e 的 Buggenum 电站（荷兰）输出功率为 253MW_e，它使用了燃烧烟煤的壳牌公司气化炉技术；目前使用 30% 的生物质作为补充原料；从 1994 年开始，使用煤粉送氧型气化炉和 1060℃ 汽轮机；因为政府使用生物质原料，所以支付给开发者 NUON 一笔奖励费，现在其正在建设 1300MW 的 IGCC 电站。Nuon Buggenum 项目旨在测试燃烧前 CO_2 的捕集，为了在获取操作经验后来做出更好的选择，设计并优化捕集系统。水煤气反应炉和 CO_2 捕集过程的性能和效率都会得到改善；也会测试不同的物理和化学方面的解决方案。

2）西班牙在普埃托利亚诺的 300MW_e 机组中使用了 Prenflo 技术，他们采用焦油和煤的混合物作为燃料（2500t/天）。这个 IGCC 电站始建于 1998 年，采用煤粉送氧型气化炉和 1120℃ 的燃气轮机，并在 2010 年末收集了第一个 1t 的 CO_2（Carbon capture journal，2010.10）。这个试点电站的初步运行结果表明其能按设计值运行，在 2011 年中期完成了对它的第一次测试。

3）沃巴什河（美国）IGCC 电站是一个旨在代替过时燃煤电站的发电机组。在 1995 年投入运营，其发电量为 262MW_e，是伊利诺伊州烟煤的主要使用电厂，在 1999 年商业化运营后该电站使用石油焦作为原料。电站的设计煤种采用当地的煤，其含硫量（干燥基）为 5.9%，热值为 13500Btu/lb（干燥无灰基），通过 E－GAS 技术来进行供料（2544t/天）。电站系统如图 8.13 所示。电站运行过程中，煤以水煤浆的形式与 95% 的纯氧混合一起进入气化炉第一个阶段。在此阶段，通过部分煤的燃烧来保持此处的温度维持在 2500℉（1371℃），而大部分的煤在此阶段则与蒸汽反应生成合成气，煤中的灰分在此阶段融化并流到气化炉的底部形成炉渣。通过第一阶段后额外的水煤浆进入到第二阶段，在此阶段水煤浆经历脱挥发分，热解和部分气化过程来对合成气进行冷却并提高其热值。合成气之后继续冷却以产生蒸汽进行发电，产生的蒸汽压力维持在 1600psia[㊀]。

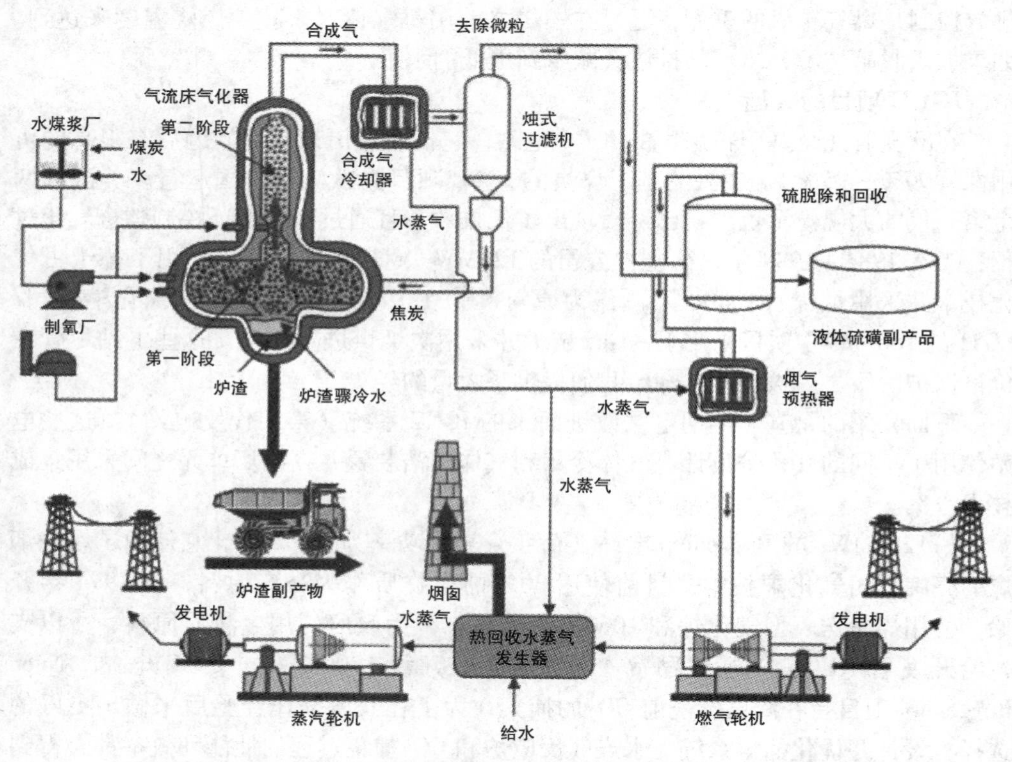

图 8.13 沃巴什（Wabash）河改造项目工艺流程图（从 DOE/NETL 下载：Gaspedia：Applications of Gasification－IGCC）

合成气中的颗粒物通过烛形过滤器被除去之后重新进入气化炉的第一阶段来气化剩余的煤。尽管安装了两个 100% 容量的气化炉，一个单一的气化炉可以处理

㊀ 1psia＝1lb/in^2＝6.8948kPa。

2544t/天的煤。为了去除氯化物，在进入把氯化物转变为羰基硫化物和 H_2S 的催化剂床前，需要对除尘后的合成气进行进一步的冷却和除杂。通过氨系统可回收纯度为 99.99% 的高品质硫，回收的硫和炉渣都有其商业化用途。通过将水分加入到被清洗后的合成气中来控制 NO_x 的排放，随后将合成气通入 GE 192MW 的燃气轮机中进行燃烧发电。先进的涡轮机设计可以使燃烧温度达到 2350℉（1222℃），这一温度明显高于之前的示范项目。来自汽轮机废气的热量在余热锅炉中回收产生蒸汽来进一步发电；烟气通过 222ft[㊀] 的烟道后进入大气。此电厂安装有新型的空气分离设备、气化炉、清洗系统、燃气轮机和余热锅炉，但采用的汽轮机为已经使用了 30 年的 100MW 汽轮机。在 IGCC 设备开始使用后，原本用来供给汽轮机蒸汽的燃煤锅炉被拆除。采用 IGCC 这个高能量利用率的技术去除了排放气体中超过 97% 的 SO_2 和 82% 的 NO_x，并能产生 262MW_e（净值）的电能。在整个示范工程期间，这个项目使用了 150 万 t 的煤炭，产生了 400 万 MWh 的电能。此电厂煤的热能利用率为 39.7%，石油焦的能量利用率为 40.2%（HHV）（DOE/NETL 2000）。

4）美国的坦帕市的净值为 250MW_e 的电站使用了 GE 公司的技术并使用烟煤作为燃料（2200t/天）；其建于 1996 年并使用水煤浆型气化炉和 1200℃ 燃气轮机。

5）日本 Nakoso 的示范电厂使用了 Mitsubishi 的技术，其建于 2007 年并采用煤粉送氧型气化炉和 1200℃ 的燃气轮机；并且使用了 F 级和 G 级汽轮机。

6）捷克的 350MW_e 电站建于 1996 年，使用鲁奇加压煤气化技术。

目前状况：IGCC 技术已经发展了 40 年，从 1990 年以来的发展趋势如图 8.14 所示。在 2010 年 12 月，全世界的数据如下：合成气能量为 70800MW_{th}；已经建成 144 个电厂和 412 个气化炉；11 个电厂和 16 个气化炉在建；37 个电厂和 76 个气化炉在规划中（Bhattacharya 2011）。

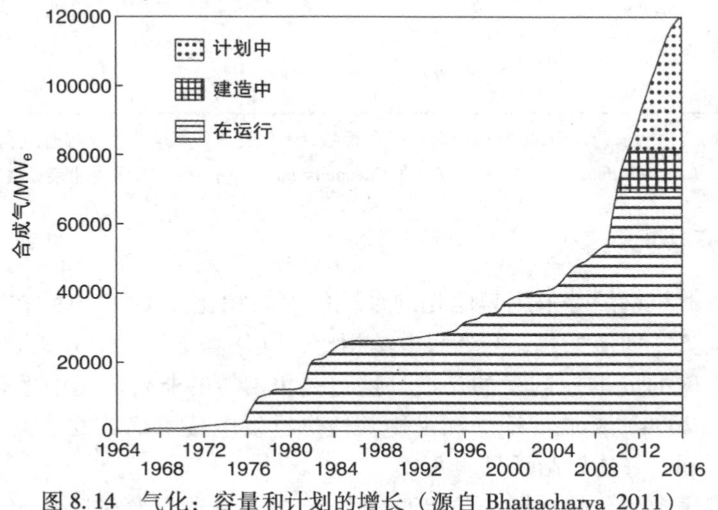

图 8.14　气化：容量和计划的增长（源自 Bhattacharya 2011）

㊀1ft = 0.3048m。

8.6.2 气化的环保效益

表8.6将电厂中使用煤燃烧与气化技术在环境方面的区别进行了对比。通过对比发现采用煤气化技术更环保。目前基于褐煤为原料的电厂可以达到43%的能量利用效率，通过预干燥处理和700℃技术，这种电站的能量利用效率可达50%。如表8.7所示，与传统的燃煤电站相比，IGCC电站的效率更高且污染物排放低。预计未来（BINE Informationsdienst）IGCC的效率可达55%，与其他先进的电厂技术相比其CO_2的排放更少。

表8.6 燃烧和气化的环保对比

	燃烧	气化
硫转化为……	SO_2	H_2S或COS
硫捕获方式	烟气洗涤器，锅炉注入石灰岩	物理或化学溶剂吸收
硫处理	以墙板的石膏售卖	以H_2SO_4或元素硫售卖
氮气转化为……	NO_x	合成气中的氨气（合成气燃烧产生NO_x）
NO_x控制	需要（如低氮燃烧器、分级燃烧、SCR/SNCR）	当前不需要IGCC（当时紧急条例需要SCR）
碳转化为……	CO_2	合成气中大部分为CO
CO_2的控制	从燃烧后稀释的气流中捕获	从燃烧前浓缩的气流中捕获
需水量	需要大量的蒸汽循环冷却水	一些水用来做泥浆；蒸汽循环和过程需要

注：源自NETL/Stiegel 2005。

表8.7 蒸汽电厂和IGCC电厂的排放水平 （单位：kg/MWh）

	蒸汽动力电厂（老式的）	蒸汽动力电厂（最先进的）	IGCC发电厂
SO_2	35	0.8	0.07
NO_x	2.6	0.8	0.35
灰尘	30	0.1	0.001
CO_2	1250	1000	800
效率	35%	45%	55%

注：从能源研究角度来看IGCC效率达到55%是可行的，并且目前正朝这个目标前进；数据来自于BINE信息报，Energieverfahrensetechnik研究所和Chemieingenieurwesen科技大学，弗莱贝格工业大学。

8.6.3 经济状况

与超临界燃煤锅炉等采用其他先进系统的电站相比，IGCC电站在成本方面并不具备竞争优势。即便如此，与燃煤电站相比，其从高压烟气中分离CO_2的效率很高，可以以很低的成本控制汞的排放，这也是IGCC在未来发展中的优势。EPRI研究了（Holt 2004）超临界锅炉和采用其他先进发电技术锅炉的建设和运行费用以及效率的区别，其比较结果见表8.8。

假定使用表中得到的数据：预定寿命为20年；商业运营时间从2010年开始；总的电站费用包括工程费用和不可预期的费用；总的资金要求包括建设中的利息和业主成本；假定EPRI的TAG经济参数；所有的花费按照2003年的美元价格

（Beer 2009）。前三项与2007 年麻省理工学院的研究给出的数据有些不同。

表 8.8　无 CCS 的使用各种技术的 500MW 发电厂的成本

·	亚临界机组	超临界机组	流化床机组	IGCC（E-gas）有备用	IGCC（E-gas）无备用	NGCC 高 CF	NGCC 低 CF
总成本/(美元/kW)	1230	1290	1290	1350	1250	440	440
总资本需求/(美元/kW)	1430	1490	1490	1610	1490	475	475
热效率							
Btu/kWh（HHV）	9310	8690	9800	8630	8630	7200	7200
η（%）（HHV）	36.7	39.2	34.8	39.5	39.5	47.4	6840
η（%）（LHV）	38.6	41.3	36.7	41.6	41.6	50.0	47.4/50
平准燃料价格/(美元/MWtu)（2003 年美元价格）	1.50	1.50	1.00	1.50	1.50	5.00	5.00
资本/(美元/MWh)（平准化）	25.0	26.1	26.1	28.1	26.0	8.4	16.9
运行和维护费用/(美元/MWh)（平准化）	7.5	7.5	10.1	8.9	8.3	2.9	3.6
燃料/(美元/MWh)（平准化）	14.0	13.0	9.8	12.9	12.9	36.0	36.0
COE/（美元/MWh）（平准化）	**46.5**	**46.6**	**46.0**	**49.9**	**47.2**	**47.3**	**56.5**

注：数据源自 Holt 2004；Beer 2009。

8.6.4　研发领域的改进

与天然气联合循环（NGCC）和燃煤锅炉相比，IGCC 是一门发展中的技术。由于它在获得较高的能量利用率方面有着很大的潜力，在持续的研究和发展中，技术的进步速度是很重要的。在燃料的灵活性，可用性和可靠性，效率，经济性和环境可持续性方面明显地表明这一技术仍需改进。

1）燃料灵活性：与燃煤电厂相比，IGCC 的技术和经济性能取决于原料的质量（Dalton 2004）。考虑到除了可以处理所有的煤炭外，未来气化电站很可能可以处理很多低成本的原料如生物质，市政或其他的固体垃圾，或这两者的结合，因此燃料灵活性是该技术发展的关键方面。

2）高效经济性的氧气分离技术的发展：目前氧气分离使用的低温蒸馏处理技术能量消耗大并且成本高。离子转运膜（Ion Transport Membrane，ITM）技术的研究表明氧气在 540℃下通过陶瓷薄膜（钙钛矿或氟石或混合陶瓷薄膜）方面的发展有了很大的进步（Foy & McGovern 2005，www.netl.doe.gov/publications/…/

Tech%20Session%20Paper%2011)。离子转运膜的成功研制使得 IGCC 的效率提高 1%并且减少大约5%的成本；例如，75 美元/kW（华盛顿美国国家研究委员会能源部的 IGCC 项目，2006 年；Beer 2009）。

3）从合成气中分离 CO_2：研究重点在于寻找能在高温下工作的新型污染物捕获吸附剂，并且在恶劣环境下效率不降低的气化系统。同样，也需要检验能源价格低的新型气体过滤器和新型清洗系统。

4）气化副产物的利用：这些固体副产物具有商业价值；当煤和其他原料（如生物质、垃圾）被使用时，其固体产物使用的可能性需要被研究。如一些电厂产生高纯度硫可以在市场上出售。

目前，关于 IGCC 技术有潜力的重大发展和进步正在浮现，可以使用在未来的煤气化过程中（Barnes 2011）：

1）改进的气化循环：除了已经建造的与基础的热力学相关的煤气化电站，最近也发展了一些改进的、非传统循环的使用气体流体代替水/水蒸气的电站，这些技术很有可能提高未来煤气化电站的效率。这些收益目前还在探索中，在某些情况下要求发展能增强当前性能的技术。此外，一些循环（如 Matiant 循环）在整体系统如煤气化电站中容易受到不可避免的寄生损失的影响（引用自 Heitmeir 等，2006；Houyou 等，2001；Alexander 2007；Kalina 1982；Turboden 2011）。

2）燃气轮机性能的改进：燃气轮机技术是煤气化电厂整体生产过程的基础。进口的温度和压强不断增加，使得效率不断提高。同时，也发展了一些提高已有燃气轮机在原工作环境下效率的技术。而且，烟气排放控制技术也得到了很好的发展，它和汽轮机一起确保 IGCC 符合已有的法规和未来可能出现的法规（引用自 Hodrein 2008；USDOE NETL 2006；Guthee 等，2008；Mee 1999；GE Aero Energy products 2011；Ikeguchi 等，2010；Nakagaki 等，2003；Smith 2009，Geosits & Schmoe 2005）。

3）强化发电循环：煤气化方面的各种替代方法正在出现，同时几种主要的气化炉技术在保持进步。这些进步包括增强的能量回收的系统，在高浓度 CO_2 气氛中运行的气化炉，低阶煤快速冷却气化炉，还有一些革新的技术和技术组合；也包括耐热气化炉内壁和金属涂层的改进，火焰监视设备的改进［如强化 IGCC/煤气化燃料电池（IGFC）系统；为捕获 CO_2 的烟气再循环结合富氧技术的 IGCC；“无碳排放”的下一代发电技术；整体蒸汽循环气化和磁流体技术］。这些技术中，有些已经在示范电站中开始使用，展现出规模进一步扩大的希望。甚至一些早期发电技术如磁流体技术，在 50 年后又再度使用。尽管并不确定这些技术中哪项会取得成功，但这些技术有潜力为电站提供很多优势如降低成本，或在未来严格的法规下为已经存在的电厂降低 CO_2 排放（Iki 等，2009；Oki 等，2011；Shirai 等，2007；Calderon 2007；Griffiths 等，2009；Pettus 等，2009；Darby 2010；Alfoen 1942；Bazter 等，2003；Hustad 等，2009）。建议读者看一下 Barnes 报告（2011）（GS42 - ccc187）来获取更多的技术详情。

为了加快 IGCC 的广泛部署，2011 年国际能源署报告（Burnard & Bhattacharya

2011）列举了研发的需求，这些需求与前面已经提到的内容相类似。

以褐煤为原料的 IGCC 电站（Bhattacharya 2011）研发要求特别注意以下几点：①可以大范围使用所有类型的褐煤；②如果床层卸下的碳需要被转变，流化床和运输床气化炉就需要分离的燃烧室；③褐煤急冷气化炉的示范项目含有高浓度的碱金属；④气化炉内与灰分相关的问题的研究是使用的气化炉和褐煤类型的特性；⑤描述气化炉中排出的固体废物；⑥发展可靠性高的燃烧褐煤加压系统。

8.6.5　燃煤整体气化联合循环的展望

将煤气化发电能力和发电量在 1760 GW_e 左右的电厂与燃煤电厂的发电能力相比较是没有优势的，虽然如此，未来它在高能量利用率和低排放率方面仍有潜在发展能力，它的利用将会非常高。这在上一章已经提到过。

8.7　混合气化

一种很有前途的先进燃煤循环技术有望在 2010 ~ 2015 年建成示范项目，这一技术是将气化燃料电池 - 燃气轮机 - 蒸汽联合循环混合（见图 8.15）。美国固态能源转换联盟（SECA）希望发展和示范基于固体氧化物燃料电池（SOFC）的煤燃料中央电站发电技术。送氧型气化炉在高压条件下产生燃气，之后在 1273K 的温度下对其清洗，然后将燃气送到固体氧化物燃料电池的阳极，此时空气从压缩机送出进行预热后进入阴极。气体中的氢在固体氧化物燃料电池内用来产生电能，CO

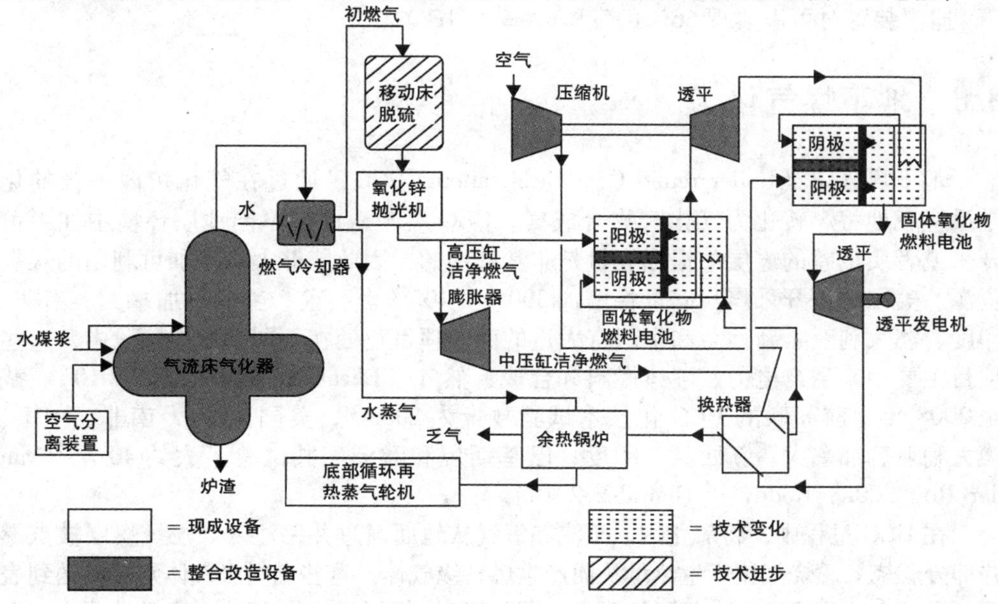

图 8.15　燃料电池 - 燃气轮机 - 蒸汽联合循环示意图

（来源：Ruth 1998；Beer 2009，Janos Beer 教授允许使用，版权属于 Elsevier）

在燃气轮机中燃烧驱动压缩机，电能在另一个固体氧化物燃料电池和燃气轮机中产生。在这个零排放的系统中效率可以达到60%，碳捕集可以达到90%以上（除了为加压CO_2运输和封存的压缩损失）。这种新型的电站示范项目计划在2012～2020年进行建设（Beer 2009），对燃料电池－汽轮机系统的有效控制是建设中的一个难点。

先进的整体气化燃料电池（IGFC）系统预计将实现超过99%的CO_2捕集，接近于零污染物（低于5×10^{-7}的NO_x排放）排放和合理减少水消耗的目标。当两者在碳捕集发电系统中合作时，煤气化炉能使固体氧化物燃料电池使用煤作为燃料并在煤气化炉和固体氧化物燃料电池技术之间获取高质量的合成气。对于固体氧化物燃料电池的应用，在进入燃料电池前，不需要将CO转化为氢和CO。

这些系统能够使煤转化为电的效率提高到50%（HHV）；而先进的加压系统转化效率能达到60%（HHV）。175美元/kW的成本目标和700美元/kW的电力封锁将会确保电能到用户的价格维持在一个很低的水平。作为未来的优质电能来源，先进的IGFC系统能应对环保、气候变化、水资源和化石燃料问题（NETL，USDOE 2011）。

Braun等（2012）检测了在使用规模大于100MW时，固体氧化物燃料电池的整合煤气化电站的性能。评估的主要系统概念是集成气流床、干式给料、吹氧方式、结渣煤气化炉，一个加压的发电能力大约在150MW的固体氧化物燃料电池混合动力系统，汽轮机和有机朗肯循环形式的联合循环电站。这个分析想法包含碳捕集，通过水移除和气体压缩后的富氧燃烧来达到可用管道输送的CO_2封存条件。研究结果说明混合的固体氧化物燃料电池系统在使用煤得到的干净合成气和不添加CO_2捕集装置时可以实现66%的发电效率（LHV）。

8.8 地下煤气化

地下煤气化（Underground Coal Gasification，UCG）通过在气化炉内一样的化学反应就地将煤转化为气化产物合成气。UCG对于从许多不同地质环境中如不可开采或者质量差的煤层中提取能量是非常有用的，因此能够大量增加可利用的煤炭资源。美国的可开采煤炭储量将增加300%～400%。目前，美国、加拿大、南非、印度、澳大利亚、新西兰和中国有大量的商业项目正处在不同的发展阶段中，这些项目主要用来生产电力、液体燃料和合成天然气（Elizabeth Burton等，2010）。截至2008年，前苏联的UCG化技术试验数量为200次，美国33次，南非、中国、澳大利亚、加拿大、新西兰、印度、巴基斯坦和欧洲一共试验了大约40次（van der Reit 2008；Roddy & Gonzalez 2010）。

在UCG过程中，将氧化剂、蒸汽和氧气从地面通过井钻注入煤层。煤层被点燃并部分燃烧。燃烧气化产生热量从而产生燃料级气体，这些燃料级气体则被输送到表面。在一个气化通道中，不同位置有不同的温度、压力和气体组成，通常被分为三个反应区域：氧化区、还原区、干燥蒸馏和热解区（Perkins & Sahajwalla 2005；Yang

等，2010；Self 等，2012）。这三个区域中的化学反应各不相同。在氧化区，气化剂中的氧和煤中的碳发生多相化学反应。氧化区的最高温度为 700～900℃；由于在初始阶段能量大量释放，最高温度也许能达到 1500℃（Yang 等，2003；Elizabeth Burton 等，2010；Sury 等，2004）。通过使用纯氧代替空气，合成气的热值增加（Perkins & Sahajwalla 2008），但是生产纯氧需要额外的能量。随着煤表面燃烧和直接着火区域的耗尽，注入的氧化剂也将随之发生变化。最后，产气由 CO_2、H_2、CO 和 CH_4 组成，还包括一小部分 SO_x、NO_x 和 H_2S（Sury 等，2004）。合成气的组成高度依赖于气化剂、空气注入方法和煤的组成（Stanczyk 等，2011；Prabu & Jayanti 2012）。单独的生产井被用来将产气输送到表面。这些气体随后被净化并用来驱动燃气轮机发电（见图 8.16；Self 等，2012）。

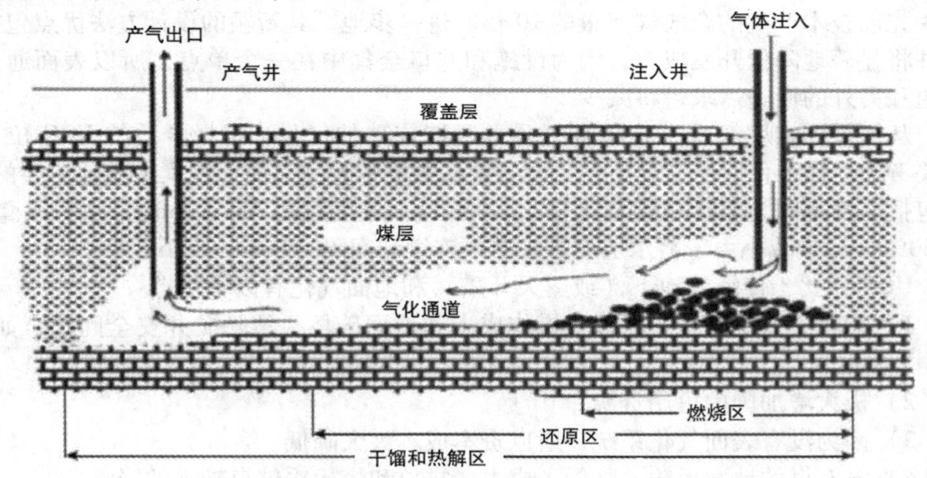

图 8.16 UCG 过程示意图（来源：Self 等，2012）

UCG 过程：有许多 UCG 设计，主要为将氧化剂或者蒸汽注入反应区域，同时也提供一种将产气送到地面的通道控制方式。这些过程是基于煤层的自然渗透性，将气体从燃烧区域释放出来；对于煤的高压破碎，通过一个煤层通道的反向燃烧增加了渗透性，或者在不同程度下可用水力压碎（Gregg & Edgard 1978；Stephens 等，1985a；Walker 等，2001；Creedy & Garner 2004；Elizabeth Burton 等，2010）。

UCG 最简单的设计是用两口垂直的井：一口井用来注入；一口井用来输送产气。两口井之间必须建立起联系，最常用的方法就是用反向燃烧的方法打开煤层内部的通道，当然也可在两口井之间钻一个潜在的通道。

前苏联的 UCG 技术用到了简单的垂直井、倾斜井和长定向井，该技术被 Ergo Exergy 进一步发展，并在 Linc 的 Chinchilla（1999～2003 年）、Majuba UCG 电厂（2007 年～至今）、澳大利亚 Cougar Energy 的 UCG 电厂（2010 年）进行了测试。同样的技术在新西兰、加拿大、美国和印度等国家进行应用。在1980～1990年期间，控制回收和注入点（CRIP）方法被劳伦斯利物莫国家实验室发现，在西班牙和美国进行了演示。该方法使用一个垂直生产井和一个在煤层中定向扩展的水平井。水平井被用来注射氧化剂和蒸汽，注射点能够通过收起注射器而改变（Portman Energy 2012）。

碳能源第一次采取一对平行的水平井系统进行 UCG 处理。该系统允许在开采煤炭过程中产气井和注入井始终保持一定的距离。该系统能够使得每口井开采的煤炭量最大且也能够保证产气质量更好。

波特曼能源（Portman Energy）公司最近开发了一种新技术，其中一个方法叫作单井综合流管（SWIFT），该方法用一个单垂直井输送合成气和氧化剂。该设计有一个用于管柱封闭的套管单，且套里面充满了惰性气体来允许泄漏检测，防腐蚀和热传递。煤层中一系列水平钻横向氧化剂输送线进入到煤和一个或多个合成气的回收管道中，这允许了大区域的煤同时燃烧。开发者声称这种方法生产的合成气产量为先前技术产生的合成气产量的 10 倍。进一步地，其新颖的设计方法优点包括：单井将显著地降低开发成本；因为设施和井口全集中在一个单点，所以表面通道、管道和另外的设施需求量将减少。

从褐煤到烟煤都适用于 UCG 过程并且能成功的气化。选择合适的 UCG 位置，需要考虑地面条件、水文地质学、岩石学、煤的数量和品质等因素。其他重要的条件包括深度范围为 100 ~ 600m（330 ~ 2000ft），厚度超过 5m（16ft），灰分含量少于 60%，尽量减小由于蓄水层而带来的不连续和间隔（Beath 2006）。

UCG 相比于传统的地下（或露天开采）和地面气化有以下优点：

1）相较于传统的采矿，减少操作成本和地面破坏，消除矿井安全问题，如矿崩塌和窒息。

2）极大增加国内可用资源。

3）因为没有表面气化系统，所以资本成本大大降低。

4）没有煤的地面运输，降低了成本、排放和煤运输储存带来的影响。

5）大多数灰分留在地底下，因此避免了净化气体的需要，减少了由于储存在地面的飞灰而带来的环境问题。

6）没有产生一些常见污染物（SO_x、NO_x 等）；另外的污染物如汞、颗粒物和硫化物都大大降低了。

7）便于地质碳的封存，这些设施便于后续 CO_2 的隔离，或许在地下反应区域和相邻区域封存 CO_2 是可能的。

然而目前仍有几个问题需要解决，这些点燃过程产生的合成气与表面产生的合成气相似。但是 CO_2 和氢产量因为以下几个因素而更高，包括比流入 UCG 反应器的水的最佳通量更高、水汽转化过程灰的催化。由于原地转化的特性，与传统合成气相比 UCG 系统有更低的硫、焦油、颗粒物、汞和灰分。其他组分相似，并且能够通过传统的气体处理和清洁方法控制。

花费

UCG 系统具有非常好的经济性。UCG 电厂的资本成本比同样的表面气化电厂少很多，因此气化成本降低了。类似地，由于没有煤炭开采和运输过程，营业费用更低；另外，灰分管理设施显著减少。甚至对于需要大量环境监控程序和额外的悬挂措施的配置，UCG 电厂也保持了很多经济上的优势。关于 UCG 有很多相关的文献，读者可以参考它们的技术和更多的细节。

参考文献

章节 A

Allam, R.J. (2007): Improved oxygen production technologies Report 2007/14, Cheltenham, UK, IEAGHG R&D Program, p. 90, Oct. 2007.

Allam, R.J. (2009): Improved oxygen production technology, Proc. 9th Intl. Conf. on GHG control technologies, Washington, DC, 16–20 June 2008, Oxford, UK, Elsvier Ltd. pp. 461–470 (2009).

Anheden, M., Yan, J., & De Smedt, G. (2005): Denitrogenation (oxy-fuel concepts), Oil & Gas Science and Technology Revue de l'IFP, 60(3), 485–495.

Anderson, K., Birkstead, H., Maksinen, P., Johnsson, F., Stroemberg, L., & Lyngfelt (2002): *An 865 MW Lignite fired CO_2 free power plant-Technical feasibility study*, Proc. of the 6th Conf. on GHG Control Technologies, Kyoto, Japan 2002.

Armor, A.F., Viswanathan, R., & Dalton, S.M. (2003): 28th Int. Conf. on Coal Utilization & Fuel Systems, 2003, pp. 1426–38, US DOE, ASME.

Bazzuto, C., Scheffknecht, G., & Fouilloux, J.P. (2001): Clean power generation technologies utilizing solid fuels, *World Energy Council, Proc. of 18th Energy Congress*, The Industry Players Perspective: Discussion Session 1, 20–25 October, Buenos Aires, Argentina.

Beér, J.M. (1996): *Low NO_x Burners for Boilers, Furnaces and Gas Turbines; Drive Towards the Lower Bounds of NO_x Emissions, Invited Lect.,* Third Intl. Conf. on Combustion Technologies for a Clean Environment, Lisbon, Portugal, 1995; Combust. Sci.and Tech. **121**, 1–6, p. 169.

Beer, J.M. (2000): *Combustion Technology Developments in Power Generation in Response to Environmental Challenges:* Elsevier, Progress in Energy and Environmental Sciences, **26**, pp. 301–327.

Beer, J.M. (2009): High efficiency electric Power generation: The Environmental Role, Progress in Energy & Environmental Science, **33**, pp. 107–134, at http://web.mit.edu/mitei/docs/reports/beer-combustion.pdf

Blum, R., & Hald, J. (2002): ELSAM Skaerbaek, Denmark.

Bob and Wilcox (1992): Steam: its generation and use, Schultz, S.C. and J.B. Kitto (eds) pp. 24–10.

Booras, G., and N. Holt (2004): Pulverized Coal and IGCC Plant Cost and Performance Estimates, *Gasification Technologies Conf. 2004*: Washington, DC.

Büki, G. (1998): Magyar Energiatechnika, 6, pp. 33–42.

Buhre, B.J.P, Elliott, L.K., Sheng, C.D., Gupta, R.P., & Wall, T.F. (2005): *Oxy-fuel combustion technology for coal fired power generation* Progress in Energy and Combustion Science, **31** (4), pp. 283–307.

Burnard, K., & Bhattacharya, S. (2011): Power generation from Coal: Ongoing developments and Outlook, Information paper, October 2011, IEA, Paris, France.

Cao, B.L., & Feng, Y.K. (1984): Technology of fluidized bed combustion boilers in China. In: *Fluidized Bed Combustion and Applied Technology*, R.G. Schwieger (ed.), First International Symposium, pp. 1–63.

Croiset, E., & Thambimuthu, K.V. (1999): *Coal combustion with flue gas recirculation for CO_2 recovery*, In: Greenhouse Gas Control Technologies, Riemer, P., Eliassonand, B. & Wokaun,

A. (eds), Elsevier Science Ltd.
Croiset, E., Douglas, P. & Tan, Y. (2005): Coal oxy-fuel combustion: a review, In: *Proc. 30th Intl. Technical Conf. on Coal utilization and Fuel systems*, Clearwater, FL, April 2005. Sakkested, B. (ed.), Gaithersburg, MD, Coal Technology Association, Vol. 1, 699–708, 2005.
COMTES700 – On Track towards the 50 plus Power Plant, Presentation at New Build Europe 2008, Dusseldorf, 4–5 March 2008.
Dalton, S. (2006): Ultra supercritical Progress in the US and in Coal fleet for tomorrow, 2nd Annual Conf. of the Ultra supercritical Thermal Power technology Collaboration Network, 27–28 Oct. 2006, Qingdao, China.
Davidson, R.M. & Santos, S. (2010): CCC/168, June 2010, IEAGHG Oxy-fuel combustion of Pulverized Coal, IEAGHG Program, 2010/07, August 2010.
Dillon D.J., Panesar R.S., Wall R.A., Allam R.J., White V., Gibbins J., & Haines M.R. (2004): *Oxy-Combustion processes for CO_2 capture from advanced supercritical PF and NGC-Cplant,* Proc. of the Seventh Conf. on Greenhouse Gas Control Technologies (CHGT-7), Vancouver, BC, Canada.
Eskin, N. & Hepbasli, A. (2006): Development and Applications of Clean Coal Fluidized Bed Technology, *Energy Sources, Part A*, 28, 1085–1097, Copyright © Taylor & Francis Group, LLC.
Field, M.A., Gill, D.W., Morgan, B.B., & Hawksley, P.G.W. (1967): *Combustion of Pulverized Coal.* 1967, Leatherhead, England: BCURA Gierschner, G. (2008): Fluidized Bed Combustion Boiler (From 'Types of Boilers' at www.energyefficiencyasia.org/energyequipment/typesofboiler.html
Gaglia, B.N. & Hall, A. (1987): Comparison of Bubbling and Circulating Fluidized Bed Industrial Steam Generation, Proc. of the Intl. Conference on Fluidized Bed Combustion, May 3–7, 1987.
Giglio, R. & Wehrenberg, J. (2009): Electricity and CFB Power technology, Foster-Wheeler, January 2009 at TP_CFB_09_02.pdf
Henry, J.F., Fishburn, J.D., Perrin, I.J., Scarlin, B., Stamatelopoulos, G.N., & Vanstone, R. (2004): 29th Int. Conf. on Coal Utilization & Fuel Systems 2004, pp. 1028–42, US DOE, ASME.
Hesselmann, G. (2009): Challenges in Oxy-fuel: a boiler-maker perspective, First Oxy-fuel Combustion Conf., Cottbus, Germany, 8–11 September 2009.
Higman, C., and van der Burgt, M. (2003): *Gasification*, New York: Elsevier.
Hottel, H.C., & Sarofim, A.F. (1967): Radiative Heat Transfer, NY: McGraw-Hill.
IEAGHG (2005): Oxy-combustion processes for CO_2 capture from power plant, Report 2005/9, Cheltenham, UK, IEA GHG R&D Program, pp 212, July 2005.
Jantti, T., Lampenius, H., Ruskannen, M., & Parkkonen, R. (2009): Supercritical OUT CFB Projects – Lagisza 460 MW_e and Novocherkasskaya 330 MW_e, Presented at Russia Power 2009, Moscow.
Khare, S., Wall, T., Gupta, R., Elliott, L., & Buhre, B. (2005): *Retrofitting of air-fired pf plant to oxy-fuel: heat transfer impacts for the furnace and convective pass and associated oxygen production requirements,* 5th Asia-Pacific Conference on Combustion, Adalaide, July 2005.
Kjaer, S., Klauke, F., Vanstone, R., Zeijseink, A., Weissinger, G., Kristensen, P., McKenzie, E.C. (1978): Burning coal in fluidized bed, *Chemical Engineering*, 85(18):116–127.
Meier, J., Blum, R., & Wieghardt, K. (2001): Powergen Europe, 2001, Brussels.
MIT Report 2007: The Future of Coal – Options for a Carbon constrained World, Massachusetts Institute of Technology, August 1, 2007; at http://web.mit.edu/coal/
Nalbandian, H. (2009): Performance and Risks of Advanced Pulverized Coal Plants, UK Center for Applied Energy Research, *Energeia*, 20 (1), 6 pages.
NCC (2004): *Opportunities to Expedite the Construction of New Coal-Based Power Plants*, National Coal Council.
Nsakala, Liljedahl *et al.*, (2003): GHG Emissions Control in CFB boilers, US DOE/NETL Cooperative Agreement May 2003.

Oka, S. (2001a): Is the future of BFBC technology in Distributive Power generation?, Invited lecture at the 3rd SEEC Symposium: 'Fluidized Bed Technology in Energy Production, Chemical and Process Engineering and Ecology', September 2001, Sinaia, Romania; *Thermal Science*, 5(2), pp. 33–48.

Palkes, M. (2003): *Boiler Materials for Ultra Supercritical Coal Power Plants Conceptual Design ALSTOM Approach*, NETL-DOE, 2003, USC T-1.

Parsons, E.L., Shelton, W.W., & Lyons, J.L. (2002): *Advanced Fossil Power Systems Comparison Study*, NETL: Morgan town, WV.

Rice, R.L., Shang, J.Y., & Ayers, W.J. (1980): Fluidized bed combustion of North Dakota lignite, *Proc. of the Sixth Intl. Conf. on Fluidized Combustion*, **3**, Technical Sessions, Atlanta, Georgia. April 9–11, pp. 211–219.

Riddiford, F., Wright, I., Espie, T., & Torqui, A., (2004): Monitoring geological storage: In Salah Gas CO_2 Storage Project, GHGT-7, Vancouver, B.C.

Rubin, E.S. (2005): *Integrated Environmental Control Model 5.0*. Carnegie Mellon University: Pittsburgh.

Santos, S. & Davison, J. (2006): Oxy-fuel combustion for power generation industry: review of the past 20 years of R&D activities and what are the future challenges ahead, In: 8th Intl. Conf. on GHG control technologies, Trondheim, Norway, 19–22 June 2006.

Santos, S. & Heines, M. (2006): Oxy-fuel Combustion application for coal-fired power plant: what is the current state of knowledge? Intl. Oxy-combustion Network for CO_2 capture report on Inaugural (1st) workshop, Cottbus, Germany, 29–30 November 2005, Report 2006/4, Cheltenham UK, IEAGHG R&D program, pp. 77–107, July 2006.

Santos, S., Heines, M., Davison, J., & Roberts, P. (2006): Challenges in the development of oxy-combustion technology for coal-fired plant, 31st Intl. Techl. Conf., on Coal utilization & fuel systems, Clearwater, FL. 21–26 May 2006.

Sarofim, A.F. (2007): Oxy-fuel combustion: Progress and remaining issues, 2nd meeting of the Oxy-fuel network, Windsor, CT, 25–26 January 2007, Report 2007/16, Cheltenham, UK, IEA GHG R&D program, pp. 92–128, Nov. 2007.

Schernikau, L. (2010): Coal-Fired Power Plants, *Economics of the International Coal Trade*, DOI 10.1007/978-90-481-9240-3_4, Copyright: Springer Science + Business Media B.V.

Schilling, H.D. (1993): VGB Kraftwerkstechnik, 73(8), pp. 564–76 (English Edn).

Shaddix, C.R. (2012): Coal combustion, gasification, and beyond: developing new technologies for a changing world, *Combustion and Flame*, **159**, 3003–3006.

Smoot, L.D., & Smith, P.J. (1985): *Coal Combustion and Gasification*: The Plenum Chemical Engineering Series, ed. D. Luss, New York: Plenum Press.

Termuehlen and Empsperger (2003): *Clean and Efficient Coal-fired Power plants*, New York: ASME Press.

Toftegaard, M., Brix, J., Jensen, P., Glarborg, P. & Jensen, A. (2010): Oxy-fuel combustion of solid fuels, *Progress in Energy and Combustion Science*, **36**(5), 581–625 (2010).

USDOE (1999): Tidd PFBC Demonstration Project, DOE/FE-0398, Project Performance Summary, CCTDP, June 1999.

Utt, J. & Giglio, R. (2012): The introduction of F-W's 660 MW_e supercritical CFBC technology for the Indian market, presented at *Power-Gen India & Central Asia Conference, New Delhi*, April 20, 2012.

Virr, M.J. (2000): The Development of a Modular System to Burn Farm Animal waste to generate Heat and Power, in: *Proc. of the 7th Annual Intl. Pittsburgh Coal Conf, University of Pittsburgh*, 11–14 September, 2000.

Weitzel, P. a.M.P (2004): *Cited by Wiswqanathan, et al.* Power, April 2004.

Williams, A., Pourkashanian, M., Jones, J., & Skorupska, N. (2000): *Combustion and Gasification of Coal*, Applied Energy Technology Series, NY: Taylor & Francis.

Wilson, M., & Monea M. (eds) (2004): *IEA GHG Weyburn CO_2 Monitoring & Storage Project Summary Report 2000–2004*, 273 p.
White, L.C. (1991): *Modern Power Station Practice – Volume G: Station Operation and Maintenance*, 3rd edition, British Electricity International, Pergamon Press, Oxford, UK.
Yamada *et al.* (2003): Coal Combustion Power Generation Technology, Bulletin of the Japan Institute of Energy, **82** (11), pp. 822–829.
ZEP (2008): Recommendations for RTD, support actions, and Intl. collaboration priorities within the next FP7 energy work program in support of deployment of CCS in Europe, ETP for zero-emission power plants, p. 27, 18th April 2008.
Zheng, L., Tan, Y. & Wall, T. (2005): Some thoughts and observations on Oxy-fuel technology developments, *Proc. 22nd Annual Coal Conf., Pittsburg, PA*, 12–15 Sept. 2005, paper 307, p. 10.

章节 B

Alexander, B.R. (2007): *Analysis and optimization of the Graz Cycle: a coal fired power generation scheme with near-zero carbon dioxide emissions*, Thesis (B.Sc.), Massachusetts Institute of Technology, Cambridge, MA, vp (Jun 2007).
Alfvén, H. (1942): Existence of electromagnetic-hydrodynamic waves. *Nature*; **150**(3805); 405–406 (1942).
Baxter, E., Anderson, R.E., & Doyle, S.E. (2003): *Fabricate and test an advanced non-polluting turbine drive gas generator, Final report*; Contract DE-FC26-00 NT40804, Springfield, VA, National Technical Information Service, p. 47.
Barnes, I. (2011): *Next generation Coal gasification technology*, CCC/187, IEA Clean Coal Centre, September 2011. Beath, A. (2006): UCG Resource utilization efficiency, CSIRO Exploration & Mining.
Beér, J.M. (1985): *Coal-Water Fuel Combustion; Fundamentals and Application. A North American Overview*, Second European Conf. on Coal Liquid Mixtures, I. Chem. E. Symposium Ser. No. 95. London, UK, 1985.
Beér, J.M., & G. Vermes (1982): Gas Turbine Combustor for Coal-Water Slurries, *ASME Engineering Foundation Conf. on Tomorrow's Fuels*, at Santa Barbara, CA, November 7–12.
Beér, J.M., Dowdy, T.E., & Bachovchin, D.M.: US Patent No. 5636510 (1997).
Beér, J.M. & Garland, R.V. (1997): A Coal Fueled Combustion Turbine Cogeneration System with Topping Combustion, *Trans. ASME J. Engineering for Gas Turbines and Power*, **119** (1), pp. 84–92.
Burnard, K., & Bhattacharya, S. (2011): Power Generation from Coal: Ongoing Developments and Outlook, Information paper, october 2011, IEA, Paris, France.
Bhattacharya, S. (2011): Gasification Technologies – Status, Research & Development Needs, *Presented at INAE-ATSE Workshop on Energy efficiency*, New Delhi, April 11–12, 2011.
Bolland, O., Kvamsdal, H.M., & Boden, J.C. (2001): A thermodynamic comparison of the oxy-fuel power cycles water-cycle, Graz-cycle and Matiant-cycle. Paper presented at: *Intl. Conf. on power generation and sustainable development*, Liège, Belgium, 8–9 Oct 2001, p. 6.
Bose, A., Bonk, D., Fanand, Z., & Robertson, A. (2004): *Proc. 29th Int. Tech. Conf. on Coal Utilization & Fuel Systems*, US DOE, ASME, pp. 624–33.
Blesl, M. & Bruchof, D. (2010): *Syngas Production from Coal, IEA-ESTAP, Technology Brief-SO1*, May 2010, Simbolotti, G. & Tosoto, G. (project coordinators); at www.etsap.org
Braun, R.J., Kameswaran, S., Yamanis, J., & Sun, E. (2012): Highly Efficient IGFC Hybrid Power Systems Employing Bottoming Organic Rankine Cycles with optional Carbon Capture, *J. Eng. Gas Turbines Power*, **134** (2), 021801, 15 pages.

Burton, E., Friedmann, J., & Ravi Upadhye: Best practices in Underground Coal gasification, Lawrence Livermore National Laboratory, Livermore, CA, USDOE contract No. W-7405-Eng-48.

Calderon, R. (2007): Calderon gasification process. Presentation at: *Advanced gasification systems conference*, Houston, TX, 1 Nov 2007; Available at: www.syngasrefiner.com/agt/Pres/ReinaCalderon.pdf, 27 pp.

Carbon Capture Journal (2010): http://www.carboncapturejournal.com/displaynews/php?newsID=662, (Oct. 14, 2010).

Collodi, G., & Jones, R.M. (2003): The Sarlux IGCC Project, an Outline of the Construction and Commissioning Activities, in *1999 Gasification Technologies Conference*, 2003: San Francisco, CA.

Elizabeth Burton, Friedmann, J., & Ravi, U. (2010): Best Practices in UC gasification, *Lawrence Livermore National laboratory Report*, 2010.

Couch, G.R. (2009): *Underground coal gasification*. CCC/151, London, UK, IEA Clean Coal Centre, pp. 129 (Jul 2009).

Creedy, D.P., & Garner, K. (2004): Clean Energy from Underground Coal Gasification in China, *DTI Cleaner Coal Technology Transfer Program*, Report No. COAL R250 DTI/Pub URN 03/1611, February 2004.

Dalton, S. (2004): Cost Comparison IGCC and Advanced Coal, presented at *Round table on Deploying Advanced Clean Coal Plants*, July 2004.

Darby, A.K. (2010): Compact gasification development and test status, *Annual gasification technologies conference*, Washington, DC, USA, 31 Oct–3 Nov 2010; at: www.gasification.org/uploads/downloads/Conferences/2010/40Darby.pdf, Arlington, VA: Gasification Technologies Council, p. 13 (2010).

Dolezal, R. (1954): *Schmelzfeuerungen, Theorie, Bau und Betrieb*, VEB Verlag Technik, Berlin.

Dolezal, R. (1967): Large Boiler Furnaces, *Fuel and Energy Monograph Series*, (ed.) J.M. Beér, Elsevier: New York, 1967.

Domeracki, W.F., Dowdy, T.E., & Bachovchin, D.M. (1995): *Topping Combustor Status for Second Generation Pressurized Fluid Bed Cycle Application*, ASME Paper 95-GT-106 (1995).

DOE/NETL: Gasifipedia – Gasification in detail: at http://www.netl.doe.gov/technologies/coalpower/ gasification/gasifipedia/4-gasifiers/4-1_types.html.

DOE/NETL: Gasipedia – Applications of Gasification – IGCC, at http://www.netl.doe.gov/technologies/coalpower/gasification/gasipedia/6-apps/6-2-6-2_wabash.html.

DOE/NETL (2006): *The gas turbine handbook*, available at: www.netl.doe.gov/technologies/coalpower/turbines/refshelf/handbook/TableofContents.html, Morgantown, WV, National Energy Technology Laboratory.

DOE/NETL (2010): *Advanced gasification technologies*, Available at: www.netl.doe.gov/technologies/coalpower/gasification/index.html, vp (2010).

DOE/NETL (2011): Analysis of Integrated Gasification Fuel Cell Plant Configurations, DOE/NETL-2011/1482, February, 2011.

Edwards, S., & Chapman, R. (2005): IGCC technology: a promising and complex solution, *World Energy*; 8(3), 48–50.

EPA (2006): *Environmental Footprints and Costs of Coal-based Integrated Gasification Combined Cycle and Pulverized Coal Technologies*, in *Clean Air Markets*, EPA, Editor, 2006, Nexant, Inc.: San Francisco, pp. 4-1 to 4-14.

EPRI (2010): *Coal Fleet for Tomorrow – future coal generation options – Program 66*, Available at: http://mydocs.epri.com/docs/Portfolio/PDF/2010_P066.pdf, Palo Alto, CA, Electric Power Research Institute, p. 20 (2010).

Fernando, R. (2008): *Coal gasification*. CCC/140, London, UK, IEA Clean Coal Centre, p. 56, Oct 2008.

Foy, K. & McGovern, J. (2005): Comparison of Ion Transport membranes, *Proc. 4th Annual Conf. on Carbon Capture and sequestration*, DOE/NETL, May 2–5, 2005.

GE Aero Energy Products (2011): *LM6000 SPRINT™ gas turbine generator set*. Houston, TX, GE Aero Energy Products, p. 3.

Geosits, R.F., & Schmoe, L.A. (2005): IGCC – The Challenges of Integration, *GT2005 ASME Turbo Expo 2005*, June 2005.

Gregg, D.W., & Edgard, T.F. (1978): Underground Coal Gasification, *AIChE J.* **24**, 753–781.

Griffiths, J. (2009): IGSC: using rocket science for increased power, 100% CO_2 capture, and no NO_x or Sox, *Modern Power Systems*; **29**(2); 12–14, 16–18.

Güthe, F., Hellat, J., & Flohr, P. (2008): The reheat concept: the proven pathway to ultralow emissions and high efficiency and flexibility, *J. of Engineering for Gas Turbines and Power*; **131**(2); 021503; 1–7.

Haupt, G. & J. Karg (1997): *The Role of IGCC in Advanced Power Generation* Power-Gen Asia'97 Singapore, Sep.1997; Siemens Power Generation 1997.

Heitmeir, F., Sanz, W., & Jericha, H. (2006): Section 1.3.1.1: Graz cycle – a zero emission power plant of highest efficiency, In: *The gas turbine handbook*; at www.netl.doe.gov/technologies/coalpower/turbines/refshelf/handbook/1.3.1.1.pdf, NETL, pp. 81–92.

Henderson, C. (2007): *Fossil fuel-fired power generation. Case studies of recently constructed coal and gas-fired power plants*. Paris, France, IEA, p. 176, 2007.

Henderson, C. (2008): *Future developments in IGCC*. CCC/143, London, UK, IEA Clean Coal Centre, p. 45, Dec 2008.

Herzog, H.J. (2009): Capture technologies for retrofits, *MIT Retrofit Symposium,* MIT, March 29, 2009.

Higman, C., & vanderBurgt, M. (2003): *Gasification*, New York: Elsevier.

Holt, N. (2001): Integrated Gasification Combined Cycle Power Plants, in *Encyclopedia of Physical Science and Technology*, Academic Press: New York.

Holt, N. (2004): Gasification Technology Conference, San Francisco Oct. 2004.

Holt, N. (2004): IGCC Technology Status, Economics and Needs, in *International Energy Agency Zero Emission Technologies Technology Workshop*. 2004a: Gold Coast, Queensland, Australia.

Hodrien, C. (2008): Advanced gas turbine power cycles, Presented at *New and unusual power generation processes,* Cardiff, UK, 18 Jun 2008, available at www.britishflame.org.uk/calendar/ New2008/CH.pdf, p. 36.

Houyou, S., Mathieu, P. & Nihart, R. (2001): Techno-economic comparison of different options of very low CO_2 emission technologies, In: *Greenhouse gas control technologies: Proc. of the fifth Intl. Conf. on greenhouse gas control technologies*, Cairns, Qld, Australia, 13–16 Aug 2000; Collingwood, Vic, Australia, CSIRO Publishing, pp. 1003–1008.

Huberg, R. (2009): Modeling of IGFC system – CO_2 removal from the gas streams, using membrane reactors, Master's thesis, University of Iceland.

Hustad, C-W., Coleman, D.L., & Mikus, T. (2009): *Technology overview for integration of an MHD topping cycle with the CES oxyfuel combustor*. Available at: www.co2.no/download.asp?

Ikeguchi, T., Kawasaki, T., Saito, H., Iizuka, M., & Suzuki, H. (2010): Development of electricity and energy technologies for low-carbon society, *Hitachi Review*, 59(3), pp. 53–61.

Iki, N., Tsutsumi, A., Matsuzawa, Y., & Furutani, F. (2009): Parametric study of advanced IGCC, *Proc. of ASME Turbo Expo 2009: Power for Land, Sea and Air: GT2009*, Orlando, FL, 8–12 Jun 2009; Fairfield, NJ, American Society of Mechanical Engineers, Paper GT2009-59984, p. 9.

Kalina, A.I. (1982): *Generation of energy by means of a working fluid, and regeneration of a working Fluid*, US Patent 4346561, Alexandria, United States Patent and Trademark Office, vp (31 Aug 1982).

Kleiner, K. (2008): Coal-to-gas: part of a low-emissions future? Available at: www.nature.com/climate/2008/0803/full/climate.2008.18.html, *Nature Reports Climate Change*; (3); vp (Mar 2008).

Lako, P. (2010): Coal-fired Power, IEA-ETSAP-Technology Brief EO1, April 2010, Simbolotti, G., & Tosato, G. (project coordinators), at www.etsap.org.

Makino, H., Mimaki, T., & Abe, T. (2007): *Proposal of the high efficiency system with CO_2 capture and the task on an integrated coal gasification combined cycle power generation*, CRIEPI report M07003, Tokyo, Japan, Central Research Institute of Electric Power Industry, vp (2007) (In Japanese).

Mee, T.R. (1999): Inlet fogging augments power production, *Power Engineering*, **103**(2), pp. 26–30.

MIT Study (2007): *The Future of Coal – Options for a Carbon constrained World*, Massachusetts Institute of Technology, Cambridge, MA, 2007.

Minchener, A.J. (2005): Coal gasification for advanced power generation. *Fuel*; **84**(17), 2222–2235.

Nakagaki, T., Yamada, M., Hirata, H., & Ohashi, Y. (2003): A study on principal component for chemically recuperated gas turbine with natural gas steam reforming (1st report, system characteristics of CRGT and design of reformer), *Trans. of the Japan Soc. of Mech. Engineers Series* B, **69**(687), 2545–2552.

NCC (2012): Harnessing Coal's carbon content to Advance the Economy, Environment and Energy Security, June 22, 2012; Study chair: Richard Bajura, National Coal Council, Washington, DC.

Oki, Y., Inumaru, J., Hara, S., Kobayashi, M., Watanabe, H., Umemoto, S., & Makino, H. (2011): Development of oxy-fuel IGCC system with CO_2 recirculation for CO_2 capture, *Energy Procedia*, **4**, 1066–1073.

Ono, T. (2003): NPRC Negishi IGCC Startup and Operation, in *Gasification Technologies 2003*, San Francisco, CA.

Perkins, G. & Sahajwalla, V. (2008): Steady-state model for estimating gas production from underground coal gasification, *Energy Fuel*, **22**, 3902–3914.

Perkins, G. & Sahajwallaa, V. (2005): A mathematical model for the chemical reaction of a semi-infinite block of coal in underground coal gasification, *Energy Fuel*, **19**, 1679–1692.

Pettus, A., & Tatsutani, M. (eds) (2009): *Coal without carbon: an investment plan for federal action*, available at www.catf.us, Boston, MA, USA, Clean Air Task Force, p. 97 (Sep 2009).

Portman Energy (2012): UCG – the 3rd way, 7th UCG Association Conf, London.

Prabu, V., & Jayanti, S. (2012): Integration of underground coal gasification with a solid oxide fuel cell system for clean coal utilization, *Int. Journal of Hydrogen Energy*, **37**, 1677–1688.

Reid, W.T. (1971): External Corrosion and Deposits, Boilers and Gas Turbines, *Fuel and Energy Science Monograph Series*, (Ed.) J.M. Beér, New York: Elsevier 1971.

Robertson, A., R. Garland, R. Newby, A. Rehmat and L. Rebow (1989): *Second Generation Pressurized Fluidized Bed Combustion Plant*, Foster Wheeler Dev. Corp., Report to the US DOE DE-AC-21-86MC21023.

Roddy, D. & Gonzalez, G. (2010): Underground coal gasification (UCG) with carbon capture and storage (CCS), In: Hester, R.E., Harrison, R.M. (eds) *Issues in Environmental Science and Technology*, **29**, pp. 102–125; Royal Society of Chemistry, Cambridge (2010).

Ruth, L.A. (1998): US DOE Vision21 Workshop, FETC Pittsburgh, PA, Dec.1998.

Sallans, P. (2010): Choosing the Best coals in the Best location for UCG, *Advanced Coal technologies Conference*, University of Wyoming, Larmie.

Self, S., Reddy, B.V. & Rosen, M.A. (2012): Review of underground coal gasification technologies and carbon capture, *Intl. J of Energy and Environmental Engineering*, **3**, 16, Springer Open Journal, doi: 10.1186/2251-6832-3-16.

Shirai, H,. Hara, S., Koda, E., Watanabe, H., Yosiba, F., Inumaru, J., Nunokawa, M., Smith, I.M. (2009): *Gas turbine technology for syngas/hydrogen in coal-based IGCC*. CCC/155, London, UK, IEA Clean Coal Centre, pp. 51 (Oct 2009).

Stańczyk, K., Howaniec, N., Smoliński, A., Świadrowski, J., Kapusta, K., Wiatowski, M., Grabowski, J., & Rogut, J. (2011): Gasification of lignite and hard coal with air and oxygen enriched air in a pilot scale ex-situ reactor for underground gasification, *Fuel*, 90, 1953–1962.

Stephens, D.R., Hill, R.W., & Borg, I.Y. (1985): Underground Coal Gasification Review, Lawrence Livermore National Laboratory, Livermore, CA, UCRL-92068.

Stiegel, G.J. (2005): Gasification Technologies – Clean, Secure and Affordable Energy Systems, *IGCC and CCTs Conference*, Tampa, FL, June 28, 2005.

Stiegel, G.J., Ramezan, M., & Mcllvried, H.G.: Integrated Gasification Combined Cycle, at 1.2IGCC.pdf

Sury, M., *et al.* (2004): Review of Environmental issues of UCG, report no. COAL R272, DTI/Pub.URN 04/1880, November 2004.

Turboden (2011): *The organic Rankine cycle*; at www.turboden.eu, Brescia, Italy.

UCG Association (2011): More information on: www.ucgp.com, Woking, UK.

Van Holthoon, E. (2007): Shell gasification processes, Presentation at: *Annual gasification technologies Conf.*, San Francisco, CA, 15–17 Oct 2007; Available at: http://www.gasification.org/uploads/downloads/Conferences/2007/43EVANH.pdf, Arlington, VA, Gasification Technologies Council, vp (2007).

Van Nierop, P. & Sharma, P. (2010) Plasma gasification – integrated facility solutions for multiple waste streams, *Annual gasification technologies Conference*, Washington, DC, 31 Oct–3 Nov 2010; Available at: www.gasification.org/uploads /downloads/Conferences/ 2010/14VANNIEROP.pdf; Arlington, VA, Gasification Technologies Council, 26 p.

Van der Riet, M. (2008): Underground coal gasification, *In: Proceedings of the SAIEE Generation Conference*, Eskom College, Midrand (19 Feb 2008).

Walker, L.K., *et al.* (2001): An IGCC Project at Chinchilla, Australia, based on UCG, *Gasification Technologies Conference*, San Francisco, USA.

World Coal Association (2011): *Underground coal gasification*; Available at:www.worldcoal.org/coal/uses-of-coal/underground-coal-gasification/ vp (2011)

Wikipedia (2013): IGCC Power plant, figure 8.2: author – Stan Zurek, at http://en.wikipedia.org/wiki/integrated_gasification_combined_cycle.

Yang, L.H., Pang, X.L., Liu, S.Q., & Chen, F. (2010): Temperature and gas pressure features in the temperature-control blasting underground coal gasification, *Energy Sources*: Part **A 32**, 1737–1746.

Yang, L., Liang, J., & Yu, L. (2003): Clean Coal technology – study on the pilot project experiment of underground coal gasification, *Energy*, **28**, 1445–1460.

Ziock, H., Guthrie, G., Lackner, K., Ruby, J., & Nawaz, M. (2001): *Zero emission coal, a new approach and why it is needed*. Available at: http://library.lanl.gov/cgi-bin/getfile?00796497.pdf, NM: Los Alamos National Laboratory, LA-UR-01-5865, p. 19 (2001).

第 9 章　碳捕集与封存

9.1　引言

大量研究表明，未来几十年甚至到 21 世纪末，推动全球经济的化石燃料，尤其是煤炭将继续在全球能源结构中占据主导地位（如美国能源部 1999；麻省理工学院研究 2007；Morrison 2008；Herzog 2009）。因此，减轻因煤炭利用导致的全球变暖问题，努力实现所需的减排至关重要。广泛建议的方法是：利用碳捕集与封存（Carbon Capture and Storage，CCS）技术来提高燃煤电厂的效率水平。根据麻省理工学院煤研究（2007），碳捕集与封存技术是能明显减少二氧化碳（CO_2）排放的关键利用技术，同时也能满足世界对煤炭紧迫的能源需求。在国际能源署的评估中，碳捕集与封存技术的成本效益好，并且对稳定 CO_2 价格发挥越来越大的作用（Morrison 2008）。

在几个 CO_2 排放源中，发电厂占全球排放量的三分之一以上，其中燃煤电厂的 CO_2 排放量最大。到 2030 年，全世界预计新建燃煤电厂 1400GW（全球能源展望 2006），这种全球性的扩建将大大增加全球温室气体排放量。一个使用最传统的煤粉技术的 1000MW 新燃煤发电厂每年大约产生 600 万 t 的 CO_2（Socolow 2005）。没有控制 CO_2 排放的情况下，预计新建的 1400GW 电厂每年能产生多达 76 亿 t 的 CO_2，这大约会增加目前全球每年因消耗化石燃料排放的 25 亿 t CO_2 总量的 30%（国际能源展望 2006）。从现在到 2030 年全球新增电厂排放的温室气体量将等于过去的 250 年里所有化石燃料排放总量的 50%（Socolow 2005；Berlin & Sussman 2007）。

一些工业过程会产生高纯度、易于捕集的 CO_2 气流副产品。制氨、发酵、炼油产氢和产气井都是适合碳捕集的几个例子。另外，燃料转换过程也能捕获 CO_2。例如，目前从加拿大的油砂开采石油的过程具有较高的碳密集性，因此在生产过程中添加碳捕集与封存设备可以降低碳排放强度。从富含碳的原料，如天然气、煤和生物质中生产氢燃料，是捕集 CO_2 的其他实例。在这些情况下，CO_2 副产品纯度很高（在许多情况下 >99% CO_2），而且与在发电厂捕集相比，碳捕集所增加的成本会相对较低（通常只需要压缩）。

碳捕集与封存技术是指捕集来自发电厂和大型工业的 CO_2，将其压缩成液态，运输到合适的位置，然后注入深层地下地质层以长期封存（见图 9.1）。碳捕集与封存技术的每个步骤——捕集、压缩、运输、注射、封存——都很重要，而且都存在一些问题。

目前，碳捕集与封存技术尚处于初步应用阶段，尚未商业化，将其应用在大规模煤和天然气发电厂还只是设想。

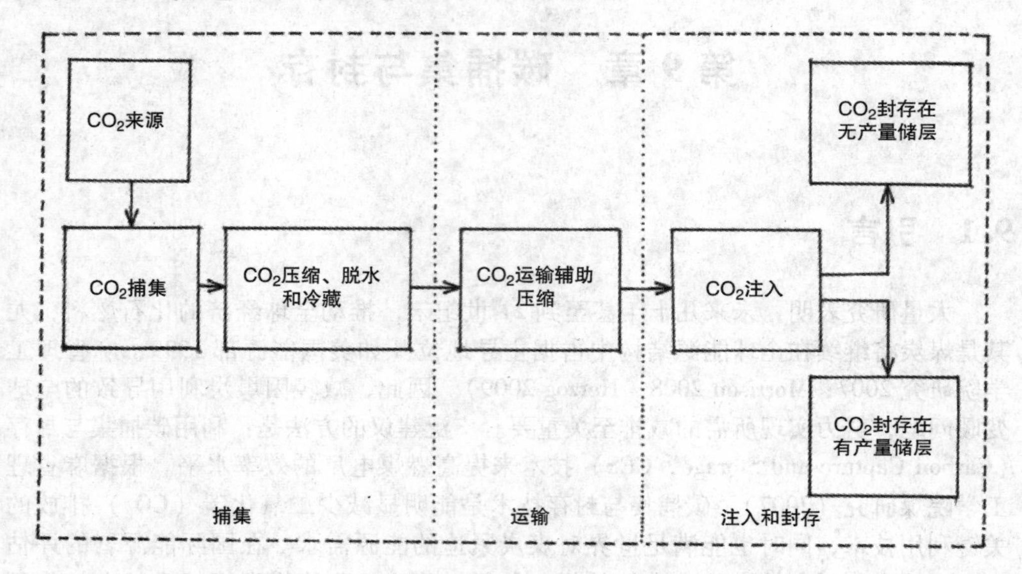

图 9.1 基本碳捕集与封存项目示意图（源自 Mike McCormick，C2ES 2012）

9.2 运输与封存

为了便于更容易、更便宜的运输和封存，已捕获的 CO_2 首先会被压缩成稠密的“超临界”液体。将 CO_2 注入地下以地质封存，通常需要 11 ~ 14MPa 的高压（Benson & Cole 2008）。作为捕集系统的一部分，CO_2 的压缩是在工厂内完成的。被捕集的 CO_2 的封存方式要保证其至少在未来几个世纪内不会释放到大气中去。这种封存方式技术简单，但没人能确保将来它不会意外泄漏。通常都会选择地层和海洋来封存 CO_2。由于很多捕集 CO_2 的来源点并不靠近地层或海洋封存设施，所以在这种情况下，运输是不可避免的。

9.2.1 运输

CO_2 从捕集点到封存点的安全可靠的运输是碳捕集与封存过程中的一个重要阶段，世界各地都有 CO_2 等气体的运输。虽然可采用航运，但运输 CO_2 的主要方式还是管道输送。相比来说，火车和卡车的运输规模都太小了。

目前，75 个正在运行和在建的大型一体化项目覆盖的总运输距离约为 9000km。其中，超过 80% 的项目计划使用陆上管道，尤其是一些国家已有运输大量 CO_2 的经验，如美国和加拿大。运用已证实的封存形式连接一两个大型项目的“干线”结构能使后续小规模项目更容易进行。荷兰、挪威和英国等欧洲国家的项目正在考虑使用海底管道。这些国家希望通过管道或船舶将 CO_2 运输到北海上的各个海上封存点。挪威白雪公主项目的一部分（全球碳捕集与封存组织，2012），是目前唯一一个在用的 CO_2 海底运输管道。在荷兰，85km 的管道每年能运输 30 万 t 的 CO_2 到温室里，同样的，在匈牙利、克罗地亚和土耳其也用管道运输 CO_2，用来提高原油采收率（Buit 等，2011）。据国际能源署估计，为了满足 CO_2 部署，到 2030 年，欧洲、中国和美国可能需要每年能运输几十亿吨 CO_2。随着0.5 万亿 ~1 万亿美元的投入，在接下来的 10 年里，管道的使用可能达到1 万 ~1.2 万 km（能从 100 个碳捕集与封存项目中运输 300Mt CO_2），2030 年达到 7 万 ~12 万 km，2050 年达到 20 万 ~36 万 km。像税收优惠、碳捕集与封存项目的激励措施及潜在储存点的数据等因素可能促进管道的投资。也可将 CO_2 储存在半冷冻式储罐（ -50℃，0.7MPa）或压缩天然气（CNG）罐中，用船舶运输。但 CO_2 航运只适用于小规模碳捕集与封存项目（Simbolotti 2010）。

管道运输可能需要新的监管措施以确保使用合适的材料（例如，混有水的 CO_2 对一些管道材料有高腐蚀性），也需要充足的泄漏监控措施、健康保护措施以及总体安全措施。目前，这些在技术上都是可行的，而且管道运输市场运营也大体成熟。

为了更好地促进 CO_2 新运输基础设施的发展，有些方面还需要进一步研究：①为进一步推动 CO_2 运输基础设施的安全有效运行，改进国际标准和设计规范；②为 CO_2 网络和活动中心创建一个新颖的金融商业系统，允许合作者优先访问；③为最初出现“超大”融资，未来会把 CO_2 量加到网络中；④确定含杂质的 CO_2 流详细的热力学模型（全球碳捕集与封存组织，2012）。

9.2.2　封存

将 CO_2 注入耗尽的石油和天然气层、深盐碱含水层和不可开采的煤层等能长期储存 CO_2 的地质构造中，来实现封存的过程（见图 9.2）。

从 1970 年以来，CO_2 地质封存已成为石油工业中的一个标准技术，其作为常规油田运营（Bennion&Bachu 2008）的一部分被广泛运用，以提高原油产收率（Enhanced Oil Recovery，EOR）。此技术提高了石油的采收率，同时增加的收入也可以用于补偿碳捕集和封存的成本（Lake 1989）。CO_2 驱油法是一种高效且完善的采油方法，它可以使用现有的注射基本设施和石油工业经验，来延长众多储层的寿命。当 CO_2 在一定压力下被注入深度大于 800m 的沉积岩时，CO_2 总体积的 10% ~30% 会深入到周围岩层的孔隙空间中去。盖层或覆盖不透水层会阻碍它泄漏到地表面。此外，CO_2 在此深度下保持液态，且会取代岩石缝隙中的原有的液体，如石油（或水）。由于经济原因，很多公司会回收注入的 CO_2，这将使 CO_2 能永久有效地储存在石油储层。

全世界大约有 70 个 CO_2 注入项目用于提高原油采收率，大部分位于西得克萨斯州，该地区用超过 1000km 的管道运输 CO_2 到油田长达 30 年。现在，被利用的

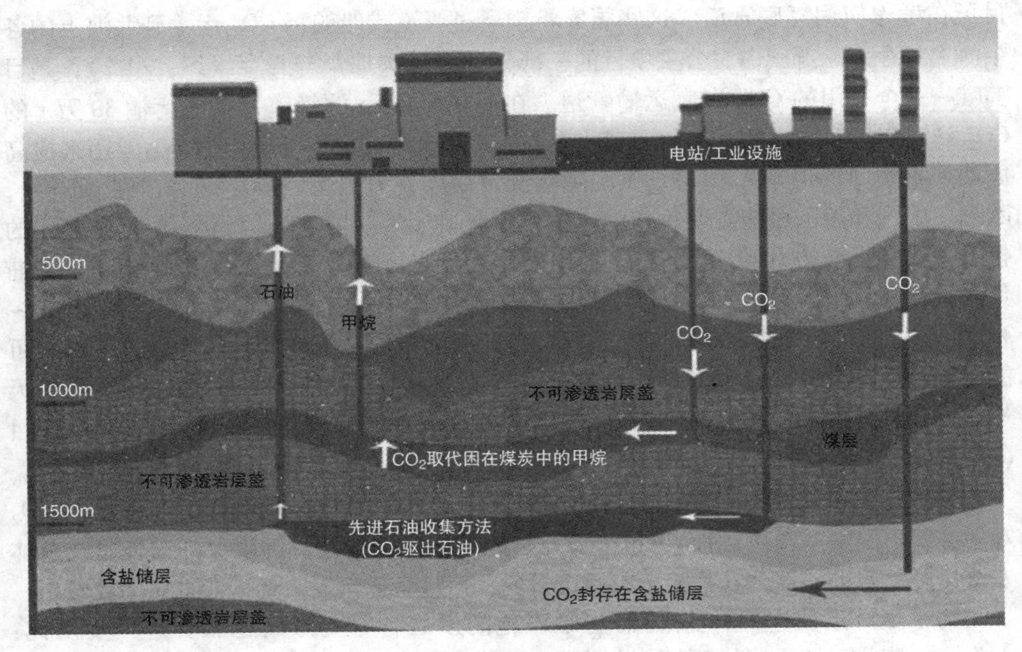

图 9.2　将 CO_2 注入地质构造；见 www. wri. org/project/carbon - dioxide - capture - storage/ccs - basics（来源：WRI，www. wri. org，WRI 许可使用）

主要是地下储存的天然的 CO_2 资源。用于提高原油采收率的 CO_2 技术现在被扩展为碳捕集、利用与封存（CCUS）技术，它倡议大量利用“被困的”地下石油，并扩大了美国煤转油燃料的生产活动（国家煤炭理事会，2012）。CO_2 注入的另一种利用是开采天然气。这些项目的目的并不是封存 CO_2，且从能力方面来说，用这些来封存全球在运行的发电厂排放的 CO_2 是远远不够的。因为美国和英国离岸领域有很多石油和天然气，所以对这些国家来说，封存在枯竭油气层是很有吸引力的选择。印度和中国虽有大量的燃煤电厂，但没有如此广泛的石油和天然气资源；因此对这些国家来说，咸水含水层可能是大规模封存的唯一解决方案。

深咸水含水层广泛存在于水深 1km 以下，估计占大陆面积的一半以上（Williams 2005）。它具有最大的封存 CO_2 的能力，在大规模碳捕集与封存项目中发挥着积极作用。CO_2 在盐水层的大规模注入和地质封存已经安全运行超过 15 年，在石油天然气储藏层也已运行数十年。将 CO_2 注入深海也是可能实现的。然而，CO_2 会与水反应生成碳酸，会让水的酸性变强。许多水生生物对酸度的变化敏感度很高，从环境角度看，海洋封存比地质封存存在更多的问题（国际气候变化委员会，2005）。在某些类型的地层，CO_2 可能溶于水并与母岩矿物反应形成碳酸盐，从而被永久封存（见图 9.3）。总而言之，地质封存优于海洋封存，因为其技术更成熟，且生态影响更少。目前，这是解决化石燃料发电厂和大型工业设施排放温室气体的唯一选择（McCormick 2012）。然而，每个项目必须检查其可行性，特别是要将泄漏率限制在可接受水平。

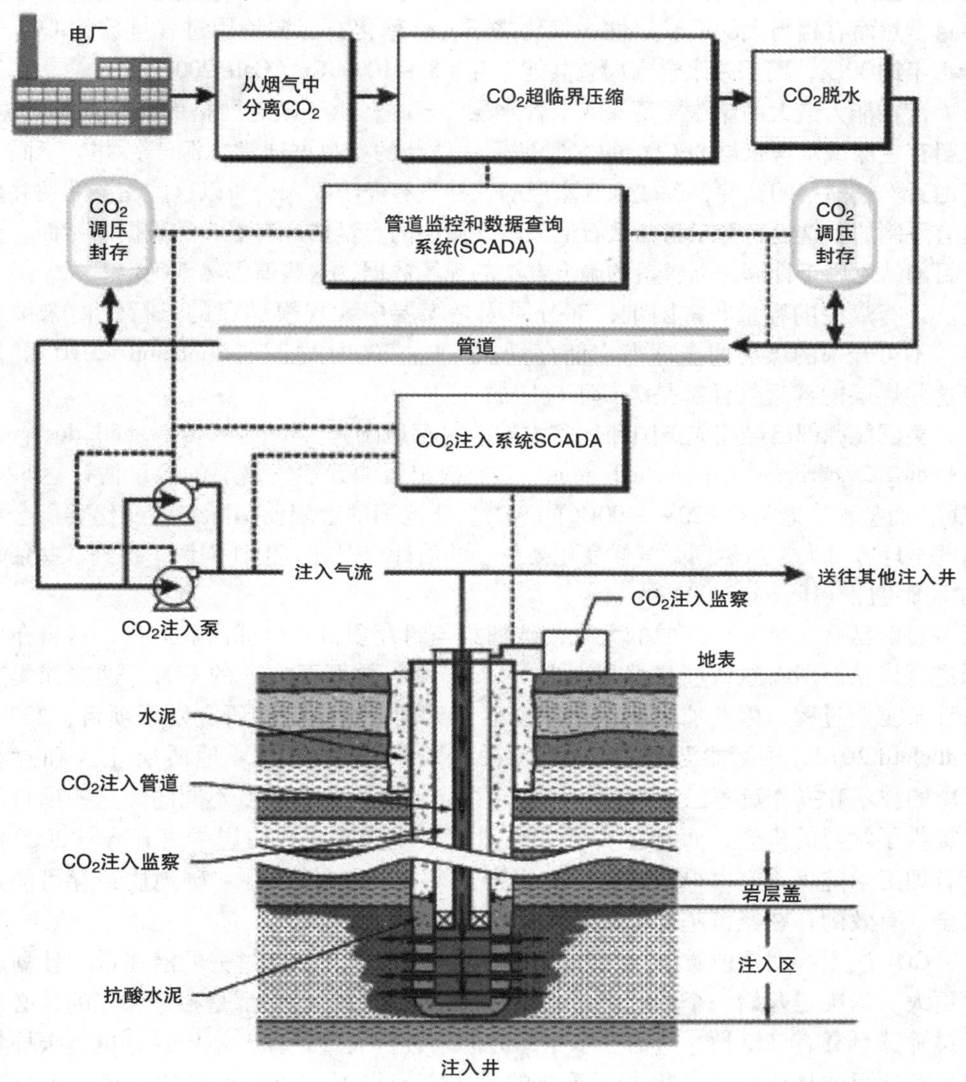

图 9.3　碳捕集与封存（来源：Dooley，J. 等，2006，CO_2 捕集和地质封存：重视气候变化的全球能源技术的重要组成，全球变化联合研究所，太平洋西北国家实验室，帕克校区，马里兰州，第 67 页；经 Dooley，J. 同意重绘）

9.2.3　容量估计

根据国际气候变化委员会（IPCC）的特别报道（2005），从技术角度来说，CO_2 排放下限约为 1700Gt，上限不确定（可能超过 10000Gt）。然而，从经济角度（考虑现实），报道指出几乎可以肯定 CO_2 排放量至少有 200Gt，可能多达 2000Gt。据国际能源署温室研发项目（国际能源署，2008），石油天然气储层估计有 920Gt 的 CO_2 储存量，然而有相当大的不确定性。相比之下，全球化石能源使用过程排放的 CO_2 估计每年约 30Gt，而深咸水含水层总共能储存 400 ~ 10000Gt（Gale 2003）。

潜在能力最大的储藏层是深咸水含水层。现在，由于缺乏严格的容量计算数据，可封存在深咸水含水层的 CO_2 的容量是无法估计的。数据通常来源于钻井。不同于石油天然气储层的钻井，深咸水含水层的钻井没有经济收入；所以这些储层的钻井数是有限制的。这也解释了为什么石油天然气储层的容量估计有更多的数据。然而，由于目前缺乏用于计算储存容量的确定方法的现场数据，这些值仍然不确定。

计算煤层的容量非常困难，部分原因是煤层中大规模储存的可行性尚未被证实。不可开采的煤层的全球潜在储存量在 100 ~ 200Gt 之间（Simbolotti 2010）。任何这些煤层的容量估计都是极其不确定的。

美国能源部已经完成美国和加拿大的碳封存地图集（http：//www. netl. doe. gov/technologies/carbon _ seq/refshelf/atlas/）。它提出石油天然气储层的容量估计达 82Gt CO_2，而盐水层能封存 920 ~ 3400Gt 的 CO_2。此范围的上限比国际气候变化委员会报道的全球容量大。虽然国际气候变化委员会的估计很保守，但他强调了得到这些估计的不确定性（Herzog 2009）。

目前已有 6 个完全集成的大规模碳捕集与封存项目在全球商业运行，这将在后面进行讨论。所有这些项目都是注入 1MPa（每年数百万吨）的 CO_2。这些捕集项目涉及工业过程，因此捕集成本相对较小（见例：温室气体研究发展项目，2008，Simbolotti 2010，国际能源署/碳封存领袖论坛报告，2010）。地质层注入和封存 CO_2 的技术和操作流程已经建立。这些封存点的经验没有什么不同的。这些项目不仅提供了学习的机会，而且证实了 CO_2 可以安全封存在地质层中（Herzog 2009）。麻省理工学院煤研究（麻省理工学院报告，2007）也有报道："碳地质封存可能是安全、有效的，在经济基础上比其他选择更有竞争性"。

CO_2 注入特别是地质层封存涉及不同的技术问题，且比过去的潜在量和计划规模更大。当决定开始一个商业项目之前，每个地质封存站点都是独一无二的，必须经过筛选且具有广泛性，这需要多年的时间来进行大量预算。地质封存也是碳捕集与封存项目的长期财政负担。更重要的是，它带来了一个最重要的挑战：大众接受度。

业界、学术界和政府必须进行相关研究，成功表明 CO_2 能在一系列的地质条件下无泄漏地储存很长时间。目前已开始的大型封存项目旨在给证明 CO_2 储层的安全性提供依据（Berlin & Sussman 2007）。

到目前为止，捕集和封存化石燃料发电厂所产生的 CO_2 并没有那么多的经验；大量不同阶段的在开发、规划和执行的有前途的项目不久将会开始（全球碳捕集与封存组织，2012）。例如，加拿大边界大坝燃后捕集的碳捕集与封存示范工程，每年 100 万 t，用于提高原油采收率；美国肯珀县燃前捕集的整体煤气化联合循环（IGCC）工程，每年 350 万 t，用于提高原油采收率。这两个发电项目 2014 年开始运行（全球碳捕集与封存组织，2012）。由于大量的 CO_2 被捕集并永久性封存，燃煤电厂碳捕集与封存技术的广泛应用将大大增加 CO_2 的封存量。第 9 章会讨论其他几个例子。储存机理、含水层的注入设计和压力响应、风险评估等有很多出版物进行了讨论，包括最近的 Martin Blunt（2010）、Manchao He 等（2011）。

关于 CO_2 捕集和封存的国际气候变化委员会特别报告（国际气候变化委员会，2005）和全球变化联合研究所的研究（Dooley 等，2006）均报道说，全球地质储存 CO_2 的能力相当大。图 9.4 展示了 Dooley 教授和他的团队关于全球 CO_2 理论储存容量初始评估的研究。

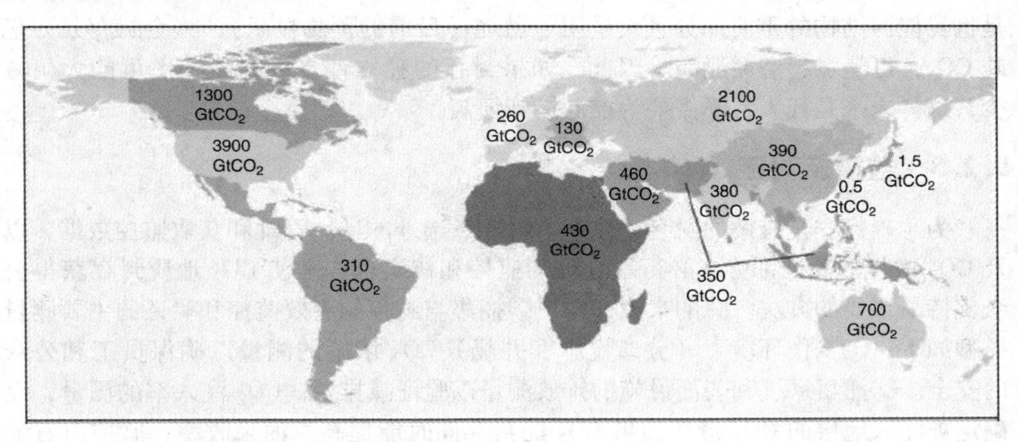

图 9.4　全球 CO_2 理论储存容量的初始评估（来源：Dooley，J.，Davidson，C.，Dahowski，R.，Wise，M.，Gupta，N.，Kim，S.，& Malone，E.，2006，Carbon Dioxide Capture and Geologic Storage：A key Component of a Global Energy Technology Startegy toAddress Climate Change，Joint Global Change Research Institute，Pacific Northwest National Laboratory，College Park，MD，p. 67；Dooley，J. 教授允许使用）

9.2.4　封存时间

注入 CO_2 的封存时间主要取决于两个因素：①包括地震事件期间地质层的泄漏倾向；②化学性能。CO_2 能溶于周围水中数百或数千年，然后因其重量而趋于下沉，并非上升。此外，假如岩石中有合适的矿物质，经过数百万年的化学反应，CO_2 能作为碳酸盐永久性地固定下来。CO_2 也可能替代一些煤层中吸附的甲烷。地质层的封存时间一般是数百年甚至高达几千年（Lackner 2003）。海洋封存时间取决于注入的深度。若注入深度为 800m，百年后，被注入的 CO_2 约有 20% 可能泄漏；而若深度为 3000m，则只有 1% 的 CO_2 可能泄漏（国际气候变化委员会，2005）。

泄漏的影响：由于液态 CO_2 更轻，它会向上流；因此，合适的地质层必须有

“盖子”岩石来阻碍它的流动。若盖岩不足够宽，CO_2 会从边缘泄漏出去。这种情况下，需要机械阻止这种泄漏。任何此类项目的可行性可能必须建立在个体项目的基础上。如果碳捕集与封存技术要成为 CO_2 减排的首要技术，可能数千万吨的 CO_2 需要被封存过百年。即使每年只有 1% 的泄漏率，也将意味着每年超过 1Gt 的 CO_2 排放量，这是相当大的数量。因地震或其他地质封存的失败或管道破碎造成的严重泄漏不仅会释放大量的 CO_2，而且也会在事发地点产生致命浓度的 CO_2。在决定封存 CO_2 的位置时必须仔细讨论这些紧急事件，然后只有深海封存是可行的选择（Williams，2006）。

100 多年 1% ~10% 的累积泄漏率或 500 多年 5% ~40% 的累积泄漏率将作为减排的可行性选择从而继续封存（国际气候变化委员会，2005）。然而，如果煤炭仍是世界能源结构的重要部分且大量用于燃烧（目前的预测显示），将会封存几万亿吨 CO_2，可能引起潜在泄漏。因此，如果封存的独立性更大，泄漏率可能大幅减少，这样未来几代人都不需要为控制措施烦恼。

9.2.5 监控及验证

为了确保安全有效的封存，监管、封存点选址的谨慎管理和获取监控数据，以及 CO_2 减排的验证都势在必行。合理的监控和核实也许是使 CO_2 地质封存获得公众支持最重要的方法。总的来说，构成碳捕集与封存的有效监控和验证的主要测量类型如下：①工作环境下（分离设施和井场）CO_2 浓度的测量以确保员工和公众的安全。②捕集系统和表面设施的排放测量以验证减排。③CO_2 注入率的测量，以确定被注入地层的 CO_2 量；如果 CO_2 的封存同时能提高原油采收率，监控由石油生产的 CO_2 来计算净封存量。④用测井曲线和井口压力的办法来测量井况。⑤当 CO_2 填满储层的位置测量；这类测量也可用作储层的 CO_2 泄漏事件的早期预警系统（Bensen，S. M：ccsin underground geologic formations，Workshop at pew center，见 http：//www. c2es. org/docUploads/10 -50 _ Benson. pdf）。

也可用研究大气和地球表面 CO_2 自然循环的方法，因其具有足够的敏感度来检测到地表的 CO_2 泄漏。部署表面通量检测可能有利于让公众接受 CO_2 封存。前面四个测量技术用于多个领域，包括发电厂、石油天然气行业、天然气储存等都能采用。第五，监控羽流迁移富有挑战性，因为现有测量技术的灵敏度和分辨率还有待改善和提高。也就是说，某些类型的羽流可能很难检测，如窄而垂直的 CO_2 上升羽流（Myer 2003）。勘测开发石油天然气的地震成像是目前检测地质封存项目中监控 CO_2 羽流迁移的基本方法。同周期拍摄图像的差异可用于检测 CO_2 的位置。电磁测量和重力测量的灵敏度和分辨率较低，但可结合地震技术用于调整数据释义或者地震测量间的过渡。北海 SleipnerWest 项目中，地震成像已成功用于监测 CO_2 羽流的位置。即便如此，由于不同的地质环境，监测技术的准确性和灵敏度也不同，所以还是需要大量各种地质位置的研究。从小到大不同规模的示范项目将有利于展示现有技术的准确性、可靠性和灵敏度。此外，开发新型的经济有效的技术和方法会为封存项目失败做出提前早期警告，从而带来巨大的好处。

9.3　捕集技术

CO_2 的分离或捕获技术在工业过程中得到了长期实践，比如去除天然气处理和生产氢气、氨及其他工业化产品生产中的 CO_2 杂质。捕集的 CO_2 流多数情况下只是被排放到大气中，有时也用于制造其他化学品（国际气候变化委员会，2005）。燃煤或天然气电厂产生的部分烟气中也能捕获 CO_2，且可以作为食品加工等行业的商品被出售。总的来说，全球只有少量的 CO_2 用于生产工业产品，而大部分都是排放到大气中。

有三种基本方法来捕集化石燃料电厂的 CO_2：①燃后捕集（烟气分离）；②富氧燃烧；③燃前捕集，如图 9.5 所示。

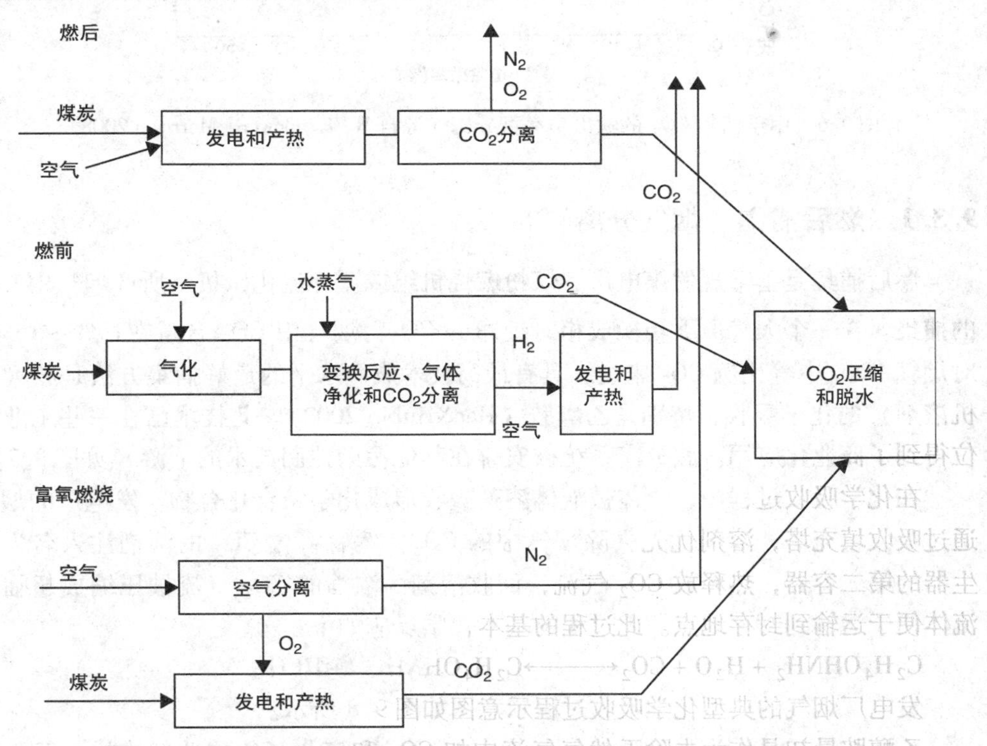

图 9.5　燃煤电厂 CO_2 捕集的技术选择（源自全球碳捕集与封存研究所 2012a）

从烟气或合成气的其他主要成分中捕集 CO_2，变成地质封存或者有益利用/转换的形式，此过程是这三种方法的共同之处；而基本差异在于如何捕集 CO_2。每个过程都有自己的优缺点、对各种燃煤发电技术的适用性和提高原油采收率或合作生产的选择性。

这些“捕集”过程都有能源和经济价格，对完整碳捕集与封存系统的总成本影响很大。国际气候变化委员会估计，能源要求 CO_2 的捕集量增长在 10% ~40%之间，这取决于技术——天然气联合循环（NGCC）要求最少，煤粉燃烧要求最多（国际气候变化委员会，2005）。

用于捕集的输出功率比例与基地电厂效率的函数如图 9.6 所示（Morrison 2008）。电厂效率越高，用于捕集 CO_2 的输出功率越低。

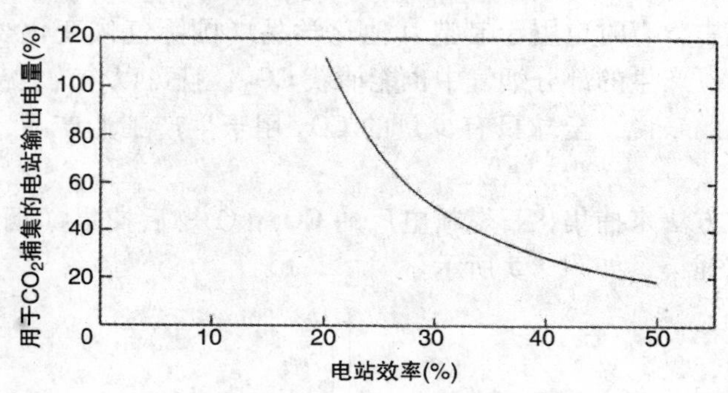

图 9.6 用于捕集 CO_2 的输出功率百分比（源自 RWE npower，Morrison 2008）

9.3.1 燃后捕集（烟气分离）

燃后捕集是指常规燃煤电厂、煤粉燃烧机组或循环流化床机组所产烟气中 CO_2 的捕集。在一个大气压下转换成相对纯净的 CO_2，烟气中 CO_2 含量在10% ~15%。对烟气中小/中等比例 CO_2 来说，具有最高技术成熟水平的最好捕集方法是胺（有机溶剂）的化学吸收，特别是乙醇胺（Rao&Rubin 2002）。此技术已在一些工业单位得到了商业化应用。胺分离系统被安排在其他污染控制技术的下游（见图 9.7）。

在化学吸收过程中，气体被液体溶剂吸收形成化学结合化合物。发电厂的烟气通过吸收填充塔，溶剂优先去除烟气中的 CO_2。然后将含 CO_2 的溶剂注入名为再生器的第二容器，热释放 CO_2 气流，回收溶剂。浓缩的 CO_2 气流被压缩成超临界流体便于运输到封存地点。此过程的基本化学反应如下：

$$C_2H_4OHNH_2 + H_2O + CO_2 \longleftrightarrow C_2H_4OHNH_3^+ + HCO_3^-$$

发电厂烟气的典型化学吸收过程示意图如图 9.8 所示。

乙醇胺最初是作为去除天然气气流中如 CO_2 和硫化氢的酸性气体的一般无选择性溶剂。当此过程用于捕集烟气中的 CO_2 时，需要合并能减少溶剂降解和设备腐蚀的抑制剂来改进此过程。为解决降解和腐蚀问题，需保持相对较低的溶剂强度，因此会产生相对巨大的设备和溶剂再生成本。其他试验过的化学吸收剂还有甲基二乙醇胺（MDEA）、新型有机胺、Catacarb 和 Benfield。困难的是，能源需求

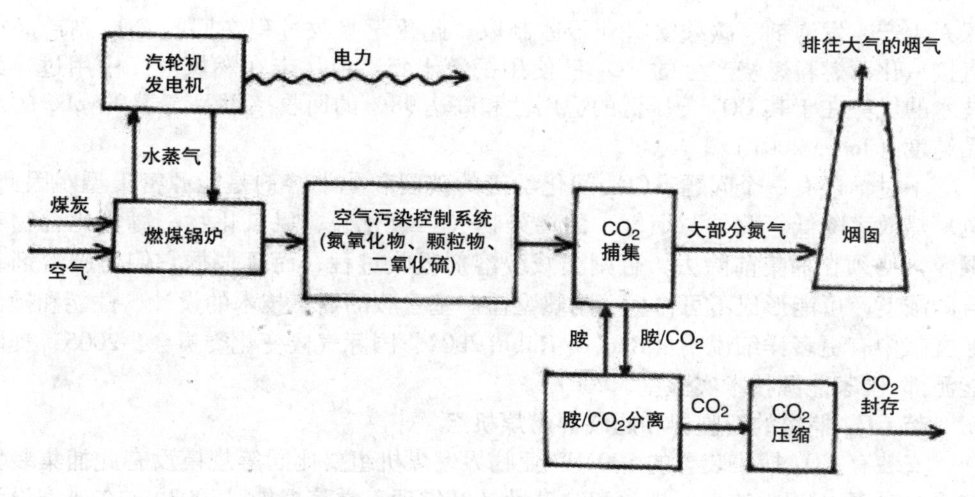

图9.7　用带胺系统的燃后 CO_2 捕集技术的煤粉燃烧电厂示意图

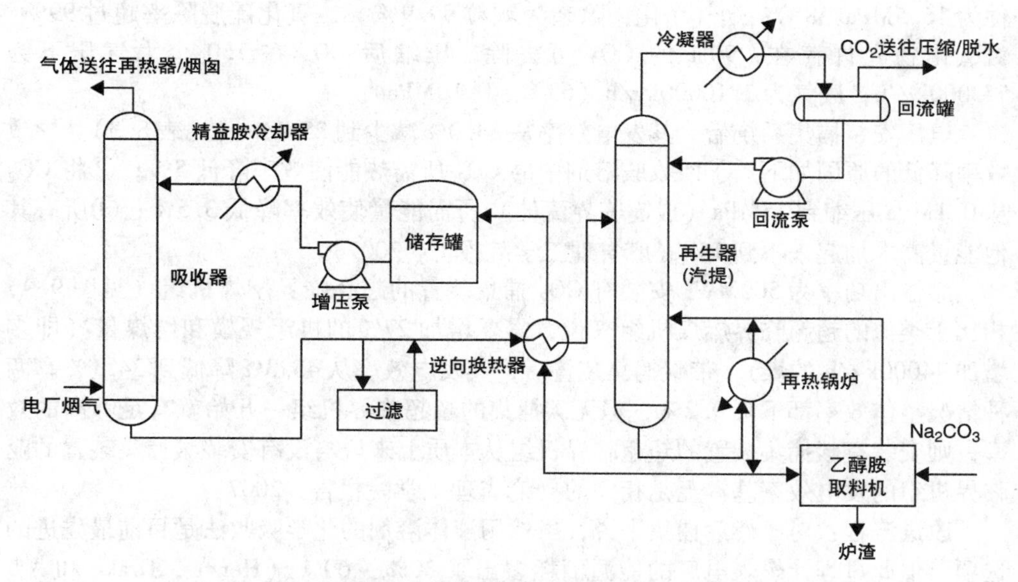

图9.8　电厂烟气的典型化学吸收过程示意图（胺分离过程）
（来源：麻省理工学院，2004；Howard Herzog 允许使用）

低，溶剂的吸收速率也低。

同样的燃后捕集过程也可用于燃气锅炉或联合循环电厂的 CO_2 捕集。即使烟气 CO_2 浓度比在燃煤电厂中低，基于胺的捕集系统仍然能达到很高的去除效率。天然气存在杂质，同样干净的烟气流也有，所以有效的 CO_2 捕集不需要额外除杂。吸收过程虽然昂贵，但捕集 CO_2 的市场价值利润丰厚，可用于各种工业过程——

尿素生产、发泡剂、碳酸饮料和干冰制取。此化学吸收过程在回收 CO_2 副产品或直接从化石燃料燃烧产生的 CO_2 已使用了数十年，但从未在燃煤电厂中用过。此技术的优势在于其 CO_2 分压低的适用性和高达98%的回收率以及高于99vol%的产品纯度（Jones 2007）。

不过，还有一个问题：CO_2 间化学键的破裂和化学溶剂是能源密集型。因此，电厂热效率降低。此外，烟气中的污染物（二氧化硫、氮氧化物、氮氢化合物和颗粒）必须在捕集前除去，否则会减缓溶剂吸收过程，而且根据它们与胺溶剂结合的浓度，可能形成不可再生、耐热型盐。基于胺的捕集技术的设计、性能和操作在文献中有更多详细说明（Rao & Rubin 2002；国际气候变化委员会，2005；美国能源部/国家能源技术实验室，2007）。

带 CO_2 捕集的亚临界和超临界燃煤机组

安装有 CO_2 捕集装置的500MW 亚临界燃煤机组要比同等规模没有此捕集装置的机组要多出37%的工厂规模和给煤量（麻省理工学院报告，2007）。在典型设计中，关键流量有：供气量为335000kg/h，给煤量为284000kg/h；锅炉/过热蒸汽条件为16.5MPa/38℃；烟气净化：除杂为颗粒99.9%，二氧化硫脱除率超过99%，氮氧化物允许存在；90%的 CO_2 可去除，压缩后 CO_2 在150个大气压下为573000kg/h；废气为3210000kg/h（63℃、0.10MPa）。

电厂安装捕集系统后，其发电效率从34.3%减少到25.1%（见表8.3）。导致效率降低的原因如下：①回收胺溶剂中的 CO_2 所需热能使效率降低5%；②将 CO_2 从0.1MPa压缩到15MPa（成超临界流体）所需能量使效率降低3.5%；③所有其他能量需求加起来不到1%（麻省理工学院报告，2007）。

净输出功率为500MW_e 安装有 CO_2 捕集装置的超超临界燃煤机组（见图9.9）相比于类似的超超临界燃煤机组来说，需要增加27%的机组规模和给煤量（即多增加44000kg/h的煤）；带碳捕集装置后，其发电效率从43.3%降低到34.1%。两种情况整体效率都下降9.2%，但无碳捕集的超超临界机组一开始就有足够高的效率，则安装有碳捕集装置的超超临界机组从本质上来说与没有安装碳捕集装置的亚临界机组的发电效率基本上是相同的（麻省理工学院报告，2007）。

改进流程：对于燃后捕集来说，虽然用液体溶剂的化学吸收法是目前最先进的选项，但此过程让燃煤电厂的能源消耗多出了30%～60%（Herzog，Drake 和 Adams 1997；Turkenburg 和 Hendriks 1999；David 和 Herzog 2000）。为了减少资金和能源成本，以及吸收器和再生器的大小，需要开发新工艺。为减少整体成本和/或捕集 CO_2 所造成的能源损耗，研究人员尝试使用了改良的水胺、非水溶剂，用于吸附剂吸附，薄膜等（美国煤炭委员会，2012）。美国电力研究所的菲曼（Freeman）对燃后 CO_2 捕集技术现状进行了分析（2011，2012）。

9.3.2 燃前捕集

对于燃前捕集，化石燃料在高压下会部分氧化，而对电厂而言，在高温高压

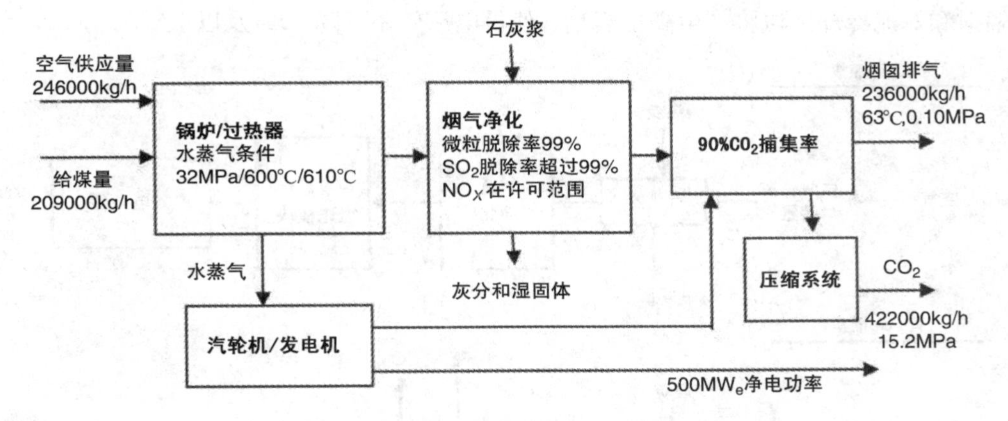

图 9.9　安装有 CO_2 捕集装置的 $500MW_e$ 超超临界粉煤发电厂
（源自麻省理工学院报告，2007）

下，煤与蒸汽和氧气反应也能完成这一过程（气化）。得到的气化燃料主要包括一氧化碳和氢气，其可以在联合循环发电厂中燃烧发电。从合成气中去除掉杂质之后，通过与蒸汽发生反应的一个两步转化反应将一氧化碳转化成 CO_2（体积为 15%～60%），从而变成 CO_2 与氢气的合成气。使用化学溶剂例如多乙二醇二甲醚通过酸性气体脱除法，可以将合成气中的 CO_2 脱除。分离出 CO_2 后得到的富含氢气的合成气。它可在燃气轮机中燃烧发电。

运用酸性气体脱除法捕集 CO_2 的气体处理法已开始了全面的商业化运行，在化工厂中，CO_2 的分离被看作是标准工业过程的一部分。但是这一过程与电厂的燃前捕集还是有稍许不同。在燃前捕集 CO_2 有两点优势；CO_2 浓度没有被助燃空气稀释；CO_2 气流通常在高压下产生。因此，可以运用更有效的分离方法，例如使用低温甲醇和乙二醇二甲醚物理溶剂的变压吸附法。运用物理溶剂有如下几个优点：①费用低；②低温甲醇使用的是价格低廉且易获得的甲醇；③乙二醇二甲醚相比于胺类具有更佳的捕集能力而且可以同时脱除硫化氢和有机硫；④两者都能同时脱除气流中的水分。同时也有如下缺点：①低温甲醇的制冷成本高；②乙二醇二甲醚吸收气体水分的过程中经常需要循环压缩，从而减少了产品收益；③乙二醇二甲醚溶液的冷藏需求（Jones 2007）。我们需要解决这些问题。

整体煤气化联合循环（IGCC）电厂中的 CO_2 捕集

燃烧前 CO_2 捕集可以运用到 IGCC 电厂中，电厂可以将煤气化产生液体燃料，联产电厂既可以大量发电又能生产液体燃料。在 IGCC 电厂，煤会被气化然后在高压下去除 CO_2。图 9.10 是具有和不具有 CO_2 捕集装置的 IGCC 电厂示意图（Katzer 2007）。在 IGCC 电厂中由于投料方式（水煤浆送料和干式送料）、运行压力的不同及散失大量的热，使得气化炉成为最大的变量。不具备 CO_2 捕集能力的发电厂，辐射和对流冷却区域将产生高压蒸汽，使得电厂效率下降40%及以上。

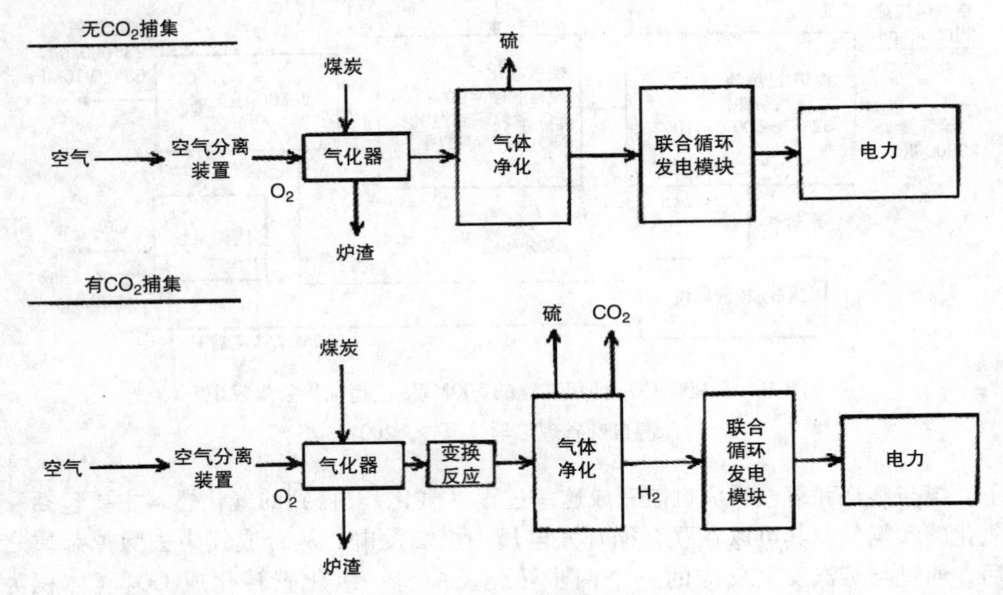

图9.10 无 CO_2 捕集技术的 IGCC（来源：麻省理工学院 Katzer，2007）

为了使 IGCC 电厂具备 CO_2 捕集能力，需要增设两步转化反应：第一步，在催化剂作用下，合成气中的一氧化碳与水蒸气反应生成 CO_2 和氢气；第二步，在高压情况下，气流中 CO_2 浓度较高，像乙二醇二甲醚这种在此条件下吸附 CO_2 能力较弱的物理溶剂可以用来分离 CO_2。

事实上，在此系统中气体净化过程更为复杂，由于 CO_2 的捕集是在高浓度和高压条件下进行，因而首先就是脱硫，然后再是捕集 CO_2，这相比于直接从烟气中捕集 CO_2 具有更佳的经济效益。再者，气化炉中的高压条件能够同时提高分离与压缩 CO_2 的能源效率。此时气流中的主要成分为氢气，因而需要对汽轮机进行改造使其能高效运行。所有这些为了让 IGCC 电厂具有 CO_2 捕集技术，包括空气分离装置、气化炉、气冷装置、转化反应装置、硫控制装置以及 CO_2 捕集装置，都已商业化生产与运用，但是却还没有在经营规模下进行整合运用。

2007 年，麻省理工学院在研究报告中就 $500MW_e$ IGCC 机组中设计用来捕集 CO_2 的物质流动问题进行了探讨。针对 CO_2 捕集问题，德士古/通用公司设计的全淬冷气化炉被认为是最佳设备。具备 CO_2 捕集能力的 IGCC 电厂的发电效率为 31.2%，相比于一般的 IGCC 电厂而言低了 7.2%，且需要增加 23% 的煤炭投料速率，相比于煤炭投料速率增加达到 27% 的超超临界锅炉和 37% 亚临界锅炉（基于胺类捕集 CO_2）而言，这是相当高的。CO_2 压缩和水煤气的转化很大程度上受到 CO_2 捕集的影响。锅炉电站的 CO_2 压缩率大约为三分之二，

因为较高压力下 CO_2 具有更高的恢复率。相比于锅炉电站，由于 IGCC 电厂中 CO_2 复原所需要的能量少，所以可以使用更优的低能量密度分离流程。IGCC 电厂总效率降低 7.2%，与之相比粉煤燃烧电厂降低了 9.2%。这个由捕集流程造成的小差异是 IGCC 电厂应用于捕集 CO_2 的重要优势之一。更多燃前捕集系统的设计、性能和运转等细节可以在文献中找到（Metz 等，IPCC 2005；Chen & Rubin 2009）。

使用碳捕集和封存（CCS）技术的 IGCC 电厂的潜力：碳捕集与封存和 IGCC 的有机结合的主要目的就是煤的清洁利用（Harry 2007）。使用碳捕集与封存技术的 IGCC 电厂能够实现基于煤的能源生产 CO_2 零排放，人们期望这是能源制造产业在未来应对全球气候变化的新方法（Li Xianyong 等，2009）。加入 CO_2 捕集系统，IGCC 电厂发电成本约增加 30%，使用天然气联合循环（NGCC）电厂会增加 33%，使用煤粉燃烧的电厂会增加 68%。对比之下，IGCC 有很大潜力降低 CO_2 捕集成本，使其成为一个具有吸引力的选择。

与早期的 IGCC 电厂相比，下一代具有 CO_2 捕集能力的 IGCC 电厂将系统进行了简化，在提高热效率的同时降低了成本。主要的特点就是通过使用氧气和 CO_2（富氧燃烧）来气化煤替代之前使用的氧气和氮气（空气燃烧）。最重要的优势是提升冷煤气燃烧效率及减少煤（焦）的未燃尽的可能性。与传统 IGCC 电厂净热效率为 30% 相比，在捕集 CO_2 的前提下 1300℃级汽轮机可能使净热效率达到 42%。在应用 1500℃级汽轮机的新整 IGCC 电厂中，有可能使这个效率达到 45%。从汽轮机排放的废气中提取的 CO_2 在该系统中会得到再次利用。利用直接压缩和液化技术，使用封闭式汽轮机的系统也可以进行捕集，就可以不需要分离捕集系统（Guo Yun 等，2010）。

9.3.3 富氧燃烧捕集

这种捕集过程，燃料是在纯氧环境而不是空气环境下燃烧（Buhre 等，2005；Dillon 等，2004；Jordal 等，2004；And ersson 等，2003）。这是基于传统电厂的燃后捕集的替代方法而发展起来的。如图 9.11 所示，该系统中，已将输入空气中的氮气去除得到氧气含量高达 95% 的富氧气体，富氧气体助燃可减少燃料的损耗，但会造成较高的火焰温度。锅炉出口的富 CO_2 烟气会稀释合成物，使得火焰温度和炉膛出口气体温度能够降低到使用空气燃烧时的水平（与煤粉空气燃烧锅炉相同）。目前大部分富氧燃烧研究主要集中在这个方面，即稀释氧气以产生与传统煤空气燃烧锅炉相似的辐射对流换热剖面。

一些有关富氧燃烧锅炉的新设计最近被提出，可以通过其他方法如熔渣燃烧器或控制非化学计量燃烧器来减少甚至消除外部循环。循环烟道气也可以用于输送燃料到锅炉并可保证所有的锅炉区域均有适宜的对流换热。在与燃烧室内的热对流换热相似的情况下，氧气体积分数为 30% 的富氧环境与氧气体积分数为

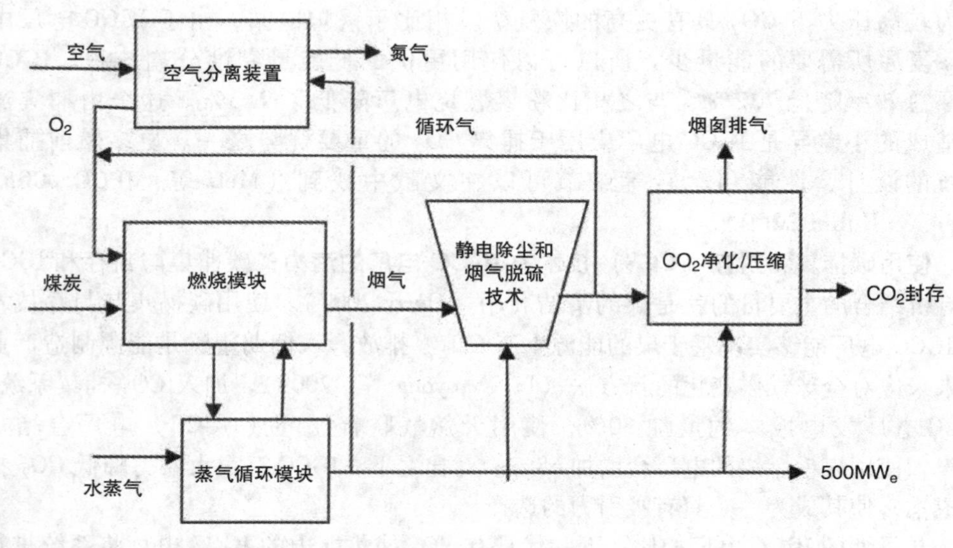

图 9.11 配备 CO_2 捕集技术的富氧燃烧（来源：Katzer 2007）

21%时（即空气）相比，每产生 1lb[㊀] 烟道气大约可使 3lb 烟道气进行循环。产生差异的原因在于 CO_2的比热大于氮气，并且 CO_2在火焰的喷射平均波长下的辐射传热系数处于红外辐射区域（Hottell 和 Sarofin 1967）。为避免氧气和氮气含量超标，必须要小心谨慎地封住该系统防止空气泄漏到烟气中。富氧燃烧生成的废气主要包含 CO_2和水。烟气再循环（Flue Gas Recirculation，FGR）使得 CO_2的含量超过 90%，这样即使在没有能量密集型气体分离设备的气送燃煤电厂里也可对烟道气进行隔离。

富氧燃烧捕集的主要吸引力在于其避免了高成本的燃后捕集系统。取而代之的是使用空气分离装置（Air Separation Unit，ASU）产生相对纯净（95% ~99%）的氧气来助燃。空气分离装置的高昂成本是由于相比于相同规模的 IGCC 电厂供氧系统，其耗氧量差不多增加了 3 倍（Rubin 等，2012）。

Buhre 等（2005）观察到如果在精益燃烧模式并且极少空气泄漏量下煤粉燃烧锅炉烟气的 CO_2的含量可高达 95%。Tan 等（2005）的报告称，根据 1980 ~2000 年间各种工业富氧燃烧试验工厂的研究数据，烟道气中 CO_2含量超过 90%，最高可达 95%。然而压缩机和管道的腐蚀问题还是需要一些燃后捕集技术来解决。

麻省理工学院 2007 年的报告讨论了一个 $500MW_e$ 富氧燃烧生成机组，该机组使用超临界锅炉和蒸汽循环来进行 CO_2 捕集。该机组的进煤率高于无 CO_2 捕集的超临界燃煤电厂，原因在于空气分离装置消耗了部分能量，但是与使用胺类捕集的超临界燃煤电厂相比，其进煤率要低（见表 8.3）。在这种设计中，循环前使用湿

㊀ 1lb = 453.59237g。

法烟气脱硫（FGD）来去除95%的SO_x，防止出现锅炉的腐蚀以及下游压缩/分离设备含高浓度的SO_x的问题。通过一个两级 flash 去除压缩烟气中的不可凝结成分。这样就得到了高纯度的CO_2气流，这个过程与燃煤电厂捕集类似，但是需要额外的花费来达到该纯度。要不是因为运输、隔离CO_2需要额外的高纯度，富氧燃烧可以增加1%的效率，发电成本可以减少0.4美分/kW_eh。生成效率可达30.6%［高位发热量（HHV）］，比胺类捕集的超临界燃煤电厂（燃后捕集）高1%。

对一些设计层面的研究显示，在下游压缩、分离阶段脱除SO_x和NO_x可以在减少成本的基础上进一步简化富氧燃烧捕集系统（Allam 2006）。另一个主要问题是，炉内蒸汽生成时的辐射换热与锅炉对流段过热蒸汽的对流换热之间的热平衡。由于再循环烟气质量流率的减少，炉温升高，高温热辐射使得炉侧有更多的蒸汽生成。同样条件下，对流段传热降低是因为气体质量流率的下降，进而导致过热温度下降（Beer 2009）。

由于提高锅炉效率和控制能源需求下降低排放，富氧燃烧燃煤机组比空气燃烧燃煤机组更具优势。但是空气分离装置的耗能使得效率下降了6.4%，超过了效率的增加量。这样一来，超临界燃煤电厂总效率会低8.3%，使得这项技术从经济的角度上不可行。

正在发展的高效率新技术比如薄膜技术、化学链燃烧技术（下面的章节会进行讨论）等，替代传统氧气生产系统后将会降低成本（Zeng 等，2003；Marion 等，2004；Anheden 等，2005；Allam 2007，2009）。

富氧燃烧燃煤电厂与其他燃煤电厂捕集技术相比而言，具有降低发电成本和CO_2减排成本的潜力（麻省理工学院报告，2007）。一些关于碳捕获与封存的跨部门报告（2010）的研究（美国能源部富氧燃烧，2007）指出，新型富氧燃烧CO_2捕集技术与新型燃前捕集技术或使用燃后捕集技术的新设备相比，可以得到更低的LCOE。实验室和半工业规模的研究表明这种技术具有可靠性高、可用性好、工业化成熟的优点，尽管富氧燃烧还需要先解决“洁净煤”技术（Sarofim 2007）。一些关于富氧燃烧的出版物和综述已经可以见到，如 Zheng，L.（ed.）（2011）、Schheffknecht 等（2011）、Wall 等（2011）、Toftegaard 等（2010）、Davidson & Santos、国际能源署温室气体（2010）、Levendis 及其合作者（2011，2012），以及 Croiset 等（2005）、国际能源署温室气体（2005）、麻省理工学院报告（2007）、ZEP（2008）、Tan 等（2005）、Santos & Haines（2006）、Santos & Davison（2006）和 Santos 等（2006）等早期的论文。

富氧燃烧电厂相比空气燃烧燃煤电厂的优势是富氧燃煤燃烧，总体上而言，还有以下一些其他方面的优势：①烟气的质量和体积减少约75%，这样就可以缩小烟气处理设备的体积；②由于烟气的体积缩小，其产生的热损失也降低了；③烟气基本上只含有CO_2，为下一步分离做好了准备；④烟气中污染物含量的提升使得分离变得较为容易；⑤烟气中的主要成分可凝结使得压缩/分离成为可能；⑥烟气成分的凝结热可以回收再利用而不是在烟气中损失掉；⑦NO_x污染物减少到很少的程度，因为在空气进气时就已经去除掉了氮气（Levendis 及其合作者，2011）。需要解决的问题：①循环气流的处理——SO_2是否要在循环前去除以及循环气流是否要干燥；②运输分离的 CO_2气流的纯度要求。

9.3.4 捕集技术中的能源价格

相比现代发电厂其他环境控制设备，CO_2 捕集技术会产生相当大的能量损耗。这就导致效率下降成本升高。对于具有 CO_2 捕集能力的燃煤电厂，这意味着为了控制 SO_2和 NO_x的排放，会有与之对应的更多的固体废弃物的生成以及消耗更多化学原料如氨和石灰岩（每单位电力产出）。由于现有的胺类捕集系统需要额外的冷却系统，水需求量会显著增加。由于效率损失，原本能去除烟气中 90% CO_2的捕集系统每千瓦时净（可避免的）排放会减小到一个更小的量，基本在 85% ~88%（Metz 等，2005）。表 9.1 提供了基于不同煤的能源技术在有/无捕集系统情况下的效率和能量损耗的数据。报告的效率和相关的能量损耗以表中显示的每个电厂类型的数值为中心有一个范围（Metz 等，2005；麻省理工学院，2007；卡内基梅隆大学，2009；Finkenroth，2011；Rubin 等，2012）。

表 9.1 电厂效率和碳捕集与封存技术能源损失的代表数据

电厂和碳捕集类型	电厂净效率 η（%），HHV，无碳捕获与封存	电厂净效率 η（%），HHV，有碳捕获与封存	碳捕集与封存能量损失：每输出 1kWh 净电力的能量输入损失（%）	碳捕集与封存能量损失：一定能量输入下减少的电力输出（%）
现存亚临界煤粉燃烧电厂，燃后捕集	33	23	43	30
新型亚临界煤粉燃烧电厂，燃后捕集	40	31	29	23
新型亚临界煤粉燃烧电厂，富氧燃烧捕集	40	32	25	20
新型 IGCC，（烟煤）燃前捕集	40	33	21	18
新型 NGCC，燃后捕集	50	43	16	14

注：源自 Rubin 等，2012。作者允许使用。

由于高效率电厂具有较小的能量损耗和相关影响，通过在老旧且低效的电厂内增加新型且高效的 CO_2 捕集机组仍然可以实现一个净效率提升，可降低电厂总排放、降低资源消耗。由此，必须在为减少 CO_2排放的特定的条件或策略下对捕集系统能量损耗的净影响进行评估。任何能提升能量转化效率的新型工艺都能减少捕集系统的成本和影响。

燃煤电厂和 IGCC 电厂总的能量需求受两个因素影响：①运转设备如风扇、泵和 CO_2 压缩机等所需的电力占到总能量损耗的近 40%；②燃煤电厂溶剂再生或 IGCC 电厂水 - 气转换反应所需（损耗）的热能占了剩下的 60%（Rubin 等，2012）。很明显，热能需求（损耗）在净能量损失里面占大部分，因此这一部分也是研究如何减少能量损失的重点。对于富氧燃烧系统，制氧所需的能量是能量损耗的最大部分。

9.3.5 局部 CO_2 捕集

通过调整 CO/CO_2 转换率可以控制捕集水平，这是因为酸性气体脱除技术（Acid Gas Removal，AGR）可以去除气流中一定比例的 CO_2。一部分转换在气化炉内自然发生，因此气化炉出口合成气中的 CO_2 可以通过酸性气体去除技术去除一部分。这个过程，即熟知的“撇泡沫”，可使捕集水平提升到 25%。安装一个单级转换器用于去除 CO_2 可以达到 50% ~ 80% 的捕集水平（Phillips 2007）。要使捕集水平超过 80%，则需要安装一个两级转换器。如上所述，由不同转换器数量所能达到的捕集量与气化炉类型、运行参数、工厂特性以及所用溶剂有高度相关性。为达到高捕集量可以设置更多转换反应器，每个转换反应器内催化剂或蒸汽的量的调节可被用来达到一个特定的 CO/CO_2 量比，从而达到中间级的捕集水平。在转换反应器处设置旁路分流部分合成气也能作为控制捕集水平的办法，但此法还有问题需要解决。局部捕集和全部捕集的技术不同点以及它们共同的优势见表 9.2（Hildebr and 和 Herzog，2008）。

表 9.2 IGCC 电厂局部捕集相比全部捕集的优势

技术特性	相关性能和经济性优势
（1）减少装配数量和尺寸	减少资金成本
（2）减少辅助负荷	增加电厂输出
（3）减少消耗品和水的使用	—
（4）减少水蒸气消耗	增加电力输出或发热量
（5）减少或防止透平折损	增加电厂输出和效率

有几个重要的资金成本影响因素。较低的捕集水平其对应的资金成本也较低，这是因为所需的设备数量会少。在酸性气体脱除上投入的资金量也与捕集水平相关，因为在较低的捕集水平下就不需要两个完全整合级。用于溶剂再生的闪蒸槽、CO_2 压缩机以及一些外部设备，如泵和鼓风机，都可以小型化或者只用一个，这样就可以缩减资金成本。与煤粉锅炉的情况相似，局部捕集也可以缩减与之相关的附属载荷、减少用水量并可节省可观数量的溶剂和催化剂（Hildebr and 和 Herzog，2008）。

前面已经解释过，全部捕集对合成气汽轮机有显著的影响；CO/CO_2 转换会使合成气的热值减少多达 15%（Bohm 等，2006）。经全部捕集后，合成气中基本上只有氢气，使得点火温度上升。降低泵的运转强度来保护其寿命、减少 NO_x 的生成（常通过使用压缩氮气来稀释气体实现）是很有必要的。使用压缩氮气也可以增加通过泵的质量流率，这样可以比不使用氮气稀释得到更好的泵输出效率。但是，泵输出效率依然比使用未转换的合成气时低 10%（Kubek 等，2007）。局部捕集可减少或阻止泵功率下降使得捕集得以保持在一个确定的水平，并且 CO 的热值也能得到保留。另外，局部捕集可以减少转换所需蒸汽量，节省的蒸汽可用于汽轮机发电或用于热集成。

9.4 效果和成本

很多团队研究了有/无 CO_2 捕集的技术效果和成本（比如麻省理工学院、国际能源署、政府间气候变化专门委员会、美国能源情报署、美国能源部和国家能源技术实验室、美国电力研究院、卡内基梅隆大学）。这些研究关于关键经济和技术标准都使用了不同的方法和假设。在不同报告中使用的不同假设和方法很难对描述的技术进行明显比较，而且很难比较特定技术的结果。而且，目前没有任何关于 CO_2 捕集绝对成本的高可信度报告。没有早期商业规模项目的经验，绝对捕集成本的有意义的估计会没有可行性。但是，理解基于文献中信息的可用技术的相对成本是可行的，如果这些信息分析得有条理的话。在 2012 年美国煤炭委员会报告中讨论了 Robert Williams（2006）准备的有条理基础的经济分析。在此分析中用了电厂第 *N* 次成本估计来探索电厂第 *N* 次电厂的潜能。根据技术的成熟度水平，要达到电厂第 *N* 次成本必须完成进一步发展、展示和早期商业项目。当经济分析能探索不同捕集技术的未来角色时，必须指出这些技术都没有取得完全成熟的商业可行性（使用经济分析）。为了解此技术广泛的细节，以度量开始用于描述相对经济等，读者也可参考 2012 年美国煤炭委员会的报告。

这里列出了其他相关研究：①有无捕集的不同发电技术的投资成本（国际能源署）；②有捕集的不同技术的效果和发电成本（麻省理工学院）；③有捕集的新电厂的效果和成本（Rubin 等）；④新超临界燃煤机组和 IGCC 机组（美国能源部/国家能源技术实验室）的一系列 CO_2 捕集水平的成本和效果。这些研究的更多细节请参阅引用的原始论文。

1）Simbolotti（2010）讨论了有无碳捕集与封存（CCS）技术的不同类型的火电厂的投资成本，如图 9.12 所示（国际能源署，2008）。与没有碳捕集与封存技术的电厂相比，碳捕集与封存技术的额外投资成本从 600～1700 美元/kW 不等，增加了 50%～100%。由于高成本和火电厂 8%～12% 效率的耗费，发电厂的碳捕集与封存技术只对大型高效的电厂来说有经济可行性。

在如现有火电厂示范的碳捕集与封存技术增加的投资成本目前在 5 亿～10 亿美元之间，其中 50% 用于碳捕集与封存设备。在其最雄心勃勃的 CO_2 减排方案中，国

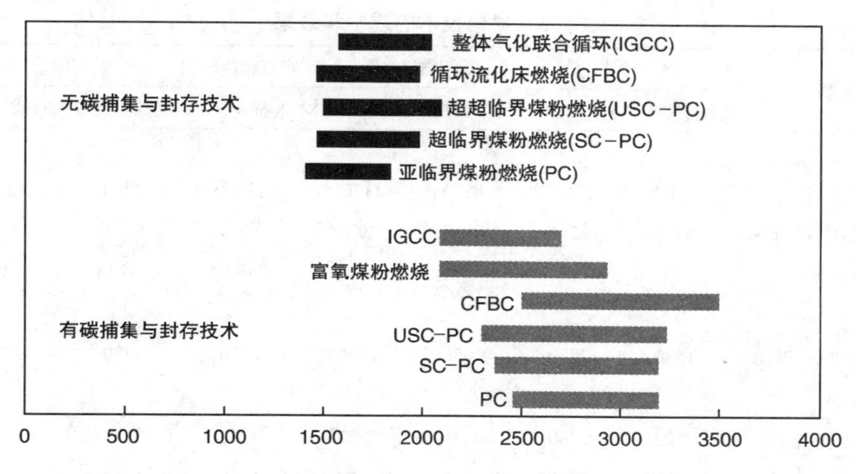

图 9.12　有无碳捕集与封存技术的燃煤电厂投资成本
（2006 美元/kW）（来源：国际能源署，2008）

际能源署估计到 2050 年需要 3400 个有碳捕集与封存技术的电厂以达到减排的目的（国际能源署，2008b 和 2010b）。因此，相关增加的碳捕集与封存技术成本可能是没有碳捕集与封存技术的电厂成本的 40% 左右，可有 2.5 万亿～3 万亿美元（1.3 万亿美元用于捕集，0.5 万亿～1 万亿美元用于运输，0.5 万亿美元用于封存）。

2）Katzar 讨论了有无 CO_2 捕集发电技术的效果和成本（Katzer，2007）。表 9.3 显示了性能参数、总电厂成本、发电成本、有无 CO_2 捕集的成本、CO_2 减排成本。

注意表 8.3（第 8 章）给出的“亚临界”和“超临界”的参数值，这里除了总电厂成本和投资其余都是相同的。因此，表 9.3 中发电成本略高。这些参考成本可允许在技术索引中与 2007 美元的建设成本相比较。没有捕集，燃煤的发电成本最低，且比 IGCC 约高 8%。

对 IGCC 来说，没有 CO_2 捕集的发电成本最低。超临界煤粉机组的捕集和压缩成本大约是 3.3 美分/$kW_e h$；IGCC 的捕集和压缩成本大约是超临界煤粉机组的一半或 1.6 美分/$kW_e h$。煤粉机组的 CO_2 “减排成本”将近为 46 美元/t；IGCC 则为 22 美元/t；富氧燃烧为 34 美元/t，在前两者之间。这些数字包括了捕集和压缩成超临界流体的成本，没有包括 CO_2 运输和注入的成本。IGCC 若在发电厂作为选择 CO_2 捕集的技术则发电成本可能会更低。但是，富氧燃烧有很大的发展潜能。此外，如果低阶煤在考虑范围内且提升其等级，IGCC 和燃煤机组之间成本的差异缩小。如此，燃煤机组捕集/重获成本的显著减少可能会在特定的应用上使得与有捕集的 IGCC 相比很划算。正如前面所看到的，发电厂与 IGCC 相关的可操作性和可用性问题仍然存在。到目前为止，似乎这些技术都没被抵制，它们都还需要深入观察。

表 9.3 发电技术的成本和效果

参数	亚临界机组		超临界机组		富氧燃烧机组	IGCC	
	无捕集技术	有捕集技术	无捕集技术	有捕集技术	有捕集技术	无捕集技术	有捕集技术
效果：							
热耗率	9950	13600	8870	11700	11200	8890	10900
效率（HHV）（%）	34.3	25.1	38.5	29.3	30.6	38.4	31.2
CO_2 排放量	931	127	830	109	104	824	101
成本：							
总电站成本/美元	1580	2760	1650	2650	2350	1770	2340
发电成本：							
（a）投资费用	3.20	5.60	3.35	5.37	4.77	3.59	4.75
（b）燃料费用	1.49	2.04	1.33	1.75	1.67	1.33	1.64
（c）运行和维护成本	0.75	1.60	0.75	1.60	1.45	0.90	1.05
总发电成本	5.45	9.24	5.43	8.72	7.89	5.82	7.44
相比无捕集技术的 CO_2 减排成本/（美元/t）	47.1		45.7		34.0	22.3	

注：1. 单位，热耗率：Btu/kW_eh；CO_2 排放量：g/kW_eh；电站总成本：美元/kW_e；投资费用：美分/kW_eh @15.1%；燃料费用：美分/kW_eh @1.50 美元/mmBtu；运行和维护费用：美分/kW_eh；发电成本：美分/kW_eh。

2. 主要信息：500MW_e电站；伊利诺伊州#6 煤，容量因子为 85%，母线输电。基于成本稳定的 2000～2004年设计研究，引入建造成本指数以引用 2007 年数据（来源：Katzer，2007）。

3）Rubin 等在最近的基于商业性质的燃后和燃前捕集过程工艺现状的研究报告中，分析了新建电厂中有无碳捕集与封存的发电成本（Rubin 等，2012）。在燃烧烟煤或天然气的电厂中，发电总成本（COE，美元/MWh）与 CO_2 排放速率（t CO_2/MWh）呈现如图 9.13 所示的函数关系。

发电成本包括了 CO_2 运输和封存成本，但 80%～90% 的成本是用于包括压缩在内的捕集过程。所有电厂捕集的 CO_2 中有 90% 被封存到深层地质层中。对采用捕集技术的电厂来说，其设计、运行和融资（比如技术的、运行的、财政的和经济的）的假设不同，从而导致不同电厂类型的成本相差较大。例如，更高的电厂效率、更大的工厂规模、更高的燃料质量、更低的燃料成本、更高的年度运行时间、更长的运营寿命和更低的成本等因素都会减少发电成本和 CO_2 捕集的单位成本。CO_2 捕集系统中关于设计和操作的假设进一步导致了总成本的差异。如上面提到的，这些假设在各研究中应用有所不同，由于没有适用于世界上所有情况或地点的统一的一系列假设，因此，CO_2 捕集成本也没有通用的估计值。如果考虑更多因

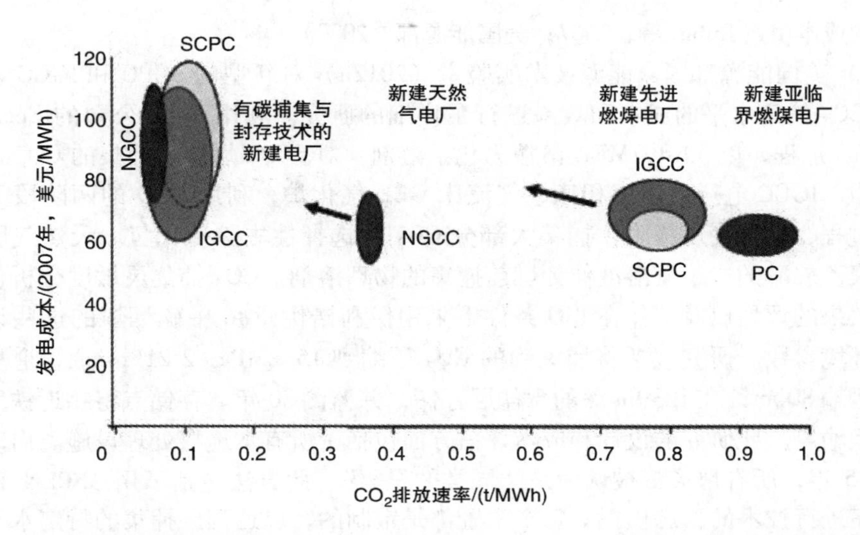

图 9.13 作为燃烧烟煤或天然气的新电厂的 CO_2 排放速率（t CO_2/MWh）函数的发电成本（常数，2007 美元/MWh）；PC—亚临界煤粉，SCPC—超临界煤粉经，IGCC—整体煤气化联合循环，NGCC—天然气联合循环（来源：Rubin 等，2012，E. S. Rubin，教授允许使用，Copyright © Elsevier）

素，比如不同的煤型或更大的锅炉效率范围，成本变化范围将会更大［Rubin、(2010)，Metz 等（2005），美国能源部（2007），麻省理工学院（2007），卡内基梅隆大学（2009），Holt（2007），Rubin 等（2007）］。

因此，重叠椭圆并不意味着一个技术成本会比另一个在相同假设下的技术成本更多（或更少）［例如，虽然不同的研究报道了无碳捕集与封存的不同的超临界煤粉燃烧（SCPC）电厂与 IGCC 电厂的成本值相重叠，但是个别研究显示，当其他所有假设保持不变时，IGCC 电厂比相似规模的 SCPC 电厂系统更昂贵］。碳捕集与封存在新的燃煤电厂中估计会增加 60% ~80% 发电成本，在新的煤气化厂会相应地增加 30% ~50% 的发电成本。这导致在绝对基础上，超临界燃煤电厂成本为40 ~70美元/MWh，燃烧烟煤的 IGCC 电厂成本为 30 ~50 美元/MWh。相对于没有捕集来说，图中计算了安装有捕集设备的电厂捕集每吨 CO_2 的减排成本。此成本相当于“碳价格”或 CO_2 排放税，而且有此成本的碳捕集与封存电厂比没有捕集设备的电厂更加经济。对新的超临界燃煤电厂，目前此成本约为60 ~80 美元/t CO_2。对 IGCC 电厂来说，不管有无碳捕集与封存，其减排成本更小，为 30 ~50 美元/t CO_2。虽然 CO_2 的减排成本取决于没有碳捕集与封存的“参考电厂”的选择，但是将有碳捕集与封存的 IGCC 电厂比作 SCPC 参考电厂也是有意义的，因为没有捕集过程的 SCPC 并没有与之有相同设计 IGCC 那么昂贵。在这种情况下，CO_2 的减排成本增加到 40 ~60 美元/t。所有情况下，如果 CO_2 通过后续地质存储提高原油采收率，此成本会更低（因为提高采收率可增加收入）。对用低阶煤（次烟煤或褐煤）的电厂，减排成本可能略高于基于此图的成本值（Rubin 等，2007；美国能源部，2009）。

4）美国能源部国家能源技术实验室（2012a）对新型的 SCPC 和 IGCC 电厂的不同 CO_2 捕集水平的成本和效果进行了详细的研究。利用 Fluor 公司的 Econamine FG Plus 过程，以 30wt% MEA 溶液为化学溶剂，对 SCPC 燃烧后捕集的 CO_2 进行变温吸附。IGCC 电厂采用沉积床、气流床 GEE 气化炉，利用 UPO 的两阶段天然气脱硫过程，通过变压吸附，捕集大部分 CO_2 并选择性去除硫化氢。天然气脱硫过程用聚乙二醇的二甲醚溶液作为燃前捕集的物理溶剂。CO_2 捕集灵敏度分析包括成本和效果的评估以及工作在 ISO 条件下采用伊利诺伊州#6 中硫烟煤的这些设备测得的环境参数。研究包括将捕集到的 CO_2 压缩到 15.2MPa（2 215psia）管道里，用管道运输 80km，在 1239m 深的含盐层存储，并监测 80 年。存储点将靠近铁路运输便于运输煤。此研究的设计和成本评估方面包括了所有本地煤处理设施。启动日期为 2015 年，所有情形都被认为是“同类的先驱”。此方法包括了用 ASPEN Plus 建模程序进行技术的稳态模拟。每个配置都是定制的，以达到碳捕集的特定水平。此研究得到了以下结论：①在考虑的 CO_2 的所有情形下，IGCC 电厂将比 SCPC 电厂运行效率更高。对同水平的电力输出，更高的效率会使燃料成本更低，能减少煤处理成本。②在 CO_2 捕集更低的水平下，SCPC 电厂的发电成本低于 IGCC 电厂，但发电成本随着捕集水平增加开始增大。在捕集水平大于 90% 左右时，两者具有几乎相等的电力成本。电厂资本成本（用美元/kW 表示）也有相同趋势。③用相似的没有捕集的电厂作为参考，所有捕集水平下，IGCC 电厂的 CO_2 减排成本远低于 SCPC 电厂的 CO_2 减排成本。这表明了与 SCPC 电厂相比，在 IGCC 电厂增加 CO_2 的捕集会降低一些成本。然而，用无捕集的 SCPC 电厂作为参考电厂，IGCC 电厂的 CO_2 减排成本更高，因为没有捕集的 IGCC 电厂发电成本更高。④碳捕集与封存在较低水平下，SCPC 电厂的 CO_2 减排成本更高，但随着捕集水平增加到最小值约为 95% 时，此成本开始减少，接着又略有增加。这意味着，如果 SCPC 电厂为安装 CO_2 控制设备投入额外资金，此设备将捕集尽可能多达 95% 的 CO_2，使用其更加合算。⑤在大范围的捕集水平下，IGCC 电厂的 CO_2 减排成本（相对于无捕集的 IGCC 电厂）会出现相对较小幅度的不稳定。虽然它们通常随着碳捕集与封存水平增加而减少（与 SCPC 相似），但相对于 SCPC，高低值间的范围小。由于 IGCC 系统更复杂，它需要有比 SCPC 电厂更好的优化。为了保持精确的 CO_2 捕集水平，几个变量同时操作（比如水汽转化反应器的数量、转化所需蒸汽量、溶剂循环率和合成气通过率）以使成本和效果影响最小化。大多数情况下一般没有 IGCC 昂贵的 SCPC 电厂系统简单，因此表现出优化潜力更少。此报告可能已经给出读者觉得很多有用的细节内容。

排放特性：煤的主要问题就是排放问题。表 9.4 中给出了燃煤电厂和 IGCC 电厂商业性展示和预测的排放性能（Power Clean 2004；USEPA 2005）。所有燃煤机组都有使用静电除尘器或袋滤捕尘器，且颗粒物排放通常很低。提高静电除尘器或湿式静电除尘器的利用能进一步减少排放，但增加了成本。烟气脱硫并不适用于所有的发电设备，因此典型污染物的排放量相当高。具有最好商业性能的 IGCC 机组达到了全规模商业运行机组展示的减排量，而且还能进一步提高。事实上，有了 CO_2 的捕集，我们还能期望排放水平能进一步减少（Holt 2007）。具有最好商业性能水平的 IGCC 电厂能降低 3～10 倍的排放量。有 CO_2 捕集的 IGCC 电厂的排放量应该更低（Katzer，2007）。

表 9.4 排放水平

技术（案例）	颗粒物 /(lb/mmBtu)	SO_2 /(lb/mmBtu)	NO_x /(lb/mmBtu)	汞 (移除率,%)
燃煤电厂：				
(a)典型	0.02	0.22	0.11	
(b)商业最佳	0.015(99.5%)	0.04(99+%)	0.03(90+%)	90
(c)有 CO_2 捕集设计	0.01(99.5%)	0.0006 (99.99%)	0.03(95+%)	75～85
IGCC 电厂：				
(a)商业最佳	0.001	0.015(99.8%)	0.01	95
(b)有 CO_2 捕集设计	0.001	0.005(99.9%)	0.01	>95

注：数据源自 Katzer 2007。

9.5 部署碳捕集与封存系统的政策框架

在煤炭利用中，通过追求技术研发来实现减少 CO_2 捕集成本。更显著的是，这将作为示范成本降低的经验和早期先行者捕集项目（实践中学习）的结果。为了确保适当的研发计划，对捕集示范项目制定强有力的法律和政策框架是必不可少的，其中包括以下内容：

1）通过对大型示范项目的经济通知、技术和监管决策的资助，来加快碳捕集与封存技术的创新和发展。对大规模示范点进行仔细的监测，可以更好地了解大量 CO_2 在长时期内的变化结果。这样将使成本降低，并且使碳捕集与封存技术与其他减排技术相比时，更具有竞争力。另外，资金接受者将有义务扩大知识共享活动，更快地分享经验教训。

2）要求所有新建的燃煤电厂，满足“排放标准”，限制 CO_2 的排放量，以实现碳捕集与封存系统水平的提高；这将包括加强研发捕集技术来提高性能，降低成本，大型体验项目与一系列的地质构造之间的封存，潜在的存储水库国家清单，还有为评估封存地点和长期监管 CO_2 封存建立新的控制框架。

3）使用碳捕集与封存系统对电厂开发商的激励在于：目前，CO_2 排放到大气中没有任何费用，需要补贴来抵消传统电厂和那些使用碳捕集与封存系统的电厂之间的花费差额，还有市场激励机制和免费的煤炭政策之间的成本差异，进而吸引民间投资采取碳捕集与封存系统并使用这些技术，如温室气体总量管制和排放交易计划。

4）利用法律监管框架，保护人类和环境健康与安全；如产权和长期负债问题在采用碳捕集与封存系统后已尽可能得到妥善的解决。

5）由于有关碳捕集与封存系统的公众意识还极为薄弱，应当对公众进行有关知识的普及，以保证大众可以接受这些做法。

9.6 捕集技术的现状

由于其在缓解全球变暖中发挥着重要作用，碳捕集与封存的研发活动已在数个团队中展开。几大组织和科研团队（美国能源部/国家能源技术实验室，2011；国际能源署温室气体，2011；麻省理工学院，2011；全球碳捕集与封存研究所，2011；Rubin 等，2012；全球碳捕集与封存研究所，2012）经常有技术进展和当前状况的报告。

“技术成熟度水平（TRL）”是用来确定一个项目处于“商业”、“示范”、“半工业规模”和“实验室”级别的概念。例如，技术或系统的成熟是通过不同技术成熟度水平的规模来说明。美国电力研究院（EPRI）和美国能源部最近通过了最初是由美国航天局开发的，用来描述新的燃后碳捕集技术的现状的技术成熟度水平标准。处在该规模的下端（一级技术成熟度水平），一个技术仅有可观察的基本原理；而处在顶端（九级技术成熟度水平），该技术已发展成熟到在其实际工作中可以成功地使用其系统。正如美国能源部（2009 年）给出的定义，对每个技术成熟度水平有以下描述（美国煤炭委员会，2012）：

1）科学研究开始翻译应用研发——最低层次的技术准备就绪：例如技术基本属性的文本研究；

2）发明开始——一旦基本原则得到遵守，将可以研发实际应用；

3）开始有效的研究与开发：例如尚未集成或表征的部件；

4）组装基础技术元件；

5）基础的技术元件是由合理可靠的支撑元素整合而成的，因此它可以在模拟的环境中进行测试；

6）在相关的环境中进行模型/原型测试；

7）接近或达到计划运行的原型系统——这是从六级技术成熟度水平以来重要的一步，需要在运行环境中验证实际系统原型；

8）技术被验证可行——实际技术完成并通过测试和验证；

9）技术的实际应用是其最终形式——技术通过成功运行验证。

在 2012 年 9 月（全球碳捕集与封存研究所，2012），全球碳捕集与封存研究所确定了 75 个大型综合碳捕集与封存项目（大型综合项目）。大型综合项目是涉及 CO_2 捕集、运输和封存的规模在：①以燃煤为主的电厂每年至少排放 800000t CO_2；②其他排放密集型工业设施（包括基于气体的发电）每年至少排放 400000t CO_2。大型综合项目的定义将定期进行审查和调整以适应碳捕集与封存的发展；为了明确碳捕集与封存的法律法规和标准；并且作为项目边界、生命周期分析和可接受的 CO_2 使用量的分析方法。一半以上的新的经过认证的大型综合项目位于中国。在 16 个正在运行或在建的项目中，综合 CO_2 捕集能力为 36Mtpa（百万吨/年）。另外的 59 个大型综合项目正处于发展阶段，有另外超过 110Mtpa 的潜在碳捕集能力。所有新确定的项目正在研究提高原油采收率的选择，将其作为一个额外的收入来源。在全球不同地区大型综合项目的分布见表 9.5。在过去两年里，网上预计的在 2015～2016 年大型项目出现的高峰期已经转移，现在预计其将从 2018～2020 年开始。此外，还有许多较小规模的项目（或者是只关注碳捕集与封存链的某些部分的项目），对碳捕集与封存的研究和发展也起着重要的作用，可以用于展示碳捕集与封存的单个元素，用于发展当地碳捕集与封存能力（全球碳捕集与封存研究所，2012）。

表 9.5 截至 2012 年 9 月配备大型综合 CO_2 捕集技术的电厂

CO_2 捕集	北美洲	欧洲	亚洲	澳大利亚和新西兰	中东/北美	总量
发电厂						
燃前捕集	7	3	3	—	1	14
燃后捕集	4	11	2	1	1	19
富氧燃烧	1	3	2	—	—	6
未确定	—	—	2	1	—	3
其他电厂						
天然气利用	6	2	1	1	1	11
钢铁厂	—	1	—	—	1	2
水泥厂	—	—	—	—	—	0
其他工业	14	1	3	2	—	20
总量						75

注：数据源自全球碳捕集与封存研究所，2012。

在全球不同的地方运营着五个大型完全整合的碳捕集与封存项目（其中 CO_2 捕集和封存都在地层深处）。但是它们都不是用来自发电的。

1）Sleipner 项目：注射 CO_2 进入于特西拉在北海的砂岩中，从 1996 年开始约 250km 在挪威海岸，是挪威国家石油公司的海上 Sleipner 项目的一部分。这在北海的天然气生产设施是运行时间最长的商业碳捕集和封存项目，现在保存超过13Mt的CO_2。从气田提取的天然气中CO_2的含量约为9%，这一含量必须降低至2.5%以满足商业规格。CO_2是由胺洗涤二乙醇胺（MDEA）分离的并且通过水平井注入（1Mtpa的CO_2）位于深盐水砂岩地层800～1000m以下的海底（靠近于特西拉处）。在项目的生命周期内，预计CO_2总封存量达到20Mt，而构造预计可容纳约6000亿t的CO_2。注入的CO_2已经由随时间推移三维地震技术监测多年，以对容器中的CO_2获得更好的理解。虽然地震监测有力地表明，CO_2被安全地封存并不泄漏的贮存着，但该数据的可靠性是不够的，必须确认CO_2百分之百保存在储存器中。这是第一个商业化的碳捕集与封存示范项目，减少的CO_2税达到55美元/t。运营成本包括CO_2的压缩和监测，CO_2注入费约为16美元/t。

2）In－Salah项目：从2004年开始运营起，CO_2（10%体积）从阿尔及利亚陆上的撒哈拉沙漠天然气田的气体中分离胺化进程和（约1Mtpa）2000m高深部咸水含水层中的Krechba形成，接近天然气田。这种形成有望在项目生命周期内接收1700万t CO_2。基于碳捕集与封存的投资和运行成本（包括广泛的监测和地震分析），总碳捕集与封存成本约为6美元/t CO_2，比同类海上项目显著低廉。

3）Weyburn－Midale项目：在这个由加拿大能源石油公司管理的项目中，自2001年以来，1.7～2.8Mtpa的CO_2是从位于北达科他州的一个煤气化装置捕获，并通过320km的管道到达加拿大Saskatchewan，最后它被用于油田以提高原油采收率。该项目是首个在系统科学的研究和监测中进行的碳捕集与封存项目。增加的石油产量估计将达15500万桶。Midale油田从2005年开始就进一步提高采收率业务，目前该项目每天注入6500t CO_2，其中3000t可以回收。因此，加拿大政府初期提供了约20美元/桶的财政奖励。在项目生命周期内将会有3000万～4000万t CO_2被封存。国际能源署（IEA）温室气体研发计划的一个国际研究协会监测CO_2，并评估封存技术和风险（Simbolotti 2010）。Weyburn项目已封存超过18Mt的CO_2（Williams 2006）。在2000～2004年的结果中表明，将CO_2封存在油藏中是可行并且安全的。该项目将对碳的注入和封存产生最佳的人工操作性。

4）Snøhvit项目：自2008年4月离岸项目在巴伦支海启动，挪威是第一个将捕获的CO_2注入和封存的液化天然气厂的国家。天然气和CO_2从Snøhvit场经150km的管道到达哈默菲斯特的陆上液化天然气工厂，其中0.7MPa的CO_2被分离，并通过管道被注入2600m深Tubasen离岸咸水层下面的气场。

5）Rangely项目：该项目从1986年开始运营，利用CO_2提高石油采收率。在Wyomimg的LaBarge公司，使用CO_2使气体分离，并重新注入。一开始，2300万～2500万t的CO_2都被封存。计算机建模后发现，它几乎所有都溶解在地层水中，作为水溶液的CO_2和碳酸氢盐。

最近，又一重大项目——Century Plant（世纪工厂），是使用燃前捕集CO_2［5MtPa（+3.5MtPa建筑压力）］的气体处理装置，在美国自2010年就已经开始运行用于提高原油采收率（全球碳捕集与封存研究所，2012）。

三种类型的捕集技术进展

1）燃后 CO_2 捕集系统：以胺为基础的系统已被用于商业，可以满足 CO_2 从天然气生产到食品加工（Rochelle，2009）等多个行业的产品规格。表 9.6 中列举了几个捕集 CO_2 的燃煤和燃气发电厂，其中一部分的烟气流和 CO_2 捕集系统要求非常吻合。表中不包括 Sleipner 项目和之前讨论的 Snøhvit 项目。

表 9.6　电厂和其他工业过程中完全集成的商业化燃后捕集技术

项目和地点	燃料类型	起始年份	电厂装机容量/MW	捕集系统类型	CO_2 捕集量/（10^6t/年）
美国项目：					
（a）国际矿物和化学协会纯碱厂（加利福尼亚州特罗纳）	煤炭和石油焦炭	1978	43	胺捕集（美国 ABB 鲁玛斯集团）	0.29
（b）AES 全球公司谢迪波因特电厂（俄克拉荷马州巴拿马城）	焦炭	1991	9	胺捕集（美国 ABB 鲁玛斯集团）	0.06
（c）贝灵汉热电联产设施（马萨诸塞州贝灵汉）	天然气	1991	17	胺捕集（美国福陆公司）	0.11
（d）Warrior Run 电厂（马里兰州坎伯兰）	焦炭	2000	8	胺捕集（美国 ABB 鲁玛斯集团）	0.05
美国以外项目：					
（a）博茨瓦纳 Sua Pan 纯碱厂	焦炭	1991	17	胺捕集（美国 ABB 鲁玛斯集团）	0.11
（b）日本住友集团化工厂	煤炭和天然气	1994	8	胺捕集（美国福陆公司）	0.05
（c）马来西亚国家石油公司天然气处理厂	天然气	1999	10	胺捕集（日本三菱重工有限公司）	0.07
（d）阿尔及利亚英国石油公司天然气处理厂	天然气分离	2004	N/A	胺捕集（多家公司）	1.0
（e）日本三菱黑崎化工厂	天然气	2005	18	胺捕集（日本三菱重工有限公司）	0.12
（f）中国北京华能集团废热发电厂	焦炭	2008	0.5	胺捕集（中国华能集团）	0.003

注：源自 Rubin 等，2012，Rubin 教授允许使用。

尽管一些供应商有以胺为基础的系统，但是在燃煤电厂中只有美国 ABB 鲁玛斯集团（ABB Lummus，现为CB&I Lummus）有烟气的CO_2捕集装置在运行。美国福陆丹尼尔公司（Fluor Daniel）和日本三菱重工有限公司（MHI）有商业设施的燃气电厂，他们现在也提供了在燃煤电厂中用于燃后捕集的商业担保。

在一小部分烟气发电厂中，捕集系统已经商业化运营；迄今为止现代燃煤或燃气发电厂的全部烟气气流中还没有应用捕集单元。因此，在使用常规的设备的基础上，全规模示范装置（对应于七级和八级技术成熟度水平）应该安装在满足操作性和可靠性要求的条件下。这可能有助于电力公司、融资机构、开发人员和机器操作员获得这种技术的认可。

几个这样的项目都是在欧洲和美国公布的（Kuuskraa，2007；ETP2010；麻省理工学院，2011）；由于涉及的全面项目成本很高，一些项目公布被取消或延迟（Source Watch 2010）。

表9.7列出了截至2011年9月，主要的燃后捕集示范项目的全球计划（EPRI 2011；Rubin等，2012）。这些系统中的大多数开始于2014年或2015年，将在现有的燃煤电厂中安装，与捕获的CO_2通过管道输送到地质封存场地相比，大多为提高原油采收率产生的收入抵消了一部分项目成本。

表9.7 已计划的燃后捕集电厂的示范项目

名称和地点	燃料类型	起始年份	电厂装机容量/MW	捕集系统类型	CO_2年捕集量/(10^6t/年)
美国项目：					
(a) Tenaska先驱者能源中心（得克萨斯州甜水镇）	焦炭	2014	600	胺捕集（美国福陆公司）	4.3
(b) NRG能源公司华盛顿教区电厂（得克萨斯州休斯敦）	焦炭	2015	240	胺捕集（美国福陆公司）	1.5
美国以外项目：					
(a) SaskPower边界大坝电厂（加拿大埃斯特万）	焦炭	2014	115	胺捕集（康世富科技公司）	1.0
(b) 瑞典大瀑布电力公司延施瓦尔德电厂（德国延施瓦尔德）	焦炭	2015	125	胺捕集（公司未确定）	N/A
(c) 波兰PGE公司贝乌哈图夫电厂	焦炭	2015	360	胺捕集（阿尔斯通陶氏化学公司）	1.8
(d) 托莱港电厂（意大利罗维戈）	焦炭	2015	200①	胺捕集（公司未确定）	1.0
(e) 苏格兰和南部能源公司彼德赫德电站（英国彼德赫德）	焦炭	2015	385	N/A	1.0

注：源自Rubin等，2012，Rubin教授允许使用。

① 根据其他数据估计。

相对于目前商业系统的程度而言，这些项目在早期的详细设计阶段会计划一定程度的增加了捕集效率或者降低成本。Rubin 等（2012）也列举了一些中等规模燃后 CO_2 捕集项目（对应于六级和七级技术成熟度水平）的当前工作进展，或者在设计或建造阶段，或最近已完成。这些项目正在测试/开发改良胺系溶剂或测试氨系溶剂（Ciferno 等，2005；Figueroa 等，2008）或钙基吸附剂（Blamey 等，2010）。该试验项目还包括基于集中哌嗪、氨基酸盐、固体吸附剂和膜基系统的捕集过程的测试。

目前大量需要的燃后捕集新工艺和新材料，正处于发展的实验室水平（空气净化工作组，2010）。这些可以大致分为：①液体溶剂（吸收剂），通过化学或物理机制捕集 CO_2（美国能源部/国家能源技术实验室，2010；Freeman 等，2010；Chapel 等，1999；Wappel 等，2009；Knuutila 等，2009；Cullinene 等，2004；Oexmann 等，2008；全球碳捕集与封存研究所，2011）；②固体吸附剂，通过物理或化学机制捕集 CO_2（Figueroa 等，2008；美国电力研究院，2009；美国能源部/国家能源技术实验室，2008；Grey 等，2008；Plaza 等，2007；Sjostrom 等，2010；Radosz 等，2008）；③从其他气态物质中选择性分离 CO_2（Figueroa 等，2008；美国电力研究院，2009；Kotowicz 等，2010；Favre 等，2009；Zhao 等，2010；Clean Air task Force & Consortium for Science）。从目前的商业系统来看，这几种可能的方法，可以减少每一组成本，提高捕集 CO_2 的相对效率。例如，使用“有机、无机膜”（例如聚四氟乙烯微孔膜），可以从溶剂中分离出烟道气。实际上，在给定体积内，该膜允许更大的接触面积，这是选择性吸收 CO_2 的溶剂。采用气体膜的优点：①高堆积密度；②相对于流量和溶剂具有高弹性；③没有起泡、通道、夹带和淹没等在填料吸收塔时的常规问题；④准备好运输（如离岸）；⑤显著减轻重量。另一个例子是“设计一个一次通过洗涤过程（没有再生步骤）”，其中一个可用海水在烟气中洗涤 CO_2，然后将整个混合物返回到海洋中进行存储。在海水洗刷时，在管道和吸收器中，大体积的水会使压力大大下降（Herzog & Golomb，麻省理工学院，2004）。试验研究表明，改善吸收过程中使用新溶剂的技术（例如薄膜），并且更好地整合捕集技术，可以降低能源损耗约 20% 的常规燃煤（Herzog，Drake，& Adams 1997；David 和 Herzog，2000）。近期的技术改进（即 2012 年技术水平）可以节省成本（David 和 Herzog，2000）。不过，现在依靠量化的潜在利益或确定成功的可能性还为时过早。此外，新的捕集技术概念，其基本原理通常是很好理解的，但缺乏基于计算机模拟研究的实验数据和必要的检验。有三个新奇但未经检验的碳捕集的方法，即新型吸附剂、混合动力系统和新颖的再生方法——正在研究中（Eisamann 2010；ARPA 2010，2010a；Pennline 等，2010）。美国电力研究院已审查过 100 个燃后捕集的活动项目，并且在技术成熟度水平规模下进行了排名（Bhown & Freeman 2009，2011）。美国电力研究院的研究发现，大多数新工艺采用的吸收方法（即溶剂）都在发展中，只有极少数新工艺和新概念利用膜或固体吸附剂（吸附）来捕集 CO_2。显然，更大的问题是面对这些方法，需要加以调查。

2）燃前 CO_2 捕集系统：目前没有商用级别的电厂在经营燃前 CO_2 的捕集；但是有两个在美国，一个在中国的项目正在建设之中。密西西比电力公司正在建设最发达的商业规模的 IGCC 电厂，用来捕集周围的 3.5MPa CO_2，用来证明全面 IGCC 电厂及碳捕集与封存的技术和商业的可行性。计划开始于 2014 年，该项目将产生 524MW 电力，约 65% 的排放将使用 Selexol 法酸性气体去除装置进行捕集。另外一个，德州清洁能源项目（TCEP），碳捕集与封存的一个 400MW（总）IGCC 多联产装置，目前正在由高峰电力集团开发；生产的合成气将被用于发电和用于商业销售的颗粒状尿素。该项目将使用低温甲醇洗法从尿素的生产中捕集 90% 排放的 CO_2。采用多联产，将创造额外受益用来补偿一部分项目成本。在中国一个 250MW 的绿色煤电 IGCC/碳捕集与封存项目正处于发展的高级阶段。在完成第一阶段之后，该项目将增加一个 400MW_e 的电厂从而扩展到 650MW_e。对于电厂接下来的调查、研发和运行方案（直至后续商业发电）的确切持续时间尚未定案（全球碳捕集与封存研究所，2012）。达科他气化公司经营的 Great Plains 合成燃料工厂使用煤气化合成天然气，预期使用基于甲醇的低温甲醇清洗工艺，捕获约 3MPa 的 CO_2。以前 CO_2 直接排放到大气中，而现在将其压缩并经由 205mile（约 330km）的管道输送到一个加拿大油田，在那里它将被用于提高原油采收率（Rubin 等，2012）。在示范水平上，多个公布的 IGCC 电厂 CO_2 捕集已被推迟或取消，除了中国的一个正在建设的工厂。一些在美国和其他国家的公共和私营部门之间的共享成本的大型项目计划可能在未来几年得以实施，见表 9.8。它们中的大多数是在 2014 年或更晚时间开始的，既有燃料生产厂又有 IGCC 电厂。在这些项目中，CO_2 的捕集量有很大的不同，占碳原料50% ~90% 不等，在大多数情况下捕集的 CO_2 将用于枯油井的填充以提高原油采收率。

大部分项目将服务于展示 IGCC 技术，如气化器操作的可靠性和带有 CO_2 捕集的使用氢气为燃气轮机供能的大规模应用。

表 9.8 已计划的燃前 CO_2 捕集示范项目

项目和地点	电厂和燃料类型	起始年份	电厂装机容量/MW	CO_2 捕集系统	CO_2 年捕集量/(10^6t)
美国项目：					
(a) 巴尔德清洁能源燃料公司（俄亥俄州韦尔斯维尔）	煤 + 生物质液化	2013	53000 桶/天	Rectisol	N/A
(b) DKRW 能源公司（怀俄明州梅迪辛博）	煤液化	2014	20000 桶/天	Selexol	N/A
(c) 高峰电力公司（得克萨斯州彭韦尔）	煤 IGCC 和多联产（尿素）	2014	400MW_e	Rectisol	3.0 (EOR)*
(d) 肯珀县 IGCC 电厂（密西西比州肯珀县）	褐煤 IGCC	2014	584MW	N/A	~3 (EOR)*

（续）

项目和地点	电厂和燃料类型	起始年份	电厂装机容量	CO_2 捕集系统	CO_2 年捕集量/(10^6t)
(e) 瓦卢拉电厂（华盛顿）	煤 IGCC	2014	600~700MW	N/A	N/A
(f) 泰勒维尔能源中心（伊利诺伊州泰勒维尔）	煤制气 + IGCC	2014①	602MW	N/A	3.0
(g) 氢能公司（加利福尼亚州克恩县）	石油焦 IGCC	2016	390MW	N/A	2.0 (EOR)*
美国以外项目：					
(a) 绿色煤电公司（中国天津滨海新区）	煤 IGCC 和多联产	2011 阶段 1 无 CCS	250/400MW	N/A	盐水*
(b) 埃斯顿庄园 IGCC 电厂（英国蒂赛德）	煤 IGCC	2012	800MW	N/A	5.0
(c) 唐瓦利 IGCC 电厂（英国斯坦福斯）	煤 IGCC	2014	900MW	Seloxol	4.5 (EOR)*
(d) 杰纳西 IGCC 电厂（加拿大埃德蒙顿）	煤 IGCC	2015	270MW	N/A	1.2*
(e) RWE 公司（德国胡尔特）	褐煤 IGCC	2015②	260MW	N/A	2.3
(f) Kedzierzyn 零排放电力化工厂（波兰）	煤-生物质混合 IGCC 和多联产	2015 500kt/年甲醇	309MW+	N/A	2.4
(g) 农·马格南电厂（荷兰）	混合燃料 IGCC	2015③	1200MW_g	N/A	N/A (EOR & EGR)*
(h) FuturGas 电厂（澳大利亚金士顿）	褐煤液化	2016	10000 桶/天	N/A	1.6

注：源自 Rubin 等，2012；* 麻省理工学院，2012。MW_g：总产生兆瓦。

① 此项目正处于暂停状态并等待进一步国家资金支持。

② 取决于碳封存相关法律文件出台。

③ 取决于 Buggenum 示范电厂的运行效果。

此外，前面的章节中提到了两个欧洲中试规模的碳捕集与封存技术项目。在实验室水平上，在燃前捕集的研究主要目的是提高捕集效率以降低设备的尺寸和成本。实验室研究也涉及燃后捕集，即利用液体溶剂的吸附作用将 CO_2 从气流中分离；固体吸附剂通过固体表面吸附实现 CO_2 分离；薄膜 CO_2 分离通过薄层固体材料的选择透过性实现。研究物理溶剂的目的是提高 CO_2 的吸附能力并减少吸附热，同时研究也在寻求能使 CO_2 在更高的压力和温度下被捕集的新溶剂。例如，在室温下有高的 CO_2 吸收潜能而且在 250℃ 的高温下也不会蒸发的离子液体盐。固体吸附剂研究工作的重点是确定最有潜力的吸附材料并进行实验室水平的测试。理海大学、三城间国际研究所（RTI International）、美国研究公司（TDA）、北达科他大学和联合研究服务组织（URS Group）是目前正在发展固体吸附剂的组织之一（美国能源部/国家能源技术实验室 2010a)。到现在为止,膜技术还没有被用于需要高 CO_2 回收率和纯度的 IGCC 电厂或工业过程的预燃烧 CO_2 捕集中。由于从 IGCC 变换反应器出来的 CO_2 和 H_2 的混合物温度高,不需要向燃后捕集那样提供额外的能量来创建穿过膜的压力差,膜技术将是 IGCC 领域令人关注的应用。

目前另一个正在进行的研究是开发可以在水煤气变换(WGS)反应器中让转移反应和 CO_2 捕集同时发生的吸附剂和薄膜(Van Selow 等,2009)。也就是说,在添加吸附剂的水煤气变换反应中,水煤气变换催化剂与 CO_2 吸附剂混合在一个反应器中,使吸附剂能够捕集刚形成的 CO_2,促进 CO 转化为 CO_2 过程。这种方法同时实现了 CO_2 的捕集和高效的水煤气变换反应,降低了系统的总投资成本(van Dijk 等,2009)。除了水煤气变换反应器外,研究还涉及各种其他会产生 CO_2 捕集费用的 IGCC 设备组件,如空气分离装置、气化器和燃气轮机。其他正在积极研究中的创新发展理念还包括:采用新型工厂一体化技术的先进工厂设计,以及固体氧化物燃料电池等先进的技术(Chen & Rubin 2009,Klara & Plunkett 2010)。

3)富氧燃烧 CO_2 捕集:氧气燃烧和富氧燃烧系统已有大量工业经验,但都未从烟道尾气中分离和捕集 CO_2;因此,大规模的氧气燃烧的 CO_2 捕集技术没有直接可用的工业经验以供参考,所以也没有全面的示范工厂。因此需要商业化规模的示范活动以更好地量化与氧气燃烧相关的机遇和挑战。然而,全球碳捕集与封存研究所认可了美国海湾地区富氧燃烧的前景,它报道说与燃前、燃后和具有 CO_2 捕集的天然气燃烧循环相比,"富氧燃烧具有最低的转效点"(美国煤炭委员会,2012)。美国和欧洲在 2015 年开始相关项目,其中少数电厂信息见表 9.9。

表 9.9 已计划的大型富氧燃烧 CO_2 捕集电厂示范项目

项目和地点	电厂和燃料类型	起始年份	装机容量/MW	CO_2 年捕集量/(10^6t)
美国项目:				
FutureGen 2.0 电厂(伊利诺伊州梅勒多西亚)	焦煤	2015	200	1.3
美国以外项目:				
(a) 边界大坝电厂(加拿大埃斯特方)	焦煤	2015	100	1.0
(b) 大唐能源大庆电厂(中国黑龙江)	焦煤	2015	350	约 1.0
(c) OXYCFB 3000 电厂(西班牙 Cubillosdel Sil)	焦煤	2015	300	N/A
(d) OxyCCS 示范电厂(英国北约克郡)	焦煤	2016	$426MW_g$	约 2.0

注:源自 Rubin 等,2012;Rubin 教授允许使用。

在美国能源部未来发电 2.0(FutureGen 2.0)计划中,一个 170MW 的商业规模的富氧燃烧电厂已完成第 1 阶段,并且于 2012 年 7 月已进入第 2 阶段(FEED),该工厂将使用能源和成本密集型传统空气分离装置(深冷处理)进行氧气供应。亚利桑那州立大学一个配备多烟气再循环的大型燃煤锅炉一体化系统,炉温必须在不同工作条件下调节。但这些工厂存在一个重大的问题,如果这些项目成功运行,各项技术将认证为技术成熟度八级水平(全球碳捕集与封存研究所,2012b)。但是,一些试点规模的项目运作主要是在欧洲。2008 年 9 月,Vattenfall 公司开始在德国施瓦茨蓬普电厂（2×800MW 褐煤电厂旁）运行 $30MW_{th}$ 级氧气燃烧试验厂。这一投资 9600 万美元的中试规模实验每年捕集 75000t CO_2，用公路罐车运输到 400km 外的阿尔特马克注入废弃气田。截至 2010 年 6 月，该厂自 2008 年中期开始（麻省理工学院，2013 年 3 月），已运行超过 6500h。根据 Vattenfall 公司，为全面运营，富氧燃烧捕集 CO_2 的成本为 40 欧元/t 以下（Herzog 2009）。道达尔公司在法国运营的燃气锅炉富氧燃烧试验电厂与 Vattenfall 公司的褐煤电厂同等规模。西班牙最近的 $20MW_{th}$ 燃煤锅炉项目在 2011 年开始运作（Lupin2011）。安大略省汉密尔顿市正在开发一个 $24MW_e$ 的富氧燃料发电项目（Bobcock & Wilcox 2006）。其他类似项目还有：始于 2009 年，在伦弗鲁、苏格兰运行的 $40MW_{th}$ 级燃煤机组，；2012 年 12 月在比洛拉、中央昆士兰和澳大利亚刚刚投产的 $30MW_e$ 项目燃煤锅炉（示范规模改造电厂），一个 $170MW_e$ 的燃煤锅炉，被改造为具有较高的操作火焰温度和美国能源部国家能源技术实验室的综合污染物去除系统（IPR™）。该项目捕集的 CO_2 将用于提高石油采收率（美国煤炭委员会，2012）。加压氧气燃烧系统仍在研发中，但许多关键单元的操作和主要部件在大型气化装置中已经通过测试（Crew 2011；Weiss2011）。

实验室级别的具备 CO_2 捕集技术的富氧燃烧研发目的是提高效率、降低成本。在加拿大、澳大利亚、欧洲和美国以及近期中国和韩国发起的研发项目包括：①影响富氧燃烧锅炉系统运行和设计的机理，如富氧燃烧火焰特性，燃烧器和燃料喷射系统设计；②发展能承受富氧燃烧的高温环境的先进锅炉材料；③在一些领域配合计算流体动力学（CFD）模拟的小规模实验（美国能源部/国家能源技术实验室，2011）；④发展先进的烟气净化系统以找到较低成本的方法除去 SO_x、NO_x 和微量元素、汞等污染物；⑤在 CO_2 压缩过程中除去污染物（White 等，2010）。有文献报道相关研发活动的细节（例如，Shaddix 2012；美国能源部/国家能源技术实验室，2011；Allam 2010；国际能源署温室气体研究与开发计划机构，2009a）。

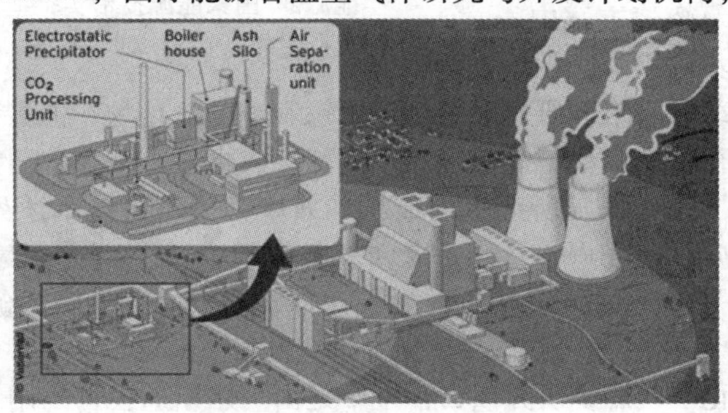

黑泵 $30MW_{th}$ 的氧燃料燃烧热试验厂

（来源：Vattenfall 公司网站，www. vattenfall. com/en/CCS/pilot - plant. htm）

但是，最重要的是利用改进的、低成本的方法获得大量的氧气，这是当前氧燃料系统中的主要成本来源。两种主要降低能源损耗和成本的方法是离子迁移膜（Ion Transport Membrane，ITM）和氧气传送膜（Oxygen Transport Membrane，OTM）。这些研究的详细信息可以在文献中找到（Amstrong 等，2004；美国能源部/国家能源技术实验室，2011；Hashim 等，2010）。研究的另一领域是从空气中吸收氧气的固体吸附剂，如钙钛矿和氧化锰（美国能源部/国家能源技术实验室，2011）。

2012 年 12 月 Callide 富氧燃烧项目进入论证阶段［来源：CSEnergy 网站，www. csenergy. com. au/content –（43） – callide – oxyfuel – project. htm］

其他领域的发展显示出很大的潜力，如先进的电厂设计，纳入新电厂的整合理念和新型富氧燃烧方法，如化学链燃烧（CLC）。如图 9. 14 所示，在该方法中，载氧吸附剂——一种金属氧化物——能够在反应器内从空气（从废空气中的标称烟道气）中捕获氧气，随后在第二反应器中将氧气提供给燃料分子。如果燃料反应器操作精益，所产生的废气中只包含 CO_2 和水蒸气，就像其他富氧燃烧方案中一样可以进行下一步的 CO_2 捕集。

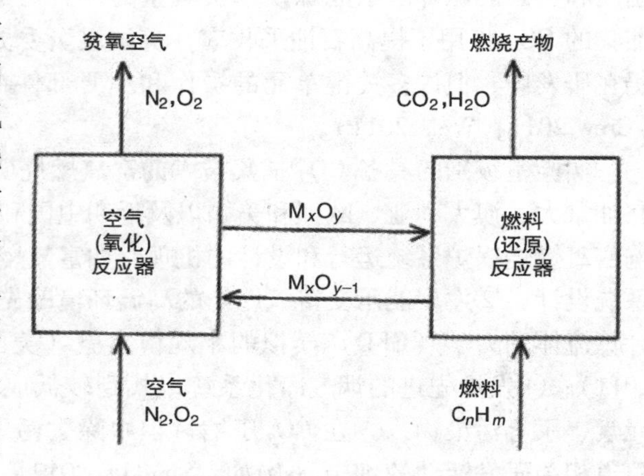

图 9. 14　化学链燃烧的原理图（源自美国能源部/国家能源技术实验室，2011）

虽然大部分载氧吸附剂研发集中于铁、镍和铜的氧化物，但多种金属氧化物的载体系统是可能存在的。化学链燃烧能使碳捕集成本显著减少，因为它可以减少传统的空气分离技术生产氧气所产生的成本和效率损失。该技术还处于初级发展阶段，由于传热传质、灰分离、材料处理和氧载体的选择、积炭、腐蚀等重要挑战，目前化学链燃烧是一个热门研究领域（美国能源部/能源技术实验室，2012）。目前最大的 120kW 化学链燃烧器正在奥地利进行测试（Kolbitsch 等，2009）。美国能源部资助了两个化学链燃烧研究项目：一个是由阿尔斯通公司的用含钙化合物作为氧载体的研究；另一个是俄亥俄州立大学的使用氧化铁载体的项目（Andrus 等，2009）。阿尔斯通公司已经开发出的 $1MW_{th}$ 和 $3MW_{th}$ 级燃烧器原型目前分别在德国和美国进行测试（国际能源署温室气体研究与开发计划机构，2011a）。这项新技术在到达商业化阶段以前还有很长的路要走。

9.7 高级捕集系统——成本和部署投射

对于尚未被商业化实施、操作和复制的技术，由于内在不确定性的存在，项目成本很难预测。在未被商业化的情况下，一项技术往往显得相对便宜。Dalton（2008）已经说明技术成本估算的典型趋势是从概念层面向着商业部署阶段发展。一个技术的“单位产能的投资成本”从概念阶段开始增加，在“示范阶段”上升到最高，然后从“部署阶段”开始下降，直到其商业化地位成熟才趋于平稳。一些研究估计（Klara，2006；美国能源部/国家能源技术实验室，2008a；Rubin 等，2007；Metz 等，2005），技术创新在未来有潜力减少的 CO_2 捕集和其他影响 CO_2 捕集的电厂设备成本可以使用两种不同的方法估计：①“自下而上”的方法，它使用工程分析和成本计算来估计指定先进电厂设计的总成本；②“自上而下”的方法，根据以往类似技术的经验画出学习曲线，并基于其计划装机容量来估计新技术的未来成本。后者反映了各种因素对降低观测成本的影响，包括研发成本、边做边学和边用边学的成本。

采用“自下而上”的成本估算方法：2006 年美国能源部分析了燃煤机组中主要的 CO_2 捕集的潜在发展途径（Klara 2006），如超临界下氨气洗涤 CO_2、超临界下经济洗涤、超临界下氨气洗涤多污染物、超超临界下胺洗涤、超超临界下改进胺洗涤和三城间国际研究所的再生吸附剂；对 IGCC 电厂，有 Selexol 法，改进 Selexol 法，改进 Selexol 与共同封存技术，改进 Selexol、离子迁移膜与共同封存技术，水煤气变换膜与共同封存技术，水煤气变换膜、离子迁移膜与共同封存技术，化学链与共同封存技术。随着这些先进技术的实施，边际成本显著降低。对于恒定参照，IGCC 系统的发电总成本降低了 19%，燃煤机组系统的发电总成本降低了 28%。同时对每个电厂类型而言，最后阶段成本都最大化地削减。然而，由于用于 CO_2 捕集的改进固体吸附剂、用于水煤气变换反应器的膜系统和用于氧运输的化学链等技术仍然处于早期阶段，这些项目的成本估计并不明确，并且很可能随着商业成熟而增加。

2010 年美国能源部的分析表明，持续研发使碳捕集成本降低，配备了碳捕集与封存技术的新建超临界燃煤电厂的总成本下降了 27%，而 IGCC 电厂的成本下降了 31%，如图 9.15 所示（美国能源部/能源技术实验室，2008A）。因此，未来配备碳捕集与封存技术的 IGCC 电厂的成本可能比目前无捕集技术的 IGCC 电厂少 7%。对于燃煤电厂，碳捕集与封存技术成本减少了一半左右。由于在美国能源部的该分析中，许多组件被认为处于发展初级阶段，因此成本估计是非常不确定的。然而，这些大概的预估提供了潜在可能节省的成本。其他关于配备碳捕集与封存技术的电厂设计的评价也得出了相似的成本降低的结果（例如，Metz 等，2005）。

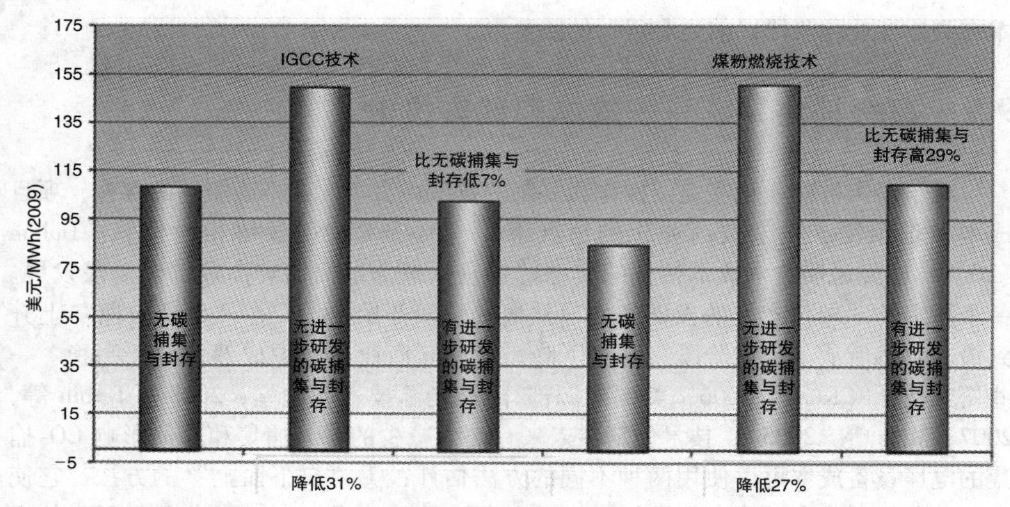

图 9.15 有无碳捕集与封存技术的 IGCC 与燃煤电厂的当前发电成本以及增加 R&D 先进技术的未来成本（来源：美国能源部/国家能源技术实验室 - 2007/1291，2008a）。

采用"自上而下"的成本估算方法：该方法建立了配备碳捕集与封存技术的电厂的未来成本和同类型电厂的总装机容量的函数关系。将未来成本减少量从对特定技术的历史学习速率分析中推导出来，特定技术可以针对配备 CO_2 捕集技术的燃煤电厂、天然气燃烧循环（NGCC）电厂 IGCC 电厂和富氧燃烧电厂的组件，如图 9.16 所示。

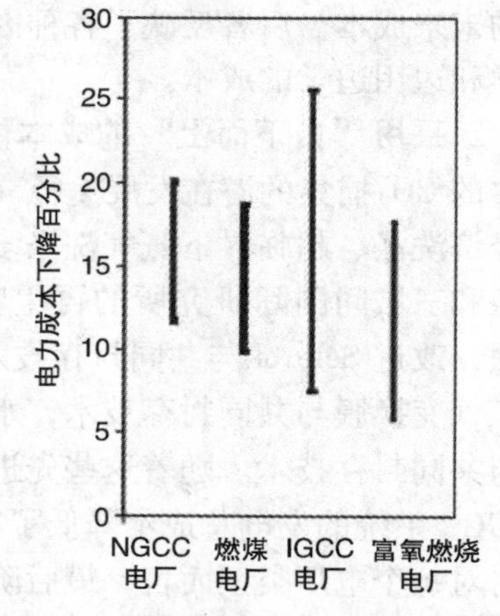

图 9.16 根据主要电厂组件的经验曲线预计配备 CO_2 捕集技术的四种类型电厂成本的降低（来源：Rubin 等，2007，2012，Rubin 教授允许使用，Copyright © 2012，Elsevier）

然后，组件成本之和用来估计整个电厂的将来成本，并作为新建电厂装机容量的函数。这个分析也考虑到了主要参数的不确定性，包括商业化早期阶段的潜在成本的增加。假定四种电厂类型中每一种在全球部署 100GW，以此来估计图示中成本的降低。这大致等于烟气脱硫（FGD）系统引入美国 20 年后其电厂的全球装机容量。结果表明，每个电厂类型及其 CO_2 捕集系统，都取得了不同层次的发展；IGCC 电厂的主要成本结构与燃料电厂相比还不成熟，这表现了其具有降低总成本的最大潜力（略大于 25%）。燃料电厂表现出相对较小的降低成本的潜力，因为其大部分组件是较好发展并且广泛部署的。然而，在所有的情况下，CO_2 捕集系统的边际成本下降速度都大于整个电厂成本。发电成本最高减少量接近美国能源部"自下而上"的估计方法，而最低减少量是估计的 2 ~ 3 倍。该分析进一步表明，不断进步的捕集技术以稳定速度产生的成本降低得以广泛实现。读者也可参考美国能源部/国家能源技术实验室 - 2011/1498 的"采用一系列 CO_2 捕集技术的燃煤和 IGCC 电厂的成本和性能”，2011 年 5 月 27 日。

9.8　碳捕集与封存技术的技术路线图

碳捕集与封存技术现在已经成为温室气体减排的最低成本的重要选择。因此，许多组织，如美国能源部（2010）、美国电力科学院、国际能源署（2009，2010）、碳捕集领导人论坛（2009）和加拿大自然资源部（2006）为了更高效的发展已经规划了经济上可行的商业碳捕集与封存技术系统“路线图”。下面对国际能源署和美国能源部的路线图进行了简要概述。

1）国际能源署（2009）：国际能源署分析表明，如果没有碳捕集与封存技术，到 2050 年减排达到 2005 年的水平的整体成本将会增加 70%。国际能源署路线图包括一个雄心勃勃的碳捕集与封存技术的成长之路，为了实现这一温室气体减排能力，到 2020 年全球预计将执行 100 个项目，到 2050 年将执行 3000 多个项目。为了实现这一增长，建议执行以下操作：①从 2010 ~ 2050 年的额外投资中，发展达到上述减排量需要超过 2.5 万亿 ~ 3 万亿美元额外投资，大约是在 2050 年实现温室气体排放量减少 50% 所需总投资的 6%，这样，2010 ~ 2020 年间，经合组织将加大对碳捕集与封存技术示范项目的资金支持，达到平均 35 亿 ~ 40 亿美元/年。此外，该系统需要通过授权、减税、刺激温室气体减排和其他融资机制在 2020 年以后实现技术商业化。②发达国家必须带头为碳捕集与封存技术做出努力，使这些技术迅速渗透到发展中国家。从 2010 ~ 2020 年，这些努力包括开展广泛的国际合作，并为在发展中国家建立碳捕集与封存技术示范点平均融资 15 亿 ~ 25 亿美元/年。为了提供资金，碳捕集与封存技术需要获得清洁发展机制或在 2007 年的政府间气候变化专门委员会（IPCC）报告中建议的其他准融资机制认可。近日，碳捕集与封存技术已被带到清洁发展机制中。③由于碳捕集与封存技术对“洁净煤”是一项战略措施，碳捕集与封存技术也必须适用于生物质电厂和燃气电厂，并且应用于燃料转换和天然气加工行业以及排放密集的行业，如水泥、钢铁、化工、纸浆和造纸业。④碳捕集技术的高成本需要被降低；需要更多的研发过程把该技术商业化，并用于处理来自于不同工业的 CO_2 以及测试生物质和氢发电量。⑤管道运输 CO_2 已被证实可行，然而，对于未来的交通，必须制定能够优化从源头到封存地运输的 CO_2 源集群和管网的长期战略。为了解决这个问题，国家需要通过区域规划和发展以及创造 CO_2 交通枢纽奖励措施来启动运输机制。⑥提高对 CO_2 封存潜力的全面认识的需求非常迫切。枯竭的石油和天然气田提供了潜在的低成本封存地。从长期的情况来看，深部咸水层是最可行的选择，但只有少数咸水层地区的存储潜力被充分勘探。发展全球通用的选择、监督和证实 CO_2 封存地以及风险评估的方法是很有必要的。⑦虽然在一些地区，针对碳捕集与封存技术制定法律和监管框架已取得了相当大的进展，但是大多数国家还是要解决这个问题。近期迫切需要针对碳捕集与封存技术的监管办法；同时，对于碳捕集与封存技术大规模商业化部署的综合方法需要更多的发展。⑧政府必须向社会公众对碳捕集与封存技术的真切关系做出解释。各国需要通过为相关活动提供资源，传播合理规划碳捕集与封存技术项目和其他温室气体减排方案相比的成本和收益优势，来发展以社区为导向的碳捕集与封存技术公众参与战略。这所需的投资是非常大的，因此，本路线图愿景的实现，只能通过广泛的国际合作。为发展中国家提供碳捕集与封存技术技术转让和电厂建设是尤为重要的，因此必须得到保证。有全球影响力的工业部门也应该扩大自己的碳捕集与封存技术工作（国际能源署，2009）。

2）美国能源部路线图：作为碳封存计划的一部分，美国能源部制定的路线图显示了关于重大项目的计划时间表，其中包括 CO_2 捕集技术的发展，且会定期更新（Ciferno 2009）。最新的美国能源部的路线图是在 2010 年（美国能源部 2010a）公布的时间表，表中展示了研发适用于现有电厂商业部署的先进燃后捕集技术（Ciferno 2009）：

a）2008～2016：实验室与实验室规模的研发；

b）2010～2020 年：中试及现场测试，0.5～5.0MW_e；

c）2014～2024 年：大规模的实地测试，5～25MW_e；

d）2016～2030 年：大规模展示（CCPI），100MW_e；

e）2020～2030 年：商业部署。

2010 年美国能源部的路线图时间表延长到了 2030 年，比之前（2007 年）的路线图延长了大约 10 年的时间。在 2011 年 2 月（美国能源部/国家能源技术实验室，2011）公布的美国能源部碳封存项目由三个主要部分组成：核心研发、基础设施和全球协作。该技术需要由业界和其他人确定研发核心，并将挑战分配到各个重点领域中。基础设施包括确认不同的碳捕集与封存技术方案及其效果的 RCSP 和大规模的实地测试。在全球合作框架下，“碳封存项目”参与了大量的测试。研发核心着重于开发新的碳捕集与封存技术预商业示范，它们应涵盖 5 项技术重点领域的问题：①燃前捕集；②地质封存；③监测、核查和合计（MVA）；④模拟和风险评估；⑤CO_2利用率。不同问题适用于不同重点领域具体的研究目标（美国能源部/国家能源技术实验室，2011）。在每一个重点领域中确定好具体的挑战和不确定因素之后，相关研究计划便开始执行。研究项目的级别范围从实验室规模到中试规模。通常将技术的研发核心发展至公司、公用事业和其他商业实体能够设计、制造、建设实施和商业化进程所需要的设备和仪器的阶段。然后通过成本分摊的合作协议，工业界和学术机构的资助，其他国家实验室的调研工作以及美国国家能源技术实验室研发部的研究共同实现。“燃前捕集”的时间线：2015 年，对于实验室规模的技术的全面代表，如果结合其他系统的进步，将会使配备 CO_2 捕集技术的电力生产技术（如 IGCC）的额外成本仅仅是没有使用 CO_2 捕集技术的参考电站成本的 10%；2015 年，开始在 0.1MW 的规模测试有发展潜力的燃前技术；2018 年，开始发展第二代预燃烧技术，如果技术合并，可以使 IGCC 设施的发电成本的额外费用几乎降为零。综上所述，到 2020 年以前，改进的降低捕集成本的路线图将同样适用于电站以及其他工业设施。同时，公共和私营部门的研究机构承认，在未来 10 年内将需要持续的研发投入，用以实现这个目标，尤其是对于许多有前途但还处于发展早期阶段的新工艺。此外，未来成本下降的程度可能要依赖于碳捕集与封存技术部署的步伐以及对研发的持续支持。

9.9　改造 CO_2 捕集

目前全球有大量运行多年的燃煤机组，还有更多该类机组正在建设，并计划在未来的几十年内建成。对这些机组进行 CO_2 捕集改造用于管理 CO_2 的排放是很重要的。改造指的是增加一个向烟道气系统后端排放处理的单元，以从烟道气中分离和捕集 CO_2，并将 CO_2 干燥和压缩为超临界流体。

将 CO_2 捕集技术添加到现有的燃煤机组由于存在的选择以及各选择关于空间、技术和经济的问题而变得复杂。这些问题不能一概而论，应该由每个机组的具体细节来确定。空间问题包括与设备相关的空间约束，它需靠近 CO_2 封存地。技术问题包括技术选择、技术成熟度、可操作性和可靠性、对效率的影响，以及改造的复杂性。经济问题在于所需要的投资（美元/kW_e）、净产量的减少以及派遣命令的改变（麻省理工学院研究，2007）。涵盖技术、财务、可行、法律和公众参与问题的深入完整的论述参考 2011 年美国煤炭委员会的报告（美国煤炭委员会，2011）。

对于现有亚临界燃煤机组的乙醇胺改造，净输出电力可以下降 40% 以上，如从 500MW_e 降到 294MW_e（Bozzuto 等，2001）；对于专门建造的亚临界燃煤机组，有无碳捕集技术的效率减少量分别为 14.5% 和 9.2%（见表 8.3）。在乙醇胺改造后，生产还原 CO_2 的吸收溶液所需的水蒸气对电厂其余部分影响太大，导致效率减少 4% ~5%。经改造后，新型锅炉在最高设计容量下运行，但新型蒸汽轮机以约 60% 的设计容量运行，因此效率低于最大值。由于输出电力大幅降低（降额 41%），每年的改造成本估计为 1600 美元/kW_e（Bozzuto 等，2001）。这仅仅指具有足够空间的特定机组，改造成本会随地理位置改变而改变。如果改造机组全功率运行，发电成本将略少于采用了 CO_2 捕集技术的新建的燃煤机组。现有工厂的剩余价值，机组效率和输出电量降低，增加的电厂空间要求和机组停机时间等因素是相当复杂的，因此麻省理工学院报告（2007）并未完全进行分析。

另一种方法是“重建”亚临界燃煤机组的核心，采用配备燃后 CO_2 捕集技术的超临界或超超临界技术。虽然这种方法的总成本更高，但每千瓦的发电成本大约与亚临界改造相同。其优点是所得的电站效率较高，与专门建造的具备碳捕集能力的机组一致，而且净功率输出可以有效维持。由于整体的效率更高，发电成本几乎不变。重建的采用乙醇胺捕集技术的超超临界机组效率估计能达到 34%，发电成本为6.91美分/kW_e。因此，包含CO_2捕集技术的重建比改造"显得更具吸引力"，特别是在低效率的燃煤机组上进行包括CO_2捕集技术在内的高效率技术升级。

中试规模的研获究表明，富氧燃烧的方法可以使用到现有的燃煤发电厂改造中。富氧燃烧对于改造燃煤机组和流化床燃烧机组的碳捕集能力是一个很好的选择，因为富氧燃烧改造对锅炉和蒸汽循环影响不大。基础设备的效率是改造亚临界燃煤电厂的主要问题，因为改造减少了约1/3的电厂总电力输出，其中约20%被空气分离装置消耗，12%～14%被CO_2净化和压缩液化过程消耗。Bozzuto（2001）估计，与乙醇胺捕集技术41%电力降幅相比，在相同机组里氧燃料改造会造成36%的电力损失。装有CO_2捕集技术的电厂净效率在23%～26%之间（LHV）（Anderson等，2002）。对于更高效率的超临界燃煤电厂的改造，CO_2捕集所需的能量低得多，仅约20%。新型超临界燃煤机组电厂的状态更加良好，净效率约达到34%（LHV）（Dillon等，2004）。

巴布科克·威尔科克斯发电集团（B&W）和液化空气集团（Air Liquide）为美国能源部展开的研究（DE－FC26－06NT42747）表明，对现有锅炉而言，富氧燃烧是一种经济可行的改造技术。现有锅炉的氧燃料边际成本在5～7美分/kWh之间（对于新型超临界和亚临界机组改造分别为29美元/t和43美元/t），与其他技术相比具有很强的竞争力（边际成本的估计基于该电厂完全折旧，没有资本剩余，并且不包括前期改造的设备运行和维护费用的假设下）。富氧改造燃煤机组设备的效率损失范围在8%～9%之间，这一数值对于亚临界或超临界机组电厂都是恒定的（美国煤炭委员会，2012）。

碳捕集与封存技术改造的潜力

全球能源展望指出，除了兴建新的碳捕集与封存技术的电厂以外，碳捕集与封存技术改造对于CO_2的减排是必要的。鉴于全球范围内能源方案的复杂性以及电厂运行机组数量庞大，现有资料不足以提供一个深入的分析。在现实中，只有一小部分的燃煤电厂可以在技术和经济上实现改造。如果考虑其他因素在内，具备碳捕集与封存技术改造潜力的电厂很可能进一步减少。

在文献中关于碳捕集与封存技术的改造有几种分析。根据政府间气候变化专门委员会（IPCC），与新建具有CO_2捕集能力的电厂相比，对现有的电厂进行CO_2捕集改造预计将产生更高的成本并显著地降低捕集的整体效率。对于现存的相对新型高效或进行了充分升级和重建的电厂，改装的成本劣势可能会略有减小（政府间气候变化专门委员会，2005）。政府间气候变化专门委员会还列出了碳捕集与封存技术的改造中的其他问题。为了减少厂址的特殊限制等缺点，提出建立"碳捕集与封存技术预备"电厂。为了避免未来几年建造的电厂CO_2排放的"锁定效应"，这个方法是一个重要的选择。但在目前全球燃煤电厂中，被设计为"碳捕集与封存技术预备"电厂的数量非常少。

相对较大的（300MW_e或更高）、效率高并且具备烟气脱硫和选择性催化还原能力的燃煤电厂是最适合碳捕集与封存技术改造的；而老式、效率低、规模小的亚临界机组并不适合改造。由于合适的 CO_2 价格非常重要，重建或改变动力装置是另一种选择（麻省理工学院，2009）。根据美国电力研究院，具有成本效益的碳捕集的改造最适用于 300MW 以上或者寿命小于 35 年的锅炉。

国际能源署的详细研究指出，对于低效率电厂的碳捕集与封存技术改造往往具有更高的发电成本，因此一般都不太可能比新建的碳捕集与封存技术电厂更有竞争力。特定参数研究发现，若低于约 35%（LHV）的门槛效率（约 33%，HHV），燃煤电厂的改造将变得毫无竞争力，而且碳捕集与封存技术捕集每吨 CO_2 的成本还高于电厂改造。这项研究证实，在一定条件下，与新建的碳捕集与封存技术电厂相比，电厂的碳捕集与封存技术改造的电力成本看起来更吸引人（国际能源署温室气体研究与开发计划机构，2011）。

美国能源部/国家能源技术实验室开展了对燃煤电厂碳捕集与封存技术改造在运行潜力方面的研究（美国能源部/国家能源技术实验室，2011b）。下列标准用于筛选和排除不适用于 CO_2 捕集技术改造的电厂：正在运行的机组；装机容量小于 100MW 的机组；2008 年报道的热耗率大于 12500Btu/kWh（HHV）或效率约 29%（LHV）的机组；在 25mile（40km）的范围内，没有已探明 CO_2 封存地的机组。Bohm 等（2007 年）也详细讨论了燃煤电厂的 CO_2 改造和 IGCC 电厂的 CO_2 捕集相关问题。

最近 Finkenrath、Smith 和 Volk（经合组织/国际能源署报告，2012）讨论了改造现有设备必不可少的关键环节。利用世界电厂数据库（WEPP）和国际能源署内部统计的信息，研究讨论了在全球装机的燃煤电厂的规模、区域分布和特征。采用三个案例分析现有电厂的规模，以获得具有适用于碳捕集与封存技术改造的厂龄、尺寸或性能的电厂总数量：①30 年以下厂龄的具有 100MW 以上装机容量的电厂。全球范围内超过 60% 的装机电厂，即约 1000GW 的电厂满足这一标准，其中近 60% 位于中国。②厂龄 20 年以内，发电容量在 300MW 以上的燃煤电厂。全球的装机容量的 40% 即 665GW 满足该标准，其中 481GW（72%）分布在中国。③具有 10 多年厂龄的 300MW 发电量的电厂。占全球 29% 的装机总量，即 471GW，其中 390GW（83%）位于中国。此数据凸显了当前合适的工厂分级幅度，但不一定表现对碳捕集与封存技术改造的现实潜力。中国对这项研究的意义是显而易见的。对中国的改造潜力更详细的区域研究表明，大约有 1/5 以上的 1GW 装机容量的站点对碳捕集与封存技术的改造是非常有吸引力的（Li 2010）。从技术驱动的方面评估，只有亚洲、美国和欧洲将在未来几十年的改造背景下起关键的作用。因为碳捕集与封存的改造技术在当前的商业基础下并不可行，所以对目前已装机和评估的燃煤电厂的厂龄研究只是一个开端；每过一年，厂龄都会增加。虽然这使现有电厂的改造潜力缩小，但未来电厂对碳捕集与封存技术改造的潜力将会增加。如果建厂时无法配备碳捕集与封存技术，政府需要鼓励以使碳捕集与封存技术改造经济可行的方式建设新电厂。避免未来燃煤电厂长久的运行周期内 CO_2 高排放量的“锁定效应”是非常关键的，否则将会增加全球预计装机容量。

9.10 碳捕集预备机组

机组可以考虑设计为碳捕集预备型，以便在将来的某个时候在经济运行的条件下进行 CO_2 捕集和封存改造。因此，碳捕集预备设计是指设计一个新的机组，以降低碳捕集成本，并方便未来配备或者至少不阻碍配备碳捕集技术。碳捕集预备不是一个特定的设计，而是涉及多个在设计和施工过程中的投资和设计决策。尽管目前大量的 CO_2 捕集前投资在经济上通常是不合理的（Sekar 等，2005），但这个设计还是具有某种意义。新的燃煤发电厂可以基于此设计和建造，使该设备的效率更高，而且 CO_2 的捕集过程可以经济可行地整合到电厂蒸汽循环中。电厂的位置也应该更靠近地质封存区。

参 考 文 献

Abanades, J. (2007): Cost structure of a post-combustion CO2 capture system using CaO, *Environ Sci Technol*, **41(15)**, 5523–7.

ARPA, Advanced Research Projects Agency, Energy (2010): ARPA-E's 37 projects selected from funding opportunity announcement #1, http://arpa-e.energy.gov/LinkClickaspx?fileticket-b-7jzmW97W0%3d&tabid¼90; April 3, 2010.

ARPA, Advanced Research Projects Agency, Energy (2010a): Energy efficient capture of CO_2 from coal flue gas, http://arpa-e.energy.gov/LinkClickaspx?fileticket¼CoktKdXJd6U%3d&tabid¼90; April 3, 2010.

Allam, R. (2006): Oxyfuel Pathways, in *MIT Carbon Sequestration Forum VII: Pathways to Lower Capture Costs*, MIT, Cambridge, MA.

Allam, R. (2010): CO_2 capture using oxy-fuel systems, *Proc. carbon capture – beyond 2020*, March 4–5, 2010, Gaithersburg, MD: USDOE, Office of Basic Energy Research, 2010.

Amstrong, P.A., Bennett, D.L., Foster, E.P., & Stein, V.S. (2004): ITM oxygen for gasification, *Proc. Of Gasification technologies Conf*, 3–6 Oct. 2004, Washington DC; San fransisco: Gasification Technologies Council, 2004.

Andrus, H.E., Chiu, j.H., Thibeault, P.R., & Brautsh, A. (2009): Alston's CaO chemical looping combustion coal power technology development, *Proc. 34th Intl. Tech. Conf. on Clean coal & Fuel systems*, May 31–June 4, 2009, Clearwater, FL; Pittsburgh:USDOE, 2009.

Andersson, K., Birkestad, H., Maksinen, P., Johnsson, F., Stromberg, L. & Lyngfelt, A., (2003): An 865 MW Lignite Fired CO2 Free Power Plant – A Technical Feasibility Study, *Greenhouse Gas Control Technologies*, (ed.) K. Gale, New York: Elsevier Science Ltd.

Babcox &Wilcox (2006): Demonstration of the Oxy-Combustion Process for CO2 Control at the City of Hamilton, *American Coal Council 2006 Mercury & Multi-Emissions Conf*, 2006.

Battelle Report (2006): Battelle Joint Global Change Research Institute, Carbon Dioxide Capture and Geologic Storage: A Core Element of a Global Energy Technology Strategy to Address Climate Change, 26–27, April 2006.

Beauregard-Tellier, F. (2006): *The Economics of Carbon Capture and Storage*, PRB-05-103E, Parliamentary Information and Research Service, Library of Parliament, Ottawa, 13 March 2006.

Bennion, D.B. & Bachu, S. (2008): Drainage and Imbibition Relative Permeability Relationships for Supercritical CO2/Brine and H2S/Brine Systems in Intergranular Sandstone, Carbonate, Shale, and Anhydrite Rocks, *SPE Reservoir Evaluation & Engineering*, **11**, 487–496, doi:10.2118 /99326-PA.

Bensen, S.M.: CCS in underground geologic formations, Workshop at Pew center, available at http://www.c2es.org/docUploads/10-50_Benson.pdf.

Berlin, K. & Sussman, R.M. (2007): Global Warming & The Future of Coal – The Path to CCS, *Centre for American Progress.*

Bhown, A.S., & Freeman, B. (eds) (2009): Assessment of post-combustion CO_2 capture technologies, *Proc 8th annual CCS conference*, May 4–7, 2009, Pittsburgh, PA, Washington: Exchange Monitor Publications, 2009.

Bhown, A.S., & Freeman, B. (2011): Analysis and status of post-combustion CO_2 capture technologies, *Environ. Sci.Technol*, **45(20)**, 8624–8632.

Bhown, A.S. (2012): CO_2 capture R&D at EPRI, NETL Carbon dioxide Capture Technology Meeting, Pittsburgh, PA, July 9–13, 2013.

Blamey, J., Anthony, E.J., Wang, J., & Fennell, P.S. (2010): The calcium looping cycle for largescale CO_2 capture, *Prog Energy Combust Sci*, **36**, 260–79.

Blunt, Martin (2010): *Carbon dioxide Storage, Briefing paper No. 4*, Grantham Institute for Climate Change, Imperial College, London, UK, December 2010.

Bohm, M.C., Herzog, H.J., Parsons, J.E., & Sekar, R.C. (2006): Capture-Ready Coal Plants – Options, Technologies and Economics, *Proc. of 8th Intl. Conf. on Greenhouse Gas Control Technologies (GHGT-8)*, Trondheim, Norway, June 2006; *International J of Greenhouse gas Control*, (2007), **1**, 113–120.

Brendan Beck (2009): IEA CCS Roadmap, US RCSP – Pittsburgh, 18th Nov. 2009. Carbon Sequestration Leadership Forum (2009): Carbon sequestration leadership forum technology roadmap: a global response to the challenge of climate change, http://www.cslforum.org/publications/documents/CSLF_Techology_Roadmap.pdf; Nov 30, 2009.

Buhre, B.J.P., Elliot, L.K., Sheng, C.D., Gupta, Wall, T.F. (2005): Oxy-fuel combustion technology for coal-fired power generation, *Progress in Energy and Combustion science*, **31**, 283–307.

Carnegie Mellon University (2009): *Integrated environmental control model (IECM) technical documentation, IECM v.6.2.4*, Pittsburgh, PA: Dept of Engineering and Public Policy, available at: http://www.iecm-online.com.

Chapel, D.G., Mariz, C.D., & Ernest, J. (1999): Recovery of CO2 from flue gases: Commercial trends, *Proc Canadian Society of Chemical Engineers Annual Meeting*, October 4–6, 1999, Saskatoon, Saskatchewan, Canada.

Chen, C., & Rubin, E.S. (2009): CO_2 control technology effects on IGCC plant performance and cost, *Energy Policy*, **37(3)**,915–24.

Ciferno, J.P., DiPietro, P., & Tarka, T. (2005): Economic scoping studies for CO2 capture using aqueous ammonia; Pittsburgh: US DOE/NETL.

Ciferno, J.P. (2009): DOE/NETL's existing plants CO_2 capture R&D program, *Proc. Carbon capture 2020 workshop*, Oct. 5–6, 2009, College Park, MD, DOE/National Energy Technology Center, 2009.

Clean Air Task Force (2010): Coal without carbon: an investment plan for federal action. Boston: Clean Air Task Force; 2010.

Clean Air Task Force & Consortium for Science: Policy and outcomes, innovation policy for climate change, Proc National Commission on Energy Policy, Washington, DC.

Coal Utilization Research Council (CURC) (2009): Clean coal technology roadmap, Washington: Coal Utilization Research Council; 2009.

Clean Air Task Force (2010): Coal without carbon: an investment plan for federal action. Boston: Clean Air Task Force; 2010.

Clean Air Task Force & Consortium for Science: Policy and outcomes, innovation policy for climate change, Proc National Commission on Energy Policy, Washington, DC.

Coal Utilization Research Council (CURC) (2009): Clean coal technology roadmap, Washington: Coal Utilization Research Council; 2009.

Crew, J. (2011): GE Gasification project update, *Gasification Technologies Conf.*, October 10, 2011.

Cullinane, J.T., & Rochelle, G.T. (2004): Carbon dioxide absorption with aqueous potassium carbonate promoted by piperazine, *Chem Eng Sci*, 59, 3619–30.

Dalton, S. (2008): CO_2 capture at coal-fired power plants – status & outlook, *Proc. 9th Intl. Conf. on GHG control technologies,* Nov. 16–20, 2008, Washington, DC; London: Elsvier, 2008.

David, J., & Herzog, H.J. (2000): The Cost of Carbon Capture, *Fifth Intl. Conf. on Greenhouse Gas Control Technologies,* August 13–16, at Cairns, Australia.

Dillon, D.J., Panesar, R.S., Wall, R.A., Allam, R.J., White, V., Gibbins, J., & Haines, M.R. (2004): Oxy-combustion Processes for CO2 Capture from Advanced Supercritical PF and NGCC Power Plant, in *Greenhouse Gas Technologies Conference* 7, Vancouver, BC.

Dooley, J., Davidson, C., Dahowski, R., Wise, M., Gupta, N., Kim, S., & Malone, E. (2006): *Carbon Dioxide Capture and Geologic Storage: A key Component of a Global Energy Technology Startegy to Address Climate Change*, Joint Global Change Research Institute, Pacific Northwest National Laboratory, College Park, MD, p. 67.

Eisaman, M.D. (2010): CO_2 concentration using bipolar membrane electrodialysis, *Proc. Gordon Research Conference on Electrochemistry*, January 10–15, 2010, Ventura, CA.

EPRI (Electric Power Research Institute) (2009): Post-combustion CO_2 capture technology development, report no 10117644, technical update; Palo Alto, CA.

EPRI (2011): i. Advanced coal power systems with CO_2 capture: EPRI CoalFleet for tomorrow Vision – A summary of technology status, research, development, and demonstrations, 2011; ii. Progress on technology innovation: Integrated generation technology options, 1022782, technical update, June 2011.

European Technology Platform for Zero Emission FF Power Plants (2010): EU demonstration programme for CO_2 capture and storage, March 5, 2010, at http://www.zeroemissions platform.eu/index; 2008.

Favre, E., Bounaceur, R., & Roizard, D. (2009): Biogas, membranes and carbon dioxide capture, *J Membrane Sci*; **328**(1e2), 11–14.

Fernandez, K. (2007): TXU, Buyout Partners Announce Plans for Two Carbon Dioxide Capture Plants, *BNA Daily Environment Report*, Mar. 12, 2007, at A-9.

Figueroa, D., Fout, T., Plasynski, S., McIlvried, H., & Srivastava, R.D. (2008): Advances in CO2 capture technology – the US Department of Energy's carbon sequestration program, *Int J Greenhouse Gas Control,* 2, 9–20.

Finkenrath, M., Smith, J., & Volk, D. (2012): CCS RETROFIT *Analysis of the Globally Installed Coal-Fired Power Plant Fleet*, IEA, Paris, 2012.

Freeman, S.A., Davis, J., & Rochelle, G.T. (2010): Degradation of aqueous piperazine in carbon dioxide capture, *Int J Greenhouse Gas Control*; 2010.

Gale, J. (2003): Geological Storage of Carbon dioxide: What's known, where are the gaps, and what more needs to be done? *Greenhouse Gas Control Technologies*, 1, 201–206.

Gale, J. (2004): Using Coal Seams for Carbon dioxide Sequestration, *Geologica Belgica,* 7, 3–4.

Global CCS Institute (2010): The Global Status of CCS 2010, Canberra, Australia.

Global CCS Institute (2011): Strategic analysis of the global status of carbon capture and storage, Prepared by WorleyParsons, at http://www.globalccsinstitute.com/downloads/Status-of-CCSWorleyParsons-Report-Synthesis.pdf; March 2011.

Global CCS Institute (2012): *The Global Status of CCS*, Canberra, Australia, ISBN 978-0-9871863-1-7.
Global CCS Institute (2012a): *Technology options for CO2 capture*. Canberra, Australia, at http://www.globalccsinstitute.com/publications/technology-options-CO2-capture.
Global CCS Institute (2012b): CO_2 capture technologies: Oxy-fuel combustion capture, January 2012; at http://cdn.globalccsinstitute.com/sites/default/files/publications/29761/CO2-capture-technologies-oxy-combustion.pdf.
Gray, M.L., Champagne, K.J., Fauth, D., Baltrus, J.P., & Pennline, H. (2008): Performance of immobilized tertiary amine solid sorbents for the capture of carbon dioxide, *Int J Greenhouse Gas Control*, **2(1)**, 3–8.
Greenhouse Gas R&D Programme IA (2008): Carbon Capture and Storage: Meeting the challenge of climate change, IEA/OECD, Paris.
Group of Eight 2008 (2010): G8 summits Hokkaido official documents-environment and climate, http://www.g7utorontoca/summit/2008hokkaido/2008-climate.html; March 3, 2010.
Gupta, J.C., Fugate, M., & Guha, M.K. (2001): *Engineering Feasibility and Economics of CO2 Capture on an Existing Coal-Fired Power Plant* [Report No PPL-01-CT-09], NETL/USDOE, 2001, Alstom Power Inc.
Guo Yun, Cao Wei-wu, & Huang Zhi-qiang (2010): Advances in Integrated Gasification Combined Cycle system with Carbon Capture and Storage Technology, *Intl. Conf. on Advances in Energy Engineering* 2010.
Habib, M.A., Badr, H.M., Ahmed, S.F., Ben-Monsour, R., Megzhani, K., Imashuku, S. (2011): A review of recent developments in CC utilizing oxy-fuel combustion in conventional and ion transport membrane systems, *International. J. Energy Research*, 35(9), 741–764.
Hand, E. (2009): The power player, *Nature*; **462**, 978–83.
Harry, J. (2007): IGCC Power, How Far Off, *Gas Turbine World*, **37**, Jan. 2007.
Hashim, S.M., Mohamad, A.R., & Bhatia, S. (2010): Current ststus of ceramic-based membranes for oxygen separation from air, *Adv. Colloid Interface Sci.*, **160**, 88–10.
Hendriks, C. *et al.* (2004): Power and Heat Production: Plant Developments and Grid Losses, Ecofys, Utrecht, Netherlands.
Herzog, H.J., Drake, E., & Adams, E. (1997): *CO_2 Capture, Reuse, and Storage Technologies for Mitigating Global Climate Change*; Cambridge, MA: MIT Energy Laboratory, A White Paper.
Herzog, H.J., & Golomb, D. (2004): Carbon Capture & Storage from Fossil Fuel Use, *Encyclopedia of Energy* at encyclopedia_of_energy_articleCCS-MIT2004.pdf.
Herzog, H.J., & Jacoby, H.D. (2005): *Future Carbon Regulations and Current Investments in Alternative Carbon-Fired Power Plant Designs*, in: MIT Global Climate Change Joint Program Publications. 2005, MIT: Cambridge, MA. p. 19.
Herzog, H.J. (2007): The Future of Coal – Options for a Carbon constrained World, Presentation at *Cambridge-MIT Electricity Policy Conference*, Sept. 27, 2007.
Herzog, H.J. (2009): Carbon dioxide Capture and Storage, Chapter 13 in a Book, pp. 263–283.
Herzog, H.J. (2009a): Capture technologies for Retrofits, *MIT Retrofit Symposium*, Massachussetts Institute of Technology, March 23, 2009.
Herzog, H.J. (2009b): A Research Program for Promising Retrofit Technologies, Prepared for the *MIT Symposium on Retro-fitting of Coal-Fired Power Plants for Carbon Capture*, MIT, March 23, 2009.
Hildebrand, A.N., & Herzog, H.J. (2008): Optimization of Carbon Capture Percentage for Technical and Economic Impact of Near-Term CCS Implementation at Coal-Fired Power Plants, *Energy Procedia*, 2008, GHGT-9.
Holt, N. (2007): *Preliminary Economics of SCPC & IGCC with CO2 Capture and Storage*, in 2nd *IGCC and Xtl Conference*, 2007, Freiberg, Germany.

Holt, N. (2007): CO_2 capture & storage, EPRI CoalFleet program, PacificCorp energy IGCC/climate change working group, Palo Alto: Electric Power Res. Inst.
IEA (2008): *CO_2 Capture and Storage: A Key Carbon Abatement Option*, 2008, Paris, France.
IEA (2008b): *Energy Technology Perspectives 2008*, OECD/IEA, Paris.
IEA (2009): *Technology Roadmap – Carbon capture and storage*, at www.iea.org/publications/freepublications/.../CCS_Roadmap.pdf.
IEAGHG R&D Program (2009a): Oxy-fuel combustion network, at http://www.CO2captureandstorage.info/networks/oxyfuel.htm, Dec.15, 2009.
IEA (2010): *Technology roadmap: carbon capture and Storage*, Paris: IEA, at http://www.iea.org/papers/2009/CCS_Roadmap.pdf; April 3, 2010. IEA (2010a): *Energy Technology Perspectives 2010*, OECD/IEA, Paris.
IEA (2010b): *CO_2 Emissions from Fuel Combustion*, OECD/IEA, Paris.
IEAGHG (2011a): Second Oxy-fuel combustion Conf. abstracts, at http://www.ieaghg.org/docs/General_Docs/OCC2/Abstracts/Abstract/occ2Final00050.pdf, June 25, 2011.
IEA Greenhouse Gas (IEAGHG) R&D Programme (2011): CO2 capture and storage, at http://www.co2captureandstorage.info/co2db.php; March 2011.
IEA (2011): *World Energy Outlook 2011*, OECD/IEA, Paris.
IEAGHG Program (2011): Retrofitting CO_2 Capture to Existing Power Plants, IEAGHG Technical Report (2011/02): IEAGHG, Gloucester, UK, available at www.ieaghg.org/index.php?/2009120981/technical-evaluations.html.
IPCC (2005): IPCC Special Report on Carbon Dioxide Capture and Storage, prepared by Working Group III of the Intergovernmental Panel on Climate Change, Figure ..., Cambridge University Press.
Jordal, K, *et al.* (2004): Oxyfuel Combustion of Coal-Fired Power Gerneration with CO_2 Capture – Opportunities and Challenges, XDQ, 2004.
Kapila (2009): Carbon Capture and Storage in India, at web.geos.ed.ac.uk/carbcap/website/publications/.../wp-2009-04.pdf.
Kazanc, F., Khatami, R., Manoel-Crnkovic, P., & Levendis, Y.A (2011): Emissions of NO_x and SO_2 from coals of various ranks, bagasse and coal-bagasse blends, Energy and Fuels, 25(7), 2850–2861.
Khatami,R., Stivers,C., Joshi, K., Levendis, Y.A., & Sarofin, A.F (2012): Combustion behavior of single particles from three different coal ranks and from sugar cane bagasse in O_2/N_2 and O_2/CO_2atmospheres, Combustion and Flame, 159, 1253–1271.
Khatami, R., Stivers, C., & Levendis, Y.A (2012): Ignition characteristics of single coal particles from three different ranks in O_2/N_2 and O_2/CO_2 atmospheres, Combustion and Flame, 159, 3554–3568.
Katzer, J.R. (2007): The Future of Coal-based Power generation, MIT Energy Initiative, Presented at *UN Sustainable development and CCS Meeting*, September 10–11, 2007.
Klara, S.M. (2006): CO_2 capturedevelopments, Presentation at *Strategic initiatives for coal*, Queenstown, MD; Pittsburgh: NETL, Dec. 2006.
Klara, J.M., & Plunkett, J.E. (2010): The potential of advanced technologies to reduce carbon capture costs in future IGCC plants, *Intl. J. Greenhouse gas Control*, 2010 (Spl. Issue).
Knuutila, H., Svendsen, H.F., & Juliussen, O. (2009): Kinetics of carbonate based CO_2 capture systems, *Energy Procedia*, 1, 1011–8.
Kolbitsch, P., Pröll, T., Bolhar-Nordenkampf, J., & Hofbauer, H. (2009): Operating experience with chemical looping combustion in a 120kW dual circulating fluidized bed (DCFB) unit, *Energy Procedia*, 1, 1465–72.
Kotowicz, J., Chmielniak, T., & Janusz-Szymanska, K. (2010): The influence of membrane CO_2 separation on the efficiency of a coal-fired power plant, *Energy*; 35, 841–50.

Kuuskraa, V.A. (2007): A program to accelerate the deployment of CCS: rationale, objectives and costs, Paper prepared for the 'Coal initiative reports' series of the Pew Center on global climate change, Arlington.

Kubek, D., Higman, C., Holt, N., & Schoff, R. (2007): CO_2 Capture Retrofit Issues, Presented at *Gasification Technologies 2007*, San Francisco, October 2007.

Lackner, K. (2003): A Guide to CO_2 Sequestration, *Science*, **300**, 13 June 2003.

Lake, L.W. (1989): *Enhanced Oil Recovery*, Prentice-Hall, New Jersey.

Leonardo Technologies, Inc. (2009): CO_2 capture technology sheets. Pittsburgh: DOE, National Energy Technology Laboratory; 2009.

Liang, D.P., Harrison, R.P., Gupta, D.A., Green, W.J., & Michael, M.C. (2004): CO_2 capture using dry sodium-based sorbents, *Energy Fuels*, **18**(**2**), 569–75.

Li, J. (2010): Options for Introducing CO2 Capture and Capture Readiness for Coal-fired Power Plants in China, PhD Thesis, Imperial College London, UK.

Li, X., Sun Yongbin, & Li Huimin (2009): Development of IGCC projects abroad – Overview, *Power Design*, **6**, Mar. 2009, 2S-33.

Lupin, M. (2011): CIUDEN 20 MW_{th} PC oxycombustion system: first operating experiences, Proc. of CCT2011, *Fifth Intl. Conf. on Clean coal technologies*, Zargoza, Spain, 8–12 May 2011; London: ICA Clean coal centre.

Manchao He, Luis, S., Rita, S., Ana, G., Varagas Jr, E., & Na Zhang (2011): Risk assessment of CO_2 injection processes and storsge in carboniferous formations: A review: *Journal of Rock mechanics & Geotechnical engineering*, **3**(**1**), 39–56.

Marion, J., Mohn, N., Liljedahl, G., Nsakala, N.y, Morin, J.-X., & Henriksen, P.-P. (2004): Technology options for controlling CO_2 emissions from fossil-fuelled power plants, *Proc. of 3rd Annual Conf. on Carbon Sequestration*, Alexandria, VA.

McCormick, M. (2012): A GHG Accounting Framework for CCS Projects, Center for Climate and Energy Solutions (C2ES), February 2012.

MIT Study (2007): *The Future of Coal: Options for a Carbon-Constrained World*, Massachusetts Institute of Technology, Cambridge, MA, August 2007.

MIT Energy Initiative (2011): Carbon capture and sequestration technologies at MIT, at http://sequestration.mit.edu/.

MIT (2012): at http://sequestration.mit.edu/tools/projects/index_capture.html.

MIT Energy Initiative (2013): Schwarze Pumpe Fact Sheet: Carbon Dioxide Capture and Storage Project, CCS Technologies@MIT, modified March 13, 2013, at http://sequestration.mit.edu/tools/projects/vattenfall_oxyfuel.html.

Morrison, G. (2008): Roadmaps for Clean Coal Technologies-*IGCC, Supercritical and CCS, Energy Technology Roadmaps Workshop*, 15–16 May 2008, IEA, Paris.

NASA (2009): Definition of technology readiness levels, at http://estonasa.gov/files/TRL_definitions.pdf; Nov. 15, 2009.

Natural Resources Canada (2006): Canada's carbon dioxide capture and storage technology roadmap, Ottawa: Natural Resources Canada; 2006.

National Coal Council (2011): Expedited CCS Development: Challenges & Opportunities, March 18, 2011, National Coal Council, Washington DC.

National Coal Council (2012): Harnessing Coal's carbon content to Advance the Economy, Environment and Energy Security, June 22, 2012; Study chair: Richard Bajura, National Coal Council, Washington DC.

OECD/IEA and UN Industrial Development Organization (2011): Technology roadmap carbon capture and storage in industrial applications, Paris: IEA, p. 46.

Oexmann, J., Hensel, C., & Kather, A. (2008): Post-combustion CO_2-capture from coal-fired power plants: preliminary evaluation of an integrated chemical absorption Process with piperazine-promoted potassium carbonate, *International J Greenhouse Gas Control*; 2, 539–52.

Orr, F.M. Jr. (2004): Storage of Carbon Dioxide in Geological Formations, *J. Petroleum Technology*, **56**(3), pp. 90–97.

Pacala, S., & Socolow, R. (2004): Stabilization Wedges: Solving the Climate problem for the next 50 Years with Current Technologies, *Science*, **305**, 13, 2004.

Pennline, H.W., Granite, E.J., Luebke, D.R., Kitchin, J.R., Landon, J., & Weiland, L.M. (2010): Separation of CO_2 from flue gas using electrochemical cells, *Fuel*, **89**, 1307–14.

Phillips, J. (2007): Response of EPRI's Coal Fleet for Tomorrow program to recent market developments, *Gasification Technologies Conf.*, 2007, San Francisco, October 2007.

Platts (2010): *World Electric Power Plants Data Base (WEPP)*, Platts, New York.

Plaza, M.G., Pevida, C., Arenillas, A., Rubiera, F., & Pis, J.J. (2007): CO2 capture by adsorption with nitrogen enriched carbons, *Fuel*; **86**, 2204–12.

Powell, C.E., & Qiao, G.G. (2006): Polymeric CO2/N2 gas separation membranes for the capture of carbon dioxide from power plant flue gases, *J Membrane Sci*; **279**, 1–49.

PowerClean, T.N. (2004): *Fossil Fuel Power Generation State-of-the-Art*, P.T. Network, Editor, University of Ulster: Coleraine, UK, pp. 9–10.

Press Releases:

(1) 'AEP to Install Carbon Capture on Two Existing Power Plants, Company Will Be First to Move Technology to Commercial Scale', Press Release (March 15, 2007), *available at* http://www.aep.com/newsroom/newsreleases/default.asp?dbcommand=displayrelease&ID=1351.

(2) 'BP and Edison Mission Group Plan Major Hydrogen Power Project for California', Press Release, February 10, 2006, available at http://www.bp.com/genericarticle.do?categoryId=2012968& contentId= 7014858. 33–37.

(3) 'Xcel Energy Increases Commitment to IGCC', Press Release, August 15, 2006, http://www.xcelenergy.com/XLWEB/CDA/0, 3080,1-1-1_15531_34200-28427-0_0_0-0,00.html.

Rao, A.B., & Rubin, E.S. (2002): A Technical, Economic and Environmental assessment of amine-based CO_2 capture technology for power plant greenhouse gas control, *Environmental Science and Technology,* **36**(20), 4467–75.

Radosz, M., Hu X., Krutkramelis, K., & Shen Y. (2008): Flue-gas carbon capture on carbonaceous sorbents: toward a low-cost multifunctional carbon filter for 'green' energy producers, *Industrial Engineering Chem Res,* **47**, 3784–94.

Reuters-News-Service (2005): *Vattenfall Plans CO2-Free Power Plant in Germany*, May 20, 2005, Available from: www.planetard.com.

Rochelle, G. (2009): Amine scrubbing for CO_2 capture, *Science,* **325**, 1652–4.

Rubin, E.S., Hounshell, D.A., Yeh, S., Taylor, M., Schrattenholzer, L., Riahi, K., *et al.* (2004): The effect of government actions on environment technology innovation: applications to the integrated assessment of carbon sequestration technologies, Report from Carnegie Mellon University, Pittsburgh, PA, to USDOE, German town, MD: Office of Biological and Environmental Research, January 2004.

Rubin, E.S. (2005): The Government role in Technology innovation: Lessons for the Climate change policy Agenda, *Proc 10th Biennial conference on transportation energy and environmental policy*. Davis: Dept. of Transportation Studies, University of California.

Rubin, E.S., Yeh, S., Antes, M. & Berkenpas, M. (2007): Use of experience curves to estimate the future cost of power plants with CO_2 capture, *Intl. J Greenhousegas Control.*

Rubin, E.S., Chen, C., & Rao, A.B. (2007): Cost and performance of fossil fuel power plants with CO_2 capture and storage, *Energy Policy*, **35**(**9**), 4444–54.

Rubin, E.S. (2008): CO_2 Capture and Transport, *Elements,* **4**, pp. 311–317.

Rubin, E.S. (2010): Will carbon capture and storage be available in time? *Proc. AAAS annual meeting*, San Diego, CA. Washington: American Academy for the Advancement of Science 2010; 18–22 February 2010.

Rubin, E.S., Hari, M., Marks, A., Versteeg, P., & Kitchin, J. (2012): The Outlook for improved carbon Capture technology, *Progress in Energy & Combustion Science*, 38 (5), 630–671, doi: 10.1016/j.pecs.2012.03.003.

Scheffknecht, G., Al-Makhadmeh, L., Schnell, U., &Maier, J. (2011): Oxy-fuel combustion: A review of the current state-of-the-art, *International J. GHG Control*, 5(1), S16–S35.

Simbeck, D. (2008): The Carbon capture technology landscape, *Proc Energy frontiers – International emerging energy technology forum*, Mountain View: SFA Pacific, Inc.

Simbeck, D.R. (2001): CO_2 Mitigation Economics for Existing Coal-Fired Power Plants, *Pittsburgh Coal Conference*, December 4, at Newcastle, NSW, Australia.

Simbolotti, G. (2010): CO_2 Capture & Storage, *IEA/ETSAP, Technology Brief E-14*, October 2010, G. Tosato, Project Coordinator.

Sjostrom, S., & Krutka, H. (2010): Evaluation of solid sorbents as a retrofit technology for CO_2 capture, *Fuel*; 89, 1298–306.

Socolow, R. (2005): Can We Bury Global Warming?, *Scientific American*, 293(1), 52, July 2005 (estimating that coal plants accounted for 542 billion tons of CO_2 emissions from 1751–2002 and will account for 501 billion tons of CO_2 from 2002–2030).

Sourcewatch (2010): Southern Company abandons carbon capture and storage project, at http://www.sourcewatch.org/indexphp?title=Southern_Company# cite_note-11.

Specker, S. *et al.* (2009): The Potential Growing Role of Post-Combustion CO_2 Capture Retrofits in Early Commercial Applications of CCS to Coal-Fired Power Plants, *MIT Coal Retrofit Symposium*, Cambridge, MA, available at http://web.mit.edu/ mitei/docs/reports/speckerretrofits.pdf.

Thijs, P., Synnove-Saeverud, S.M. & Rune, B. (2009): Development of thin Pd-23%Ag/SS composite membranes for application in WGS membrane reactors: *Ninth Intl. Conf. on catalysis in membrane reactors*, Lyon, France, June 28

Turkenburg, W.C., & Hendriks, C.A. (1999): Fossil fuels in a sustainable energy supply: the significance of CO_2 removal, Utrecht, The Netherlands: Ministry of Economic Affairs, The Hague.

US DOE/NETL (2007): Cost and performance baseline for fossil energy plants, In: *Bituminous coal and natural gas to electricity final report*, Pittsburgh: National Energy Technology Laboratory; 2007.

US DOE/NETL (2008): Carbon dioxide capture from flue gas using dry regenerable sorbents, Project facts, Pittsburgh: National Energy Technology Laboratory.

USDOE/NETL (2008a): PC oxycombustion power plants, Vol 1, bituminous coal to electricity, *report no. DOE/NETL-2007/1291;* Pittsburgh: NETL, 2008.

US DOE (2009): Assessment of power plants that meet proposed greenhouse gas emission performance standards, *DOE/NETL-401/110509*, Pittsburgh: NETL.

US DOE (2010a): Carbon sequestration technology roadmap and program plan, Pittsburgh: National Energy Technology Laboratory; 2010.

US DOE/NETL (2010): Carbon dioxide Capture R&D annual technology update, draft. Pittsburgh: National Energy Technology Laboratory, 2010.

USDOE/NETL (2011): Carbon Sequestration Program: Technology Program Plan – Enhancing the Success of CCTs – *Applied Research and Development from Lab- to Large-Field Scale*', DOE/NETL-2011/1464, Feb. 2011, at www.netl.doe.gov.

USDOE/NETL (2011a): 'Cost and Performance of PC and IGCC Plants for a Range of Carbon Dioxide Capture', DOE/NETL-2011/1498, May 2011.

USDOE/NETL (2011b): Coal-Fired Power Plants in the United States: Examination of the Costs of Retrofitting with CO_2 Capture Technology, Pittsburgh: NETL, at www.netl.doe.gov/energy-analyses/pubs/GIS _CCS_ retrofit.pdf.

US DOE/ NETL (2011): Carbon capture and storage database, at http://www.netl.doe.gov/technologies/carbon_seq/database/indexhtml;March 2011.

USDOE/NETL (2012): Advancing Oxycombustion Technology for Bituminous Coal Power Plants: AnR&D Guide, DOE/NETL-2010/1405, February 2012.

USEPA (2005): *Continuous Emissions Monitoring System (CEMS) Data Base of 2005 Power Plant Emissions Data*, 2005, EPA.

van Dijk, H., Walspurger, S., Cobden, P.D., Jansen, D., van den Brink, R.W. & de Vos, F. (2009): Performance of WGS catalysts under sorption-enhanced WGS conditions, *Energy Procedia*, 1, 639–46.

van Selow, E.R., Cobden, P.D., van den Brink, R.W., Wright, A., White, V., *et al.* (2009): Pilot scale development of the sorption enhanced water-gas shift process, in: Eide Il (ed.), *CO_2 capture for storage in deep geologic formations*, Berks: CPL Press, pp. 157–80.

Varagani, R.K., Chatel-Pelage, F., Pranda, P., Rostam-Abadi, M., Lu, Y., & Bose, A.C. (2005): Performance Simulation and Cost Assessment of Oxy-Combustion Process for CO2 Capture from Coal-Fired Power Plants, in *Fourth Annual Conference on Carbon Sequestration*, 2005, Alexandria, VA.

Wall, T., Stanger, R., & Santos, S. (2011): The current State of Oxy-fuel technology: demonstrations & technical barriers, *2nd Oxy-fuel Combustion Conf.*, Queensland, Australia, September 12–16, 2011.

Wappel, D., Khan, A., Shallcross, D., Joswig, S., Kentish, S., & Stevens, G. (2009): The effect of SO_2 on CO_2 absorption in an aqueous potassium carbonate solvent, *Energy Procedia,* **1(1)**, 125–31.

Weiss (2011): A New HP Version of Lurgi's FBDB Gasifier in bringing value to clients, *Gasification technologies Conf.,* October 10, 2011.

WEO (2006): note 5, p. 493 (Nov. 2006); Yamagata, note 7, estimating 1400 gigawatts based on data from the IEA's and Platt's database.

White, K., Torrente-Murciano, L., Sturgeon, D., & Chadwick, D. (2010): Purification of oxy-fuel derived CO_2, *Intl. J GHG control*, **4**(2), 137–42.

Williams, R.H. (2005): Climate-Compatible Synthetic Liquid Fuels from Coal and Biomass with CO_2 Capture and Storage, Princeton Environmental Inst., Princeton University, Dec. 19, 2005, at http://www.climatechange.ca.gov/ documents/2005-12-19_WILLIAMS.PDF.

Williams, R.H. (2006): Climate-Friendly, Rural Economy-Boosting Synfuels from Coal and Biomass, Presentation to Brian Schweitzer (Governor of Montana). Helena, Montana. November 15, 2006.

Williams, T. (2006): Carbon, Capture and Storage: Technology, Capacity and Limitations; Science and Technology Division, Library of Parliament, Parliament of Canada, 10 March 2006, at www2.parl.gc.ca/content/lop/researchpublications /prb0589-e.html.

WRI: CCS Overview, Available at www.wri,org/project/carbon-dioxide-capture-storage/ccs-basics.

Zhao, L., Ernst, R., Ludger, B., & Detlef, S. (2010): Multi-stage gas separation membrane Processes used in post-combustion capture: Energetic and economic analyses, *J Membrane Science,* **359**(1e2), 160–72.

Zeng, Y., Acharya, D.R., Tamhankar, S.S., Ramprasad, N., Ramachandran, R., Fitch, F.R., MacLean, D.L., Lin, J.Y.S., & Clarke, R.H. (2003): Oxy-fuel combustion process, *US Patent Application Publication No US 2003/0138747 A1*.

Zheng, L. (ed.) (2011): *Oxy-fuel combustion for power generation and CO_2 capture,* Woodhead Publishing Series in Energy No. 17, Cambridge, UK: Woodhead Publishing Ltd. February 2011.

Websites:
Carbon Sequestration Leadership Forum: http://www.cslforum.org/;
CO_2 Capture and Storage Association: http://www.ccsassociation.org.uk/;
CO_2 CRC: http://www.co2crc.com.au/;
CO2GeoNet: http://www.co2geonet.com/;
EU Zero Emissions Technology Platform: http://www.zero-emissionplatform.eu/;
Global CCS Institute: www.globalccsinstitute.com;
International Energy Agency: http://www.iea.org;
Greenpeace: http://www.greenpeace.org/international/press/reports/technical-brifing-ccs;
IEA Clean Coal Centre: http://www.iea-coal.co.uk/site/index.htm;
IEA GHG R&D Program: http://www.ieagreen.org.uk/;
Intergovernmental Panel on Climate Change: www.ipcc.ch;
Massachusetts Institute of Technology: http://sequestration.mit.edu/index.html;
IMO: http://www.imo.org/includes/blastdataonly.asp/data_id=17361/7.pdf;
Natural Resources Canada: http://www.nrcan.gc.ca/es/etb/cetc/combustion/co2trm/htmldocs/technical_reports_e.html;
NOVEM: http://www.cleanfuels.novem.nl/projects/international.asp;
Pew Center on Global Climate Change: http://www.pewclimate.org/technology-solutions;
The Carbon Trust: http://www.carbontrust.co.uk/default.ct;
UN FCCC: http://unfccc.int;
US NETL: http://www.netl.doe.gov/technologies/carbon_seq/index.html; http://www.netl.doe.gov/technologies/coalpower/cctc/;
US DOE Carbon Sequestration Website: http://carbonsequestration.us/;
US EPA: http://www.epa.gov/climatechange/emissions/co2_geosequest.html;
World Business Council for Sustainable Development: http://www.wbscd.org/;
World Coal Institute: http://www.worldcoal.org/;
World Energy Council: http://www.worldenergy.org/;
World ResourcesInstitute: http://www.wri.org/project/carbon-capture-sequestration

第 10 章　煤制液体燃料

引言

煤的液化，也就是将煤转化成可以替代石油制品的液体燃料，通常被称为煤制液体燃料（CTL）的过程。这些液体燃料（也称合成燃料）的制备有热解、直接液化（DCL）和间接液化（ICL）三种基本方式，后两种已投入工程实际。液化得到的合成燃料的性质和传统石油燃料基本相同。

煤炭液化工艺兴起于 20 世纪早期，但之后相对廉价和大规模开发的原油和天然气阻碍了煤炭液化工艺的发展。第二次世界大战期间，煤炭液化工艺在德国得到了大规模的应用，为德国供应了 92% 的航空燃料，并且在 20 世纪 40 年代为德国供应了超过 50% 的石油需求（据美国能源部数据）。类似地，在 20 世纪 50 年代石油危机期间，南非开始发展煤液化技术，现在煤液化技术为南非提供了超过 30% 的燃料需求，并且已经在南非经济中占据了重要的地位（源自 Sasol 官网）。20 世纪 70 年代的石油危机和传统石油耗尽的威胁重新激起了人们在 80 年代对从煤中获取石油替代品的研究兴趣。然而，与煤气化的情况相同，廉价的石油和天然气的广泛使用大大减慢了煤液化技术的商业发展。现在，这些工艺的研究与开发的力度正在增加。

10.1　煤液化相关化学反应

本质上，煤液化是依靠碳源和氢源的化学结合。费托合成工艺是合成气（通过燃料气化产生）中的 CO 和 H_2 在适合的催化剂作用下反应，生成出多种组分的液态烃类物质（合成燃料）的化学反应。典型的催化剂有铁系和钴系材料。这一工艺主要应用于从固体原料，如煤或者各种含碳的固体废弃物中生产烃类液体燃料或氢气。

通常，固体含碳物质通过非氧化热解生产的合成气可以直接作为燃料。费托合成也可以用于生产类似石油的液体燃料（或者润滑油，或者石蜡）。如果氢气的产量达到最大值，水煤气反应能够做到只产生 CO_2 和 H_2，在产品流中没有烃类物质残留（Bowen & Irwin 2006）。一般地，用两个不同的化学反应分别来表示费托合成的两种典型产品的生成过程。

$$nCO + 2nH_2 \rightarrow nH_2O + C_nH_2n(\text{烯烃}) \tag{10.1}$$

$$nCO + (2n+1)H_2 \rightarrow nH_2O + C_nH_{2n+2}\text{(石蜡)} \tag{10.2}$$

最终产品的类型取决于催化剂和反应器的控制条件。“n”的范围在 5~10 之间的富含烯烃产品（石脑油）经高温费托合成工艺可用于制合成汽油和化学产品。“n”的范围在 12~19 之间的富含石蜡的产品经低温费托合成可用于制合成柴油和石蜡。

在伯吉尤斯法中，煤裂解成较短的烃类物质，通过在高温高压的条件下加入氢气，不需要生成气态中间产物而得到类似原油的产品。

$$nC + (n+1)H_2 \rightarrow C_n + H_{2n+2} \tag{10.3}$$

10.2 技术选择

虽然煤制液体燃料的一些技术路线是可行的，但是只有几种技术路线可以用于商业化生产。基础设施可以利用传统原油加工和天然气液化中的现代化设备，这很大程度上也符合环保和经济的要求。

高温热解是最古老的煤液化的方式。通常，煤在密闭容器中被加热到 950℃左右，煤发生裂解，挥发分析出，碳含量增加。这与制焦过程相同，而且产生的焦油状的液体通常是一种副产品。热解的液体产率和效率都很低，产品提质的费用又相对较高。另外，生成的液体需要经过进一步的处理才能作为汽车的燃料。因此，这项工艺不能应用于商业规模的生产。

煤直接液化需要煤在升温、升压的条件下以及氢气和催化剂的作用下溶解。在德国，煤直接液化发展成为一种商业化的工艺，是基于化学家弗里德里希·伯吉尤斯将褐煤转化为合成油的研究（Collings 2002）。在 20 世纪 80 年代发展的大多数的煤直接液化技术都是对伯吉尤斯的原始概念的修改和拓展。然而，由于煤直接液化技术在商业化生产中并没有得到验证，所以没有工业化的国家利用煤直接液化技术生产液体燃料来满足本国液体燃料的需求。美国的 HTI 公司已经将煤直接液化技术发展到工艺开发单元，它的研发装置每天消耗 3t 的煤（Williams 和 Larson 2003）。人们更关注使用天然气制合成油的技术来寻找石油替代品，这项技术旨在开发世界各地低成本的天然气资源。

煤间接液化（费托合成）是首先将煤气化，然后用得到的合成气制液体燃料。尽管已经证实了其科学性，但是只有很少的煤制液体燃料的商业设备开始运作。而且，这些商业设备中绝大多数都是以煤间接液化为理论基础的。对这项技术应用最为成熟的是南非的 Sasol 公司（Collings 2002）。在同时期的德国，煤间接液化已经发展成为一种直接的生产工艺。早在 20 世纪 20 年代早期，Franz Fischer 和 Hans Tropsch 为从合成气中生产称之为合成醇的醇类、醛类、脂肪酸和烃类物质混合物的工艺申请了专利（Fischer & Tropsch 1930）。

10.2.1 煤直接液化

煤直接液化是向贫氢结构的煤上加氢（增加 H/C 原子比），裂解产生提取液。磨好的煤与煤自身液化产生循环溶剂混合成煤浆。煤浆中煤的浓度在30%～50%之间，将煤浆加热至450℃，并在氢气气氛和1500～3000psi[⊖]的压力下反应大约1h（见图10.1）。煤的自由基进一步裂解生成合成原油，这些生成的液体与芳香化合物有相同的分子结构。同时可以使用多种催化剂来提高煤直接液化中的液体产率。在煤直接液化工艺中的氢气不仅用于制合成原油（用$CH_{1.6}$表示），而且可以除去煤中的氧、硫和氮，这些元素以H_2O、H_2S和NH_3的形式从液体产物中移除。除去煤中的氧是为了获得烃类燃料，除去含氮和含硫的物质是为了防止下游煤直接液化设备中的催化剂中毒。氢气可以通过天然气水蒸气重整或煤的液化得到（Williams & Larson 2003）。

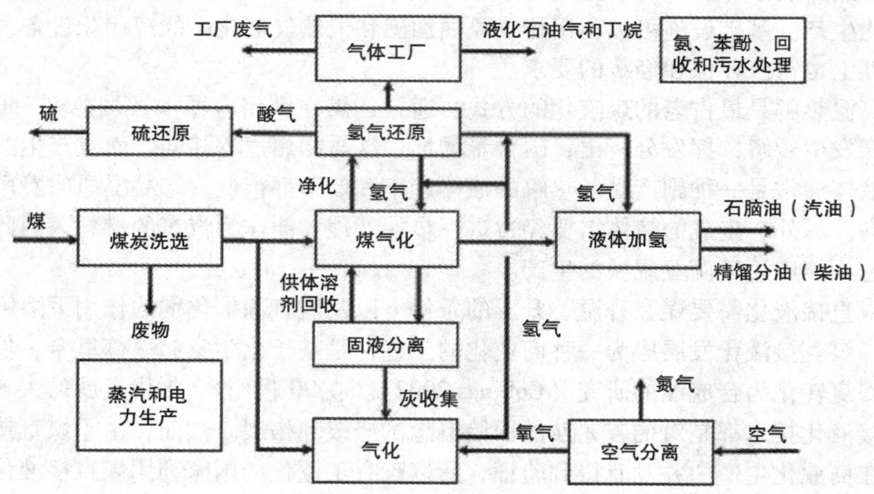

图10.1 直接液化流程图（来源：DOE/NETL，Winslow & Schmetz 2009）

1t的煤可以生产大约1.5t的含较多芳香化合物的液体燃料。液体产率超过干煤质量的70%，整体的热效率在60%～70%（Couch 2008；Benito等，1994）。与热解得到的液体相比，煤直接液化生成的合成原油的品质更好，可以不需要掺混其他物质直接用于电力生产或其他化学工艺。然而，合成原油作为交通燃料还需要经过进一步的提质和加氢处理过程。精炼阶段是整个工序链中必不可少的，合成原油可以在煤直接液化的设备中或者将合成原油送至传统的精炼厂进行精炼。从精炼的合成原油中可以提取出汽油和柴油，以及丙烷、丁烷等其他产品。煤直接液化产生的石脑油能够用于制取辛烷含量很高的汽油，然而，美国环保署规定对重整汽油中

⊖ 1psi = 6894.757Pa。

的芳香化合物的含量进行限制。煤直接液化的蒸馏油是一种性质很差的柴油调和组分，其含有有大量的芳香化合物，十六烷值较低。煤直接液化产生的液体中含有硫、氮和氧，还可能有金属元素等杂质存在，需要进行加氢处理来满足清洁燃料的技术指标（Winslow & Schmetz 2009）。

下面介绍两种不同的煤直接液化方式：直接液化法是通过一个主反应器直接生产蒸馏油，这一工艺可能包含整体、即时的加氢反应器来对初级蒸馏油进行提质，但工艺的总转化率会降低。两段直接液化法是串联的两个反应器来生产蒸馏油。第一阶段的主要作用是在没有催化剂或者只有低活性一次性催化剂的条件下进行煤的溶解，重质液化油通过这种方式生产；第二阶段是在有高活性催化剂的条件下加氢精制生产其他的蒸馏油（Winslow & Schmetz 2009）。

直接液化生产的液体产品分布取决于四个主要变量：使用的煤的性质；使用的溶剂或混合溶剂；工艺条件，包括温度、压力、停留时间和催化剂；反应器的级数和初级产品的精炼。这项工艺已经从低阶的褐煤发展到高挥发分的烟煤，高阶煤的反应性较差，而且无烟煤基本上不发生反应。

煤直接液化的优点：①直接液化的效率比间接液化高，1t 高挥发分烟煤能够转化成大约 3 桶高品质的合成原油用以精炼提质和调和；②直接液化能够生产高辛烷值、低硫含量的汽油和能够经过提质用作柴油调和料的蒸馏油；③直接液化技术可能发展成为混合（直接/间接）工艺用以生产汽油和柴油；④与间接液化相比，直接液化可能有更好的碳足迹。

然而，煤直接液化技术仍需要解决诸多难题，比如投资成本高，投资风险大，CO_2和标准污染物的排放等环境问题，耗水量，主要的技术问题和油价波动的影响。主要研究的技术问题：①第一台工业设备在中国投产（神华集团），需要更多的碳管理和大规模控制来验证工艺的标准和经济性；②研发工作应该注重工艺问题，例如进一步提高效率、产品的成本和品质、材料和部件的可靠性，收集数据更好地明确碳的生命周期；③煤直接液化技术的示范工程和发展的时间轴；④整合和验证碳捕集技术。

从商业层面来看，煤直接液化技术并没有什么大的进展。在 2002 年，由中国神华集团设计并在内蒙古自治区建成的世界上首个煤直接液化工厂近期开始投产（Fletcher 等，2004；Wu Xiuzhang 2010）。

10.2.2　煤间接液化

煤间接液化是一种多步骤的工艺。首先，需要通过煤气化制得合成气；然后再通过费托合成法或者 Mobil 法（也称作甲醇合成法）这两种方法来将甲醇转化成液体燃料。较为常用的费托合成法是将除去杂质的合成气，在催化剂的作用下，经过上述反应式（10.1）和（10.2）的化学反应，主要形成分子量分布较广的液态链烷烃的工艺（见图 10.2）。制备合成气的原料可以是煤或者煤与生物质的混合物。

当生物质加入时，制备合成气的工艺并没有变化，但是随着原料中生物质的含量越高，工艺过程中 CO_2 的排放量会随之减小。较为少见的 Mobil 法是先将合成气转化成甲醇，之后甲醇经过脱水阶段转化成汽油［甲醇合成汽油（MTG）］。费托合成法在工艺过程中会产生大量的 CO_2，需要在工艺的最后阶段将其从燃料中除去（AAAS Policy Brief 2009）。然而，最近的研究表明改良的费托合成法能够显著减少液化过程中 CO_2 的产生（Hildebrandt 等，2009）。

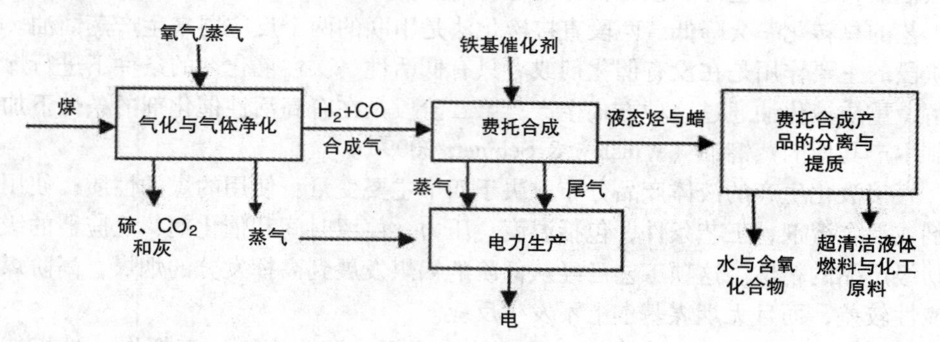

图 10.2　费托合成间接液化工艺（源自 National Mining Association, Liquid fuels from US Coal, at www. nma. org/pdf/liquid _ coal _ fuels _ 100505. pdf）

费托合成法主要分为两类：①高温费托合成法（HTFT），温度控制在 300 ~ 350℃，主要为了生产汽油；②低温费托合成法（LTFT），温度控制在 200 ~ 250℃，主要为了生产柴油。高温费托合成有比低温费托合成更为复杂的生产线。生产出的汽油中含有大量的苯和苯的衍生物，不利于其用作运输燃料。高温费托合成更具生产化学品的前景，产生的大量轻质烃类物质能够用于生产合成天然气（SNG）。费托合成的产品分布能够按照热力学的因素分析，但实际上由于存在很多竞争反应，这种分析具有很大程度的经验性（IEA Clean coal Center 2009）。

从 20 世纪 60 年代起，南非就开始使用煤间接液化技术来生产汽车燃料和石化原料。这项技术的热效率很低，但是能够生产出许多副产品（见图 10.3），包括甲醇、二甲醚、费托合成柴油和汽油、氢气等。活性的 CO 和 H_2 在煤间接液化设备中作为分子结构单元能够促进化学产品的生成。使用现代工艺，煤间接液化能够生产出环境友好的零硫含量的液体燃料，这种液体燃料比当前排放法规的要求更加清洁。

二甲醚能够像甲醇一样很容易重整制氢。因此，二甲醚有为固定燃料电池或者车用燃料电池提供氢源的应用前景。二甲醚可以替代液化石油气作为厨房燃料，二甲醚在较宽范围的空气燃料比下都能燃烧，燃烧火焰呈蓝色（Fleisch 等，1995；ICC 2003）。二甲醚是一种相对惰性、没有腐蚀性、非致癌性、几乎没有毒性，而且长期与空气接触不会形成过氧化物的物质（Hansen 等，1995）。目前，全世界在小规模设备上使用甲醇脱水制二甲醚的产量达到 150000t/年（Naqvi 2002）。更多生产二甲醚的细节可参考相关文章（例如 Larson & Tingjing 2003）。

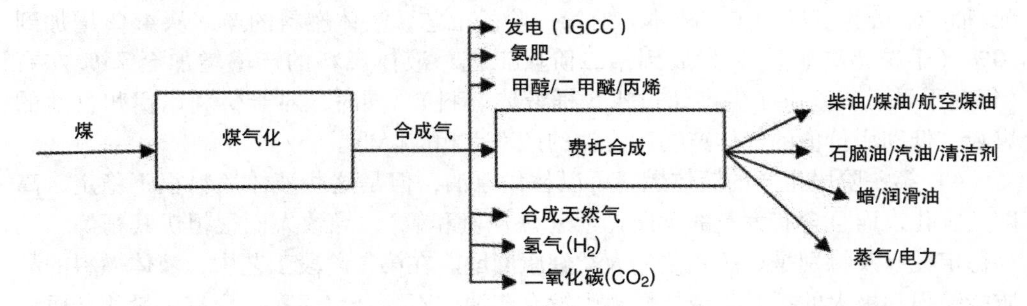

图 10.3 煤的衍生产品（源自 GTI Gasification Symposium，Dec. 2，2004，available at http：//www. gastechnology. org/webroot/downloads/en/1ResearchCap/1 _ 8Gasification and Gas Processing/LepinskiSmall. pdf）

在煤直接液化和间接液化工艺中，催化剂在促进化学品生成上都起到了重要的作用。通常使用的催化剂是过渡金属材料——铁、钌或者钴，也可使用过渡金属硫化物、非晶态分子筛和相似的化合物作为催化剂。这些催化剂可分为负载型催化剂（Co/Mo、Co/Ni）、分散型催化剂（Fe、Mo）和 HTI 公司专有催化剂（GelCat – iron – based）。

通常，催化剂对于工艺过程效率和最终产物都有很大的影响。许多催化剂对于硫成分以及其他物质都极为敏感，需要通过特别的处理和分离技术来防止催化剂中毒。关于费托合成、催化剂等的详细论述可以细致参考 Bridgwater&Anders（1994）、Dry（2002）、Davis&Occelli（2006）、Yang 等（2006）、Duvenhage & Coville（2006）、Longwell 等（1995）、Bacaud 等（1994）、Speight（2008）、Tarka 等（2009）。对煤制液体燃料工艺中的催化剂已经有了大量的研究，但选择合适的催化剂并使催化剂的性能最佳仍是一个巨大的挑战。

研发项目

美国能源部通过 1968 ~ 1995 年的赞助工程支持煤直接液化项目的发展。这项研究开发出一些煤直接液化工艺，并将这些工艺分为两类。第一阶段工艺：SCR – Ⅱ法、供氢溶剂法（EDS）和氢煤法（H – Coal）；第二阶段工艺：两段集成液化法（ITSL）、Wilsonville 两段式液化法、HRI/HTI 催化多级液化法（CMSL）和 U. Ky. /HTI/CONSOL/Sandia/LDP 的先进液化设计（ALC）。这些工艺的详细介绍可参看相关文献。Winslow 和 Schmetz（2009）详细地论述了这些工艺，大致的研究结论如下：

1）虽然氢煤法和供氢溶剂法存在许多问题，包括工艺产率、选择性、产品品质和经济潜力等，但这两种工艺证实了煤直接液化技术在工程上的可行性。

2）在 HTI 公司的小型工程项目中，分散式催化剂的使用对馏分油的产率和品质均有很大提高，通过直列式加氢处理能实现产物的低硫和低氮。

3）由于煤直接液化是资本密集型产业，增加液体燃料产量能极大地降低以美元/桶/流/天为基准的工艺成本。对第一阶段工艺，液体燃料的产率从45%增加到50%（干燥无灰基下），发展到第二阶段工艺，液体燃料的产率增加至75%左右（每吨干燥无灰基煤能生产超过4.5桶液体燃料）。同时，对于伊利诺伊州盆地的煤炭，低利用价值的气体产物和渣油的产率也相应降低。

4）第一阶段生产的液体燃料可以替代原油，但是这些液体燃料很不稳定，高度芳香化，而且含有大量的杂质元素（硫、氮和氧），导致人们很担忧其精炼、贮存稳定性以及特别是致癌相关的人类健康问题。在第二阶段工艺中，液体燃料的品质能够得到极大的提升。液体燃料中没有渣油，不含金属元素，含有少量的杂质元素并能在传统的精炼设备中完成精炼，达到现行的发动机和内燃机的燃料规范。产品质量评估确保了煤直接液化工艺能够生产出符合要求的运输燃料。

5）第二阶段工艺生产的高品质石脑油可以在传统的精炼设备中转化成高品质的汽油。

6）传统的石油与石脑油混合不会发生不良的交互反应。煤直接液化的中间馏分物作为生产柴油和煤油的原料。

7）与第一阶段工艺的产品相比，第二阶段工艺的产品含有较少的杂质元素和较多的氢，从而降低了产品的致癌性。

8）第一阶段工艺已经证实能够实现200t/天给煤量的设备连续生产（Ashland Synthetic Fuels, Inc., Catlettsburg, KY）。

9）在工业设备和设备单元操作上，第二阶段工艺与第一阶段工艺都十分相似。另外，一些关键的工艺设备在全球的石油精炼领域应用广泛，如沸腾床反应器。

10）结构材料和设备设计是为了克服在第一阶段工艺使用中出现的设备的腐蚀、侵蚀和积垢问题；这些新的材料和设计是符合要求的；因此，人们对第二阶段工艺扩大至商业化规模充满了信心。

11）在第二阶段工艺中，重点也是将低阶煤应用于直接液化。廉价的褐煤、次烟煤和烟煤均被证实是适合的原料。

12）第二阶段工艺具有一定的灵活性，原料可以是次烟煤和其他低阶煤，也可以是煤和石油渣油，重油或者沥青，煤和废弃高聚物的混合物。在特定的时间和地点，工业设备可以使用最为经济的原料进行生产。

13）在工艺发展过程中，材料、设备或工艺设计的改进从根本上改善了许多问题，包括整体设备可靠性，积灰和产品与传统燃料的混溶性，减压阀腐蚀，预热器积碳和蒸馏塔腐蚀等。

南非的Sasol公司作为第一家煤间接液化商业化规模生产公司，已经发展了多种煤间接液化技术。其中最早的煤间接液化技术是从20世纪50～80年代末发展起来的。从20世纪90年代开始使用的先进技术包括Sasol高级醇高温费托合成技术和 Sasol 低温浆态床费托合成技术（Collings 2002），并且通过煤间接液化工厂的运行掌握了大量的操作经验（Sasol 网站）。到目前为止，Sasol 公司已经生产出超过 15 亿桶合成油（WCI 2006）。有关费托合成的工艺进展和商业应用的详情见表 10.1。美国能源部正在开展一个项目，即与宾夕法尼亚州的一座 35MW 的电厂进行联产，并利用先进的费托合成技术来将无烟煤废料（磨煤后的残留物）转化成为 5000 桶/天的合成柴油、石脑油和煤油燃料。

表 10.1　费托合成的工艺进展与商业应用

国家	参与企业	技术	规模	阶段	时期
南非	Sasol	Lurgi/Sasol	700 万 t/年	商业	1955 ~
新西兰	Methanex	Mobil（MTG）	75 万 t/年	商业	1983 ~
马来西亚	Bitutu	Shell（SMDS）	50 万 t/年	商业	1993 ~
日本	Mitsubishi	AMSTG	1 桶/天	实验	1986 ~ 1990
丹麦	Topsoe	TIGAS	1t/天	实验	1984 ~ 1986
美国	Exxon	AGC 21	200 桶/天	实验	1990 ~ 1996
美国	Syntroleum	Syntroleum	2 桶/天	实验	1994 ~ 1997

注：数据源自 Zhang Kai & WuXuehui 2006。

除了美国以外，包括加拿大、日本、中国、澳大利亚、南非和一些欧洲国家（英国、德国、波兰和爱沙尼亚）在内的一些国家都已经开展了煤制液体燃料的相关研发项目。2009 年，国际能源署洁净煤中心公布的一份报告详细地介绍了这些项目。

Mobil 法（甲醇合成法）是一种技术成熟的商业工艺方法。甲醇合成法的大部分的技术是由鲁奇公司、帝国化学工业公司、三菱公司、林德公司和东洋公司提供。ICI 工艺与鲁奇工艺的根本区别在于反应器的类别：ICI 工艺使用的是 multi - quench 反应器，而鲁奇工艺使用的是多管式反应器。现代甲醇工厂每小时用每升催化剂能够生产大约 1kg 甲醇。虽然在商业工艺中气体再循环使用固定床反应器，但是甲醇合成技术中的最新技术包括浆态床和流化床的使用。浆态床反应器对温度的控制更好，而且对甲醇和费托合成法制烃类物质的生产有很大的应用前景。Z 工艺（Z processes）是将低阶的褐煤转化成为高挥发分的烟煤。高阶煤的反应性较差，无烟煤几乎不发生反应（Zhang Kai & Wu Xuehui 2006）。

在中国，通过煤间接液化工艺来生产甲醇（主要用作化工原料）已经商业化。2001 年，中国的甲醇产量为 330 万 t（多数是来自于煤），并且宣布开展至少有三个新的煤制甲醇项目。2004 年，兖矿集团（山东）建成并投产了一个示范项目（年产量 10000t）（Zhang Kai & Wu Xuehui 2006）。中国有 10 ~ 15 个运行中的现代化煤气化工厂来生产氨生产中所需的氢气。山西省可能将甲醇作为一种汽车燃料（Niu 2003）。同样。也可以将煤间接液化技术应用到煤制二甲醚中（Larson & Tingjin 2003）。

10.2.3 直接与间接液化技术的比较

一些文献论述了煤直接液化和煤间接液化的全面分析的研究（例如，Hook & Aleklett 2009；Couch 2008；Yu 等，2007；Williams & Larson 2003）。直接液化生产未精炼的合成原油，间接液化通常能够直接得到最终产品。间接液化已经商业化运作多年，而直接液化还没有进入商业化运作阶段。

在煤直接液化中，煤液化和精炼几乎与普通原油的处理过程相同并且会产生合成原油。如果能够避免煤的完全分解，工艺的效率将会略有提高，并且整体的液化设备将会减少。在煤间接液化中则正好相反，针对经费托合成得到的产品设立并执行了一整套的标准。其中许多工艺生产出的烃类燃料的性质要优于传统的石油制品。为了保护合成反应器中的催化剂，煤间接液化中产生的所有有害物质都必须被移除。在能量含量和其他特性上，所有的煤间接液化制品都要优于石油制品。煤间接液化得到的液体燃料十分清洁，几乎不含氮、硫和芳香化合物，而且在燃烧时一般产生的排放物较少（Durbin 等，2000；Szybist 等，2005）。

技术要求：除了煤以外，热量、能量、催化剂和其他一些化学品都是必要的。水是工艺中的重要条件，并以热蒸汽或制氢原料和冷却介质的形式存在。煤直接液化和间接液化两种工艺的耗水量都很大而且几乎相同。对一座以美国产的煤为原料，日产量5万桶的工厂，耗水量在40000～50000m^3/天（DOE/NETL 2006a）。煤的研磨并将煤与水进行混合也是消耗水和能量的工序。因此，水的可用性是筹划建造煤液化设备的关键问题。

煤直接液化系统需要氢气来将煤裂解成合成油，这是系统中成本最高的部分。高效的设备通常是用水蒸气重整天然气的方式来获取氢气，而煤直接液化改用水煤气反应从煤中制取氢气。煤的反应为制备合成油提供热量。

煤间接液化需要大量的热量和使用大量的水蒸气来将煤裂解成合成气。为了保护催化剂，包括气体冷却和不同分离阶段在内的气体处理和纯化过程，都需要消耗额外的能量。然而，再循环过程产生的合成气中分离出来的硫和其他物质，可以供应这些能量的一部分。与它们消耗的电能相比，一些煤间接液化装置通过将多余的热能转化为电能，实际上能产生更多的电能（Williams & Larson 2003a）。

煤直接液化或间接液化的精炼和产品提质均需要额外的能量和氢气。这部分额外的能量可以由煤的反应来提供，可达到合成油的能量含量的10%。为了减少温室气体和其他污染物的排放，这部分额外的能量的消耗是必要的。

系统效率：煤直接液化工艺预计的总效率是73%（Comolli 等，1999）。有人估算它的热效率是60%～70%（WCI 2006；Williams & Larson 2003a）。壳牌公司估算煤间接液化工艺的理论最高热效率是60%（van den Burgt 等，1980；Eilers 等，1990）。用于制造甲醇和二甲醚的煤间接液化工艺的总效率分别是58.3%和55.1%（Williams & Larson 2003a）。Tijmensen 等（2002）证明了当将多种生物质混合物用于煤间接液化工艺中时，其效率是 33% ~50%。通常，煤间接液化的总效率是 50%左右。van Vliet 等（2009）对煤间接液化制得的柴油的能量流进行了细致分析。

然而，煤直接液化的效率通常代表制得合成油的过程，而合成油在使用之前需要精炼，煤间接液化通常代表制得最终产品的过程，所以这两种工艺效率的对比必须要注意。如果考虑直接液化产品的精炼，间接液化的一些产品与直接液化的同类产品相比有更高的效率（Williams & Larson 2003a）。目前，还不明确是否将用于提供工艺所需的热量、制氢的额外能量以及工艺所需的电能包含在这个分析中，这使效率比较变得更加微妙。

排放简况：煤直接液化和间接液化所制得的燃料的燃烧特性和排放物是不同的。这两类液体燃料与石油衍生燃料相比硫含量均较低。Huang 等（2008）和 Hori 等（1997）对合成燃料与传统燃料的排放特性进行了全面分析。直接液化产品中含有大量的多环芳香化合物和杂质元素（Mzinyati2007；Farcasiu 等，1977；Jones 等，1980；Leckel 2009），而直接液化产品中芳香化合物含量较低。高温费托合成生产出含有支链的产品并含有芳香化合物，而低温费托合成几乎没有这些物质（Lipinski2005）。美国最新的环境法开始趋向于限制运输燃料中的芳香化合物含量（Williams & Larson 2003a），这对煤间接液化燃料是有利的。

有毒微量金属元素和无机物，如镉、硒、砷、铅和汞等，都能在煤直接液化和间接液化工艺中转移到最终产品中。煤间接液化工艺中，金属的转移通常并不重要，而且较为廉价（Williams & Larson 2003a）。然而，这在煤直接液化工艺中却相对复杂而且代价很高，几乎不能实现。十六烷值和辛烷值随着不同产品的化学性质变化而不同。煤间接液化能生产高品质的柴油主要是因为直链产品占主要部分。密度低是煤间接液化产品的一个缺点，但这可以通过与其他燃料混合来缓解（Leckel 2009）。与传统石油衍生燃料相比，煤直接液化和间接液化燃料使用时都排放出大量的 CO_2。但是，在不显著增加产品成本的前提下，减少排放甚至实现零排放都是可行的。在减轻温室气体排放的潜力和成本方面，煤直接液化和间接液化技术之间有着本质的区别（Williams & Larson 2003a）。

以从油井开采到合成油的周期为基准，煤直接液化产生的 CO_2 大约是传统燃料的 190%（Vallentin 2008）。这与其他一些研究相符，但如果应用减排手段，CO_2 排放量能够降至传统燃料的 130% 以下。如果 CO_2 直接排放，那么煤间接液化技术的 CO_2 排放量大约是传统燃料的 180% ~210%（Williams & Larson 2003a；Vallentin 2008）。然而，煤间接液化系统中的 $H_2S + CO_2$ 共捕集/共封存装置能够降低排放量（Williams &Larson 2003a）。即使包含碳捕集的生命周期分析，煤液化的产业链的排放量依然高于石油衍生燃料，主要排放量来源于磨煤过程。Leckel 提到特殊的煤间接液化馏出物的典型性质（2009）。表 10.2 给出了煤直接液化和间接液化的最终产品的典型性质。通常，与传统燃料相比，煤液化燃料能够改善燃料的排放特性和降低硫、芳香化合物、NO_x 和颗粒物等的运输排放（Huang 等，2008）。但是，如果将整条供应链上的排放全部纳入分析当中，煤直接液化和间接液化中 CO_2 减排的可能性并不大。

表 10.2 煤直接液化和间接液化的最终产品的典型性质

	直接液化	间接液化
可蒸馏的产品结构	65% 柴油，35% 石脑油	80% 柴油，20% 石脑油
柴油十六烷烃值	42 ~ 47	72 ~ 75
柴油中硫含量	$<5\times10^{-6}$	$<1\times10^{-6}$
柴油中的芳香化合物	4.8%	<4%
柴油比重	0.865	0.780
石脑油辛烷值	>100	45 ~ 75
石脑油中硫含量	$<5\times10^{-5}$	无
石脑油中的芳香化合物	5%	2%
石脑油比重	0.764	0.673

混合液化工艺

混合液化工艺的概念是将直接液化工艺和间接液化工艺联合起来。这种混合工艺有两个关键的特征：①直接液化中所需的氢气可由间接液化产生；②混合液化工艺中，由间接液化生产高品质柴油，并由直接液化生产高品质汽油。图 10.4 所示为混合液化的工艺流程图。

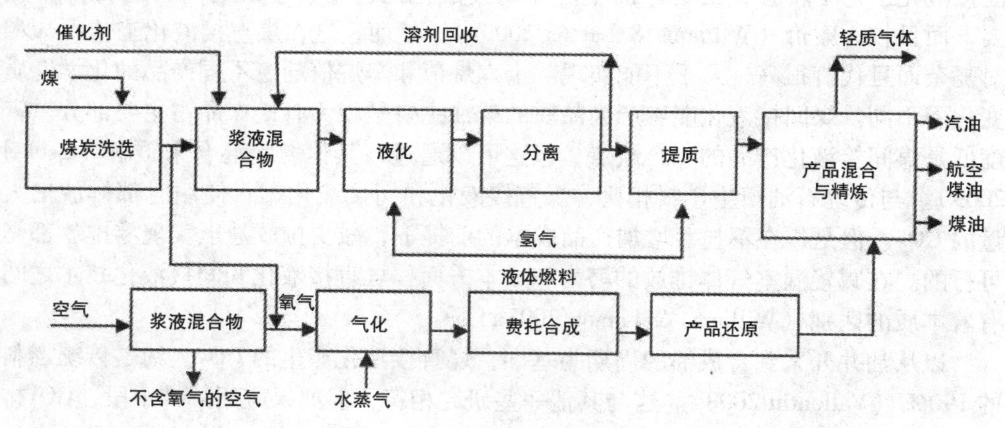

图 10.4 整合煤直接液化与间接液化的混合液化概念（源自 USDOE – NETL 2008）

10.2.4 直接与间接液化技术的成本

煤液化设备成本中，投资成本通常是最主要的部分，其次是操作维护成本。前期的支出很高——建造一座日产量 1 万桶的工厂需要花费 6 亿 ~ 7 亿美元以上。煤的精炼比精炼相同量的石油贵 3 ~ 4 倍。按照美国能源部的说法，当生物质与煤混合使用时，工艺的成本将增加，而且仅当原油价格超过 90 美元/桶时，这种工艺才是可行的。如果将捕集的 CO_2 封存的费用包括在内，那么最终产品的价格预计会增长 5 美元/桶（AAAS Policy Brief 2009）。兰德公司最新的一份报告估算，“煤液化生产及碳捕集”生产燃料的成本在 1.40～2.20 美元/gal[⊖]之间或者更高。煤液化是否能够作为一个经济上具有吸引力的替代方案要取决于当前的油价。

考虑到煤的本地供应、煤的品质等因素，煤的成本通常占总成本的 10%～20%。在美国，煤间接液化工厂提出收支平衡的原油价格在 25～40 美元/桶之间，价格变化取决于是否将像 CO_2 捕集这样的技术手段包括在内（Williams & Larson 2003a）。之前，较稳妥的研究表明收支平衡的原油价格在 35 美元/桶左右（Lumpkin 1988）。中国一个煤直接液化设备生产的液体燃料的成本估计在 24 美元/桶左右（Fletcher & Sun 2005）。近些年来，煤炭价格的提高和经济形势的发展影响到了收支平衡价格。最新的研究表明，煤液化成本的收支平衡价格是48～75 美元/桶（Vallentin 2008）。煤间接液化和直接液化的预期成本相差不大，并且可以假定为几乎相同。表 10.3 列出了美国三个不同产量的工厂的建造估算成本。在中国内蒙古的煤直接液化设备的总成本大约是 40 亿美元（Tingting 2009）。

Sasol 公司和中国计划在中国的山西省（北京以西 650km）和宁夏回族自治区（北京以西 1000km）建造两座日产量 8 万桶的煤间接液化工厂，每个工厂的估算投资成本是 50 亿美元（Sasol 2006）。目前只有两个项目获得了批准，中国国家发展和改革委员会在 2008 年 9 月暂停了所有的煤液化项目（Tingting 2009）。

表 10.3 美国的煤液化估计成本

工厂产量	资本投资
2 万桶/天	15 亿～40 亿美元
8 万桶/天	60 亿～240 亿美元
100 万桶/天	600 亿～1600 亿美元

注：数据源自 Northern Plains Resource Council 2005。

10.2.5 煤液化技术展望

国内外，尤其是交通业，对于将煤转化为液体燃料都有极大的兴趣。由于①全球对于石油的需求日益增加，尤其是发展中经济体，而石油供应和石油价格却表现持续的不确定性，②石油的储量不能满足需求的增长，③全球的煤炭储量很大而且分布广泛，煤炭的供应更加可靠，而且煤炭的价格大幅度波动的可能性较小。因此，煤制液体燃料能够①大大增加液体运输燃料的可用性和寿命，②增加使用本土燃料储备，③在可容忍的价格上限方面，给产油国施加压力（IEA Clean Coal Center 2009）。

⊖ 1gal = 3.78541 dm^3。

但是，工业化国家更多地关注使用煤间接液化或者天然气制液体燃料的方法来生产合成燃料，同时几乎放弃了煤直接液化技术。最终，煤直接液化技术通常需要新的技术，其中一个重要的例外是 H_2 的制备（Williams 和 Larson 2003a）。然而，当传统原油匮乏时，煤直接液化能够为精炼厂提供新的重要原料。

相反，现在支持煤间接液化基础设施建设比煤直接液化的呼声更高，因为煤间接液化技术相当早就已经商业化（Leckel 2009），而且已经经历了好几种设计和改进，大多数必需的部分已经完成，煤间接液化燃料，尤其是煤间接液化柴油，通常更加清洁。在排放方面，煤间接液化燃料要优于许多煤直接液化燃料和传统燃料。与煤直接液化相比，在煤间接液化工厂中更容易应用碳捕集和温室气体的减排。其实，煤间接液化技术是将煤的能量系统放到一个更加关注环境问题的轨道上。然而，煤直接液化并不能在相同程度上提供这种可能性。煤间接液化有更加多变的系统。与煤直接液化系统相比，尤其是在多联产设计中，煤间接液化系统能够产生更多产品。另外，虽然气化技术主要应用于生产化学品上，但是费托合成燃料的份额一直在增加（USDOE 2004）。由于天然气制液体燃料和使用气化技术产生的合成气为基础的化工行业有着相同之处（Leckel 2009），这使拓展新的煤间接液化项目变得更加简单。然而，实现这一拓展和扩大现有的生产规模仍是一个巨大的挑战。

即使煤制液体燃料技术是一种完善的工艺，将煤制合成燃料的温室气体排放与原油制得的燃料的温室气体排放进行对比，仍需要进一步的研究煤液化工艺、煤与生物质制油工艺和大规模的碳封存过程的排放情况。

神华集团煤直接液化项目

2010 年 5 月 26 日，吴秀章在一次会议上讨论了神华集团煤直接液化项目从研发到商业化的进程。在完全地掌握神华煤性质、液化工艺和催化剂的基础上，神华集团开发了拥有专利权的煤直接液化工艺（见图 10.5）。

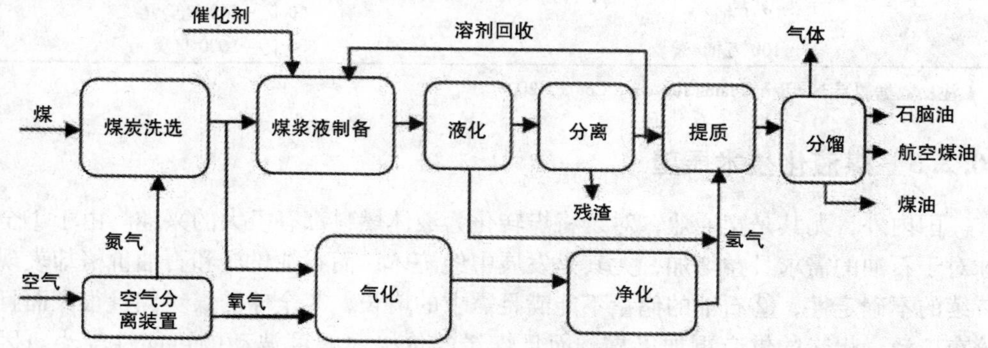

图 10.5　神华集团煤直接液化工艺原理图（Wu Xiuzhang 2010）

大致的工艺流程如下：煤首先经过溶剂抽提；之后，在高温高压并且有催化剂存在的条件下，煤浆液进行加氢处理，煤中复杂的有机分子结构发生变化，H/C 比增加，通过这种方式，使煤直接转化成为液体物质。最终产品是液化石油气、石脑油、柴油和苯酚。2008 年神华集团煤直接液化示范工厂成功试运行（2004 年工厂开始筹建）标志着中国成为世界上唯一一个拥有煤直接液化核心技术的国家，这一工厂能够达到超过 100 万 t 的年产量（WuXiuzhang 2010）。

合成燃料与电能联产：煤制油系统也可以设计成把电能作为主要副产品的系统（见图 10.3）。在煤液化联产工厂中，合成气并不是通过合成工艺转化成为液体燃料，而是在联合循环发电厂的燃气轮机中直接燃烧。在这样的工业设备中，电能通常占能量输出的25% ~35%（电能加柴油和喷气燃料加汽油或者石脑油）。在煤制液体燃料中，合成气在与合成反应的催化剂接触之前，必须先将其中的 CO_2 除去，而 CO_2 通过管道运输的压缩成本很低。同样，使用铁基催化剂时，下游合成中产生的 CO_2 在高分压力下进行捕集。“是否有联产的煤液化工厂”相对收益性的考察受到电价和油价的影响。在高油价和 CO_2 低售价的情况下，附带碳捕集的小规模联产系统的发电机组经济上具有优势。因此，如果联产路线的制度上的问题能够被解决，这种合成燃料的生产在有新的电能需求的地区将更加适用。对发电机组的评估来看，可能会建造这种联产工厂或者作为老的燃煤电厂的改造的一种选择。

假设在最终的碳减排政策下，需要将大量的煤转化为合成燃料，那么不仅仅需要实施碳捕集而且还要进行生物质与煤的共处理。这样的系统将捕集的 CO_2 和光合作用固定的 CO_2 掩埋到地下表现为 CO_2 的负排放，能够抵消煤利用产生的 CO_2 正排放。例如，带有碳捕集的联产工厂，用5%（能量基准）的生物质与煤共气化的温室气体排放强度是 0.5（NCC 2012）。

参考文献

AAAS Policy Brief (2009): Coal-to-Liquid Technology, at www.aaas.org/spp/cstc/briefs/coaltoliquid/index.shtm

Bacaud, R., Jamond, M., Diack, M., & Gruber, R. (1994): Development and evaluation of iron based catalysts for the hydroliquefaction of coal, *Intl J of Energy Research*, 18(2), pp. 167–176, doi: 10.1002/er.4440180214.

Benito, A., Cebolla, V., Fernandez, I., Martinez, M.T., Miranda, J.L., Oelert, H., & Prado, I.G. (1994): Transport fuels from two-stage coal liquefaction, *Intl. Journal of Energy Research*, 18(2), pp. 257–265; doi: 10.1002/er.4440180225.

Bridgwater, A.V. & Anders, M. (1994): Production costs of liquid fuels by indirect coal liquefaction, *Intl J of Energy Research*, 18(2), 97–108, doi: 10.1002/er.4440180207.

Bowen, B.H., & Irwin, M.W. (2006): CCTR Basic Facts File #1, The Energy Center at Discovery Park, Purdue University, West Lafayette, IN, July 2006.

GTI Gasification Symposium, Dec. 2, 2004, at http://www.gastechnology.org/webroot/downloads/en/1ResearchCap/1_8GasificationandGasProcessing/LepinskiSmall.pdf).

Collings, J. (2002): *Mind over Matter – The Sasol Story: A Half-Century of Technological Innovation*, 2002; Available at http://sasol.investoreports.com/ sasol_mm_2006/index.php.

Comolli, A.G., Lee, L.K., Pradhan, V.R., Stalzer, R.H., Karolkiewicz, W.F., & Pablacio, R.M. (1999): *Direct Liquefaction Proof-of-Concept Program*, final report prepared by Hydrocarbon Technologies Inc. (Lawrenceville, NJ) and Kerr-McGee Corporation (Oklahoma, OK) for the Pittsburgh Energy Technology Center, US DOE, DE-92148-TOP-02, available at

http://www.osti.gov/bridge/servlets/purl/772402Us5qhE/webviewable/772402.pdf.
Couch, G.R. (2008): *Coal-to-liquids*, IEA Clean Coal Centre, Publ. CCC/132; available at http://www.coalonline.info/site/coalonline/content/ browser/81994/coal-to-liquids.
Davis, B.H., & Occelli, M.L. (2006): *Fischer-Tropsch Synthesis, Catalysts and Catalysis*; Elsevier: Amsterdam, p. 42026.
Dry, M. (2002): The Fischer-Tropsch process 1950–2000, *Catalysis Today*, **71**(3–4), pp. 227–241.
Durbin, T.D., Collins, J.R., Norbeck, J.M., & Smith, M.R. (2000): Effects of biodiesel, biodiesel blends, and a synthetic diesel on emissions from light heavy-duty diesel vehicles, *Environmental Science and Technology*, **34**(3), 349–355, DOI: 10.1021/es 990543c.
Duvenhage, D., & Coville, N.J. (2006): Deactivation of a precipitated iron Fischer-Tropsch catalyst – a pilot plant study, *Applied Catalysis A: General*, **298**, pp. 211–216, DOI: 10.1016/j.apcata.2005.10.009.
Eilers, J., Posthuma, S.A., & Sie, S.T. (1990): The shell middle distillate synthesis process (SMDS), *Catalysis Letters*, 7, pp. 253–269; DOI: 10.1007/BF00764507.
Fanning, L.M. (1950): Our Oil Resources, McGraw-Hill: New York, 1950.
Hook, M., & Aleklett, K., 2009: A review on Coal-to-liquid fuels and its coal consumption, *Int. J. Energy Research*, published online in Wiley InterScience (www.interscience.wiley.com), DOI: 10.1002/er.1596.
Farcasiu, M. (1977): Fractionation and structural characterization of coal liquids, *Fuel*, **56**(1), 9–14; DOI: 10.1016/0016-2361(77)90034-5.
Fischer, F., & Tropsch, H. (1930): U.S. Patent 1,746,464. Feb. 11, 1930.
Fletcher, J.J., & Sun, Q. (2005): Comparative analysis of costs of alternative coal liquefaction processes, *Energy and Fuels*, **19**, pp.1160–1164, doi: 10.1021/ef049 859i.
Fletcher, J.J., Sun, Q., Bajura, R.A., Zhang, Y., & Ren, X. (2004): Coal to clean fuel – the Shenhua investment in direct coal liquefaction, Third US-China Clean Energy Conference, Morgantown, U.S.A., 18–19 October 2004; Available at: http://www.nrcce.wvu.edu/conferences/2004/China.
Hildebrandt, D., Glasser, D., Hausberger, B., Patel, B., & Glasser, B.J. (2009): Producing Transportation Fuels with Less Work, *Science*, **323**, p. 1680.
Hori, S., Sato, T., & Narusawa, K. (1997): Effects of diesel fuel composition on SOF and PAH exhaust emissions, *JSAE Review*, **18**, 255–261; doi: 10.1016/S0389-4304(97)00022-2.
Huang, Y., Wang, S., & Zhou, L. (2008): Effects of F-T diesel fuel on combustion and emissions of direct injection diesel engine, *Frontiers of Energy and Power Engineering in China*; **2**, 261–267; doi: 10.1007/s11708-008-0062-x.44.
IEA Clean Coal Center (2009): Review of worldwide coal to liquids Research, D&D activities and the need for further initiatives within Europe.
Jones, D.G., Rottendorf, H., Wilson, M., & Collin, P., (1980): Hydrogenation of Liddell coal – Yields and mean chem. structures of the products, *Fuel*, **59(1)**, 19–26.
Larson, E.D. & Tingjing, R. (2003): Synthetic fuel production through Indirect coal liquefaction, *Energy for Sustainable Development*, **VII** (4), pp. 79–102.
Leckel, D. (2009): Diesel production from FischerTropsch: the past, the present, and new concepts, *Energy and Fuels*, **23(5)**, 2342–2358, doi: 10.1021/ef900064c.
Lipinski, J.A. (2005): Overview of coal liquefaction. U.S.–India Coal Working Group Meeting, Washington, DC, 18 November 2005; Available at http://www.fe.doe.gov/international/Publications/cwg_nov05_ctl_lepinski.pdf.
Longwell, J.P., Rubin, E.S., & Wilson, J. (1995): Coal: energy for the future, *Progress in Energy and Combustion Science*, **21**(4), pp. 269–360, doi: 10.1016/ 0360-1285(95)00007-0.
Lumpkin, R.E. (1988): Recent progress in direct liquefaction of coal, *Science*, **239**, pp. 873–877; doi: 10.1126/science.239.4842.873.

Mzinyati, A.B. (2007): Fuel-blending stocks from the hydrotreatment of a distillate formed by direct coal liquefaction, *Energy and Fuels*, **21**(5), pp. 2751–2761; DOI: 10.1021/ef060622r.

National Coal Council (2012): Harnessing Coal's Carbon content to Advance the Economy, Envi-ronment and Energy Security, June 22, 2012; Study chair: Richard Bajura, National Coal Council, Washington DC.

Niu, J. (2003): Demonstration of fuel methanol and methanol vehicle in Shanxi Province, in *Proc. of the Workshop on Coal Gasification for Clean and Secure Energy for China*, Task Force on Energy Strategies and Technologies, China Council for International Cooperation on Environment and Development, Tsinghua University, Beijing, 25–26 August 2003.

Northern Plains Resource Council (2005): Montana's Energy Future, 2005; available at http://www.northernplains.org/ourwork/coaltodiesel.

RAND Technical Report (2008): Unconventional Fossil-Based Fuels Economic and Environ-mental Trade-Offs, sponsored by the National Commission on Energy Policy, 2008.

Sasol: Unlocking the Potential Wealth of Coal – Information brochure; available at www.sasol.com/sasol_internet/downloads/CTL_ Brochure_1125921891488. pdf.

Speight, J. (2008): Synthetic Fuels handbook: properties, processes & Performance, McGraw Hill.

Szybist, J.P., Kirby, S.R., & Boehman, A.L. (2005): NOx emissions of alternative diesel fuels: a comparative analysis of biodiesel and F-T diesel, *Energy and Fuels*, **19**(**4**), 1484–1492, doi: 10.1021/ef049702q.

Tarka, T.J., Wimer, J.G., Balash, P.C., Skone, T.J., Kern, K.C. *et al.* (2009): Affordable low-carbon diesel from domestic coal & biomass, DOE/NETL.

Tingting, S. (2009): Shenhua plans to triple capacity of its direct coal-to-liquids plant, China Daily, 8 January, 2009; 14; available at http://www.chinadaily.com.cn/cndy/200901/08/content_7376581.htm.

Tijmensen, M., Faaij, A., Hamelinck, C., & van Hardeveld, M. (2002): Exploration of the possibilities for production of Fischer-Tropsch liquids and power via biomass gasification, *Biomass and Bioenergy*, **23**, pp. 129–152; doi: 10.1016/S0961-9534(02)00037-5.

USDOE (2004): Current Industry Perspective Gasification, Office of Fossil Fuels information brochure from 2004; 28, Available at http://gasification.org/Docs/News/2005/Gasification_Brochure.pdf.

US DOE/NETL (2006a): Emerging Issues for Fossil Energy and Water, 49; available at http://www.netl.doe.gov/technologies/oilgas/ publications/AP/ IssuesforFEandWater.pdf.

USDOE: Early Days in Coal Research, available at http://fossil.energy.gov/aboutus/history/syntheticfuels_history.html.

USDOE/NETL (2008): Coal-to-Liquids technology, clean liquid fuels from coal, March 2008, Program contacts: Miller, C.L., Ackiewicz, M., & Cicero, D.C; DOE: Office of fuel energy, Washington DC.

USDOE/NETL Report (2009): January 2009.

Vallentin, D. (2008): Policy drivers and barriers for coal-to-liquids (CTL) technologies in the United States, *Energy Policy*, **36**, pp. 3198–3211, doi:10.1016/j.enpol.2008.04.032.

Van den Burgt, M., Van Klinken, J., Sie, S.T. (1985): The shell middle distillate synthesis process. Paper presented at the *Fifth Synfuels Worldwide Symposium*, Washington, D.C., 11–13 November, 1985.

van Vliet, O.P.R., Faaij, A.P.C., & Turkenberg, W.C. (2009): Fischer-Tropsch diesel production in a well-to-wheel perspective: a carbon, energy flow and cost analysis, *Energy Conversion and Management*, **50**(**4**), pp. 855–876, doi: 10.1016/j.enconman 2009.01.008.

Winslow, J., & Schmetz, E. (2009): Direct Coal Liquifaction Overview, Presented to *NETL, Leonardo Technologies, Inc.* March 23, 2009.

Williams, R.H., & Larson, E.D. (2003): A comparison of direct and indiredt liquefaction technologies for making fluid fuels from Coal, *Energy for Sustainable Development*, **VII(4l)**, pp. 103–129, December 2003.

Williams, R., & Larson, E. (2003a): A comparison of direct and indirect liquefaction technologies for making fluid fuels from coal, *Energy for Sustainable Development*, 7, 79–102.

Wise, J., & Silvestri, J. (1976): Mobil Process For the Conversion of Methanol to Gasoline, Presented at the 3rd Intl. Conf. on Coal Gasification and Liquefaction, University of Pittsburgh: Pittsburgh, PA, 1976; 15.

World Coal Institute (2006): Coal: Liquid Fuels, available at http://www.worldcoal.org/assets_cm/files/PDF/wci_coal_liquid_fuels.pdf.

Wu Xiuzhang (2010): Coal Liquefaction Project: From R&D to Commercial Demonstration, Shenhua Group Co. Ltd, May 26th, 2010, PDF.

Yang, J., Sun, Y., Tang, Y., Liu, Y., Wang, H., Tian, L., Wang, H., Zhang, Z., Xiang, H., & Li, H. (2006): Effect of magnesium promoter on iron-based catalyst for Fischer–Tropsch synthesis, *Journal of Molecular Catalysis A: Chemical*, **245** (1–2), pp. 26–36; doi: 10.1016/j.molcata.2005.08.051.

Yu, Z., Wu, L., & Li, K. (2007): Development of alternative energy and coal-to-liquids in China, Presented at the 24th Intl. Pittsburgh Coal Conf, Johannesburg, South Africa, 10–14 September 2007.

Zhang Kai & Wu Xuehui (2006): Progress in Coal Liquefaction technologies, *Petroleum Science*, **3(4)**, pp. 90–99.

第11章　发展中国家的碳捕集与封存技术研发情况

11.1　形势分析

尽管不断有新的限制煤炭使用的环境法规出台，但是，从20世纪70年代开始，全球对于煤炭的需求一直在稳定地增长。如前所述，国际能源署公布的2011年世界能源展望预计：在2009～2035年，全球的煤炭需求将会再增加25%。国际能源署每年的“煤炭市场中期报告”（MCMR2012）表明：煤炭在全球能源结构中的份额将会增加，到2017年可能接近并超越石油成为世界第一大能源。虽然相比于21世纪的第一个10年，煤炭使用的增长速率有所减缓，但是到2017年，全球的煤炭消耗量将达到43.2亿t石油当量。与之相对地，石油消耗量大约是44亿t。除美国由于使用页岩气来代替煤炭以外，世界上其他地区的煤炭需求量都会增加。2017年，全球将比现在多燃烧大约12亿t的煤炭，这相当于美国和俄罗斯目前煤炭消耗量的总和。煤炭在全球能源结构中的份额每年都在增加，如果现行的政策依然不变，根据这份报告，煤炭的消耗量将会在10年内赶上石油。中国和印度将在未来的5年内引领煤炭消耗量的增加。在展望期内，中国的煤炭需求量将会超过世界其他国家，而印度将会超过美国，成为世界最大的煤炭进口国和世界第二大煤炭消耗国。这份报告的预测是基于这段时间内不使用碳捕集和封存技术的假设。如果碳捕集技术不像预想的那样开始发挥作用，CO_2的排放将会大大增加（IEA’s MCMR 2012），这与国际能源署路线图中的碳捕集发展计划略有出入。

电力生产和经济增长中煤炭的使用和环境安全需求之间存在的问题正不断激化，但是这个问题是可以控制的。洁净煤技术的发展与应用旨在解决这些冲突。洁净煤技术包括煤的制备与燃烧中的相关技术，以及废气的净化和碳捕集与封存技术。洁净煤技术能够降低煤的污染物排放强度并使煤的利用更加清洁。洁净煤技术的实现需要巨大的投资，其经济效益和环境效益在之后才能显现。例如，IGCC电厂技术与传统的燃煤电厂相比能够增加20%～30%的效率。从装备有碳捕集的电厂中捕获CO_2可以注入油田中，使原油采收率提高4%～18%；碳封存技术中生物质炭的产生，可以增加土壤肥力，提高农业产量和水质。洁净煤技术能为发展中国家带来更多的出口机会。像印度尼西亚褐煤这样的低阶煤之前几乎没有市场，如果经过提质，可能会扩大其出口机会。然而，即使洁净煤技术有这些经济上和环境上的优势，许多发展中国家还是不使用这类技术，相反，燃煤电厂几乎不关注洁净煤技术的应用，甚至将电厂迁至其他国家。泰国电力局在面对国内民众的抵制燃煤电厂的压力下，将燃煤电厂迁至邻国。这种搬迁通常会使这些工厂的排放性能变差。如果这个电厂在泰国境内，泰国的相关政策和监管机制能够引导这些电厂安装更多更好的洁净煤技术的相关设备（Shi &Jacobs 2012）。

发展中国家缺乏足够的公众意识和完善的政策法规，并且其制度能力、科技实力和经济实力以及法律框架都不能适应洁净煤技术的全面应用。发展中国家的政府通常将增加人民的收入和生活水平，促进经济发展放在首要地位，而不重视减排方面的投入。但是，这些年这种趋势在中国和印度有了一定的变化。发展中国家对减排的作用是极为重要的，而且其通过发展洁净煤技术改善煤的环境性能有着最高的成本效率。如上所述，在2009～2035年间，超过96%的煤炭需求的增长来自非经合组织国家，其中大多数是非经合组织的亚洲国家。但是，它们对于洁净煤技术低水平的理解意味着发展洁净煤技术能够带来更高的净边际效益。因此，发展中国家更加清洁的煤利用对于环境是十分重要的，而且成本也相对低廉。为了实现这一切，达成国际共识是十分必要的。许多发展中国家需要一种由经济援助、技术转让和类似于投资洁净煤技术的清洁发展机制这样的合作机制等合力产生的国际融资的帮助。包括低碳技术在内的洁净煤技术的转让，对于鼓励像中国和印度这样的发展中国家参加后京都议定书有着至关重要的作用。日本提出了后京都议定书的减排信用机制，被称为“双边抵消信用机制”。这一机制支持和鼓励日本的民营企业将低碳和减排技术出口到像印度、印度尼西亚和越南这样的发展中国家。通过这种机制，日本希望从减排信用中获利，同样，愿意接受技术的国家以竞争的方式来获得这些先进和高效的技术。这一双赢的结果可能用低成本的煤电生产方式来改善全球环境成果（Shi & Jacobs 2012）。

11.2 发展中国家的碳捕集与封存技术研发情况

尽管一些发展中国家提出了提高能源效率和开发核能、可再生能源和其他低碳能源的计划，但是显然在接下来的几十年里，许多发展中国家还将严重依赖化石燃料，特别是煤。因此，采取一些技术措施来解决化石燃料排放问题是十分必要的。同时尽量降低这些措施的成本，并做到最终将其对国家发展目标的影响降至最低。碳捕集是目前唯一一种接近商业化应用的技术，碳捕集技术能够大规模地将化石燃料使用中产生的CO_2直接移除。这项技术的应用在帮助发展中国家减少CO_2排放的同时，对国家的长期发展战略的影响也相对较小。如果碳捕集作为一种临时的措施，这能为其他可替代的低碳技术的发展和应用创造时间，让化石燃料逐渐被淘汰。这项措施能够帮助发展中国家在未来的30～40年内转型为低碳经济。虽然碳捕集技术对一些发展中国家可能很有吸引力，但是，由于缺少重要的碳融资，碳捕集的成本很高，碳捕集的应用目前限于示范项目阶段。

到 2035 年，在全球预计建造超过 1000GW 的新燃煤发电机组中，其中一半的新机组将会在中国。新建机组中 73% 是中国目前的主力机组。中国现运行的燃煤电厂中大概有四分之三是类似的大型新机组。因此，这对电厂改造加装碳捕集设备是很有吸引力的。研究表明这些电厂中的五分之一都非常适合这种改造，但是明显的不确定性依然存在。根据中国主力机组的容量和概况，包括现场评定在内的进一步分析能为这一措施在技术上和经济上的可能性分析提供更多的细节。南非的煤电行业在这段时期会有相似的发展速度，这将使南非成为全球第四大燃煤发电的国家。印度预期会有最大的煤电增长速率，新装机容量将达到 225GW，这将是印度现有装机容量的 2 倍。然而，只有提高公众对碳捕集作为能源结构的一部分这一概念的接受程度才能增加印度电厂改造的潜力。日本和韩国的发电机组都是现代化的新型大机组，但是碳封存的可用性等因素限制了碳捕集应用的可能。

国际能源署预计，一座新的中等规模的燃煤电厂在 10 年时间捕集超过 90% 排放的 CO_2 所需要的总成本将达到 10 亿美元。然而，眼前的融资机制还不能够使碳捕集与封存成为示范项目。现在的碳补偿机制并不适用于驱使碳捕集与封存在发展中国家的部署。目前，支持发展中国家碳捕集与封存发展的部分融资来源很少（Almendre 等，2011，表 4）。全部现存的碳捕集与封存融资机制有助于提高碳捕集与封存能力，但这些支持并不足以从资本市场中获得足够的资金来实施碳捕集与封存的工程项目。发达国家急需为提高发展中国家当地碳捕集能力提供资金，并且为未来大规模的碳捕集与封存的部署实现潜在的价值打下基础。

根据《联合国气候变化框架公约》，附录 1 部分达成了援助发展中国家进行 CO_2 减排的一致意见。从 2009 年起，包括欧盟、全球碳捕集与封存研究院、挪威、英国和美国在内的许多政府和机构共同筹集大量的资金用于支持发展中国家碳捕集与封存技术能力与工程项目的发展。他们通过直接资助具体的碳捕集与封存项目，并通过亚洲开发银行、亚太经合组织、碳封存领导人论坛和世界银行管理的碳捕集与封存技术能力发展融资机制给予支持。2012 年，英国捐资 6000 万英镑用以支持发展中国家碳捕集与封存技术的发展，这是目前最大的一笔资助（GCCSI 2012）。

国际能源署预计，非经合组织国家需要完成 70% 的碳捕集与封存部署才能在 2050 年之前实现全球减排的目标（IEA 2012b）。MEF 的碳捕集与封存技术行动计划建议 10 个商业项目中的 4 个应该在发展中国家建造（IEA 2009）。来自一些发展中国家的评估同样重视碳捕集与封存技术。中国的学者建立的模型表明通过节能措施和替代燃料的使用，到 2030 年，中国将稳定自己每年的 CO_2 排放量。只有碳捕集与封存在今后几年内实施，并在 2030 年后达到显著的商业规模部署，每年的 CO_2 排放量在 2030 年的峰值后才可能出现降低（Development Research Centre of the State Council，2009 & others）。

碳捕集与封存技术的成本、获得能源的条件、封存的施行和其他问题等一直备受关注的问题使一些发展中国家的碳捕集与封存技术的发展缓慢。如果国家认同碳捕集与封存技术符合他们的减排政策，他们一定会马上启动授权的、投资前的示范项目，以保证在接下来的几十年里，在碳捕集与封存和低排放方面处于一个有利的位置。许多授权的、投资前的行动需要提出特定国家的要求，并包括：①发展地质埋存评估；②完善法律法规发展框架；③通过预可行性和可行性的研究，了解技术和工程发展框架；④理解资金和商业问题；⑤公众参与的良好实践。其中一些行动需要好几年的时间进行。例如，从流域层面到特定地域层面的埋存特性研究取决于有用信息量的多少，这需要 3~6 年的时间甚至更长。完善法律法规框架需要相当长的时间，也受到国家和地区自身条件的影响。一些国家开始着手专门的碳捕集与封存领域研究来考察他们国家的碳捕集与封存潜力，例如：国家的排放记录（确认以化石燃料为基础的发电和工业过程是否与碳捕集与封存相适应）、埋存的可能性和运输 CO_2 至预设埋存位置的可行性。

现状：至少有 19 个发展中国家正在致力于发展能力、前期投资和活动计划各异的碳捕集与封存相关行动，包括两处运行中的碳捕集与封存项目。19 个国家中的大多数都在早期对碳捕集与封存的机遇和潜力进行了细致的评估。严重依赖化石燃料的发展中国家不断地意识到碳捕集与封存能够作为一种可能的减排技术，这促使《联合国气候变化框架公约》的清洁发展机制将碳捕集与封存包括在内。

根据碳捕集与封存发展生命周期，全球碳捕集与封存研究院提出的使碳捕集与封存发展的不同阶段进行概念化。尽管一些发展中国家已经沿着发展生命周期有了进一步的研究，尤其是阿尔及利亚、巴西、墨西哥、南非、阿联酋和中国，但大多数发展中国家仍处于早期的“范围界定”阶段。中国已经明确地从仅关注碳捕集与封存研发逐步发展为示范与部署碳捕集与封存创造可行的环境。2011 年公布的中国“十二五”规划（2011—2015）强调中国计划全面发展碳捕集与封存示范项目和将捕获的 CO_2 用于强化采油技术或地质埋存（GCCSI 2012）。对碳捕集与封存有研究兴趣的大多数发展中国家包括巴西、中国、博茨瓦纳、印度、印度尼西亚、约旦、马来西亚、菲律宾、南非、沙特阿拉伯、泰国、特立尼达和多巴哥、越南已经有了法规和管理问题的初步分析。这些初步分析中的绝大多数研究都是由亚太经合组织、亚洲开发银行、碳封存领导人论坛、全球碳捕集与封存研究院和世界银行资助的，有的研究还尚未完成。然而，研究中的分析深度不尽相同。在拉丁美洲，一些地区致力应对气候变化，尤其对于像墨西哥、巴西和委内瑞拉等新兴的以石油为基础的经济体，碳捕集与封存被视为重要的部分。关于碳捕集与封存的拉丁美洲主题网络分析的形成有助于通过加强科学家、研究中心和其他机构之间的合作来促进碳捕集与封存的发展。巴西、墨西哥和南非已经开始进行有关 CO_2 封存的评估。初步的封存评估，作为碳捕集与封存调查研究中的一部分，已经在许多其他的发展中国家展开（或者正在进行），其中包括博茨瓦纳、印度尼西亚、约旦、马来西亚、菲律宾、泰国和越南。

试验和示范项目为碳捕集与封存相关行动提供了一个关注点，他们这种边学边做的方法突出了至少在短期内，对于国内的授权的、投资前的项目的资助的重要性。在中期阶段，至少 5 ~ 10 个示范工程的建设和运行产生的额外的成本需要更多的资金支持。许多国家除了有对碳捕集与封存的研究兴趣外，一个关键的因素是该技术与强化采油技术和/或气体处理相关联。考虑到强化采油技术能使碳捕集与封存项目实现商业化，有强化采油技术潜力的发展中国家都将未来碳捕集与封存的发展摆在了重要的位置上（例如印度尼西亚、马来西亚、中东地区和北非国家）。

简要介绍中国和印度洁净煤技术的实施现状主要有两个原因：第一，他们是发展中国家快速发展的经济体中最好的例子，而且煤炭在他们的能源结构中所占的份额都是最大的；第二，他们与美国目前都是最大的 CO_2 排放国。

11.3　中国的碳捕集与封存技术研发情况

中国是目前世界上最大的产煤国。中国的耗煤量接近世界耗煤量的三分之一，在中国的一次能源供应中大约占三分之二（例如，Chen & Xu 2010）。中国占世界煤炭发电份额从 1990 年的 11%（471TWh）到 2011 年的 37%（3170TWh），增长幅度超过 3 倍（Clemente 2012）。1998 ~ 2005 年，中国人均碳排放大约增长了 4%，主要由于人口膨胀、经济增长、城镇化和兴旺的运输业，中国未来的碳排放仍将继续增加（Chen 2005；Chen 等，2007）。可持续发展战略对中国而言是至关重要的（Chen & Wu 2004）。由于煤作为主要的能源，可持续发展要求超临界和超超临界锅炉、循环流化床燃烧和 IGCC 等洁净煤技术的发展和部署。另外，鼓励碳捕集与封存技术的研发和示范项目的发展（Chen 等，2006）。虽然中国已经宣布了降低国家对于煤炭依赖的目标，但在可预见的未来，煤炭仍然是主要燃料。而且，在 2030 年中国一次能源供应中煤炭很有可能仍要超过一半。近来发展迅猛的电力行业是未来煤炭需求量增加的一个最大的因素（Wei Yiming 等，2006）。即使来源不同的中国能源数据表现出显著的差异和一些不一致，但煤炭的主要地位并无争议。目前，中国的燃煤发电机组装机容量已经达到大约 400GW，而且以每年 50 ~ 100GW 的速度增长。这些燃煤电厂对温室气体排放的快速增加有最主要的责任。现在中国是世界上最大的温室气体排放国。

在“十一五”规划（2006—2010）的新能源与可持续发展部分，中国开始了用大型机组替代小型机组的计划，并为所有的新燃煤项目安装烟气脱硫系统，以及加快给 135MW 以上的所有燃煤发电机组进行脱硫改造。逐步淘汰小型机组，并用 300MW 亚临界机组替换将减少煤炭使用量 90Mtce（9000 万 t 煤当量），减少 SO_2 排放 1.8Mt，减少 CO_2 排放 220Mt（Chen&Xu 2010）。从 2007 年，中国开始执行“上大压小”（LSS）和节能发电（ECPG）这两个计划，期望能关停 114GW 低效率的小型机组，并新增 112GW 更高效的超临界机组。未来中国电力生产的发展中心从 300 ~ 600MW 的亚临界机组转移到更高效的 600 ~ 1000MW 的超临界/超超临界机组。这些措施有望能减排达40%。“上大压小”计划的第一年，超过500个低效率的小型火力发电机组退役（总容量为14.4GW）。在2006~2011年间，全国的平均发电煤耗从大约366gce（克标准煤）/kWh降至330gce/kWh，这意味着到2020年将全国平均发电煤耗降至320gce/kWh的目标较容易实现（Clemente 2012）。

中国“十二五”规划（2011—2015）旨在将降低碳强度（CO_2排放总量与国民生产总值的比值）的幅度达到17%。中国正在建造最先进的、使用超临界及超超临界蒸汽参数及现代化的SO_2/NO_x和粉尘控制系统的燃煤机组。亚洲开发银行（ADB）认为，这些措施能显著降低中国的煤耗及温室气体和污染物的排放，并能显著提高能源效率（Clemente 2012）。

超临界/超超临界技术实施：中国从20世纪90年代开始使用超临界技术，从俄罗斯引进10台机组（4台320MW；4台500MW；2台800MW）；这些机组的蒸汽参数是：23.5MPa/540℃/540~570℃。最先使用西方国家技术的是石洞口电厂，蒸汽参数是25.4MPa/538℃/565℃的两台600MW机组，于1992年服役。第二个使用西方国家技术的是上海外高桥电厂（紧邻石洞口电厂），有两台900MW机组，蒸汽参数是24.7MPa/538℃/565℃。这个项目由世界银行出资（World Bank 2008）。

虽然中国的超临界和超超临界系统研究相对较晚，但这些年发展迅速。2004年底，中国首个国产600MW超临界机组在河南华能沁北电厂正式投入运行。由于技术国产化，沁北电厂机组的成本明显降低，每千瓦大约降低400元人民币成本。

浙江华能玉环电厂（4台1000MW，见照片）是全部使用自主研发的1000MW超超临界压力锅炉并商业化运行的电厂。1号和2号机组于2006年，3号机组于2007年，4号机组于2008年分别并网发电。4号机组每年能生产220亿kWh的电能。玉环电厂的发电效率是45%，发电煤耗为285.6gce/kWh，比2006年全国平均水平低80.4gce/kWh。

浙江台州，玉环电厂：1000MW超超临界锅炉；发电效率为45%（来源：www.panoramio.com/photo/27957989，Zhoubin1972）

与此同时，中国华电集团的山东邹县电厂，两台1000MW超超临界机组分别于2006年和2007年投产，发电效率为45%，总的煤耗率是272.9gce/kWh，比2006年全国平均煤耗率339gce/kWh要低66.1gce/kWh。这两个电厂都使用了运行条件与国际标准相同的高效除尘和脱硫装置（Chen&Xu 2010）。玉环电厂的前两台机组和邹县电厂的机组都使用相同的蒸汽参数：26.2MPa/605℃/605℃（World Bank 2008）。

2006 年年底，中国正在运行的超临界机组的装机容量大约为 30GW，其中绝大多数的蒸汽参数都是 24.7MPa/565℃/565～593℃，只有两台机组的蒸汽参数是 24.7MPa/600℃/600℃。至 2007 年年底，大约 120GW 的装机容量使用的是超临界条件（Mao 2007）。

在 2004～2007 年间，大约安装了 123.6GW 的 600MW 超临界机组。超过 150 个超临界或超超临界 600MW 及以上的机组投产或正在建设中。

2010 年 9 月，巴威公司（B&W）宣布北京分公司将为浙江省的一座大型电厂生产两台 1000MW 超超临界燃煤锅炉。两台螺旋缠绕式通用压力（SWUP）锅炉设计独特，并使用了巴威公司先进和高效的锅炉设计。

其他的一些发展是在安徽省在建的两台新的 1000MW 超超临界燃煤发电机组中安装了艾默生公司的 Ovation 控制系统。许多中国的 1000MW 机组都使用 Ovation 系统，用于完成数据采集以及包括锅炉、汽轮机和发电机在内的电厂主要设备的检测与控制。这套系统也用来管理模拟量控制系统、顺序控制系统、电气控制系统、炉膛安全监控系统、给水泵汽轮机控制系统和烟气脱硫系统（Clemente 2012）。

由于中国的制造商发展合资企业和签订特许权协议，超临界和超超临界的电厂的主要设备已经能在中国生产。更具体地说，上海锅炉厂与阿尔斯通和西门子公司合作，哈尔滨锅炉厂与三菱公司合作，东方锅炉厂与日立公司合作。然而，对于超临界技术有明确的承诺，亚临界锅炉，包括很小的机组（远低于 100MW），将继续在中国制造。其中的原因有：①缺乏建设最先进的超临界和超超临界电厂的能力，无法满足快速增长的需求。②在中国关闭那些制造较小机组（达到 300MW）的生产设备，或者将这些生产设备在短时间内转换成制造最先进的设备是不现实的；实际上，这些生产设备中的一些，除了满足国内的需求以外，还用于出口至其他国家（典型的出口规格是 100～300MW）（World Bank 2008）。

展望未来，中国煤发电将会更加清洁。中国发改委使用政策手段和经济激励来按轻重缓急发展更清洁的大型燃煤电厂。预计在 2010～2020 年之间，机组容量在 600MW 及以上的所有新电厂都要求是超临界机组，其中一半以上新建的发电机组是超超临界机组。因此，到 2010 年超临界机组将超过总发电量的 15%，到 2020 年将达到 30%（Huang 2008；Chen & Xu 2010）。到 2030 年，中国燃煤电厂的平均效率将从现在的 30% 提高到超过 40%。

循环流化床技术由于它的燃料适应性广、低排放和易于扩大规模等特点，是中国中型（300～450MW）和较大型（400～600MW）实用机组另一种优先的选择。现在正在运行中的循环流化床机组至少有 200 个（可能达到 500 个），机组规格从 3MW 到 300MW 不等。总装机容量预计在 10000MW。大概有 2500 个建成的小型常压鼓泡流化床锅炉，但是关于它们的运行状态并没有明确的数据（World Bank 2008）。2006 年，中国首个 210MW、1025t/h 循环流化床锅炉在江西正式投入商业运行。在四川白马镇的中国首个 300MW 循环流化床示范电厂由中国东方锅炉厂与阿尔斯通公司合作建成。该电厂在法国完成机组设计，由阿尔斯通公司和东方锅炉厂共同完成制造（Morin2003）。包括清华大学、中国科学院工程热物理研究所、四川锅炉厂、杭州锅炉厂、济南锅炉厂和武汉锅炉厂在内的一些研究机构和公司参与了循环流化床技术的研发工作。中国有许多运行中的300MW循环流化床机组，其中包括神华集团旗下的由两台燃烧褐煤的300MW循环流化床锅炉机组组成的开远电厂、红河电厂和巡检司电厂。很多相同容量的循环流化床项目在合作或者授权的基础上正计划实施。一座600MW的循环流化床电厂正在建设之中，如果建成，将是世界上最大的循环流化床电厂（Chen & Xu 2010）。

发展制造脱硫设备的技术能力，截至2006年年底，全国安装烟气脱硫系统的燃煤发电机组已经占到总火力发电装机容量的30%。自此以后，大约40%的新机组已经装备有烟气脱硫系统。在2007年，脱硫公司的承包项目的总容量是374GW，其中的208GW已经投入运行。根据政府出台的SO_2污染控制计划，国内现有的燃煤电厂中有总共137GW容量的机组需要安装烟气脱硫装置，这一举措能够减少490万t的SO_2排放（中国脱硫产业报告2007—2008）。目前，高效的NO_x脱除技术的成本和运行费用相对较高，一些选择性催化还原（SCR）示范工程正在运行中，大约有6000MW容量的SCR机组正在建设之中。介于目前的发展趋势，预计SCR的安装率将分别在2020年和2030年达到30%和50%，烟气脱硫系统的安装率在2010年接近80%，将在2020年和2030年分别达到90%和95%（Chen & Xu 2010）。

气化技术：中国发展的主要煤气化技术有灰熔聚流化床煤气化、非熔渣－熔渣分级气化、两段式干煤粉气化、多喷嘴对置水煤浆气化和多元料浆气化。多喷嘴对置水煤浆气化由华东理工大学成功研发，在2005年投产了一台1150t/天的气化炉。西安热工院建成了一座36t/天两段式干粉加压气化炉的中试装置，初步设计的1000t/天气化炉已经完成。2006年，有19个德士古气化炉正在运行，12个壳牌气化炉正在建设或者已经运行。

液化技术：近些年来，中国在煤液化技术方面取得了巨大的进步。中国煤炭科学研究总院、神华集团、中国科学院山西煤化所和兖矿集团都在发展煤直接/间接液化技术，并准备实现工业化。在内蒙古，由神华集团和伊泰集团合作将碳捕集与封存整合到煤液化中的示范项目从2004年起得到很好的开展，并在2008年投入商业运行。煤液化不会产生大量的CO_2来大大加重全球变暖，而且这个项目的实施机构可能仅仅将这种资本密集的煤液化——碳捕集与封存项目用在能够实现强化采油技术的地区来保证有较长时间稳定的税收（Morse等，2010）。2006年，中国甲醇消耗总量大约是886万t，其中65%的甲醇由煤制得。从甲醇中每年制得大约60万t的二甲醚，并且甲醇制乙烯/甲醇制丙烯的示范工厂也在规划之中（Chen等，2008a）。

IGCC：2006年，考虑到未来的电力生产，IGCC已经被列入由中国国务院颁布的《国家中长期科学和技术发展规划纲要（2006—2020 年）》。技术总体目标是形成这些煤相关的先进技术并支持中国能源设备制造工业的发展，以实现对于煤炭高效、清洁和经济上负担得起的利用。中国旨在通过引进、理解和使用国外技术来发展 IGCC，并增加其国产化程度。

基于现在的燃气轮机生产能力，300MW/400MW 的 IGCC 电厂是最好的。从 20 世纪 90 年代开始，11 家研究机构开始研究这项技术的可行性，现在德士古公司、通用公司、壳牌公司和亚洲开发银行合作开发这一技术。国内的电力设计院已经有能力完成 IGCC 电力项目的主要设计、联合循环岛（Combined Cycle island）和电厂控制与监测系统的平衡。中国从通用公司、三菱公司和西门子公司进口 E 级和 F 级的燃气轮机已经超过 10 年。国产化设计的 F 级燃气轮机电厂已经在运行中。国内的生产商只能制造 2000t/天的气化装置的外壳部分，内部组件需要进口。中国开始低热值燃气轮机的研发工作。$5\times10^4\mathrm{N\cdot m^3/h}$ 空气分离装置能够使用自主设计和生产的 $6\times10^4\mathrm{N\cdot m^3/h}$ 替代。华能集团在天津启动了装有碳捕集与封存的 IGCC 电厂。这个项目分为三个阶段：在第一阶段（2006~2009 年），发展 250MW 的 IGCC 电厂并考察多联产的选择性，特别是制氢和燃料电池发电的初期试验。主要的项目领域是加工能力达到 2000t/天的煤气化炉，由 171MW 的燃气轮机和 110MW 的汽轮机组成的联合循环，一台余热锅炉，以及处理能力达到 $160739\mathrm{m^3/h}$ 的合成气净化系统；在第二阶段（2010~2012 年），发展 IGCC 和多联产系统，建造一座 400MW 的 IGCC 电厂，优化气化技术和发展 H_2 和 CO_2 的分离系统；第三阶段（2013~2015 年），建成一座包括 H_2 生产，带有碳捕集与封存的燃料电池发电和 H_2 发电，并实现电厂运行接近零排放的 400MW 绿色煤电示范工厂，用以证明绿色煤电工厂的经济可行性，为其商业化阶段铺平道路（Chen & Xu 2010）。IGCC 和碳捕集与封存技术相结合被形象地称之为绿色煤电，现在是中国国家支持的电厂碳捕集与封存的主要关注点。推动 IGCC 电厂成为国家优先发展项目是对能源安全的关注，也能降低当地污染，获得化学品生产的协同效益。通过更高的能源效率和发展可能有益的自主知识产权来实现国家能源安全的直接利益，显然是中国政府投资绿色煤电的原因。发展绿色煤电的结果，特别是关于 IGCC 和 CO_2 捕集的成本将是十分重要的，因为中国正在规划自己 2020 年以后的发电安排的路线图（Morse 等，2010）。

兖矿集团在国内研发支持之下于 2006 年 4 月建成了第一座以煤气化为基础的多联产系统的示范项目。这一项目每年能够产生 60MW 的电能输出和 24 万 t 的甲醇。这一机组能为中国 IGCC 和多联产系统的长期发展提供学习经验。一些电厂正在筹划之中，包括杭州半山 200MW 的 IGCC 电厂以及广东东莞一座 200MW 的 IGCC 电厂和 120MW 联合循环电厂 IGCC 改造（Chen & Xu 2010）。

成本：表 11.1 列出了中国各种燃煤发电技术的成本（中国电力规划设计研究院，2006）。假定标准煤的价格是 430 元人民币/t，每年的运行时间是 5000h。即使

IGCC 电厂与超超临界电厂的效率一样高，IGCC 机组的成本与其他技术相比还是高出很多。IGCC 具有更好的空气污染控制、更低的水需求量、更少的固体废弃物、更大的多联产可能性和更低的 CO_2 捕集成本（对新电厂而言）等优势。

表 11.1　中国不同燃煤发电系统的成本

	煤粉锅炉 + 烟气脱硫	超临界锅炉 + 烟气脱硫	超超临界锅炉 + 烟气脱硫	整体煤气化联合循环（IGCC）	循环流化床
机组容量/MW	300	600	1000	400	300
单位成本/（元人民币/kW）	4596	3919	3924	7751	4799
参考电价/（元人民币/MWh）	352.7	321.0	310.7	504	354.8

注：数据源自中国电力规划设计研究院，2006。

碳捕集与封存：中国科技部资助的三个主要国家科技计划：①国家重大科学研究计划；②国家重点基础研究发展计划（973 计划）；③国家高技术研究发展计划（863 计划）。这些计划研究碳捕集与封存的不同方面。

一些中国公司开始他们自己的研发工作。例如，中国石油天然气股份有限公司——中国最大的石油和天然气生产商和经销商，从 2006 年起，在吉林油田开始了中国首个 CO_2 封存和利用项目。2008 年，中国华能集团在北京热电厂安装了一台半工业规模的燃后碳捕集设备，能够回收烟气中超过 85% 的 CO_2。这个项目由西安热工院设计并开发，并且所有设备都是中国制造。另外，华能集团和上海电气集团已经建立了一个研究中心，计划在上海石洞口电厂建设安装有 CO_2 捕集装置的 2 台 660MW 超超临界机组。

关于碳捕集与封存的国际合作：在 2005 年中欧峰会上，中国和欧盟达成共识，在 2020 年前，通过碳捕集与封存合作发展和论证先进的煤炭利用近零排放技术。与英国和欧盟达成一致，这次合作包含三个阶段：第一阶段（2006 ~ 2009 年），探讨中国通过碳捕集与封存的煤炭利用近零排放技术的选择；第二阶段（2010 ~ 2011 年），确定并设计一个示范项目；第三阶段（2012 ~ 2015 年），建造并运行一个示范项目。随后，中国和欧盟的合作伙伴发起了中欧碳捕集与封存合作项目（COACH）和煤炭利用近零排放（NZEC）。一些中国的研究机构和企业与欧盟展开了碳捕集与封存相关的合作项目。2008 ~ 2010 年，中国与澳大利亚合作的中澳地质封存项目是另一个正在进行中的项目。

尽管中国利用国际的支持来发展碳捕集与封存项目，但是它的发展仍然很缓慢。所有的这些项目都表现出了研究价值，但是资金投入水平无法与神华集团项目和绿色煤电项目相比。中国的兴趣并不是在排放最大的、现有的 600GW 主力机组上安装燃后碳捕集装置。碳捕集与封存应用在目前中国的电力行业有一些阻碍。

2008 年，大部分的中国电力市场几乎不能承受煤炭的成本波动。而且，碳捕集与封存的成本已经从电力行业延伸到整个煤炭产业价值链；增加 CO_2 捕集技术会降低 20% ~30% 的发电效率。国际能源署蓝天计划（IEA Blue scenario）指出，预计中国的碳捕集与封存大规模利用每年将需要 2 亿 ~3 亿 t 额外的煤消耗。除了显著增加的发电成本，增加到这种程度的煤产量需要新的采矿能力、铁路设施、港口和航运能力的扩充，这都将需要巨大的投资来保持供应廉价和可靠的电能的主要目标。成本将会超过 1 亿元人民币。

碳捕集与封存也可能影响能提高中国能源供应多样性的风能、太阳能和核能的一些投资。其次，一些关键因素，像技术和管理上的不确定性、高成本和缺少能为资本集约型的碳捕集提供稳定收入的明确的政策，制约了碳捕集与封存的全球投资。由于中国把安全、燃料供给的多样性、廉价可靠的电力、发展关键能源技术的自主知识产权放在最优先的地位，所以中国参与的碳捕集与封存项目应该在这样的环境下看待。因此，中国的计划可能是促进中国的碳捕集与封存示范工作的发展（Morse 等，2010）。表 11.2 中列出了中国正在运行的/建设中的/计划中的主要碳捕集与封存项目。

表 11.2　中国主要碳捕集与封存项目

项目	技术	合作企业	资产分配	状态
绿色煤电集团	IGCC、燃前捕获、脱碳、气化或部分氧化、转化加 CO_2 分离	华能集团与其他 6 家国有企业、美国博地能源公司	注册资本 3 亿元人民币华能占 51%；其余 7 家企业均占 7%；总投资将达 70 亿元人民币	在建
神华煤液化技术	煤制合成燃料（煤直接液化）	神华集团、南非萨索公司、美国西弗吉尼亚大学	14 亿美元	运行中
华能北京热电	罐燃烧	华能集团、澳大利亚联邦科工组织	400 万美元，由澳大利亚联邦科工组织负责科研项目	从 2008 年起开始运行
煤炭近零排放	研究、开发与示范	英国、中国科技部	560 万美元，与英国能源与气候变化部共同承担	规划中
COACH 项目	开发与示范	COACH 项目集团：20 个成员（研发机构、生产厂商、石油与天然气公司等）	部分由欧盟资助	规划中
上海华能石洞口电厂	燃后捕集	华能集团	企业投资	建设中

注：源自 Morse 等，2010。

中美清洁能源研究中心：在中国和美国，丰富和广泛使用的煤炭资源对于两个国家在环境表现和商业发展中既是挑战也是机遇。创立先进煤炭技术联合体（Advanced Coal Technology consortium）是为了解决先进的煤炭利用中的技术和实践问题。在先进电力生产、洁净煤转化技术、燃前捕集、燃后捕集、富氧燃烧捕集、CO_2分离、CO_2利用、模拟与评估、交流与整合等领域在5年的联合工作计划的指导下进行合作研究，将显著提高中国和美国洁净煤领域的技术发展㊀。

11.4 印度的碳捕集与封存技术研发情况

印度的煤炭使用特别是在电力生产中的使用，已经在第2章中做了简单的介绍。印度是世界上最大的无烟煤储量的国家之一（目前是第三大国家），在过去的30年里，燃煤发电已经成为印度发展中的电力行业的基石。电力行业消耗接近印度所有煤炭使用的四分之三。其余的绝大多数煤炭用于重工业，如钢铁、水泥和肥料生产。在过去的5年中，煤炭的需求量每年以8%～9%的平均速率增长，与之相对的是，国内产煤以每年5%～6%的速率增长（BP世界能源统计报告2012）。这扩大了供需差距，导致印度对进口煤炭的依赖增加。在2011～2012年间，印度进口了大约1亿t煤炭（包括电煤和焦煤）（煤炭进口，印度新闻信息局，2012年5月14日）。印度煤炭公司预计，到2015年印度煤炭供需差额将会达到8000万t，这将限制印度煤炭公司满足发展的需求的能力。煤炭的短缺不仅影响运行中的电厂，还引起了对未来电力项目的可行性的担忧。煤炭的短缺使发电公司为他们计划中的电厂增加投资变得更加困难。另外，根据最近的报告，由于燃料短缺（印度KPMG研究2013），印度政府很可能在“十二五”规划中将国家发电容量增长目标从100000MW降至75000MW（Government may lower power generation target for 12th Plan，Livemint，2012.2.7）。

几乎印度所有的燃煤电厂都是亚临界燃煤电厂。标准的设计使用以下电厂规模：60MW、110/125MW、200/210/250MW和500MW。根据印度中央电力局数据，200/210/250MW和500MW机组组成了印度电力工业的支柱，占到总火电容量的60%（CEA 2003）。最初，这些电厂的技术是从捷克和俄罗斯，还有在20世纪70年代从美国燃烧工程公司（现在是阿尔斯通公司的一部分）引进。在2004～2005年，这些电厂消耗2.79亿t煤炭和2500万t褐煤（CEA 2006a），这使电力行业成为国内煤炭消耗最多的行业。在2004～2005年，产出的煤炭中大约80%用于电厂（Ministryof Coal，2006）。煤炭在电力行业的统治地位在未来可能还将持续。根据“十一五”规划工作组报告（中央电力局），到2012年，印度需要安装大约46.6GW的

㊀ 具体见http：//www.us-china-cerc.org/Advanced_Coal_Technology&CER_coal_Jwp_english_OCR_18_Jan_2011.pdf。

新的煤基（coal－based）发电容量（在总的计划增加的 69GW 中占 68%），预计煤的需求量将达到大约 5.45 亿 t。印度中央电力局声明，在 2012～2017 年间，98GW 的煤基发电正在建设中（“十二五”规划期间）。计划委员会（2006）的长期方案表明，到 2030 年印度电力行业每年的煤炭消耗量将达到 10 亿～20 亿 t。

近些年来，印度在生产燃煤电厂主要组成系统方面已经取得了巨大的进展。印度的制造商已经达到世界先进水平，一些相关的机构［例如：印度巴拉特重型电气有限公司（BHEL）］已经展现出卓越的专业水平，实现了巨大的技术进步（World Bank 2008）。

印度的煤炭资源丰富，但是煤炭的品质和可用性存在问题。印度煤炭的灰含量通常很高，发热量低，矿物质的含量高。只有大约 6% 的印度国产煤炭储量是适用于有效和高品质的工业用途的优质焦煤。低品质的无烟煤可以经过洗选、干燥并去除其中的废石，但是这需要消耗大量的人力和物力。因此，多年来印度的钢铁行业和电力行业进口高品质的焦煤，其中的一些与本地的煤炭混合使用，以降低本地煤炭的灰分含量。印度的动力煤通常比国内的焦煤更适合它的预期用途，但是高灰分含量仍会降低锅炉效率而且对电厂达到排放标准产生了严重的阻碍。这些多重局限致使电力供应出现了中断（Pakiam 2010）。然而，电力行业已经成功解决了煤的腐蚀性和高灰分含量的相关问题。

200 个不同规模和容量的火电厂中，有大约 40% 的电厂都超过 20 年。印度现有的电厂中很少有效率在 35%～40% 之间，大多数电厂的效率都在 20%～30% 之间。这些电厂的效率低于世界经合组织国家的平均值［世界经合组织国家的平均效率为 36%，以高位放热量（HHV）为基准，即使新建的电厂效率证实在 37%～42% 之间］。在印度，最常使用的设计是 500MW，采用亚临界蒸汽参数：16.9 MPa/538℃/538℃（Central Electricity Authority2003；Mott McDonald 2006；EPDC of Japan 1999）。

洁净煤技术：印度的洁净煤技术研究有明确的目标，①燃烧前阶段提高非焦煤的品质，提供电力生产的附加价值；②采用煤炭高效利用的新的燃烧和转化技术；③通过电厂技术革新和改造，降低 CO_2 和其他污染物的排放。

印度在经济上实现有效地发展超临界技术还有一段差距，但是，印度已经拥有正在进行中的创新来实现更高效的燃煤机组以满足国内的需求（见表 11.3）。考虑到其国内煤炭多变的品质和高灰分含量，进口动力煤来配备适用于亚临界和超临界电厂设备的燃料混合物是必要的。

表 11.3 印度正在建设中的超临界电厂项目

开发企业	位置	机组容量/MW	备注
阿达尼电力公司	Mundra，Gujarat	4620	共四期，现运行 990MW，由联合国支持的第三期赢得 10 年中每年的碳补偿

（续）

开发企业	位置	机组容量/MW	备注
阿达尼电力公司	Tirora，Maharashtra	3300	三期正在建设中，寻求碳税
塔塔公司	Gujarat	4000	建设中，申请碳税被拒绝
信实电力公司	Andhra Pradesh，Madhya Pradesh Jharkhand	3960 ×3	规划与建设中
中电集团印度分公司	Jhajjar，Haryana	1320（2 ×660）	2012 年完成①
Indiabulls 电力公司	Nandgaonpeth，Maharashtra	1320	规划与建设中
GRM 能源公司	Chattisgarh	1370	规划与建设中
总机组容量		**27810**	

注：源自 Reuters，‘FACTBOX – India Coal Plants Seeking UN Carbon Offsets’，12th August 2010，www.alertnet.org/thenews/newsdesk/SGE67B04A.htm（21 Sept. 2010）。

① 见 www.clpindia.in/operations_jhajjar.html。

评价印度的洁净煤技术，有以下几点被当成主要的发展动力：①出于对能源安全的考虑以及经济和对环境的影响的必要性方面，使国内和进口的煤炭资源的利用效率达到最大化是印度的战略重点。②印度需要可靠、廉价的电力，如果不可靠的话，最高效的技术未必是最佳的选择。这可能需要在可靠性和效率之间做出权衡。③多年来，印度并没有充足的电力供应来满足国家的需要，减小供需差距对于国家是极为重要的。④即使印度的电力工业对燃烧国内高灰分煤有丰富的经验，但是一些新技术仍需要一段时间来达到足够的可靠性。⑤如缺少土地和水源等自然因素的限制，还有电厂供应商不能按时交货。

尽管如此，印度还是引进了机组规模在 660MW 和 800MW 的超临界电厂。从 2011 年开始，Sipat 电厂和 North Karanpura 电厂的 6 台 660MW 机组就处于建设中。另外，超临界电厂在即将实施的 5 座超大型电厂（每个 4000MW）中做出了规划。

位于印度哈里亚纳邦哈格尔区坎布尔镇的 1320MW（2 ×660MW）哈格尔电厂，是印度首先使用国内煤炭的超临界燃煤电厂之一（见照片）。在 2012 年，由中电集团建设，电厂的机组已经成功同步，并且达到商业运行日期（COD）。当按照额定负荷运行时，这两台机组每天将多提供 2700 万卢比的电能。印度中央电力局拟出引进大型超临界电厂的指导方针（CEA 2003），在“十二五”规划（2012—2016）期间，印度的目标是在 60% 建设中的新燃煤电厂中使

印度哈格尔电厂，2 ×660MW，超临界技术，燃料：油电混合动力或煤

（来源：CLP India Pvt Ltd 网站）

用超临界技术。印度中央电力局建议新电厂应该是 600 ~ 1000MW 的规模，并且 10 ~ 15 个机组使用的蒸汽参数在 565 ~ 593℃之间。另外。下一批更高蒸汽温度的机组应当考虑地域和技术经济这方面的因素。

印度正在实施的超大型机组计划提出了很好的有关财政、计划、建设和运行这样的机组的制度能力的框架。印度引进超临界技术应该伴随包括电厂运行与维护的培训、水化学控制等在内的制度能力的建设方案，特别是获得州电力委员会（SEB）指导。虽然印度引进超临界和超超临界电厂，但是仍将建设并使用亚临界电厂。更短的交付时间、本国生产能力和电力行业制造熟练程度等因素使超临界机组在短期内（接下来的 10 年）仍具有吸引力。然而，电厂规模需要尽可能大（例如 500MW）并且设计以高效率为目标，使用较适合的蒸汽参数，即 16.9MPa/538℃/565℃（World Bank 2008）。印度的电力装机容量接近 50GW，代表的电厂在 11 ~ 30 年时间，相比于设计条件，其可靠性、输出和效率都已经有所降低。政府将它们分为三类：退役机组、改造机组和已替代为最先进的机组。对现有机组进行改造遇到一些问题，包括缺乏足够的资金，计划超额建造新电厂的投资商对改造现有机组并不太感兴趣，并且保证改造机组的运行表现十分困难。世界银行通过全球环境基金（GEF）计划对克服这些困难提供支持。

印度循环流化床技术的应用十分成功，因为国内低阶煤是循环流化床锅炉最佳的燃料。全国有超过 36 个正在运行的循环流化床机组，装机容量达到 1200MW；其中大多数机组的规模相对较小（2 ~ 40MW），最大的机组是 136MW。印度巴拉特重型电气有限公司的两台 250MW 燃烧褐煤的循环流化床机组正在建设中。首台 175t/h 循环流化床燃烧锅炉在普纳的金光集团亚洲浆纸业有限公司投产。如果未来出台 SO_2 排放法规，那么可能这项技术能够得到更广泛的利用。世界银行建议无论是循环流化床电厂还是燃煤电厂，都可以采用 CO_2 中性的生物质进行混燃。

1987 年，印度首个煤气化试验设备是印度巴拉特重型电气有限公司的 10MW 自备电厂，使用的气体来源于 TISCO Jamadova Colliery 的“洗煤厂废渣”。在 Ramagundum 和塔尔切尔的化肥厂安装有携带床气化器，使用原生煤来制氨。虽然这些工厂遇到了很多实际问题，但是它们为之后相继在苏拉特褐煤电厂安装的两台 390t/h 循环流化床气化炉积累了宝贵的经验。内韦利褐煤股份有限公司在 Wrinkler 工艺的基础上，使用褐煤作为循环流化床气化炉的原料。2010 年，印度煤炭公司和印度燃气公司联手，共同致力建造大型露天煤矿气化工厂。印度已经开始了 IGCC 技术的研究；印度在 1986 年建成了亚洲首个 6.2MW 的 IGCC 示范工厂。由印度巴拉特重型电气有限公司安装的带有空气鼓风流化床气化炉的闭合联合循环机组是独一无二的，在 0.8MPa、960℃和 1050℃的条件下进行测试的煤种灰含量超过 40%。GujaratSanghi SteamWorks 和艾哈迈达巴德电力公司是另外一些研发 IGCC 技术的机构（Malti Goel 2010）。并且，美国国际开发署出资的关于印度使用 IGCC 的可行性评估的全面研究已经完成。这项研究建议开展一个约 100MW 的使用流化床气化技术的示范工程。燃气轮机的 U – Gas 技术被认为是最为合适的。印度巴拉特重型电气有限公司发展自己的流化床气化技术，并在特里奇建立了一座 6.2MW 小型工厂；这对建立 100MW 示范项目是十分有用的。使用进口煤用于 IGCC 将成为印度的战略决策来参与这项技术的发展，而且如果未来碳捕集与封存成为必要的话，这将是一个更好的准备工作。虽然印度碳捕集与封存的研究仍没有大力进行，但是关于 CO_2 封存的国家计划（NPCS），印度政府科技部从 2006 年开始的研究确定了以下的重点领域：①通过固定化微生物的 CO_2 封存；②碳捕集工艺的发展；③陆地农林封存建模网络；④政策发展研究。进一步地，印度考虑评估自己的封存潜力（地质方面）和监督碳捕集与封存的相关发展。

印度正在开发地下气化技术。印度煤炭公司、印度燃气公司、印度石油天然气公司和雷莱恩实业有限公司正在考察试验这一技术的场地。马赫萨那煤和冈瓦纳煤的产地被认为是最适合的地方。然而，并没有足够的资料证明这个决定是可行的和合算的，多个大学和机构正在进行相关研发行动。

逐步使用更多的洗煤。印度环境部与林业部规定从 1000km 以外的煤矿运过来的煤炭需要进行洗煤，并且灰含量要低于 34%。适合电力生产的国产煤的进一步洁净煤工艺已经发展成为合算的工艺，并且可以降低大约或者多于 10% 的灰含量。另外，印度煤炭公司宣称新煤矿生产的煤炭都将经过洗选处理（Coal Age 2007）。因此，印度在 2007 年经过洗选的煤量达到 5500 万 t，2012 年达到16300 万 t（Sanyal 2007）。这必定能够降低运输成本，并提高电厂可靠性和潜在的效率。洗煤整体的成本效益需要进行现场评定，因为一些因素对这项工艺的影响十分明显，例如煤质特性（不是所有的煤都容易洗选）、煤矿与电厂之间的距离以及电厂的设计。因此，必须进行包括磨煤、煤炭运输和能量转化（电厂）在内的整体分析，而且选择的成本效益例如上游选煤（洗净）和整体的洁净煤转换技术是不可避免的。

印度拟定的洁净煤技术路线图

由 DST 和印度巴拉特重型电气有限公司共同组织的洁净煤技术研讨会于 2006 年 10 月召开，制定一个有期限的路线图来建设必要的研发机构来实现发电零排放的最终目标。

进行中和近期的目标（到 2012 年）：①提高煤炭回收率、煤炭洗选、降低成本；②更加重视流化床燃烧、超临界电站锅炉、IGCC 示范项目；③增加煤炭的能量回收；④煤层气中的井前气、井后气等；⑤煤炭液化的中试规模研究。

中期目标（2012 ~ 2017 年）：①IGCC、加压流化床燃烧、超超临界电厂；②增加煤炭的能量回收；③商业规模的煤炭液化；④中试规模的零排放技术研究；⑤中试规模的碳封存。

长远目标（2017 年及以后）：①零排放技术商业化；②碳封存示范电厂；③煤气化燃料电池系统和从煤中生产氢燃料。

印度的洁净煤技术的发展在技术和非技术方面存在诸多的障碍和限制，印度并不能跟上国际洁净煤技术的发展。学术界和政策分析师表示，印度应该开始一项计划来将印度的平均燃煤效率从 30% 提高到 40%，并在国际金融和技术援助下进行，这对于支持加速的超临界机组部署是十分必要的。如果认真考虑碳捕获与封存，这项技术应该是国内机制能力建设支持下的长期创新战略的一部分。煤气化和先进燃烧技术同样可能是未来重要的长期选择，但是目前受限于技术和成本上存在的相当大的不确定性。这些技术对于印度情况的适应性也与印度温室气体减排承诺的时机相契合。在短期内，减少输电和变电的损失也能在一定程度上减少对于额外发电容量的需求。这将为长期发展更加周全的发电端的决策提供时间（Pakiam2010）。尽管存在不同的观点和问题，煤基发电容量依然在增加，在 2012 年 4 月到 12 月期间，印度增加了 9505MW 的装机容量（Power Ministry 网站）。

中国与印度的大致比较：印度的人口情况与中国大致相同，而且有相似的快速的经济增长速率。与中国相似，印度有丰富的煤炭储存量，是在中国和美国之后的世界第三大产煤国。随着电力部门占据新需求的很大的份额，印度的耗煤量快速增加。然而，印度现在的人均耗电量是 $660kW_eh$/年，大约是中国的 35% ~ 38%，而且耗煤量大致是中国的五分之一。与中国一样，在印度，工业自发电也是煤需求的另一个重要来源，电力工业很大一部分的增长是对煤炭需求的增长。当前政府规划预计年耗煤量的增长率约是 6%。（Government of India 2005）。以这个增长速度的话，大约在 2020 年之前，印度的耗煤量将达到现在的美国耗煤量的水平，而且，大约在 2030 年之前，达到现在中国的耗煤量的水平。这表明，目前在印度的电力生产中耗煤量达到最大增长之前，可能是时候引进更加清洁、高效的生产技术。

参 考 文 献

Almendra, F., West, L., Zheng, L., & Forbes, S. (2011): CCS Demonstration in developing countries: Priorities for a Financing Mechanism for Carbon Dioxide Capture and Storage, WRI Working Paper, World Resources Institute, Washington DC; Available online at www.wri.org/publication/ccs-demonstration-in-developing-countries.

CCT Initiative – Road Map for future development, India (2006): Clean Coal Technology DST-BHEL Workshop, October 26–27, 2006.

Chen, W.Y., & Wu, Z.X. (2004): Current status, challenges, and future sustainable development strategies for China energy, *Tsinghua Science and Technology*, 9 (4), pp. 460–467.

Chen, W.Y. (2005): The costs of mitigating carbon emissions in China: findings from China MARKAL-MACRO modeling, *Energy Policy*, 33(7), pp. 885–896.

Chen, W.Y., Wu, Z.X., & Wang, W.Z. (2006): Carbon capture and storage (CCS) and its potential role to mitigate carbon emission in China, *Environmental Science*, 28 (6), pp. 1178–1182.

Chen, W.Y., Liu, J., Ma, L.W., Ulanowsky, D., & Burnard, G.K. (2008a): Role for carbon capture and storage in China, In: Ninth Intl. Conf. on Greenhouse Gas Control Technologies, Washington, DC.

Chen, W., & Xu, R.·(2010): *Energy Policy*, 38, pp. 2123–2130.

China Securities News (2007): China's coal to oil industry has beginning to take shape, November 13, 2007.

China Environment Protection Agency (2008): China Environment Protection Statistical Yearbook 2007, Beijing: China Environment Protection Publishing House.

China Statistics Bureau (2008): China Statistical Yearbook 2007, China Statistics Press, Beijing.

Coal Age Magazine (2007): MISC. NEWS, May 2007, p. 8.

CEA (2003): *Report of the Committee to recommend next higher size of coal-fired thermal power stations*, November, 2003, Central Electricity Authority, Government of India.

CEA (2006a): All India electricity Statistics: General Review 2006, Central Electricity Authority, Government of India.

CEA (2007b): Report of the Working Group on Power for 11th Plan, CEA, Govt of India, at http://cea.nic.in/planning/WG%2021.3.07%20pdf/03%20contents.pdf.

Clemente, Jude (2012): China leads the Global Race to Cleaner Coal, POWER magazine, Dec 1, 2012, available at www.powermag.com/coal/china-leads-the-Global-Race-to-cleaner-coal_5192.html.

Deng, J. (2008): Adopting clean and high-efficiency power generation technologies vigorously to promote the sustainable development of electric power industry, *Huadian Technology*, 30(1), pp. 1–4.

Development Research Center of the State Council, the Energy Research Institute under NDRC, and the Tsinghua University Nuclear and New Energy Research Institute (2009); 2050 China Energy and CO_2 Emissions Report (Chinese); UNDP China and Renmin University (2009); China Human Development Report (2009/10): China and a sustainable future: towards a low carbon economy and society; Online at: http://hdr.undp.org/en/reports/nationalreports/asiathepacific/china/nhdr_China_2010_en.pdf.

Energy Bureau, National Development and Reform Commission, November 28, 2005: 'A Comparison of World and Chinese Energy Statistics', Shijie yu Zhongguo de nengyuan shuju bijiao; at http://nyj.ndrc.gov.cn/sjtj/t20051128_51344.Htm, & http://www.sp-china.com/news/powernews/200605110002.htm

Electric Power Planning and Design Institute (2006): Design Reference Cost Index of Thermal Power Plant since 2005, China Electric Power Press, Beijing.

Electric Power Development Corp of Japan (1999): Adoption of supercritical technology for Sipat super thermal power plant, January 1999.

Global CCS Institute (2012): The Global Status of CCS – 2012, Canberra, Australia.

GOI (2005): 'Draft Report of the Expert Committee on Integrated Energy Policy', Planning Commission, Government of India, New Delhi, December 2005, at http://plannning commission.nic.in/reports/genrep/intengpol.pdf.

Huang, Q.L. (2008): Clean and highly effective coal-fired power generation technology in China, *HuadianTechnology*, 30(3), pp. 1–8.

IEA (2011): International Energy Agency – World Energy Outlook 2011, Paris.

IEA (2009): Major Economies Forum (MEF) 2009; Technology action plan carbon capture, use and storage. Online at: http://www.majoreconomiesforum.org/the-global-partnership/carbon-capture-use-a-storage.html.

IEA's *MCMR* (2012): News release, 17 Dec. 2012, available at http://www.iea.org/newsroom andevents/pressreleases/2012/december/name,34441,en.html.

Jhajjar Power Ltd. (2012): 1320MW Supercritical power plant, built by CLP India Pvt Ltd., details at www.clpindia.in/operations_jhajjar.html.

Kapila, R.V. (2009): Investigating Prospects for CCS technologies in India, School of Geosciences, University of Edinburgh.

Ma Kai (ed.) (2005): *Strategic Research on the Eleventh Five-Year Plan*. Beijing: Beijing China Science Technology Press. October 2005; Shiyiwu guihua: Zhanlueyanjiu. Beijing: Beijing kexiejishu chubanshe.

Malti Goel (2010): Implementing Clean Coal Technology: Barriers and Prospects, In '*India Infrastructure Report 2010*', chapter 13, pp. 209–221.

Mao, Jianxiong (2007): Electrical Power Sector and Supercritical Units in China, presented at the *Workshop on Design of Efficient Coal Power Plants*, Vietnam, October 15–16, 2007.

Ministry of Coal (2006): Annual report 2005–2006, Ministry of Coal, Govt of India.

Mott MacDonald (2006): India's Ultra Mega Power Projects/Exploring the use of carbon financing, October 2006.

Morin, J. (2003): Recent ALSTOM power large CFB and scaleup aspects including steps to supercritical, In: *47th IEA Workshop on Large Scale CFB*, Poland.

Morse, R., Rai, V., & He, G. (2010): The Real Drivers of CCS in China, *ESI Bulletin*, November 2010, 3–6.

National Bureau of Statistics, 2004, China Electric Power Yearbook, Beijing: China Electric Power Press, p. 671.

National Coal Council (2012): Harnessing Coal's carbon content to advance the Economy, Environment and Energy Security, June 22, 2012; Study chair: Richard Bajura, National Coal Council, Washington DC.

NDRC (2007): Special Plan for Mid-and Long-Term Energy Conservation, National Development and Reform Commission, Beijing.

Pakiam, Geoffrey (2010): The role of Coal in India's Energy sector, *ESI Bulletin*, **3**, Issue 2, November 2010; at http://www.esi.nus.edu.sg/docs/esi-bulletins/esi-bulletin-vol-3-issue-2-nov-2010084D65E6EEC2.pdf.

Planning Commission (2006): Integrated Energy Policy: Report of the Expert Committee, Planning Commission, Government of India.

Sanyal, B. (2007): Coal India's profits for 2006–07 may dip, *The Hindu Business Line*, March 15, available at http://www.thehindubusinessline.com/2007 /03/15 /18hdline.htm

Shi, X. and Jacobs, B. (2012): Clean coal technologies in developing countries, September 25th, 2012, at http://www.eastasiaforum.org/2012/09/ 25/ clean-coal-technologies-in-developing-countries/.

US-China Coal Energy Research Center (2011): at http://www.us-china-cerc.org /Advanced_Coal_Technology & CERC_coal_JWP_english_OCR_18_ Jan_2011. pdf).

Vincent, C., Dai, S.F., Chen, W.Y., Zeng, R.S., Ding, G.S., Xu, R.N., Vangkilde-Pedersen, T., & Dalhoff, F. (2008): Carbondioxide storage options for the COACH project in the BohaiBasin, China, In: *Ninth Intl. Conf. on Greenhouse Gas Control Technologies*, Washington, DC.

Wei Yiming, Han Zhiyong, Fan Ying, Wu Gang (eds.) (2006): *China Energy Report* (2006), Beijing, China: Science Press (Zhongguo Nengyuan Baogao: Zhanlue yu zhengceyanjiu (2006), Beijing: Kexue Chubanshe), p. 12.

World Bank (2008): Clean Coal Power generation Technology Review: World-wide experience and Implications for India, Background paper: India – Starategies for low carbon growth.

第12章 洁净煤技术展望

1. 引言

减缓气候变化和稳定大气中温室气体浓度是联合国制定气候变化框架协定的主要目的。为了实现这个目的，全球需要大幅降低与 CO_2 排放相关的能源消费。大气中 CO_2 浓度升高所带来的对全球范围的环境和人类日常生活的负面影响有目共睹。国际能源署技术展望2008 预测到2020 ~ 2030 年间，全球的温室气体排放将达到峰值，如果现在就采取合适的减缓措施，到2050 年这个峰值可以降低一半。所以，开发新的或是改进现有的低碳技术，尤其是洁净煤技术变得尤为必要。大容量、高效率的燃煤发电技术可以有效降低 CO_2 的排放。有一些这样的技术已经得到开发和示范。同时，大规模的研发力量在继续增强上述技术的效能并努力降低大规模应用的成本。需要制定合适的政策法规以及经济手段用以推动技术革新。因为技术革新对于开发合适的、能负担的新的低碳技术尤为重要，所以友好的、坚定的国际合作和知识共享机制必须被建立。

近期，碳捕集、利用与封存（CCUS）技术首创性地提出被捕集的 CO_2 可以被看成是一种商品，这种看法被极力推广（例如，CO_2 用于驱油）。这种方法给经济增长、环境保护和能源安全提供了极大的发展潜力。2012 年的美国国家煤炭委员会的报告就讨论了电厂 CO_2 捕集对经济和环境的潜在影响，并且重点阐述了将上述技术转化为可实现的 CCUS 技术所面临的挑战。

2. 现状分析

综上所述，煤是这个世界上量最大的经济能源资源，同时也是化石燃料中单位碳含量最高的一种。由于全球范围内特别是发展中国家对于可负担的、可靠的电力需求持续增大，较其他电力生产的能源资源，煤炭仍然占据最重要的位置。世界范围内，中国、美国、印度、德国、俄罗斯、日本、南非、澳大利亚、韩国和波兰十个国家占有了全球84%通过煤燃烧所生产的电量（OECD/IEA 2012）。这些国家通过电力和热力燃煤释放了全球总量中85%的 CO_2 大约为8.5Gt。

世界范围内，有很多燃煤电厂已经使用了亚临界煤粉锅炉技术，全球电站平均效率约为33%（LHV）。提高电站总体效率是降低 CO_2 排放和降低煤炭消耗的有效途径。有约30GW 和约200GW 的现有的亚临界发电机组将通过使用先进燃煤技术（超临界和超超临界）分别得以替换和改造，同时新建的电厂将配备最新的先进技术（OECD/IEA）。新建的超临界和超超临界燃煤机组的电厂能达或超过44%的热效率。超临界燃煤机组早在20 世纪90 年代的美国就得到了广泛装配，随后在过去的十几年间，加拿大、澳大利亚和欧洲国家的电厂也都装配了超临界燃煤机组。超临界燃煤机组在上述国家的建设与运营积累了很丰富的关于超临界机组的运行经验。中国据此就制定了宏达计划，将直接建设容量更大、效率更高的超临界和超超临界锅炉，容量将达到 600 ~ 1000MW。根据国际能源署预测，全球将大力发展洁净煤技术，并期望到 2025 年，发电量达到 100GW；从商业化角度来看，到 2050 年，超超临界燃煤电站将达到 550GW 的发电总容量，这意味着燃煤电站的排放量将大大降低（IEA2008）。

流化床燃烧（FBC）和整体气化联合循环（IGCC）技术比传统减排方法更具可行性。其中，流化床燃烧技术因其低成本、低排放、洁净高效，特别适合诸如煤等低质量的燃料；同时流化床燃烧技术也可结合富氧燃烧使之更具可行性。

尽管 IGCC 系统较为昂贵，但是它可谓众多现有洁净煤技术中最为清洁高效的技术；IGCC 系统具有诸多优点，例如污染物在进入燃气轮机前就可被去除，热效率可达到甚至在将来超过 50%。当前，大量研发投入开发设计 IGCC 系统中昂贵系统组成的替代部件，旨在降低该技术总体成本。

可再生能源技术，特别是风能、太阳能被认为是化石能源的最佳替代。目前，世界上很多国家都致力于增加可再生能源在能源供给中的份额。在未来的 20 年内，很多研究报告都预测可再生能源的使用将得到快速增长（例如，美国能源信息管理局、国际能源总署和 BP 能源展望等报告）。然而，转向完全使用化石燃料替代能源仍困难重重，主要受限于新能源利用技术成本高且产能难以达到化石燃料的规模。天然气是一种重要的能源资源，其燃烧排放远低于煤燃烧。近期，由于页岩气在诸如美国、亚洲、南美、非洲和欧洲都被探明储量巨大，天然气得到了大量关注。但是，关于页岩气人类仍有太多未知，例如页岩气的开采和使用对环境的长期影响、供应能力、开采成本以及价格稳定性等。预测未来的天然气供给和价格极其困难。同时，各种影响天然气需求的因素，包括液化石油气生产及出口、化工行业的复苏、燃气车辆的市场波动以及天然气本身的开采能力等的变动，进一步使天然气的未来充满不确定性（NCC 2012）。

碳捕集与封存（CCS）技术被认为是燃煤电厂 CO_2 捕集及地质封存最关键的技术。但是由于成本和效率损失问题，对于现有的低容量低效的传统燃煤机组进行碳捕集与封存改造显得毫无意义。对于高效高容量的机组来说，增设碳捕集与封存从技术和经济层面都更可行。目前，设计新的燃煤电站需考虑到未来添加碳捕集与封存技术的可能，做到“捕集预备”同时需保证装机容量达到 $600MW_e$ 以上。结合其他高效燃煤发电技术，碳捕集与封存技术将以环境友好的方式高效实现煤炭资源价值。目前，全球有一些碳捕集与封存示范电厂正在给该技术的全面商业化提供宝贵经验。被捕集的 CO_2 用于驱油增加原油开采量被广泛认为是一种环境友好型的有经济价值的技术。与此同时，一些其他关于 CO_2 利用的技术也正在被开发。

关于煤炭的多联产技术这些年得到了大力发展。例如，煤与其他燃料（如生物质或石油残渣）共气化用以生产热能、电能和合成燃料；地下煤气化（UCG）

将处于地下的煤炭就地气化用以生成燃气和合成气等。这些技术有其固有优点但是更适用于某些特定区域。

上述技术如果得到了合理充分应用，全球的煤炭消耗量将维持在0.5Gt/年，CO_2排放量1.7Gt/年的水平（OECD/IEA 2010）。

3. 技术大规模实施过程中的问题

美国在洁净煤的科研与开发以及相关技术的开发上处于领先地位，中国则相对于其他发展中国家发展更快（Clemente 2012）。2006～2010年间，全球新建约295GW的洁净煤燃烧发电机组。但是，对比2005年的1263GW和2011年的1700GW（预测值）的普通燃煤机组装机容量，洁净煤发电技术的发展速度还是不够快。即使燃煤发电机组装机总容量还会持续增加，但是就增速而言会持续变缓。

尽管大多数亚临界燃煤发电机组能够升级得以降低多种污染物排放，但是它们的热效率仅能最高提升3%～5%。这是由于热效率主要取决于机组的设计、燃料种类和容量系数，然而这些设计不可能在电厂建成后改变。用超临界和超超临界燃煤机组替换亚临界机组通常成本较高并且在某些区域当地煤种并不适用。但是，最近的经验证明了上述替换的可行性，除了一些高灰分煤的使用缺少实际运行经验外。虽然一座装配超超临界机组的电站由于在锅炉和蒸汽轮机方面的花费，其投资成本要高于亚临界机组电站40%～50%之多（ETP 2008），但是总体运营成本由于降低煤炭消耗、降低煤炭和烟气处理花费等，前者要降低13%～16%。因此，对比亚临界机组电站，投资一座超超临界蒸汽循环机组的电站通常要多花12%～15%的资金（Burnard&Bhattacharya IEA 2011）。此外，制造大功率锅炉和配套设备的能力通常难以满足市场需求。

正如第8章章节A中指出，提高超超临界机组效率主要依赖于用于制造锅炉水冷壁、过热器和再热器管道、后壁加热器以及汽轮机的新的耐高温的合金材料。欧盟的“Thermie”计划和“COMTES700”计划以及美国的“超超临界锅炉系统先进材料”计划都致力于达到更高的蒸汽参数。欧盟的计划希望将蒸汽参数提高到压力为37.5MPa，温度达到700℃/720℃；美国的计划目标是达到蒸汽压力在37.9MPa，温度达到730℃/760℃（Gierschner 2008；Dalton 2006；Weitzel 2004）。这些蒸汽参数理论上可以提高燃用烟煤的机组总体效率至44%～46%（HHV）或50%以上（LHV），但是机组需要更先进的材料用以设备制造和维护。另外，如果集成预干燥设备，燃用高水分含量的褐煤同样可以达到50%以上的热效率（LHV，净值）。最近，在美国北达科他州的Coal Creek电站（USDOE：CCPI，2012.6），一种使用废热的低温预干燥工艺得以成功示范为利用高水分褐煤提供宝贵经验。

流化床燃烧（FBC）技术种类繁多，其中循环流化床燃烧（CFBC）最受市场关注。正如之前所述，第一座超临界循环流化床燃煤机组（460MW_e，28.2MPa，563℃/582℃）由福斯特－威洛（Foster－Wheeler）公司设计并在2009年于波兰成功运行。它所燃用的煤种为波兰褐煤，设计效率为43.3%（LHV，净值）。第二座容量为330MW_e超临界循环流化床燃煤机组将安装至俄罗斯的Novocherkasskaya（圣彼得堡郊区地名）GRES电厂（Jantti等，2009）。因为超临界和超超临界机组都需要高于600℃以上的过热和再热温度，所以尽管循环流化床机组的工作条件可略低于上述温度但是其设计仍需大幅改进。为了达到更高的蒸汽参数，循环流化床机组需从如下几个方面得以改进：①耐高温高压先进材料的开发；②新型材料的先进加工工艺；③大型超临界机组的示范工程建设。上述研究将推进使用劣质煤种的循环流化床机组达到更高的热效率，例如高于45%（LHV）或43%（HHV）。另外，沸腾式（鼓泡式）流化床燃煤技术因其绝佳的经济性，特别适合分布式能源供给，同时适合发展中国家例如印度。沸腾式流化床锅炉的装机容量为0.5～500MW_{th}，特别适合可本地制造并维护的分布式发电站。

IGCC技术目前来看成本较高，其中用于生产氧气的成本占主要部分，包括前期设备投资和能源消耗。正在运营的、在建的以及规划建设中的IGCC示范电厂都是基于长远规划设计的。为了进一步提高整体效率，未来的气化流程需要新的循环和配套系统。例如，未来的电厂可能需要质量更好的相关设备，例如更大、更高效的燃气轮机，更高品位的蒸汽循环，更高效的氧气分离流程（包括离子膜技术和长效固体吸附剂）以及例如固体输送泵等辅助部件的优化（Henderson 2008；Minchener 2005；Barnes 2011）。IGCC技术特别适合发展成燃前CO_2捕集技术，但是上述领域需要得到更多的研究。世界范围内，有很多公司开发了IGCC项目，例如美国电力公司、杜克能源公司、得克萨斯清洁能源计划、南方公司（美国），ZAK/PKE公司、森特理克公司（英国），Nuon Magnum公司（荷兰），E. ON和RWE公司（德国），GreenGen公司和东莞太阳洲公司（中国），Wadoan电力公司（澳大利亚），大崎CoolGen公司（日本）等（Wikipedia - Free encyclopedia，Burnard & Bhattacharya IEA 2011）。本书第8章重点讨论了上述领域优化研究等内容。

固体氧化物燃料电池（SOFC）具有提高电站总体效率的潜力。近期的一项分析研究报道固体氧化物燃料电池与燃气轮机联用系统可达到60%的总体效率，并且该系统的碳捕集效率高达90%（排除CO_2输运与封存过程中损失）。但是开发具有高效控制系统的上述系统十分艰巨。其中气化炉急需改进以降低建设成本和设备腐蚀风险。上述研究可以利用计算机数值模拟方法加以研究，但是高温高压气化反应过程中的相关参数数据十分匮乏。所以，更多有关流场和相关边界条件需要获得以更准确地开发和验证模型。因此，数值模拟研究这个领域十分重要。

燃煤电厂为了达到减排目的，需要进行碳捕集与封存改造等。用新型的高效的带有CO_2捕集单元的机组替换陈旧的低效的机组是一种提高整体效率并降低污染物排放的好方法。但是，CO_2捕集带来的能耗损失必须根据具体改造情形进行全面评估。因为更高的电厂效率可以抵消诸如能耗损失带来的负面影响，所以致力于提高整体发电效率可降低碳捕集所增加的运行成本。国际能源署研究分析称如果没有碳捕集与封存技术，预计到2050年用以降低2005年的排放值所需的成本将较2005年的成本增加70%左右。国际能源署的路线图包括一个旨在减缓温室气体排放的促进碳捕集与封存技术普及的方案，该方案需要人类社会资金巨大的研发资金涵盖多项技术领域。其中，针对现有电站进行技术改造的研发得到广泛建议。关于氧气制备、锅炉改造和尾气净化等领域正在得到广泛而深入的研究（例如，Herzog 2009；DOE/NETL 2012；NCC 2011，2012）。美国桑地亚国家实验室的 Shaddix（Shaddix 2012）对富氧燃烧及碳捕集领域正在进行的重要研究进行了综述。本书的第 9 章讨论了诸如化学链燃烧、离子转运膜和氧气转运膜以及固体吸附剂等最新技术的研究近况。这些研究领域的成果将推动富氧燃烧技术的成功商业化。

碳捕集与封存技术中涉及成本的其他问题包括输运捕集的 CO_2 涉及的设备和大容量封存点的确定。解决这些问题需要全球合作。直接碳燃料电池（DCFC）技术是一种新的热转化技术。通过该技术，电直接通过电化氧化产生，因此理论可达到 100% 的效率。由于极少的效率损失，该技术适用于小规模的分布式的能源供给点。尽管该技术拥有很多优势（例如使用固体燃料，因此不存在气体泄漏等问题），但是仍然有很多重要问题需要解决。如果技术问题解决的好，直接碳燃料电池将因其极高的转化效率、极低的污染物排放和易于进行碳捕集等优势革命性地取代煤炭。

煤液化和地下煤气化因其较低的污染物排放备受关注。同煤液化一起，地下煤气化具有提供一条高效的能源提取路线的潜力。集成地下煤气化和间接煤液化技术有潜力成为一种生产气体和液体燃料的清洁高效的方式，通过这个集成可以显著提高燃料供应安全。国际能源署（IEA 洁净煤中心 2009）报告详细分析了位于欧盟的一项集成了费托合成（F－T 合成）制取液体燃料的地下煤气化示范工程，并探讨了此工艺路线对欧洲大量未开采的煤矿的应用可行性。通过积极的国际合作，上述方法可在全球各区域推广，其中在中国就有类似工程正在进行。

4. CO_2 作为一种商品

最新浮现的 CO_2 作为商品的概念将充分展现碳捕集相关技术保护环境的同时并可推动经济发展的潜力。例如，开发大规模的 CO_2 驱油工程可以增加“常规石油”产量外，还能促进残油带的产出。这种方式显然比 CO_2 捕集后简单的注入深层地质结构中要更具优势。煤炭仍将保持电力生产能源来源中的主导地位，因此配有碳捕集装置的燃煤电厂将作为大型驱油工程的可负担的、可靠的 CO_2 供给方。这种方式将达到深度减排、获得广泛的经济优势，同时还有望提供更多利益和商业机会。

除了 CO_2 驱油技术，还有一些 CO_2 捕集、利用、封存技术可以为无油田国家提供经济利益。例如：①水泥生产，②藻类培育用于生产生物燃料或者牲畜饲料，③超临界 CO_2 发电循环可用于 CO_2 闭合循环、提高电厂效率，可用最大到 $200MW_{th}$ 的燃煤及核电站发电机组（桑迪亚国家实验室）。研究及开发这些新型技术，使其具备商业可行性是高效管理碳排放的重要途径。

5. 行动与未来

发达国家和相关企业已经启动了向发展中国家转移洁净煤相关技术和设备的联合或独立项目。这些项目可通过双边合作、区域合作框架［如亚太经合组织（APEC）］或是开发银行（例如亚洲发展银行、世界银行）和全球环境基金的帮助下实现。在第 11 章中列举了一些在中国实施的合作项目，但是目前来看，这些合作项目的推荐力度还不够，需要进一步加强以推动项目进行。

如果没有工业国家的经济支持，短期内绝大多数发展中国家不大可能独立开发建设碳捕集技术，特别是碳捕集与封存技术。因此，诸如亚太经合组织、亚洲开发银行、世界银行和全球环境基金以及国际论坛如清洁能源部长级会议、八国集团、碳捕集领导人论坛等都需发挥相关作用推动对发展中国家的支持。例如，由于超临界发电技术已经纳入清洁发展机制（CDM），因此推动发展中国家的碳捕集技术建设能部分通过京都议定书中的清洁发展机制得以实施。

过去的三四十年内，全球的科学界与工程界都将研发重点转向如何安全管理碳并且显著推动了碳捕集技术发展。更重要的是足够的资源必须持续用以进一步加大投入，用以降低碳捕集相关技术成本和在重点国家推广这些技术。这样才能使相关国家在即将到来的严峻期内，保证能源供给安全的同时降低温室气体排放。

发展中国家需要制定和实施考虑到更多方利益且不牺牲他国发展为前提的相关碳管理政策法规。只有这样才能使全球各国在碳约束和担心气候变化的大背景下，继续将煤作为重要能源使用，真正享受到洁净煤技术所带来的利益。

参考文献

Barnes, I. (2011): Next generation Coal gasification technology, CCC/187, IEA Clean Coal center, September 2011.

Burnard, K., & Bhattacharya, S. (2011): Power generation from Coal: Ongoing developments and Outlook, Information paper, October 2011, IEA, Paris, France.

BP (2013): BP Energy Outlook 2030, London, January 2013.

Clemente, J. (2012): China leads global race to Cleaner coal, Power magazine, December 1, 2012, at www.powermag.com/coal/china-leads-the-Global-Race-to-cleaner-coal_5192.html.

Dalton, S. (2006): Ultra-supercritical technology progress in the US and in coal fleet for tomorrow, 2nd Annual conference of USC Thermal Power Technology Network, 26–28, October 2006.

Gale, J., & Freund, P. (2001): Coal-Bed Methane Enhancement with CO_2 Sequestration Worldwide Potential, *Environmental Geosciences*, 8(3), 210–217.

Gierschner, G. (2008): COMTES700: On Track towards the 50plus Power plant, presentation at New Build Europe 2008, Dusseldorf, 4–5 March.

Godec, Advanced Resources International, Inc. (2012): Knowledge and Status of Research on the Enhanced Recovery and CO_2 Storage Potential in Coals and Shales. March 13, 2012.

Henderson, C. (2008): Future developments in IGCC, CCC/143, London, IEA Clean Coal Center, December 2008.

Herzog, H.J. (2009): A Research program for Providing Retrofit technologies, Paper prepared for MIT Symposium on retrofitting of Coal-fired power plants for carbon capture, MIT, March 23, 2009.

IEA (2008): Clean coal technologies – Accelarating Commercial and Policy drivers for deployment, Paris, OECD/IEA.

IEA (2010): Power Generation from Coal – Measuring & Reporting Efficiency Performance and CO_2 emissions, Coal Industry Advisory Board, IEA.

IEA (2011): IEA – World Energy Outlook 2011, IEA, Paris, France.

IEA (2012): IEA – World Energy Outlook 2012, IEA, Paris, France, released November 2012.

IPCC (2007): Climate Change 2007, Synthesis report, IPCC 4th Assessment Report, IPCC, Geneva, Switzerland.

Jantti, T., Lampenius, H., Ruskannen, M., & Parkonnen, R. (2009): Supercritical OUT CFB projects – Lagisza 460 MW_e and Novocherkasskaya 330 MW_e – presented at *Russia Power 2009*, Moscow, 28–30 April.

Landesman, L.: Alternative Uses for Algae Produced for Photosynthetic CO_2 mitigation.
Minchener, A.J. (2005): Coal gasification for Advanced Power generation, *Fuel*, **84**(17), 2222–2235.
National Coal Council (2012): Harnessing Coal's Carbon content to Advance the Economy, Environment and Energy Security, June 22, 2012; Study chair: Richard Bajura, National Coal Council, Washington, DC.
Shaddix, C.R. (2012): Coal combustion, gasification, and beyond: Developing new technologies for a changing world, *Combustion and Flame*, **159**, 3003–3006.
USDOE CCPI (2012): Clean Coal Power Initiative Round 1 Demonstration projects, Clean Coal technology, Topical Report No. 27, DOE:OFE, NETL, June 2012; at www.netl.doe.gov/technologied/coalpowercctc/topicalreports/pdfs/CCT-Topica-Report-27.pdf.
USEIA (2011): Energy Information Administration – International Energy Outlook 2011, DOE, Washington DC, September 2011.
USEIA (2012): Annual Energy Outlook 2013 Early Release, EIA, USDOE, Washington DC, 17 November 2012.
VGB (2012/2013): VGB Electricity Generation, Figures & Facts, 2012/2013.
Wald, M. (2012): Turning CO_2 into Fuel, New York Times, March 2012.
Weitzel, P.a.M.P (2004): cited by Wiswqanathan *et al.*, Power, April 2004.
Wikipedia, free encyclopedia (2013): Integrated gasification Combined Cycle, at http://en.wikipedia.org/wiki/integrated_gasification_combined_cycle
Wright, S., *et al.* (2011): Overview of Supercritical CO_2 Power Cycle Development at Sandia National Laboratories, DOE/NETL 2011 UTSR Workshop, October 25–27, 2011, Columbus, OH.

附　录

附录A　过热器、再热器、空气预热器和加热炉

1. 过热器

过热器的主要目的是增加电厂的容量，同时减少蒸汽轮机的腐蚀和耗汽量。过热器有以下几种：屏式过热器、悬吊式过热器、辐射过热器和末级过热器。过热器的温度主要通过喷洒水来控制。根据需要和设计而采用的控制方法主要有以下几种：①过量空气控制；②烟气再循环；③气体旁路控制；④可调节的燃烧器控制。

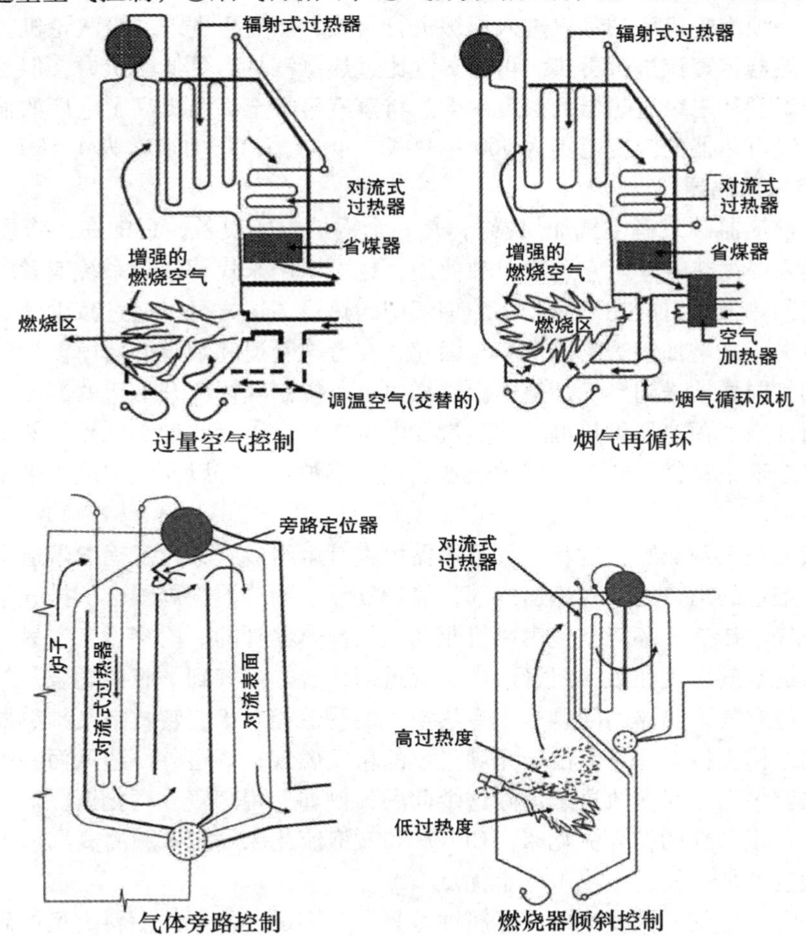

1）过量空气控制：通过增加过量空气量也许能够增加对流过热器出口的蒸汽温度。减少气体温度能够使得锅炉的吸热量减少（同样的蒸汽产率条件下）。增加气体质量流量会使得气流总热焓增加，从而增加过热度。

2）烟气再循环：通过部分烟气再循环同样能够调节蒸汽的温度。通过在燃烧区域增加烟气，也许会获得更高的效率。

3）气体旁路控制：锅炉的对流管束能够在过热器周围加一些旁路。过热器尺寸比较大以至于在部分负荷时便能达到需要的过热度。随着负荷的增加，部分的烟气从旁路引出。

4）可调节的燃烧器控制（燃烧器倾斜）：对于许多的燃烧器锅炉来说，将燃烧器分布在不同墙高度上是有可能的。通过选择性的着火以获得这种控制方法。可倾斜的锅炉能够适应燃烧区域移动。

末级过热器的温度范围为540～570℃，过热蒸汽压力大约为17.5MPa。

2. 再热器

经过一级汽轮机后的蒸汽进入锅炉进行再热，然后再进入二级汽轮机。在烟气通道的再热器将蒸汽进行再热。再热蒸汽比过热蒸汽具有更低的压力，但是末级再热蒸汽的温度和末级过热器的温度一样。将蒸汽再热至高温提高了电厂的输出量和效率。末级再热器的温度范围为560～600℃，再热蒸汽压力通常为4.5MPa。

3. 空气预热器

空气预热器（或者空气加热器），是一个锅炉内的设备，目的在于将燃烧前的空气加热来提高热效率。它可以单独使用，也可以用来代替回热系统或者蛇形蒸汽管。空气预热器的目的在于回收锅炉烟气中的热量，这样可以通过减少烟气中有用热量的散失，来增加锅炉的热效率。因此，在考虑管道和烟道的精简设计后，较低温度的烟气同样被送到燃气烟道中。这样也可以控制气体离开烟道的温度。

有两种空气预热器供热电站的蒸汽发电机使用：①管状型空气预热器，固定于锅炉燃气烟道中；②回热式空气预热器。这些都被安排好以便气体能水平或垂直地通过旋转轴。

管状型空气预热器：管状空气预热器由直管束组成，穿过了锅炉烟道出口，展现在每个烟道的出口处。在烟道内部，热炉气经过预热器管周围，从排气中向预热器内的空气中传热。环境空气由风机驱动，从预热器管的一段穿过，在另一端，管道内加热的空气出现在另一组管道内，管道携带着热空气到炉膛中燃烧。

管状型空气预热器的问题是，冷热空气的管道相对于旋转式空气预热器需要更多空间和结构支持。而且，由于充满尘埃的粗糙燃气，烟道外面迎风面一侧的管子磨损更快。做出了很多改进来消除这个问题，例如使用陶瓷和硬化钢。对于旋转式的活动件，很多新的循环流化床（CFB）和鼓泡流化床（BFB）的蒸汽锅炉目前结合管状型空气加热器，提供了一个优点。

由各种各样的原因发生的露点腐蚀是另一个问题。使用的燃料类型的硫和水分含量是诱发因素。然而，到目前为止，露点腐蚀最重要的起因是管子的管壁金属温度。如果管子内的管壁金属温度降低到低于酸的饱和温度（通常在 88 ~ 110℃，但是有时高达 127℃)，那么发生露点腐蚀损害的风险就变得很大。

回热式空气预热器：有旋转屏式和固定屏式两种类型。旋转屏式的设计由一个安装在一个套管里面的中心旋转屏元件组成，被分为二（两部分型）、三（三部分型）或四（四部分型）部分，包含了元件周围的密封。密封允许了元件旋转通过所有的部分，但是使部分间的漏气保持在最低，同时提供单独的空气和燃气通过每个部分。在现代的电厂设施中，三部分型是最常见的。在三部分设计中，最大的部分与锅炉热气的出口相连。热的排气流过中心元件，将它的一部分热传递到元件中，然后用管道输送离开，在被燃气烟道排出之前，在集尘器和其他设备中做进一步处理。第二，小一点的部分用风机供给环境空气，同时旋转进入这部分时穿过加热的元件，并在进入锅炉燃烧之前被加热。第三部分是最小的，它加热的空气进入到磨煤机，用来挟带煤粉空气混合物到炉膛中。这样，在空气预热器中加热的空气总共提供了：去除破碎的煤粉中水分的热空气，输送煤粉进入锅炉和燃烧一次风的运输空气。

固定屏式回热空气预热器——在这种回热空气预热器中的加热屏元件也被安装在套管之中，但是加热屏元件是规定的，而不是旋转的。代替空气预热器中旋转的空气管道，以至于加热屏元件的部分有一个暴露在上行冷空气中。在固定屏底部有旋转的入口空气管道，与固定屏出口的旋转空气管道类似。

4. 加热炉

加热炉根据产热方式不同，大体上可分为燃烧型（需要燃料）和电热型两类。设计时，要求在一定的时间内将尽可能多的材料加热到相同温度，同时消耗尽可能少的燃料和劳力。

煤粉燃烧可以在直燃单元系统或中央储存系统进行（见下图）。

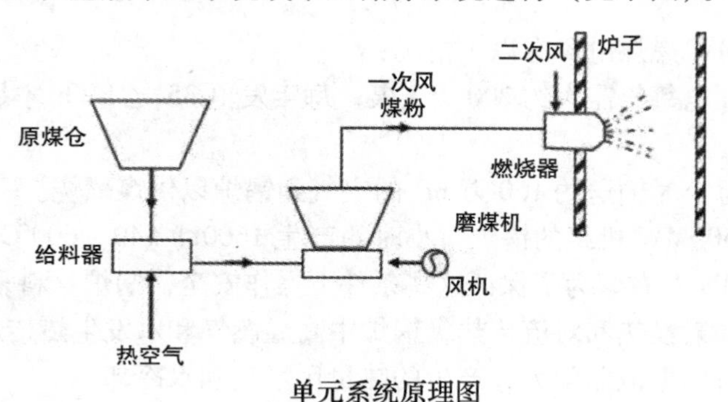

单元系统原理图

在单元系统中，煤库中的原煤落入给料器，经热空气进入给料器干燥后被送入磨煤机粉碎。一次风被鼓风机送入磨煤机，与煤粉混合进入燃烧器，二次风也进入燃烧器。因为一台或一组燃烧器和一台磨煤机组成一个单元，所以该系统被称为单元系统。

该系统优点：比中央系统简单；燃烧可以由磨煤机直接控制；输煤系统简单。

在中央系统中，被粉碎的原煤靠重力从煤库进入干燥机，由热空气来干燥。干燥机还可以利用排出的烟气、预热空气或分压蒸气作为干燥介质。被干燥的煤进入磨煤机进一步粉碎，然后被送入煤粉箱。用于输煤的空气通过旋风分离器从煤粉中分离。一次风在给料器中与煤粉混合，一同进入燃烧器。该系统的优点：磨煤机可以在与锅炉给料无关的稳定速率下工作；由于储存有一定量的煤，煤的供应链断裂不会影响燃烧器的进料。但是，该系统存在以下缺点：①初始成本较高；②输煤系统复杂；③系统需要更大空间。然而，煤粉燃烧系统的性能很大程度上取决于磨煤机性能。

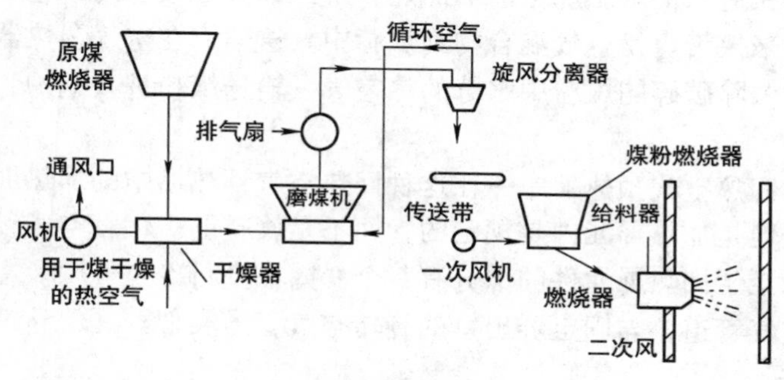

中心系统原理图

附录 B　火电厂的一些情况

典型 500MW 燃煤电厂有以下情况：

1）持续发电每年需大约 200 万 t 煤；每年发电 35 亿 kWh 才足以支撑 14 万人口的城市用电。

2）风扇每小时输送约 160 万 m^3 的空气到锅炉以供煤燃烧。

3）典型 500MW 机组的锅炉每小时约产生 1600t、540 ~ 600℃的高温蒸汽。蒸汽压力在 20MPa 左右。为了保证这些条件下操作安全，锅炉材料采用特殊设计。

4）通过辐射换热和对流传热，锅炉中高温燃气和水发生热传递。

5）发电机的电流非常大，产生的热量用氢气和水冷却。

6）离开涡轮的蒸汽被压缩，水被泵回锅炉中再利用。冷凝所有蒸汽每小时将需要约 5 万 m^3 的冷却水，可以是湖水、河水或海水。水温增加 3 ~ 4℃时回到源头以防对环境产生任何影响。

7）除了冷却水，电厂每天也需要大约 $400m^3$ 的淡水来弥补水蒸气循环的损失。

8）500MW 燃煤电厂产生的污染物如下：

a）1 万 t 二氧化硫；二氧化硫是酸雨形成的主要原因，酸雨会破坏森林、湖泊和建筑物。

b）1.02 万 t 的氮氧化物；氮氧化物是烟雾形成的主要原因，也是酸雨形成的原因。

c）370 万 t 的二氧化碳。

d）500t 的微颗粒；微颗粒会危害健康，损伤肺。

e）220t 的碳氢化合物；化石燃料由碳氢化合物组成，未完全燃烧时，碳氢化合物会释放到大气中导致形成烟雾。

f）720t 的一氧化碳，有毒气体。

g）烟囱洗涤塔中 12.5 万 t 灰和 19.3 万 t 污泥；洗涤塔采用石灰粉和水去除电厂废气中的污染物。这灰和污泥含有煤灰、石灰岩和很多污染物，比如铅和汞这些有毒金属。

h）225lb[㊀]砷、114lb 铅、4lb 镉和很多其他有毒重金属；汞会导致出生缺陷、脑损伤和其他疾病。酸雨会引起岩石的汞浸出且让生物可能接触到汞，从而导致汞中毒。

i）微量元素铀；现已发现 92 种天然元素中差不多有 16 种存在于煤中，主要是低于 0.1% 的微量元素。美国能源部橡树岭国家实验室研究发现，煤炭燃烧的放射性排放比核电厂还大。

j）22 亿 gal[㊁]的冷却水被平均提高 16℉后，再排放到湖泊或河流中。水体的全年加热，会改变水的栖息环境。

（参考：Union of Concerned Scientists & johnzactruba，www.brighthub.com > . . . > Energy/Power）

附录 C　平准化发电成本

平准化成本表示在一个假想的投资和运行周期内，电厂平均每发 1kWh 电所需要的建造和运行成本，可以作为比较和评价不同发电技术的标准。计算平准化成本需要的数据包括隔夜资金成本、燃料成本、固定的和变化的操作和维护成本，其中不同发电技术的运行和维护成本会有所不同。对于燃料成本较高的发电技术，燃料

㊀ 1lb = 453.59237g。

㊁ 1gal = $3.78541dm^3$。

成本和隔夜资金成本都会对平准化成本有较大影响。此外，燃料价格和未来能源政策的内在不确定性会导致厂家和投资者更加重视投资组合的多样化，计算平准化发电成本却没有考虑这些因素，计算也没有包括政府的激励措施。任何预测都一定会存在很多不确定的因素，很多参数的值会随着区域和时间变化，技术的进步也会对参数值产生影响。尽管平准化成本是评价不同发电技术总体竞争力非常便利的总结性标准，但是实际电厂投资还要受到项目的区域特征和具体技术的影响，包括很多其他的考虑因素，比如项目的可用率和现有资源组合等。每一代大型发电技术的平准化成本计算都是基于一个 30 年的成本回收期的，即利用 6.8% 的真正的税后平均成本进行计算。但是，AEO2012 的参考案例在对温室气体密集技术如没有碳捕集与封存的燃煤电站和煤制油电厂进行投资评估时，其成本增加了 3%。然而对于平准化成本而言，3% 的调整量有点武断了，相当于 15 美元/t 的碳排放税对一个没有碳捕集与封存的新建燃煤电厂投资的影响，等价于公共事业单位和监管部门在资源规划方面的花销。这种调整不能被看成是实际投资成本的增加，而应该被看作是增加到温室气体密集技术上的投资，可看作是购买补贴或投资其他温室气体项目来抵消没有碳捕集与封存所增加的排放。因此，没有碳捕集与封存的燃煤电厂的投资成本会比预期更高。每一项技术的平准化成本都是基于其利用率进行评估的，利用率一般对应于其最大可利用年限。简单的燃气轮机（传统的或先进的技术）一般是满负荷运行，其能力系数为 30%。

美国 2017 年将投产电厂的平均平准化成本　　（单位：2010 美元/MWh）

电厂类型	利用率	平准化投资成本	固定运行和维护费用	波动运行和维护费用	传输投资	系统平准化成本
传统燃煤电厂	85	64.9	4.0	27.5	1.2	97.7
先进燃煤电厂	85	74.1	6.6	29.1	1.2	110.9
配有碳捕集与封存的先进燃煤电厂	85	91.8	9.3	36.4	1.2	138.8
天然气电厂						
传统联合循环电厂	87	17.2	1.9	45.8	1.2	66.1
先进联合循环电厂	87	17.5	1.9	42.4	1.2	63.1
配有碳捕集与封存的先进联合循环电厂	87	34.3	4.0	50.6	1.2	90.1
传统的燃气轮机电厂	30	45.3	2.7	76.4	3.6	127.9
先进的燃气轮机电厂	30	31.0	2.6	64.7	3.6	101.8
先进的核电厂	90	87.5	11.3	11.6	1.1	111.4

注：1. 成本是根据电网装机容量提供的交流电来计算的。
2. 数据源自 AEO2012 发电成本的案例 2。

作为国家能源模型系统（NEMS）的代表即将在 2017 年上线的可分派发电技术的平均平准化成本作为 AEO2012 的参考案例在此展示。